国家科技部"十二五"科技支撑计划项目

（编号：2013BAJ10B01）

"十三五"国家重点图书出版规划项目
生态智慧与生态实践丛书

景观与区域生态规划方法

Landscape and Regional Ecological Planning Method

象伟宁　丛书主编
王云才　彭震伟　著

中国建筑工业出版社

图书在版编目（CIP）数据

景观与区域生态规划方法 / 王云才，彭震伟著 . —北京：中国建筑工业出版社，2017.12
（生态智慧与生态实践丛书）
ISBN 978-7-112-21676-5

Ⅰ . ①景…　Ⅱ . ①王…②彭…　Ⅲ . ①景观生态环境 – 生态规划
Ⅳ . ① X32

中国版本图书馆 CIP 数据核字（2017）第 309860 号

责任编辑：杨　虹
责任校对：李美娜

生态智慧与生态实践丛书
景观与区域生态规划方法
象伟宁　丛书主编
王云才　彭震伟　著
*
中国建筑工业出版社出版、发行（北京海淀三里河路9号）
各地新华书店、建筑书店经销
北京嘉泰利德公司制版
北京富诚彩色印刷有限公司印刷
*
开本：787×1092毫米　1/16　印张：31　字数：620千字
2019 年 3 月第一版　2019 年 3 月第一次印刷
定价：158.00元
ISBN 978-7-112-21676-5
　　（31523）

生态文明建设需要更多的具有生态智慧的实践学者

"绿化地球、修复地球、治愈地球——我们别无选择。"
———伊恩·L. 麦克哈格（Ian L. McHarg, 1996）

"我非常渴望能够目睹和见证我们地球母亲的绿化、修复和治愈的过程。"美国景观规划大师和教育家伊恩·麦克哈格（1920-2001）在他1996 年撰写的自传《生命·求索》（P.375）一书中这样地憧憬着他身后的未来，"在我的脑海中，我可以想象到自己和一群科学家在太空中眺望着地球，她那缩减的沙漠，增长的森林，清新的空气和纯净的海洋；我们会充满信心地期待着有一天，地球母亲的年轻后代庄严地宣布'妈妈的病好了，她没事了！'"。

作为麦克哈格 20 世纪 80 年代的学生，我觉得在他身上体现出来的生态实践智慧（Ecophronesis）对于我们在当下探索并从事生态智慧引导下的生态实践研究从而更好地推动人类的可持续发展具有重大的启迪作用和指导意义。那么，什么是生态智慧引导下的生态实践研究呢？这是作为同济大学"生态智慧与城乡生态实践研究中心"首任主任的我时常被问到的问题。我的回答是：

生态实践（Ecological Practice）是人类为自身生存和发展营造安全与和谐的社会－生态环境（即"善境"）的社会活动，包含了生态规划、设计、建造、修复和管理五个方面的内容；生态实践研究（Ecological Practice Research）则是在从事生态实践时人们寻求知识和工具以解决实际问题的过程，旨在为善境的营造提供实用的知识与工具（Useful Knowledge and Tools），即与实践直接相关（适用，Pertinent）、能为实践者直接使用（好用，Actionable）、并且行之有效能产生预期效果（管用，Efficacious）；而生态智慧引导下的生态实践研究（Ecophronetic Practice Research）是生态实践研究的一种最佳范式。它具有两个显著的特点：一，从事实践研究的学者，即实践学者（Scholar-practitioner），肩负着创造知识与影响实践的双重职责；二，研究的过程体现了生态实践智慧。

作为《生态智慧与生态实践》丛书的主编，我十分高兴这套丛书为实践学者们提供了一个能充分展示和分享他们所从事的生态智慧引导下的生态实践研究的平台。

按照美国哲学家和规划理论家唐纳德·绍恩（Donald Schön，2001）的观点，在与各种社会实践（比如教育、法律、医学以及生态实践）紧密相连的学科当中，学者们在确定自己的学术定位时常常需要在理论研究与实践研究之间做出选择。实践研究的往往是棘手的、非理性的实际问题，缺少有时甚至没有科学或技术的解决方法；而理论研究的通常是理性的、甚至是理想化的问题，是能够通过科学的理论解答和现代技术解决的。但实践研究的问题往往是对人类影响最直接并最受人们关注的；而理论研究的问题的影响往往是间接的、相对来讲不那么重要，因而不受人们重视的。实践学者（Scholar-practitioner），按照美国管理学者埃德·史肯（Ed Schein）的定义，就是那些选择研究实际问题并且致力于寻求对实践者有用的新知识的学者们（Wasserman & Kram，2009）。

选择成为一名实践学者对一名学者来说意味着什么？意味着他需要：成为一名为了实践而研究实践的学者，而非为了科学或应用科学而研究实践的学者；肩负双重职责，即一方面寻求有用但未必是传统意义上新颖的知识，另一方面作为参与者主动地影响实践活动，而不是作为旁观者"客观地"点评和提建议；搭建理论与实践之间的桥梁；弥补理论与实践间的裂隙（关于理论与实践之间裂隙的近期讨论，请见 Sandberg and Tsoukas，2011）。对于一位生态实践学者，这一选择还意味着他要比其他学科的实践学者承担更多的责任和面临更多的挑战。其他学科（譬如教育学、机械工程、医学、法律等）的实践学者在研究中只需要关注和应对与人类相关的事务，而生态实践学者首先要面对的是人类与自然的关系，其次才是在这一大背景下的各种人类社会关系（Steiner，2016；Xiang，2016）。

生态智慧引导下的生态实践研究的第二个特点是其研究过程是在生态实践智慧的启迪与引领下推进的。作为亚里士多德提出的实践智慧（Phronesis）在生态实践领域的延伸，生态实践智慧（Ecophronesis）是人们在生态实践当中做出既因地制宜又符合道德标准的正确选择的卓越能力和随机应变、即兴创造的高超技巧（Xiang，2016）。具有生态实践智慧的人们（Ecophronimos，或称为智慧的生态实践者）能够通过他们的不懈努力为人类的生存与繁衍营造安全和谐的社会生态条件和环境，比如李冰和同行们建造并维持运行了 2000 多年的四川都江堰水利工程（Needham et al.，1971；Xiang，2014）；麦克哈格和他的同事们在半个世纪前规划、设计并建造的美国德克萨斯州 The

Woodlands 生态城（McHarg，1996；Yang and Li，2016）。体现在这些智慧的生态实践者身上的生态实践智慧对于当代生态实践学者们应对他们所面临的上述挑战具有重要的启迪和引导作用。比如，智慧的生态实践者们都有一个显著的特点，即在遵循生态实践逻辑与应用生态科学逻辑之间能够找到一个很好的平衡。对他们而言，科学理论的严谨与其在生态实践当中的实用之间从来不存在无法逾越的裂隙。又如，智慧的生态实践者探寻实用知识和工具的方式对生态实践学者的研究也极有启发。他们以解决实践当中出现的问题为唯一目的，通过研究产生在生态实践当中适用（相关）、好用（可操作性强）和管用（有效）的知识和工具，即实用的知识和工具。这种研究方式不仅完全不同于生态科学，而且与应用生态研究也不同。在应用生态学研究中，生态实践通常被认为是验证和完善生态学知识、方法与原理的实验，或被当作展示科学原理相关性的平台。

　　因此，我相信生态智慧引导下的生态实践研究不仅有着生态科学研究和应用生态学研究所无法替代的作用，而且其发展的前景会很好，并会吸引更多学者的有意识关注和积极加入。事实上，许多学者，包括这套丛书的一些作者，已经在以实践学者的身份正在从事这样的研究，只是他们或许还不知道或并没有将自己从事的研究称之为生态智慧引导下的生态实践研究。

　　通过这套《生态智慧与生态实践》丛书，我希望读者不仅能学习到生态实践研究的途径和产生的实用的知识，更能从生态智慧引导的生态实践研究这一新视角以文会友，结识一批立志服务于生态实践的杰出的具有生态智慧的学者们。我也相信大家会像我一样，在我们的研究工作中，效法他们，为更好地开展服务于实践的学术研究作出自己的贡献。

象伟宁

教授、主任

同济大学建筑与城市规划学院生态智慧与生态实践研究中心

美国北卡罗来纳大学夏洛特分校地理与地球科学系

2017 年仲春

景观是生态系统的载体，区域整体又是多尺度景观空间的耦合嵌套综合体，是人地关系和自然——人文过程融合统一的系统空间。景观和区域都具有生态、文化、艺术的三个本质特征。景观与区域规划的过程就是帮助居住在自然系统中或利用系统中有限资源的人们找到最适宜的生活与生产途径（麦克哈格，1969）。景观规划设计的生态学意味着规划设计的科学性，科学性意味着规划的知识性；而艺术性则意味着规划设计的技巧性和规划设计的直觉和本能。正如，麦克哈格所说，在景观规划设计中，没有知识性和科学性的形态设计是不可想象的；同时知识性和科学性又需要熟练的技巧性进行景观形态设计与表达。在20世纪80年代后，生态规划设计已经形成了综合自然生态和人文生态为一体的整体系统规划。生态教学、科研和实践不仅仅是指对自然生态系统特有的生态关系的揭示；同时，文化作为人类适应和改造自然的有效工具，人文生态成为生态规划发展的另一个潮流，它以不同尺度规划空间内的自然与人文生态系统形成的有机整体——"整体人文生态系统"作为景观规划设计的对象，为现代景观生态规划设计指明了发展方向。在此基础上，景观生态规划设计将自己的适用范围从花园、场地、道路、广场、公园扩展到城市、风景名胜区、自然保护区、资源保护、土地利用、绿道系统、流域、区域与国土等广泛的空间，成为景观规划设计积极融于国际发展潮流和参与国家重大发展方向建设的桥梁。

《景观与区域生态规划方法》一书是风景园林学专业大地景观规划学科与城乡规划专业区域规划学科长期联合从事生态规划设计理论与实践研究的基础上完成的，是将区域人居体系规划、产业规划、生态保护规划、环境与绿色设施规划有效结合和统一的综合研究成果。它与中国建筑工业出版社出版的《景观生态规划原理》（第一版，2007；第二版，2013）、《生态规划分析：历史比较与分析》和同济大学出版社出版的《景观生态规划设计案例评析》（2013）形成景观生态规划设计的整体系列。

景观规划设计生态化是当今风景园林（景观学）学科发展的重要趋势。《景观与区域生态规划方法》是从区域生态整体论视角探讨景观规划设计的基础方法和基本途径。他是在原理学习、案例学习和发展演变研究的基础上，引导探寻生态景观设计的基本方法和技能，是生态规划设计实践研究的应用体系。本书旨在抛砖引玉，以期更多的学子能够加入到生态规划设计的实践中，推动可持续景观的设计和健康环境的营造。

教授

同济大学建筑与城市规划学院景观学系

同济大学建筑与城市规划学院生态智慧与生态实践研究中心

2017 年初夏

目录

第一章

景观与区域生态
规划方法
的
发展历程

1 生态规划方法基本价值与理念形成

生态规划的基本价值与理念的核心思想是从景观生态学和美学角度上理解土地的内在特质，以此为基础评估和指导人类对景观的合理使用。这个时期的生态规划方法尚未建立经严格论证的原则，也缺乏实践的指导。理念的实施大多依赖于试验摸索、失败案例总结以及个人考察。

早在公元前 6 世纪的中国，以老子、庄子为代表的道家哲学思想中已经体现了人与自然和谐相处的观点。中国生态思想史上"天人合一"是一个基本的信念。"天人合一"的思想观念最早是由庄子阐述，后被汉代思想家、阴阳家董仲舒发展为天人合一的哲学思想体系。季羡林先生对其解释为：天，就是大自然；人，就是人类；合，就是互相理解，结成友谊。西方人总是企图以高度发展的科学技术征服自然、掠夺自然，而东方先哲却告诫我们，人类只是天地万物中的一个部分，人与自然是息息相通的一体。

在国外，19 世纪中叶之前，乔治·卡特林（George Catlin）、拉尔夫·沃尔多·爱默生（Ralph Waldo Emerson）和亨利·大卫·梭罗（Henry David Thoreau）等富有远见的思想家信奉的各种人与自然的观点，为生态规划奠定了初步的基础（表 1-1）。

国外生态规划的初步思想基础   表 1-1

时间	人物	思想与贡献
19 世纪 30 年代	乔治·卡特林	认为自然是真正的知识之源，主张建立自然保护区
1836 年	拉尔夫·沃尔多·爱默生	出版《自然》一书，坚持人类中心论，认为自然是人类健康心灵的源泉
19 世纪中叶	亨利·大卫·梭罗	认为自然不只为人类存在，与乔治·卡特林共同呼吁建立自然保护区

19 世纪中叶到 20 世纪早期，弗雷德里克·劳·奥姆斯特德（Frederick Law Olmsted Sr.，1822-1903）等人对城市生活的非人性化方面和景观的人为滥用大感失望，用规划结合自然这一理念完成了一系列作品（表 1-2），这些作品同时影响了其他社会改革者的思想（表 1-3）。

体现规划结合自然理念的作品   表 1-2

时间	人物	项目	意义
1864 年	奥姆斯特德	加利福尼亚州约塞米蒂峡谷规划	提出物质空间规划需要管理策略来支撑
1888 年	H.W.S. 克利夫兰	明尼阿波利斯和圣保罗公园系统规划	探索景观承载人类发展的内在特质
1891 年	奥姆斯特德；查尔斯·艾略特	波士顿平原与河道规划	第一个以水文和生态为特质的大都市公园系统，结合了人类的游憩需求、自然景观的保护需求和水质的管理要求；利用初步的叠加技术系统地记录和评估用于规划设计的资料

时间	人物	思想与观点
1864年	乔治·帕金斯·玛什	提出恢复森林面积比例，努力实现农村地区林地和耕地的平衡
1864年	约翰·韦斯利·鲍威尔	修复土地应基于对土地本身性质的了解
1864年	埃比尼泽·霍华德	大力主张保护农业用地，保存其生产价值，形成与附近城市的缓冲区
1892年	约翰·缪尔	成立塞拉俱乐部，极力地推广荒野的价值并倡导荒野保护

2 自然生态主导规划方法

1969年前的生态规划方法很大程度上依赖于景观的自然特征来达到辨别适应性的目的，尚未重视人文因素的影响。这一时期的方法同时运用了专家判断和非专家判断，但是最终他们还是要着重依赖于专家判断对适宜性评估的结果进行综合，也很少采用主动的管理方式。也就是说，适宜性评价的结果基本不会为管理行为制定一套准则。

2.1 主要的生态规划方法

这一时期的生态规划方法主要有：①格式塔法（the Gestalt Method）；②自然资源保护局（NRCS）潜力体系法（the Natural Resources Conservation Service Capability System）；③安格斯·希尔斯的自然地理单元法（the Angus Hills，or Physiographic-unit，Method）；④菲利普·刘易斯法或资源模式法（The Philip Lewis，or Resource-Pattern，Method）；⑤麦克哈格法或宾夕法尼亚大学的适宜性评价法（the McHarg，or University of Pennsylvania，Suitability Method），这里主要讨论的是麦克哈格在《设计结合自然》（Design with Nature）中叙述的内容。

2.1.1 格式塔法

格式塔法需要规划设计师研究航拍图与遥感数据，或者记录观察到的景观数据。规划师根据这些记录的数据预测出拟定的土地用途对景观格局造成的影响，并且根据潜在的土地使用模式推导出土地所具有的潜力。刘易斯·霍普金斯（Lewis Hopkins）使用格式塔术语来解释如何在景观中理解和分析可感知模型，而不是去考虑坡度、土壤和植被等复合要素。由于格式塔法并不能够将各个因素融合起来，所以往往缺乏系统的整体分析。

2.1.2 潜力体系法

自然资源保护局潜力体系法是美国农业部自然资源保护局建立的，用于协调农民进行农业管理的实践活动，之后其使用扩展到了规划领域和资源管理领域。该方法主要用来确定土地是否具有支持不同用途的能力。

2.1.3 自然地理单元法

1961年，加拿大的安格斯·希尔斯（Angus Hills）提出了自然地理单元法。该方法的本质是将景观划分成为同质的自然地理单元，然后根据规划目标将其重新组合。该方法促进了加拿大土地调查系统的开发。

2.1.4 资源模式法

菲利普·刘易斯（Philip Lewis Jr.）提出的资源模式法（图1-1），一方面是为了确定景观中的感性特征模式，另一方面是为了把这些特征融入区域景观规划设计中去。刘易斯（Lewis）在1960到1970年之间指导了许多项目，其中包括伊利诺伊州的游憩规划（the Illinois Recreation and Open State Plan）（1961年）、威斯康星州的户外游憩规划（the Outdoor Recreation Plan for the State of Wisconsin）（1965年）和密西西比河上游流域的综合研究（the Upper Mississippi River Comprehensive Basin Study）（1970年），通过这些项目的实践进一步完善和发展了刘易斯自己提出的方法。

2.1.5 环境廊道法

在菲利普·刘易斯的资源模式法中，他还提出了环境廊道（Environmental Corridor）的概念，并将其设定为游憩资源的基本单元。本书根据此概念提出了一种新的生态规划方法——环境廊道法。在菲利普·刘易斯叙述的环境廊道中提到了五

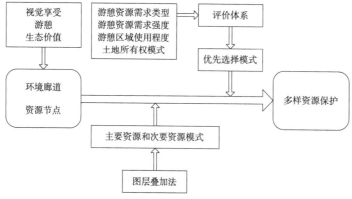

图1-1 菲利普·刘易斯提出的资源模式法的发展

大湖湖床表面的景观树状图案，本书由此入手提出了另一种新的生态规划方法——水系网络法。虽然刘易斯（Lewis）做了很多不同种类的研究，但所采用的方法多多少少有着共同特点。威斯康星州的户外游憩规划（the Outdoor Recreation Plan for the State of Wisconsin）主要关注的是在全州范围内确定重要的游憩资源及其模式。刘易斯（Lewis）选择了一个实验性的研究区域，以找出主要资源和次要资源之间的地理关系。该研究区域的面积约为 100 平方英里（259.01km²）。随后，刘易斯确定了关键的游憩用途并建立了土地利用标准。例如，游憩用途里包括漫步、划船、钓鱼和露营。主要的土地利用标准是存在于景观类型和景观多样性之间的视觉对比。

2.1.6　适宜性评价方法

麦克哈格在其《设计结合自然》一书中多次介绍了适宜性评价方法，并在 20 世纪 60 年代应用到了新泽西海岸研究（the New Jersey Shoreline Study）（1962）、山谷研究计划（the Plan for the Valley Study）（1963）、里士满公园路研究（the Richmond Parkway Study）（1965）、波托马克河流域研究（the Potomac River Basin Study）（1965-1966）以及斯塔滕岛研究（Staten Island Study）（1969）等项目中。该方法历经多次修改，后期融入了很多人文生态因素，使自然生态与人文生态融合进生态规划方法中。

2.2　生态规划方法的拓展和延伸

2.2.1　土地分类系统法

20 世纪 50 年代末，在联邦科学与工业研究所（the Commonwealth Scientific and Industrial Research Organization（CSIRO））工作的澳大利亚人 C.S·克里斯汀（C.S. Christian）制定了一套土地分类系统，这套系统的目的是评价景观的潜力并为各类景观利用提供支持。克里斯汀法（the Christian Method）与安格斯·希尔斯（Angus Hills）的分类系统类似，他以地质地貌特征的变化作为评价标准，并以此将景观打散分成面积逐级缩小的同质区。在对大面积的区域进行初步的评估时，克里斯汀系统或称为澳大利亚分类系统是一种非常有效的方法。该方法已经被国际自然和自然资源保护联盟（International Union of Conservation for Nature and Natural Resources（IUCN））等国际组织所接受。

2.2.2　景观类型学方法

欧文·祖伯（Ervin Zube）认为视觉、文化因素和自然资源的特点都是为理解景观和分析景观服务的。在 1966 年的楠塔基特岛研究（Nantucket Island Study）

中，祖伯（Zube）、C.A·卡罗兹（C.A Carlozzi）和其他学者以视觉为基础研究这个岛上重要的景观类型。它们包括水平向的景观、高质量的景观、线性的水塘、沼泽和草甸以及岸线景观。每个人对景观都有自己对于公众使用和价值保护的独到见解，并以此为依据对景观类型进行分级，并将分级信息与自然资源数据整合形成一张综合的景观图。1968 年祖伯（Zube）在美属维京群岛的资源评价研究（Resource-assessment Study of the U.S. Virgin Island）中，依据地形上的视觉差异、视觉对比和视觉类型，以及类似水体的重要视觉元素等准则，把景观逐级分成若干的视觉单元。以保护与发展为目标，专家与非专家群体分别对视觉单元进行评估。

2.2.3　发展影响评估

20 世纪 60 年代，理查德·托斯（Richard Toth）的"发展影响评估"概念在另外一个领域作出了卓越的贡献。为了估计发展所带来的影响，托斯开创了一种用以分析景观自然特征的方法。1968 年，他在宾夕法尼亚州组织的托克岛区域咨询理事会（Tock Island Regional Advisory Council）上使用过该种方法。托斯（Toth）利用矩阵来鉴别和显示主要自然特征之间相互作用的频率和生态结果，如地形、土壤和土地利用的需求。他分析总结这些相互作用可能造成的后果，并以此为依据来指导日后的土地利用分配。

利用千层饼法（hand-drawn overlays）把适宜性分析的资源因素图结合在一起的方式不仅麻烦而且有时效率不高，尤其是土地利用分配需要多种方案选择的时候。此外，在制定土地利用备选方案时也会包含很多的不确定因素。因此，为了解决这些问题，卡尔·斯坦尼兹（Carl Steinitz）和他的同事在 20 世纪 60 年代中期开始将计算机技术应用到大量项目中，以提高工作效率和节约信息管理的成本。

尽管这些方法也发展出一些特殊的方式，但是一旦联系到具体的个体和方案时，人们仍旧使用为自然文化资源和景观适宜性评价所提供的技术来表示日益增长的复杂程度。格式塔法、景观单元和景观分类法、景观资源调查和评估法，以及配置评价法的复杂程度增长速度呈递增趋势（图 1-2）。

3　人文生态影响规划方法

1969 年之后，生态规划方法逐渐重视人文生态的影响力，所以在寻求最优景观利用时，优先采用社会文化信息系统，并改进技术分析的合理性，更加关注生态过程，扩大以评估和实施为主导的功能范围，在公开讨论中加强结论的说服力。人

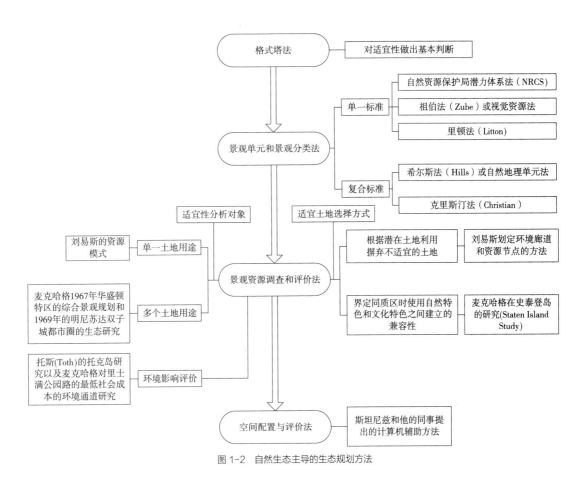

图 1-2　自然生态主导的生态规划方法

文生态影响规划方法阶段，主要包括后期发展的景观适宜性评价法、应用人文生态
方法、景观评价和感知法三大类。

3.1　1969 年后的景观适宜性评价方法

3.1.1　阶段性发展特征

1969 年后的景观适宜性评价方法在概念基础、程序原则和评价技术等方面
都得到了深刻的发展（图 1-3）。在确定适宜性的过程中，评价方法由只考虑生
态因素转变为同时考虑经济因素和社会文化因素。此时的适宜性评价方法将演替
（succession），或者说是生态系统的发展，以及生态系统的稳定性（stability）、恢
复力（resilience）、多样性（diversity）、可持续性（sustainability）以及生产力
（productivity）等生态概念重新解释并纳入适宜性分析中，从而更好地描述景观的
动态特征。

为了达到持续利用景观的生产力又不会对景观形成破坏的目的，在适宜

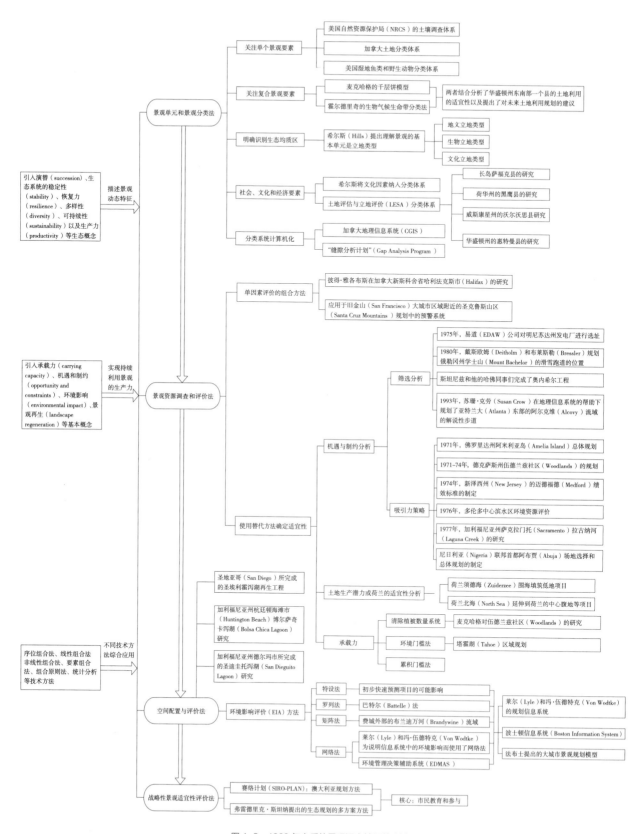

图 1-3　1969 年之后的景观适宜性评价方法

性评价中又引入承载力（carrying capacity）、机遇和制约（opportunity and constraints）、环境影响（environmental impact）、景观再生（landscape regeneration）等基本概念。这个阶段的景观适宜性评价方法更加关注在多尺度上理解和分析景观，确定景观适宜性研究应用的技术方法也得到了相应的改进。由早期的序位组合法、线性组合法、非线性组合法和要素组合法发展到组合原则法，这些方法之间具有一定的互补特性，因此在使用过程中可以综合使用其中一种或几种方法。除此之外，这个阶段的景观适宜性评价方法中常用统计分析方法定义均质区和分析自然与文化方面的数据。上述概念、技术方法的综合作用，使景观适宜性方法更加多样化和复杂化。根据这些方法表现的累积作用以及在生态规划过程中所强调的阶段，可将第二代景观适宜性评价方法主要分为四大类。这四大类方法是：①景观单元和景观分类法；②景观资源调查和评价法；③空间配置与评价方法；④空间配置、评价及实现法，或者称之为战略性景观适宜性评价方法。

3.1.2 景观单元和景观分类法

从 20 世纪 70 年代初开始，景观单元和景观分类法得到一定改进，进一步用于生态单元的确定。此外，该方法还重点强调理解和诠释景观，而不是仅仅描述景观的特征。相关信息主要包括社会和经济信息、宏观和微观尺度问题的适应性以及提高预期使用者交流时的信息透明度。由于景观单元和景观分类法反映了人类强加在自然和文化现象上的人文因素，因此景观单元和景观分类法具有无穷变化的可能性。

该时期的景观单元和景观分类法中，值得进一步探讨的显著变化有：①关注单个景观要素；②强调复合景观要素；③明确识别生态均质区；④包含社会、文化和经济要素；⑤分类体系计算机化。

关注单个景观要素主要指该时期的一些景观适宜性评价方法通过分解土壤或植被等各个自然资源的相似属性来描述均质区域，并揭示景观的生产力和质量。美国自然资源保护局（NRCS）的土壤调查体系，加拿大土地分类体系以及美国湿地鱼类和野生动物分类体系就是很好的实例。用这些方法获得的信息都是以原始数据或描述性数据的形式呈现。

关注复合景观要素主要指一些景观单元和景观分类法用景观的自然和文化要素之间的相互关系来描绘景观均质区域，确定景观的质量、稳定性、恢复力或生产力。复合信息是通过原始形式呈现或以描述性的形式呈现。例如，宾夕法尼亚大学的麦克哈格和他的同事们发明了千层饼模型，很好地概括和理解了自然、生物和社会文化过程之间的相互关系和演变。霍尔德里奇（Holdridge）的生物气候生物带分类法是试图定义自然和文化现象之间关系的又一实例。1978 年，结合麦克哈格的千层饼模型和霍尔德里奇的生物气候生命带分类法，华盛顿州立大学的斯坦纳（Steiner）、肯尼斯·布鲁克斯（Kenneth Brooks）以及他们的学生，分析了华盛顿州东南部的一个县。分析的成果包括对土地利用的适宜性分析以及对未来土地利用规划的建议。

明确识别生态均质区方面，1974年希尔斯（Hills）根据生态系统理论重新解释了其1961年提出的地文单元分类中的分析单元。他提出理解景观的基本单元是立地类型（Site Type），它包括：①地文立地类型——气候、地形、土壤、水等；②生物立地类型——植物和动物群落；③文化立地类型——在文化立地类型中人类社区与生物立地类型相一致。人们都同意希尔斯分类法的逻辑，但对其分类的重复性却存在争议。一方面他提出的方法在界定立地类型时存在操作性困难，不同的人使用他的分类法可能得到不同的结果；另一方面希尔斯还将自然和文化现象之间存在的复杂和动态的关系简单化。

社会、文化和经济要素方面，大多分类方法极少关注人文过程，认为它们过于复杂和模糊，并担心纳入人文过程会降低方法的可重复使用性。然而，根据理论和实际，如果不考虑人文因素，只根据生物物理过程进行景观分类，就会大大降低这些景观分类方法的价值。

希尔斯的研究是将文化因素纳入分类体系的重要一步。另一个创新贡献是劳埃德·E·怀特（Lloyd E. Wright）领导的华盛顿特区水土保持局（SCS）土地利用办公室开发的土地评估与立地评价（LESA）分类体系。怀特在土地评估与立地评价分类体系的基础上开展了长岛萨福克县（Long Island Suffolk County）、爱荷华州（Iowa）的黑鹰县（Black Hawk County）、威斯康星州（Wisconsin）的沃尔沃思县（Walworth County）以及华盛顿州的惠特曼县（Whitman County）的研究工作。在农业和城市利用的景观适宜性评价中，土地评估和立地评价体系提高了土壤调查的效用和准确度。

分类系统计算机化方面，20世纪70年代开发的加拿大地理信息系统（CGIS），为计算机技术应用于分类体系作出了开辟性的贡献。从此之后，根据计算机技术最新发展的趋势，分类系统不断被改进。处理空间信息的国际机构、美国联邦政府以及国家和地方机构也为分类体系的计算机化作出了贡献。其中著名的机构有美国自然资源保护局（NRCS）、美国地理局（USGS）、美国林业局以及美国渔业和野生动物局的"缝隙分析计划"（Gap Analysis Program）为美国所有植物和野生动物分类系统和绘制分布图作出了贡献。

总而言之，景观单元和景观分类法为组织自然和文化数据提供了便捷的框架，使适宜性分析和生态评价变得简捷易行。此时的景观适宜性评价分类法在生态和技术上的有效性、可重复性、实用性以及与目标观众间交流的简便性等方面都有所改进，但仍有一些问题没有得到完全解决。例如，在定义土地单元时，土地单元和土地分类法使用了明显不同的规则去识别和整合信息。实际上很多观察者对此已有评论，尽管在实际中数据整合的原则有其一定的科学基础，但用杰米·巴斯蒂杜（Jamie Bastedo）的话说，最终对均质区的描绘很大程度上取决于"直觉、经验以及对项目的感情投入"。巴斯蒂杜还指出，某种程度上数据的整合丢失了许多信息，有时"合成的均质区可能几乎没有实际意义的生态承载力"。

此外，生态系统是个复杂的系统，我们对其结构和相互作用知之甚少。由于大多分类方法是静态的，当面对分类系统动态化的发展趋势时，残酷的现实是我们将景观视作动态系统并把信息引入分类系统的能力十分有限。一方面该系统需要地图以描述过去与将来的生态过程及其相互关系的支撑说明。另一方面，不考虑生态的合理性，将人类因素纳入土地均质单元的定义中是值得怀疑的。除了在规划研究中经常使用典型的社会和经济信息外，目前对于获得人文因素并与生物物理信息进行系统整合的途径仍缺乏一致性意见。

3.1.3 景观资源调查和评价法

景观资源调查和评价法强调对生物物理、社会、经济、技术因素的分类、分析和综合，其目的在于确定潜在土地利用的最佳空间。景观资源调查和评价方法有两个主要亚类：①对社会、经济和生态要素进行单独评价后组合起来的方法；②使用替代方法来确定适宜性。彼得·雅各布斯（Peter Jacobs）在加拿大新斯科舍省（Nova Scotia）哈利法克斯市（Halifax）的研究就采用了单因素评价的组合方法。1971年，托马斯·伊麦尔（Thomas Ingmire）、提托·帕特里（Tito Patri）、大卫·斯特雷特（David Streatfield）以及来自加利福尼亚大学伯克利分校的学者建议将区域规划早期预警系统应用于旧金山（San Francisco）大城市区域附近的圣克鲁斯山区（Santa Cruz Mountains）的规划中。预警系统的中心思想是提醒决策者关注在土地开发和生态过程之间存在的潜在矛盾。尽管没有明确表述，但这个系统可以看作是评价场地预期土地利用适宜性的另一方法。在圣克鲁斯山区的规划中，规划者通过信息综合制定标准而不是依据适宜性选择来进行土地利用的空间配置。

规划师和景观规划设计师利用多种替代措施来确定预期土地利用所具有适宜性特征。这些替代措施主要包括机遇和制约分析、土地生产潜力和承载力。

机遇和制约分析。判定和应用评价标准是替代措施在景观资源调查和评价法中常用方法之一，用于获取影响土地需求和土地供给的因素。使用这个策略的生态规划师最初是对景观中的局部区域设置标准。大家熟知的筛网地图（sieve mapping）就是第二次世界大战后英国在新镇规划中使用的策略。筛选分析广泛应用于许多生态规划中。例如，1975年，景观规划设计和土地规划公司易道（EDAW）利用筛选分析对明尼苏达州发电厂进行选址。1980年，戴斯欧姆（Deitholm）和布莱斯勒（Bressler）也用筛选分析法规划俄勒冈州学士山（Mount Bachelor）的滑雪跑道的位置。斯坦尼兹和他的哈佛同事们应用筛选分析完成了奥内希尔工程（Honey Hill Project）等大量项目。1993年，佐治亚大学的景观规划设计师苏珊·克劳（Susan Crow）在地理信息系统的帮助下，采用筛选分析，在亚特兰大（Atlanta）东部的阿尔克维（Alcovy）流域规划解说性步道。

规划师和景观规划设计师创造的吸引力策略（attractiveness measures）反映了对预期利用的需求信息。吸引力策略就景观优化利用对社会、经济和其他要素的影响进行直接或间接的分析判断，其中包括基础设施的有效性、学校便捷性以及地区的视觉特性等。一些社会、经济或政治因素也应用于不适宜的土地类型判定的相关标准中。

相对而言，景观资源调查和评价法强调供给和需求要素之间的辩证平衡。在20世纪70年代或80年代，费城（Philadelphia）景观设计和规划公司WMRT以及宾夕法尼亚大学景观设计和区域规划学院是最早应用这个策略的机构。他们完成的一些优秀案例包括佛罗里达州阿米利亚岛（Amelia Island）总体规划（1971年，主要实践者有威廉·罗伯茨（William Roberts）、杰克·麦考密克（Jack McCormick）以及乔纳森·萨顿（Jonathan Sutton））；德克萨斯州伍德兰兹社区（Woodlands）的规划（1971—1974年，由麦克哈格主持）；新泽西州（New Jersey）的迈德福德（Medford）绩效标准的制定（1974年，主要调查者麦克哈格以及项目负责人纳伦德拉·朱尼加（Narendra Juneja））；多伦多中心滨水区环境资源评价（1976年，主要由朱尼加和安·斯本（Anne Spirn）完成）；加利福尼亚州萨克拉门托（Sacramento）拉古纳河（Laguna Creek）的研究（1977年，由麦克哈格合作负责）；以及尼日利亚（Nigeria）联邦首都阿布贾（Abuja）场地选择和总体规划的制定（1978—1979年，主要负责人托马斯·托德（Thomas Todd））。

土地潜力或荷兰的适宜性分析。荷兰阿姆斯特丹大学的自然地理学和土壤科学教授A·温克（A.P.A Vink）对实际（actual）土地适宜性、土壤适宜性以及潜在（potential）土地适宜性做了区分。温克解释的方法已成功的应用于荷兰许多土地改造项目中，包括须德海（Zuiderzee）围海填筑低地和北海（North Sea）延伸到荷兰的中心腹地等项目。

在景观优化利用评价中，承载力是另一种用于确定极其重要的供给和需求要素的方法，广泛应用于户外游憩休闲领域。麦克哈格和他的同事们在伍德兰兹社区（Woodlands）的研究中应用了该方法。他们开发了一个能够预测为满足开发需求而清除的植被数量的系统。该系统采用生态演替模型作为它的概念框架。20世纪80年代，评价承载力的其他方法包括塔霍湖（Tahoe）区域规划机构提出的环境门槛法和加利福尼亚大学伯克利分校的托马斯·迪克特（Thomas Dickert）和安德里亚·塔特尔（Andrea Tuttle）提出的累积门槛法。

3.1.4 空间配置评价法

空间配置评价法是指在景观中依据地段变化配置土地利用，并基于项目目的、目标或其他价值对土地利用配置进行多方案的评价和选择。这些价值包括社会、经济、财政和环境影响。空间配置评价法的理论内涵和程序原则与景观资源调查和评价方法相类似，主要的差异在于空间配置评价法可以对竞争的景观空间配置方案进行评价。

生态规划文献以多种方式介绍了空间配置评价方法。斯坦尼兹在区域景观设计中称这些方法是过程模型（process models），而法布士在景观规划中将它们称之为参数法（parametric approaches）。对于莱尔（Lyle）而言，它们是适宜性影响 - 预测模型（impact-predicting suitability models）。

大量项目清晰地阐述了空间配置评价法的实际应用。其中著名的是在圣地亚哥（San Diego）所完成的圣埃利霍泻湖再生工程（San Elijo Lagoon Revitalization Project）、加利福尼亚州杭廷顿海滩市（Huntington Beach）完成的博尔萨奇卡泻湖（Bolsa Chica Lagoon）研究和加利福尼亚州德尔玛市所完成的圣迪圭托泻湖（San Dieguito Lagoon）研究。

在空间配置评价方法的发展过程中产生了两种相互独立但相关的发展。第一种是引导环境影响评价技术的发展和改进。第二种是将技术融入内部以及确定景观优化利用的系统程序。

目前，专家们提出了大量的环境影响评价（EIA）方法，可以将环境影响评价的主要方法分为四种:特设法（ad hoc）、罗列法（checklists）、矩阵法（matrices）和网络法（networks）。除此之外还有许多测算社会、经济或视觉影响的方法，例如成本收益分析、能量分析、视觉影响评价以及目标实现矩阵等。

主要的案例有：①莱尔（Lyle）和冯·伍德特克（Von Wodtke）的规划信息系统（Information System for Planning）；②波士顿信息系统（Boston Information System），这个系统由哈佛大学的斯坦尼兹（Steinitz）所领导的跨学科研究团队开发，以及近期关于亚利桑那州（Arizona）圣佩罗河上游流域（Upper San Pedro River Watershed）未来变化的多方案研究；③由马萨诸塞大学（University of Massachusetts）的法布士和他的同事们提出的大城市景观规划模型（METLAND）。

加利福尼亚州立理工大学的莱尔（Lyle）和冯·伍德特克（Von Wodtke）开发了一种用于生态规划的方法，名为规划信息系统（Information System for Planning）。从 20 世纪 70 年代初期到中期，这个系统被应用到加利福尼亚的圣地亚哥县海岸平原的大量工程中。这个方法的理论框架建立在包含开发行为、区位因素和环境影响三个方面在内的系统性的相互关系上。

从 20 世纪 70 年代中期起，斯坦尼兹（Steinitz）和哈佛学者的跨学科团队在马萨诸塞州完成的许多规划设计中都使用了空间配置评价法，用于开发波士顿快速城市化的东南部地区土地利用空间配置及其评价的信息系统。波士顿信息系统建立了土地利用的最优空间配置的方法。首先根据项目目的和目标评价社会、经济和生态数据，通过一种算法或综合指数应用到交互式计算机程序中，并形成最终的信息。

哈佛研究小组完成的视觉影响评价是土地利用影响评价的重要组成部分。它标志着哈佛研究小组走在应用计算机技术创造性地开展生态与视觉评价的最前沿，推动了景观空间配置场景变化研究及其发展评价。这充分体现在 1978 年为实施马萨诸塞州风景名胜和休闲河流法（Massachusetts Scenic and Recreational Rivers Act）而完成的对政策变化模拟的研究中。1987 年，为保护野生动物栖息地，通过综合分析景观要素的作用和视觉组合等信息为缅因州（Maine）的阿卡迪亚国家公园（Acadia National Park）和荒岛山（Mount Desert Island）制定了景观管理和景观设计导则与标准。

在过去的 10 年里，卡尔·斯坦尼兹（Carl Steinitz）和他的同事做了大量研究，在许多方面改进了波士顿信息系统。这些研究包括加利福尼亚潘德顿军营（Camp Pendleton）区域发展研究，以及亚利桑那州和墨西哥索诺拉省的圣佩德罗河上游流域研究。

20 世纪 70 年代早期，马萨诸塞州立大学的法布士（Fabos）和他的同事们提出了大城市景观规划模型。在过去的 30 年里，计算机技术和遥感技术的发展不断推动模型的进一步改进。目前该模型以一种交互性的方式能更便捷的完成土地利用决策。不断改进的 METLAND 模型被大量应用于马萨诸塞州区域景观和乡村规划项目中，其中也包括 20 世纪 70 年代晚期马萨诸塞州柏林顿（Burlington）的土地利用规划。该模型的应用过程分三步：景观评价、景观规划方案的规范化和综合评价。

总之，空间配置评价法多用于大尺度或区域土地利用决策。在圣佩德罗河的研究中，研究团队应用最新的计算机视觉模拟技术（computer-and visual-simulation technologies）和地理信息技术描绘圣佩德罗河上游流域景观，应用数字化数据和分析模型评价流域复杂的动态过程。

3.1.5 战略适宜性评价方法

战略适宜性评价方法是最复杂的适宜性评价法。它们可能被视为在空间配置评价法的基础上增加了优化土地利用空间配置方案的功能。该方法是一个复杂的规划体系，还关注景观优化利用的决策过程以及实现相关决策的途径。典型功能有：①规划工程或项目的目的和目标的清晰度；②根据一系列分配原则，在不同区位确定土地利用空间配置；③根据项目的目的、目标和其他相关价值评价空间配置方案；④选择最优方案；⑤制定基本管理导则并详细说明允许的土地利用行为及其管理策略；⑥制定管理机制、策略和计划，确保最优方案中行为的实现；⑦建立对行为产生的影响进行监督和评价的机制。

战略适宜性评价常用于大尺度的规划工程和项目中，尤其是那些关系到环境质量、公众健康、福利和安全的工程项目。澳大利亚规划方法赛络计划（SIRO-PLAN）以及弗雷德里克·斯坦纳在《生命的景观》一书中提出的生态规划法都是试图在目的设定、规划程式化以及规划实施之间建立桥梁。一方面赛络计划（SIRO-PLAN）和斯坦纳的方法都深受麦克哈格研究的影响，另一方面这些方法也可认为是宾夕法尼亚大学方法的拓展。

赛络计划（SIRO-PLAN）作为一种初步规划方法被澳大利亚许多机构采用，其中包括澳大利亚国家公园和野生动物保护局（Australian National Parks and Wildlife Service）。此外，由于集合了很多计算机模型程序，土地利用规划（LUPLAN）系统被开发出来，更便捷地应用于赛络计划（SIRO-PLAN）系统的实施。赛络计划（SIRO-PLAN）首先关注的是寻求一个共同背景，平衡公众利益和景观可持续利用之间的关系，满足土地利用竞争的需求。赛络计划（SIRO-PLAN）最大缺陷就是对方案的实施阶段考虑不足。一些规划师批评了赛络计划（SIRO-PLAN）这一明显缺点，其中也包括政策排除法。虽然通过计算机技术使数据处理变得便当，部分纠正了上述问题，但数据需求繁琐，尤其是等级评定的数量庞大。另一方面，由于政策满意度措施过于简单化而同样饱受批评。规划师 G. 麦克唐纳（G. McDonald）和 A. 布朗（A. Brown）在雷德兰郡（Redland）城市边缘区研究中应用了该方法的一种形式，指出该方法的结果忽视了对经济的评价，也忽视了与规划区域毗邻的区域之间相互依赖的空间关系。

德克萨斯州奥斯汀大学（Austin University）景观系系主任弗雷德里克·斯坦纳在《生命的景观》（1991）一书中提出生态规划的多方案方法，通过人们利用景观以及人和社会、文化、经济及政策力量之间相互作用来研究不同尺度景观。因此，该方法具有人文生态学的倾向。斯坦纳的方法能实现战略适宜性评价法的所有功能，该方法已被广泛应用于大量规划工程和项目中，包括华盛顿惠特曼县乡村居住区位置的确定，科罗拉多州特勒县（Teller County）制定的增长管理计划以及乔治亚州的沃尔顿县（Walton County）土地环境敏感性研究。总而言之，斯坦纳的方法与赛络计划（SIRO-PLAN）法都成功地将规划程式化过程与目标联系起来，这两种方法都将市民教育和参与作为方法的核心。

3.2 应用人文生态方法

3.2.1 应用人文生态学方法的内涵与应用

人文生态规划还未发展成熟，也没有统一的概念体系和经严格检验的技术。但许多实践者通过具体项目和设想，已提出了一系列的规划方法，为他人提供程序指导（图 1-4）。人文生态规划产生于众多学科的边缘，包括社会学、地理学、心理学以及人类学。它受人类地理决定论、可能主义学说、斯图尔德文化生态学、文化生态系统论和动态适应论等人文生态学的主要理论支撑。人文生态研究始终聚焦于生物物理系统与人文系统相互作用的机制、意义和变迁，使人与环境相互作用的观点成为应用人文生态方法的主要思想，其中关键的主题就是文化适应和场所构建两方面，所以现在一般将人文生态规划称为可持续设计或场所营造。宾夕法尼亚大学一直处于整合规划与人文生态概念方面的前沿。从 20 世纪 70 年代早期到

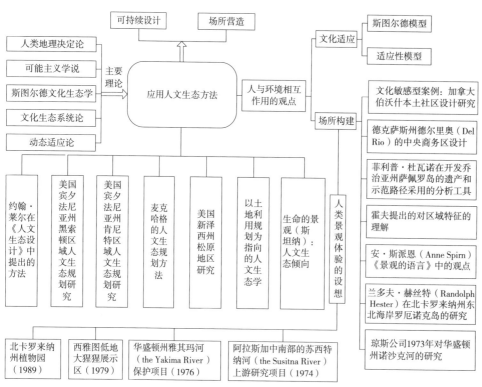

图 1-4 应用人文生态方法

80年代晚期，宾大的规划师、景观设计师和人类学家成功实践了多个人文生态规划研究。主要有：①黑索顿（Hazleton）区域研究；②肯尼特（Kennett）区域研究；③麦克哈格人文生态规划方法；④杰克逊和斯坦纳在土地利用规划中应用的人文生态方法；⑤斯坦纳在生命的景观中应用的人类社区分析；⑥新泽西州松原地区（Pinelands）研究。

3.2.2 文化适应于场所构建

文化适应方面主要有斯图尔德模型和适应性模型两大模型。斯图尔德模型的中心原则是文化核心（culture core），约翰·班奈特（John Bennett）将探讨更进一步，把复杂的反馈过程与人类的决策能力整合起来，形成了适应系统模型（adaptive systemic model）。

创造场所是众多生态规划和设计领域的主题，主要实践有：①文化敏感型案例：加拿大伯沃什本土社区设计研究；②德克萨斯州德尔里奥（Del Rio）的中央商务区（CBD）设计；③菲利普·杜瓦诺（Philippe Doineau）在开发乔治亚州萨佩罗岛（Sapelo Island）的遗产和示范路径中采用的分析工具；④霍夫提出的对区域特征的理解；⑤安·斯派恩（Anne Spirn）在《景观的语言》（The Language of Landscape）（1999）中的观点；兰多夫·赫丝特（Randolph Hester）在北卡罗来纳州东北海岸罗厄诺克岛的研究；⑥琼斯 & 琼斯公司于1973年对华盛顿州诺沙克河（Nooksack River）的研究。

此外，琼斯 & 琼斯公司提出了人类景观体验的设想，这个设想为之后的许多项目提供了框架，包括阿拉斯加中南部的苏西特纳河（the Susitna River）上游研究项目（1974）、华盛顿州雅其玛河（the Yakima River）保护项目（1976）、西雅图低地大猩猩展示区（1979）和北卡罗来纳州植物园（1989）。

3.3 景观评价和景观感知

景观评价和景观感知领域拥有大量的人与景观相互作用的理论观点和概念范式。解释这些范式的途径多种多样，本文采用祖伯1984年的分类体系，根据学科目标的分异归纳为专家（professional）范式、行为学（behavioral）研究范式和人文主义（humanistic）范式，每类范式都有相应的实例研究（图1-5）。

3.3.1 专家范式

专家范式主要根据专业知识确定景观偏好，专家范式主要有两个发展方向：一个是以伯顿·林顿（Burt Linton）、凯文林奇（Kevin Lynch）和唐纳德·阿普尔

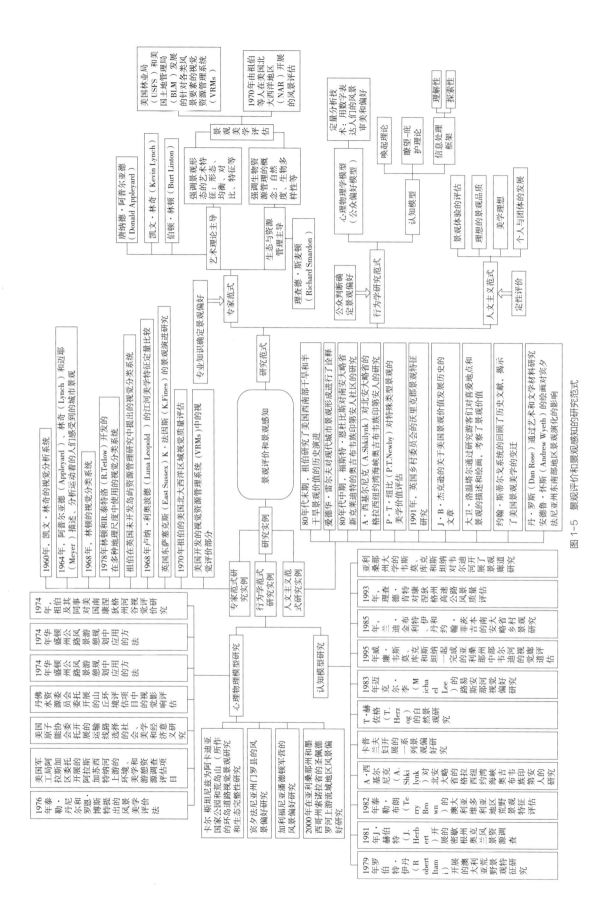

图 1-5　景观评价和景观感知的研究范式

亚德（Donald Appleyard）为代表的艺术理论主导方向，该方向强调景观形态的艺术特征，如形态、均衡、对比和特征等；另一个方向是以理查德·斯麦顿（Richard Smardon）为代表的生态与资源管理主导方向，该方向强调生物资源管理的概念，如自然度（degree of naturalness）、生物多样性（ecological diversity）等。应用实例主要有：①1960年，凯文·林奇的视觉分析系统；②1964年，阿普尔亚德（Appleyard）、林奇（Lynch）和迈耶（Meyer）描述、分析运动着的人们感受到的城市景观；③1968年，林顿的视觉分类系统；④1978年林顿和R.泰特洛（R.Tetlow）开发的在多种地理尺度中使用的视觉分类系统；⑤祖伯在英国未开发岛屿资源管理研究中提出的视觉分类系统；⑥1968年卢纳·利奥波德（Luna Leopold）的江河美学特征定量比较；⑦英国东萨塞克斯（East Sussex）K·法因斯（K.Fines）的景观演进研究；⑧1970年祖伯的美国北大西洋区域视觉质量评估；⑨美国开发的视觉资源管理系统（VRMs）中的视觉评价部分。

3.3.2　行为范式

行为学研究范式主要根据公众判断确定景观偏好，主要有心理物理学模型（公众偏好模型）和认知模型两大模型。心理物理学模型主要采用定量分析技术，用数字表达人们的风景审美和偏好。心理物理学模型应用实例主要有：①卡尔·斯坦尼兹为阿卡迪亚国家公园和荒岛山（所作的环岛道路视觉景观研究和生态完整性研究；②宾夕法尼亚州门罗县的风景偏好研究；③加利福尼亚潘德顿军营的风景偏好研究；④2000年在亚利桑那州和墨西哥州索诺拉省的圣佩德罗河上游流域地区风景偏好研究；⑤1974年，祖伯及其同事对美国南康涅狄格州河谷视觉评价研究；⑥1974年华盛顿州公路风景游憩规划中应用的方法；⑦1974年华盛顿州公路风景游憩规划中应用的方法；⑧丹佛水资源委员会委托开展的山丘环境评估项目中的视觉影响评估；⑨美国原子能协会委托开展的运输线路选择的社会、美学和经济意义研究；⑩美国军工局阿拉斯加区委托开展的阿拉斯加苏西特纳河上游的环境、美学和游憩资源调查评估项目；⑪1976年泰勒·丹尼尔和罗恩·博斯特提出的风景美学评价法。认知模型主要以唤起理论、瞭望－庇护理论和信息处理框架为支撑。认知模型应用实例主要有：①1979年罗伯特·伊丹（Robert Itami）开展的澳大利亚荒野景观特征研究；②1981年J·赫伯特（J.Herbert）开展的密歇根州奥克兰风景资源调查；③1982年泰勒·布朗（Terry Brown）的澳大利亚维多利亚地区荒野景观特征评估；④A·西基尔尼克（A.Shkilynk）对北安大略省的格拉西纽约湾海峡奥吉布韦族印第安人的研究；⑤卡普兰夫妇开展的一系列景观偏好研究；⑥T·赫佐格（T.Herzog）的自然景观研究；⑦1983年迈克尔·李（Michael Lee）的路易斯安那河视觉偏好研究；⑧1995年威廉·韦斯莫、库克和斯坦纳一起完成的亚利桑那州中部韦尔迪河的视觉廊道评估；⑨1985 年，兰迪·金布利特、伊丹和约翰·菲茨吉本的南安大略省乡村景观研究；⑩1993 年，理查德·肯特对康涅狄格州高速公路风景质量评估；⑪亚利桑那州大学的韦斯莫、库克和斯坦纳对韦尔迪河开展的景观廊道研究。

3.3.3 人文主义范式

人文主义范式关注的景观体验取决于其所在背景，因此这种范式依赖于定性评价，例如文学和创意回顾。研究成果包括景观体验的评估、理想的景观品质、美学理想以及个人与团体的发展。主要应用实例有：①20 世纪 80 年代末期，祖伯研究了美国西南部干旱和半干旱景观价值的历史演进；②爱德华·雷尔夫对现代城市景观形成进行了诠释；③20 世纪 80 年代中期，福斯特·恩杜比斯对南安大略省新克莱迪特的奥吉布韦族印第安人社区的研究；④A·西基尔尼克（A.Shkilynk）对北安大略省的格拉西纽约湾海峡奥吉布韦族印第安人的研究；⑤P·T·纽比（P.T.Newby）对特殊类型景观的美学价值评估；⑥1991 年，英国乡村委员会的沃里克郡景观特征研究；⑦J·B·杰克逊的关于美国景观价值发展历史的文章；⑧大卫·洛温塔尔通过研究游客们对喜爱地点和景观的描述和绘画，考察了景观价值；⑨约翰·斯蒂尔戈系统地回顾了历史文献，揭示了美国景观美学的变迁；⑩丹·罗斯（Dan Rose）通过艺术和文学材料研究安德鲁·怀斯（Andrew Wyeth）的绘画对宾夕法尼亚州东南部地区景观演化的影响。

4 自然、人文生态共同融入规划方法

4.1 应用生态系统方法

应用生态系统方法可以细分为生态系统分类法、生态系统评估法和整体生态系统管理法等方法。这种分类反映了应用生态系统方法实现目标的能力不断增强，特别是完成与保护规划相关任务的能力：确定目标、调查评估、提出替代方案、决策和实施。研究人员都能够依据系统观点完成这些任务，系统观点强调因果关系、互赖性和反馈关系（图 1-6）。生态系统分类方法在空间上和时间上描述生态系统的结构特征和功能特征；生态系统评估方法用于生态系统特征的分类，监测它们之间的相互作用，评估它们应对压力所产生的变化；整体生态系统方法则能够完成所有这些任务。此外这些方法还具有综合性、跨学科性及目标导向性以及明确的管理和制度方向。

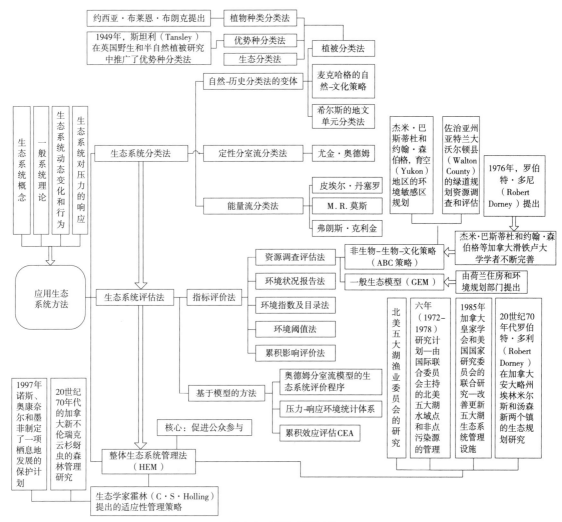

图 1-6　应用生态系统方法

4.1.1　生态系统分类法

生态系统分类法中有三种方法具有一定的应用前景，它们是：自然－历史分类法的变体、定性分室流分类法、能量流分类法。研究者们通过完善这些方法以实现生态系统特征分类的目的。

自然－历史分类法的变体包括三种不同的子方法，植被分类广泛应用于生态规划研究中，其主要原因是植被可以作为生态系统状态的指示物。它是主要的生产者，其他的有机体最终都要依赖于它，并且它把生态系统功能的环境要素整合为一体，同时具有相对的稳定性。广泛应用的植被分类方法有植物种类分类法、优势种分类法和生态分类法。约西亚·布莱恩·布朗克（Josias Braun Blanquet）（1884—1980）于 1932 年提出了植物种类分类法，这种分类法依据科、属、种等来划分植物个体，并且采用被广泛接受的植物命名体系。1949年斯坦利（Tansley）在英国野生和半自然植被研究中推广了优势种分类法，这种方法关注于植物群落演替中优势种之间的联系。生态分类方法是依据植物的生境或者植物与物理环境之间的重要联系（如土壤、水分、季节性温度）来分类的。麦克哈格（McHarg）在其大量的生态规划研究中大力提倡自然—文化策略。这个策略描述了生态系统在进化序列中的结构和功能特征——历史地质特征、基岩地质特征、地形特征、水文特征等。人们可以更深入地了解生态系统社会价值或相关功能，以达到生态系统的预期利用。通过运用发达的空间分析技术，研究人员可以将所记录的独立特征联系起来，可以进一步检验功能关系。叠加技术和矩阵技术是空间分析技术的代表。运用这种方法监测生态系统动态变化会使生态系统特征相互分离、相互独立，它的侧重点是在生态系统潜在利用及其所带来的影响上。随着生态系统与土地分类方法的不断完善，安格斯·希尔斯（Angus Hills）于1974年依据生态系统概念进一步解释了地文学单元分类方法（1961年首次提出）。他认为生态系统是解释和分析景观的基本单元。

定性分室流分类法主要以尤金.奥德姆的分类方法为代表。但此方法仅仅以概念的方式组织生态规划的问题，缺少定量研究来模拟生态学中的相互作用。

1972年皮埃尔·丹塞罗（Pierre Dansereau）及其他蒙特利尔大学的同事提出的一种基于能量流的分类方法，于1977年进一步得到完善，它将土地利用方式的变化与能量过程联系在一起。

4.1.2 生态系统评估法

生态系统评估法主要有指标评价方法和基于模型的方法两大类，可以运用指标评价方法来管理或监测湿地、水质量、土壤侵蚀等某种特殊资源或者管理多种资源。指标评价方法又可以分为资源调查评估法、环境状况报告法、环境指数及目录法、环境阈值法、累积影响评价法等五种。其中资源调查评估方法主要有非生物—生物—文化策略（abiotic-biotic-cultural strategy，ABC策略）方法和一般生态模型（GEM），前者由杰米·巴斯蒂杜和约翰·森伯格等加拿大滑铁卢大学学者不断完善，后者由荷兰住房和环境规划部门提出。

4.1.3 整体生态系统管理法

整体生态系统管理方法（Holistic-Ecosystem-Management Methods，HEM）最能代表应用生态系统方法，能够描述生态系统的特征和动态变化，可以依据生态系统预期功能评价系统的行为。此外，与其他的应用生态系统方法不同，HEM方法可以获得生态评估的结果。

HEM 一般适用于资金充足、周期长的区域景观规划和资源管理研究。这些研究涉及多重目标、资源、利益相关者和众多的政治分歧。HEM 应用案例还包括：①北美五大湖渔业委员会的研究，该研究主要监测水生生态系统的生态恢复情况，进而探讨 HEM 在五大湖生态系统中的应用；②六年（1972—1978）研究计划——由国际联合委员会主持的五大湖水域点和非点污染源的管理；③1985 年加拿大皇家学会（RSC）和美国国家研究委员会（NRC）的联合研究——改善更新五大湖生态系统管理设施。

虽然 HEM 方法已应用于大尺度生态系统的研究中，但它的逻辑性和理论目的也适用于解决较小尺度生态系统的规划和资源管理问题。例如，20 世纪 70 年代罗伯特·多利（Robert Dorney）在加拿大安大略州所做的生态规划研究都用到了生态系统管理方法中的重要原则。这些研究包括安大略州埃林米尔斯和汤森新两个镇的规划。

4.2 应用景观生态学方法

过渡概念、景观生态学知识体系和景观尺度下的生态系统功能是应用景观生态学方法的基础。过渡理论关注景观中的空间关系，揭示了景观格局与功能，对构建可持续景观非常有价值。过渡理论有助于我们理解生态规划设计过程中遇到的关键挑战，决定应该调查分析何种景观特征，形成信息综合分析的原理，以及选择景观中可持续的空间结构。值得深入探讨的过渡概念包括：①生境单元集合体（ecotope assemblages）；②斑块-廊道-基质框架（the patch-corridor-matrix framework）；③水文景观结构（hydrological landscape structure）；④栖息地联系（habitat relations）；⑤景观生态学空间原则（landscape-ecology-based spatial principles）。以上五个概念体现了过渡概念的不同功能。前三个概念描述了景观的功能构成。它们为景观分类提供了基础，是将景观生态学原理应用于实践的主要方式。栖息地联系强调通过综合格局与过程信息，达到既定目标。第五个概念——景观生态学空间原则，阐述了反映生态联系与影响的土地利用配置基本原则。与此同时，过渡概念在评估多个景观空间的布局方案时也很有帮助（图 1-7）。

应用景观生态学方法主要包括四方面，分别为：生境单元集合体感念的运用，斑块-廊道-机制空间框架的运用，栖息地网络的运用和景观生态优化法。生境单元集合体感念的运用主要体现在以下几个方面：①伊萨克·宗纳维尔总结了由荷兰景观生态学家们提出的生境单元研究的一般方法，同时研究了景观中生物物理元素与社会文化元素之间的水平关系与垂直关系；②德国慕尼黑科技大学的景观生态学

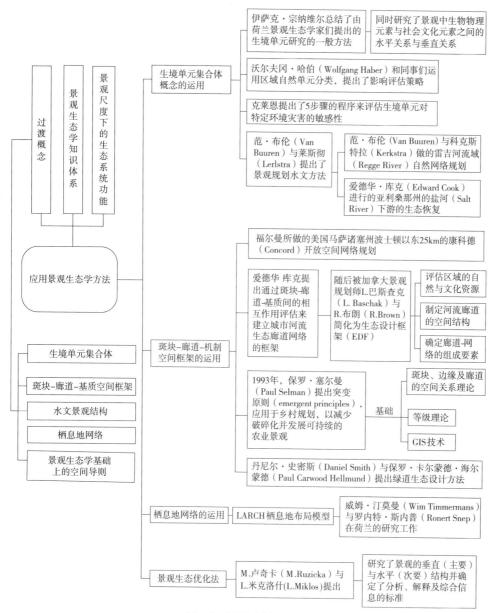

图 1-7　应用景观生态学方法

教授沃尔夫冈·哈伯（Wolfgang Haber）和同事们运用区域自然单元分类，提出了影响评估策略；③克莱恩提出了 5 步骤的程序来评估生境单元对特定环境灾害的敏感性（susceptibility）；④范·布伦（Van Buuren）与莱斯彻（Lerlstra）提出了景观规划水文方法，并应用于范·布伦（Van Buuren）与科克斯特拉（Kerkstra）做的雷吉河流域（Regge River）自然网络规划和爱德华·库克（Edward Cook）做的亚利桑那州的盐河（Salt River）下游的生态恢复案例之中。斑块 – 廊道 – 机制空间框架的运用主要体现在以下几个方面：①福尔曼所做的美国马萨诸塞州波士顿以东 25km 的康科德（Concord）开放空间网络规划；②爱德华·库克提出通过斑块 - 廊道 - 基质间的相互作用评估来建立城市河流生态廊道网络的框架，随后这个框架被加拿大景观规划师 L. 巴斯查克（L. Baschak）与 R. 布朗（R.Brown）简化为生态设计框架（EDF），主要包括评估区域的自然与文化资源、制定河流廊道的空间结构、确定廊道 - 网络的组成要素等；③1993 年，保罗·塞尔曼（Paul Selman）在斑块、边缘及廊道的空间关系理论、等级理论和 GIS 技术等基础上提出突变原则（emergent principles）应用于乡村规划，以减少破碎化并发展可持续的农业景观；④丹尼尔·史密斯（Daniel Smith）与保罗·卡尔蒙德·海尔蒙德（Paul Carwood Hellmund）提出绿道生态设计方法。栖息地网络的运用主要有 LARCH 栖息地布局模型，该模型主要由威姆·汀莫曼（Wim Timmermans）与罗内特·斯内普（Ronert Snep）应用于他们在荷兰的研究工作。景观生态优化法由 M. 卢奇卡（M.Ruzicka）与 L. 米克洛什（L.Miklos）提出，研究了景观的垂直（主要）与水平（次要）结构并确定了分析、解释及综合信息的标准。

5 生态规划方法发展新趋势

随着生态理论的不断发展、技术的不断革新，生态规划方法也随之发展变化，涌现了一系列发展的新趋势。这一系列发展的新趋势中一些方法是先前方法的改进和深化，有些是先前生态规划方法的变体。

5.1 景观都市主义

5.1.1 景观都市主义的概念

最先提出景观都市主义概念的是查尔斯·瓦尔德海姆（2006），他在《景观都市主义读本》上写道："景观都市主义描述了当代城市化进程中一种对现有秩序重新整合的途径，在此过程中景观取代建筑成为城市建设的最基本要素。在很多时候，景观已变成了当代城市尤其是北美城市复兴的透视窗口和城市重建的重要媒介。"（Charles Waldheim，2006）。

《景观都市主义——景观实用手册》中这样写道："景观都市主义并不只是一种景观形式，简单的使城市看起来像一幅风景画，而是需要强调由'图形 - 背景'城市机理组成理论转向将城市表面设想成一个能促进与组织其各项环境条件之间动态关系的、有生命力的土地（Navid Fleteher，2009）。"

从前两个概念可以看出，景观都市主义的提出是主张将景观视为一种媒介，替代基础设施成为城市主导元素，利用生态设计方法和新陈代谢理论，改造城市废弃地带，使城市和自然处于一种健康、和谐的发展状态。一方面是利用景观打通城市的脉络，一方面使城市像生态系统一样自身进行着动态的、持续的发展。就如詹姆斯·科纳（James Comer）所描述的"城市和基础设施具有与森林和河流一样的'生态性'（James Comer，2006）"。

5.1.2 景观都市主义的发展

景观都市主义的发展历经多个发展阶段（图 1-8），最早可以追溯到 1960 年以前的后工业景观形成阶段。当时一些学者给出了复杂的景观思想，包括重新引入生态要素、分层次过程性的设计、历史的保留与重塑等。而在"二战"后，景观生态学已经成为德国与荷兰土地规划的辅助学科。20 世纪 60 年代以后，汽车工业的衰退致使废弃工厂建筑大量出现。在欧洲一些国家及北美，如何利用这些废弃工厂一度成为人们讨论的热点问题。英国建筑家 Cedrie Priee 提议在废弃铁路车厢里建立流动的大学（1964—1965）（Graham Shane，2003）。在 20 世纪 70 年代初，英国伦敦建立了城市街道农业。1987 年，Richard Register 在《生态城市伯克利》项目中利用低技术的生态经验将分散的工业城市融入景观，建立了连接城市的生态框架。在这种背景下"景观都市主义"一词成为描述随着传统城市形态而衍生的设计策略的名词。同时，Kevin Lynch 在《好的城市形态》（1981）中使用"生态学"描述第三、衍生的城市形态，并认为城市景观是一种流动的、反馈回流的系统。在这一时期，较早蕴涵景观都市主义思想的案例之一是 1982 年举办的法国拉维莱特公园设计竞赛，由伯纳德·屈米设计的作品取胜，雷姆·库哈斯的方案排名第二（图 1-9）。

1994 年，Lars Lerup 在《刺激和废弃：对主要城市的重新思考》中写道，废弃的地带是被忽视的、无用的，对经济剩余无益，希望人们能够利用辨证的眼光看待事物的发展；1995 年雷姆·库哈斯又在《城市发生了什么》一文中建议城市要以一种新的方式发展，城市的建设并不仅仅是在建设一种结构，一种模型，还要考虑在城市发展过程中的背景因素等；而早在 1968 年伊恩·麦克哈格（Ian L. Mcharg）就在《设计结合自然》中表示，自然是一个过程，相互影响的，人们在一定限制下使用自然才会收获价值和机会，只有持有这样的观点，我们才能正视问题并解决问题（Ian L. Mcharg，1968）。这一思想被后来很多设计者所重视，并在设计作品中有所体现。1997 年，在景观都市主义大会上，查尔斯·瓦尔德海姆进一步阐述了"景观都市主义"。他将景观都市主义定义为景观生态学的一个分支，集中了处于自然景观中的人类活动，他强调了城市没有被利用的空白区域可以作为潜在的场所。景观都市主义就像景观建筑一样，作为城市的基本媒介，用运于建筑、

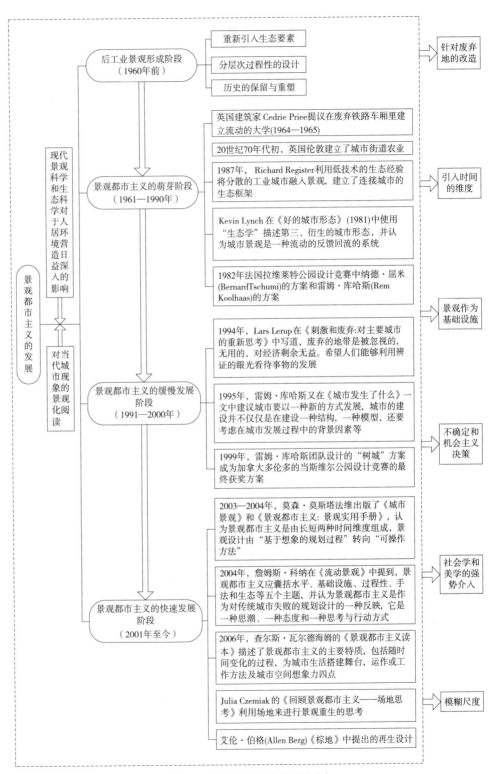

图 1-8 景观都市主义的发展与研究内容

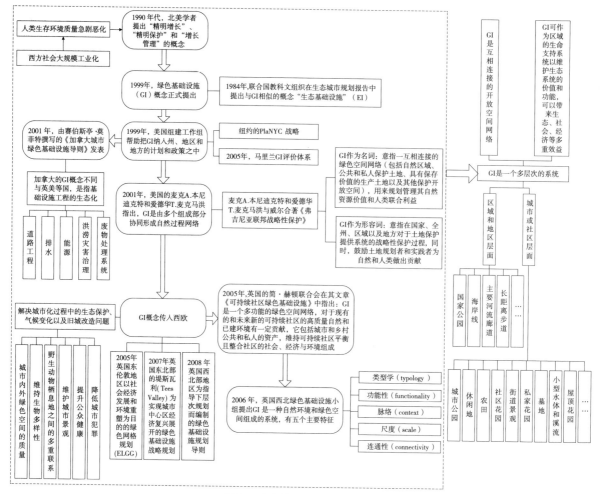

图 1-9　绿色基础设施（GI）的发展

设施系统和自然生态之间的空间。之后他在其著作中不断强化这一概念。1999 年
雷姆·库哈斯团队设计的"树城"方案成为加拿大多伦多的当斯维尔公园设计竞赛
的最终获奖方案。作为学术课程，景观都市主义在宾夕法尼亚大学发展，之后，其
他的北美机构也很快的发展起来，包括芝加哥的伊利诺斯大学，多伦多大学和哈佛
大学设计研究所。在 2000 年，AA（Architectural Association）又开设了自己的
景观都市主义课程。

5.1.3　景观都市主义理论

在过去的 10 年里，景观都市主义作为一种理论出现，查尔斯·瓦尔德海姆
（Charles Waldheim）、詹姆斯·科纳（James Comer）、阿里克思·魁戈（Alex
Krieger）、莫森·莫斯塔法维（Mohsen Mostafavi）等著名的景观都市主义的理

论家为景观都市主义的发展作出了很大贡献。2004 年莫森·莫斯塔法维出版《景观都市主义：景观实用手册》一书，其中包含 2003 年撰写的《城市景观》，作者认为景观都市主义是由长短两种时间维度组成，因此，城市表面就成为一个新的不可预料事件发生的场地。同时景观设计由"基于想象的规划过程"，转向"可操作方法"。同年詹姆斯·科纳在《流动景观》中提到，景观都市主义应囊括水平、基础设施、过程性、手法和生态等五个主题，并认为景观都市主义是对传统城市失败的规划设计的一种反映，它是一种思潮、一种态度和一种思考与行动方式。他主张城市建设的不确定性及终端开放。2006 年，查尔斯·瓦尔德海姆出版了景观都市主义代表作品《景观都市主义读本》，该书广泛收集不同领域 14 位作者的论文，其中包括 2006 年詹姆斯·科纳《流动的地景》。该文章描述了景观都市主义的主要特质，包括随时间变化的过程，为城市生活搭建舞台，运作或工作方法及城市空间想象力四点。Julia Czemiak《回顾景观都市主义，场地思考》，作者利用场地来进行景观重生的思考；艾伦·伯格（Allen Berg）《棕地》等（Charles Waldheim, 2006）。在这十几年里，景观都市主义已经成为城市改变和人们生存方式不断发展的标准模型，它是城市发展的一个媒介，也就是说它是景观设计师、景观规划者以及所有从业人员的一个有效的媒介和桥梁。它从一开始在废弃地改造中使用一种生态元素或者一些多维的因素到很好地使用自然，最后到生态系统管理的全面应用，用生态的流程来塑造城市的形态。同时它能够确定这个城市自然系统的天然性、自主性，把它容纳进去，所以我们就有了这样一种新的文化模式。这种区域的、生态的理念，能够影响到现在设计的流程。其中，我们把不同的尺度上的数据涵盖进去，空间上把这些数据进行整合，纳入到整个空间的设计当中。在很多情况下，这种过程被视为一个文化的恢复而不是一个规划程序的结果，越来越把文化的知识融入景观的设计当中。在洪水控制方面的一些基础设施也采取了生态的元素，我们也使用了一些生态元素来建筑一些商业区域，通过这些商业区域的成功运行也可以帮助这个项目进行很好的获利。

景观都市主义涉及观点包罗万象，胡一可的《景观都市主义思想内涵探究》一文中认为其研究大致可划归如下几类：针对废弃地的改造[艾伦·伯格（Alan Berger）等]；引入时间的维度[詹姆斯·科纳（James Corner）、克里斯多弗·吉鲁特（Christophe Girot）等]；景观作为基础设施[伊丽莎白·莫索普（Elizabeth Mossop）、杰奎琳·塔坦（Jacqueline Tatom）、皮埃尔·博朗厄（Pierre Bélanger）、克里斯·瑞德（Chris Reed）等]；不确定和机会主义决策[克莱尔·里斯特（Clare Lyster 等)]；社会学和美学的强势介入[琳达·波拉克（Linda Pollak）、凯利·香农（Kelly Shannon）等]；模糊尺度[詹姆斯·科纳（James Corner），亨利·勒菲弗（Henri Lefebvre）等]等。相关的研究都是以多学科协作为基础的。

5.2　绿色基础设施

5.2.1　绿色基础设施概念

绿色基础设施，很容易被人理解为是与绿地相关的工程设施类的基础设施。事实上，其比较准确的定义是指：具有内部连接性的自然区域及开放空间的网络，以及可能附带的工程设施。这一网络具有自然生态体系功能和价值，为人类和野生动物提供自然场所，如作为栖息地、净水源、迁徙通道，它们总体构成保证环境、社会与经济可持续发展的生态框架。在比较微观具体的文境中，它可以指代具体的相关工程设施或绿地的斑块、廊道，如洪泛控制体系、水资源净化设施，或者一片次生林，甚至一棵树、绿色屋顶，都可以被称之为绿色基础设施。在没有具体指代的情况下，它强调的是整体的连接性，也就是绿色网络的相互连接。因为生物的生存发展是在运动中完成的，即使植物，个体虽立地生根，其种群也是在运动中生存和进化的。从宏观角度来看，迁徙和运动（如觅食活动，种子的飘飞迁移）的自由度决定了生态稳定的程度。一个被人类都市建设隔绝和围困的斑块型绿地，其内部生物与其他种群间的接触被限制，会导致该斑块内的生物生存和发展产生孤岛效应，降低种群健康程度，抑制发展，长期会减少生物多样性，因此不利于整体环境的生态发展和平衡。

自从 1999 年 GI 概念正式提出以来，各国研究者都对此概念进一步延伸，使其逐渐明朗化，其概念发展历程如下。2001 年美国的麦克 A. 本尼迪克特和爱德华 T. 麦克马洪（Mark A. Benedict. and Edward T. McMahon）指出，GI 是由多个组成部分协同形成自然过程网络。之后，两人与威尔（Mark A. Benedict, Will Allen, Ed T. McMahon, 2004）合著的《弗吉尼亚联邦战略性保护》（Advancing Strategic Conservation in the Commonwealth of Virginia）中提出："GI 是人口快速增长下的环境保护策略……作为名词，GI 意指一互相连接的绿色空间网络（包括自然区域、公共和私人保护土地、具有保存价值的生产土地以及其他保护开放空间），用来规划管理其自然资源价值或人类联合利益；作为形容词，绿色基础设施意指在国家、全州、区域以及地方对于土地保护提供系统的战略性保护过程，同时，鼓励土地规划者和实践者为自然与人类作出贡献。"

联合国教科文组织在人与生物圈（MAB）计划，1984 年的生态城市规划报告中首先提出了和绿色基础设施类似的生态基础设施 EI，作为生态城市的 5 个原则之一，而绿色基础设施一词最早见于 1990 年的美国马里兰州绿道运动。随后在 1999 年 5 月，美国总统可持续发展委员会（President's Council on Sustainable Development）在《可持续发展的美国——争取 21 世纪繁荣、机遇和健康环境的共识》（Towards a Sustainable America——Advancing Prosperity, Opportunity, and a Healthy Environment for the 21st Century）的报告中，将 GI 确定为社区永续发展的重要战略之一。自此，GI 概念在美国等国家广为流传，美国许多州政府与土地利用部门都成立了相应的委员会或工作组，以专门研究 GI 的问题。

具体来看，GI 是一个多层次的系统，大到国土范围内的生态保护网络，小到街边的雨水花园，都可以成为系统的一部分。在区域和地区层面，GI 支持至关重要的生态系统功能，主要组成要素包括国家公园、海岸线、主要河流廊道、长距离步道等；在城市或社区层面，GI 形成了一个由城市公园、休闲地、农田、社区花园、街道景观、私家花园、墓地、小型水体和溪流、屋顶花园等组成的开放空间网络。

尽管不同的组织和研究者对 GI 的定义略有不同，但均强调以下两点：①GI 是互相连接的开放空间网络；②GI 可作为区域的生命支持系统以维护生态系统的价值和功能，可以带来生态、社会、经济等多重效益。

5.2.2 绿色基础设施的发展

绿色基础设施规划产生于 20 世纪 90 年代的美国，其后在西方国家得到长足发展（图 1-9）。当时西方社会大规模工业化生产带来的环境反作用，使人类面临环境危机的巨大风险，人类的生存环境质量急剧恶化。二战后美国城市化的高潮以及放任的郊区化造成了畸形的城市蔓延，导致城市土地的过度消耗，生态系统平衡被破坏。20 世纪 90 年代北美学者开始检讨这种不受控制的城市增长方式，提出"精明增长"和"增长管理"的概念，以期对土地开发活动进行管治，获取空间增长的综合效益。与之相对的概念"精明保护"，则要求对生态从系统上、整体上、多功能多尺度以及跨行政区层面进行保护。基于精明增长和精明保护的双重目标，绿色基础设施规划应运而生。20 世纪 99 年，美国可持续发展委员会在报告中强调绿色基础设施是一种能够指导土地利用和经济发展模式往更高效和可持续方向发展的重要战略，从而掀起了美国绿色基础设施规划的热潮。同年，美国组建工作组以帮助把绿色基础设施纳入州、地区和地方的计划和政策之中，并被多个市州采用，如纽约的 PlaNYC 战略，2005 年马里兰编制的绿色基础设施的评价体系等。

继美国之后，绿色基础设施的概念随之传入西欧。尽管西欧没有出现美国式的大规模城市蔓延现象，但城市化过程中的生态保护、气候变化以及旧城改造问题比较突出。因此，西欧绿色基础设施更侧重于关注提高城市内外绿色空间的质量、维持生物多样性、促进野生动物栖息地之间的多重联系以及绿色基础设施在维护城市景观、提升公众健康、降低城市犯罪等方面的作用，并展开了一系列的规划实践。如 2005 年英国东伦敦地区以社会经济发展和环境重塑为目的的绿色网格规划（ELGG）、2007 英国东北部的堤斯瓦利（Tees Valley）为实现城市中心区经济复兴而展开的绿色基础设施战略规划、2008 年英国西北部地区为指导下层次规划而编制的绿色基础设施规划导则等，均是对绿色基础设施规划的有益探索。

在加拿大，绿色基础设施概念完全不同于英美等国家，是指基础设施工程的生态化，主要是以生态化手段来改造或代替道路工程、排水、能源、洪涝灾害治理以及废物处理系统等问题（Moffatt，2001）。

5.2.3 绿色基础设施理论

在空间上，绿色基础设施是由网络中心（hubs）与连接廊道（links）组成的天然与人工化绿色空间网络系统。网络中心作为多种自然过程中的"锚"，为野生生物与植物提供起源地或目的地。网络中心包括：①保留地：保护重要生态场地的土地，包括野生生命区域，尤其是处于原生状态的土地；②本土风景：公众拥有土地，如国家森林，具有自然和娱乐价值；③生产场地：私人的生产土地，包括农场、森林、林场等；④公园和公共空间区域：在国家、州、区域、县、市和私人层面可能保护的自然资源或提供娱乐机会的地方，包括公共公园、自然区域、运动场和高尔夫球场等；⑤循环土地：公众或私人过度使用和损害的土地，可重新修复或开垦，例如对矿地、垃圾填埋场或棕地全部或部分进行改良以形成良好环境。连接廊道用来连接网络中心，促进生态过程流动。连接廊道包括：①保护走廊：线性区域，为野生生物提供导管作用的河道和溪流，并且可能具有娱乐功能。绿道和河岸的缓冲区域即是保护走廊的例子。②绿带：受保护的自然土地或发展结构功能的生产性风景，同时也保存本土生态系统或农田、大农场。它们时常担任一个社区内分割带的角色——以视觉和实质存在的形式，分开毗连土地使用且缓冲使用的冲击，如农地保存区域。③风景连接：连接野生生命保护地的开放空间、公园，管理和生产土地以及为本土植物和动物繁荣提供充足空间。除了保护当地生态之外，这些连接可能包含文化元素，如历史性资源、提供游乐机会而且保有在社区或区域中能够提高生活品质的风景好的视域，包括街景和游乐走廊等。

两个景观生态学理论为 GI 提供了理论基础：一是岛屿生物地理学（island biogeographic theory），阐明了大面积近距离连接的斑块更有利于生物多样性保护；二是异质种群动态理论（metapopulation dynamics），该理论认为在适宜生境之间设置物种交流廊道，建立起斑块网络，使生境在群落和生态系统水平上连接起来，将更加有利于物种保护。以此为基础，GI 不仅强调大面积高质量栖息地作为枢纽的作用，而且尤其强调连接性。

5.2.4 绿色基础设施的应用

2001 年由赛伯斯亭·莫菲特（Sebastian Moffatt）撰写的《加拿大城市绿色基础设施导则》（A Guide to Green Infrastructure for Canadian Municipalities）

发表。如前所述，加拿大的 GI 概念不同于英美等国，该导则是对可持续基础设施建设提供帮助，分析 GI 的若干生态学内涵及实施 GI 的关键。其中，导则第四部分详细介绍了 GI 的实施需有以下系统：排水、水污染、饮用水、能源、固体废弃物以及运输与通信；第六部分介绍了实施 GI 的关键因素：总费用估算、一体化设计过程、公共—私人参与、小型单元、城市生态规划、风险管理、良好政策、环境管理框架、流域管理、绿色建筑与发展导则、增加能源流和物质流使用的模型、选择适宜尺度与场地的规则。

2005 年英国的简·赫顿联合会（Jane Heaton Associates）在其文章《可持续社区绿色基础设施》（Green Infrastructure for Sustainable Communities）中指出：GI 是一个多功能的绿色空间网络，对于现有的和未来新的可持续社区的高质量自然和已建环境有一定贡献，它包括城市和乡村公共和私人的资产，维持可持续社区平衡且整合社区的社会、经济与环境组成。许多人认为 GI 代表了下一代保护行动，因为它在土地的保护与使用之间铸就了重要连接。传统的土地保护和 GI 规划注重环境的恢复和保存，但是 GI 也专注于发展的速度、形状和位置以及它与重要自然资源的关系。与比较传统的保护方法不同，GI 策略积极寻求一定程度上的土地使用与保护相结合，在这方面，它提供了可供公众、私人和非营利性组织参考的土地保护与使用结构。

2006 年，英国西北绿色基础设施小组（The Northwest Green Infrastructure Think-Tank）提出 GI 是一种自然环境和绿色空间组成的系统，有五个主要特征：①类型学（typology）：组成 GI 的成分类型，可能是自然的、半自然的以及完全人工设计的空间和环境；②功能性（functionality）：GI 是多功能的，主要体现在整合性与相互影响的程度；③脉络（context）：GI 存在于城市中心、城市边缘、半城市地区到农村及遥远地区等一系列相互关系中；④尺度（scale）：GI 的尺度有可能从一棵行道树（邻里尺度）到整个县域到完全的环境资源基础（区域尺度）；⑤连通性（connectivity）:GI 在网络中存在的程度，意味着一个实体连接的网络或功能性连接。该小组指出绿色基础设施规划程序包括以下四步骤：①数据调查包括数据和政策结构；②现有资源分析和功能性评估；③评估后使现有的绿色基础设施与功能相匹配；④形成计划，规划决定绿色基础设施系统内需要有何种形式的变化，以及做出变化的功能与需求的评估。

一些国家、地区进行了广泛的研究与实践，连接社区及绿色空间形成 GI 网络，如美国马里兰州"绿图"计划、新泽西州的"花园之州绿道"，英国西北绿色基础设施规划等，但没有统一和标准的规划框架和方法。比较几个代表性国家的 GI 规划框架可以发现，不同项目采取的步骤不同，各有侧重。总的来看几个国家 GI 规划的框架和步骤都可以纳入以下 6 个阶段。事实上，各个 GI 规划项目从发起到实施几乎都包括这些方面的工作，只是为了突出重点，有的略去了一些步骤。①准备：该阶段的主要任务是组建团队和确定目标。首先，将可能受影响的各个利益主体、相关机构都纳入 GI 团队中来，建立长期的合作机制，并组建一个由生态学家、景观设计师等多学科专家组成的咨询小组；然后，在已有的规划基础、利益主体的意见以及保护目标等基础上确定具体的目标，作为整个规划和决策的重要基础。②搜集数据：构建 GI 需要同时考虑自然、生物以及人文各类过程，因此应充分搜集场地及区域各个方面的基础信息，尤其是土地利用方面的资料，常常是构建 GI 最重要的数据来源。③分析和评价：通过适宜性分析或其他方法将各种目标转化为落实到空间上的 GI 要素和格局，这一步是构建 GI 的核心技术问题，但不同区域、地方 GI 项目的分析方法各异。④确定 GI 要素与格局：通过上一步骤的分析确定 GI 的组成要素以及空间结构，并在图上标示出来，有可能是示意性的多边形和箭头代表"枢纽"和"连接廊道"，也可能得出具有明确空间布局的分析结果。这一步骤也可以与上一步骤相结合，看作是分析过程的结果。⑤GI 的综合：在综合的阶段，需要检验 GI 是否能够满足最初设定的规划目标，是否符合利益主体反馈意见，是否可行，不同性质的目标之间是否有冲突以及如何解决，还有通过风险评估等方法确定优先保护的地区等。⑥实施与管理：将 GI 综合的结果在现实中实施，这一阶段需要使用决策支持工具，保护资金，与当地的法规、规划整合等（图 1-10）。

5.3 景观再生设计

景观再生是对已经造成的和即将造成的景观破坏进行恢复与重建的工作，恢复其原有生态系统被人类活动所终止或破坏的相互联系，并以景观单元空间结构的调整和重新构建为基本手段，包括调整原有的景观格局、引进新的景观组分等，以改善受威胁或受损生态系统的功能，提高其基本生产力和稳定性，将人类活动对于景观演化的影响导入良性循环。

环境、景观及生态的恢复与重建问题的提出与经济发展水平有关。由于国外城镇建设起步较早，由此引起的环境生态问题发生较早，也较为严重，因此对由于人类活动而引起的相关环境生态问题的研究与实践相应也开展较早和更为深入。

国外景观恢复与重建相关的研究始于恢复生态学，这一学科的产生可追溯到20 世纪 40 年代。1935 年，Alpo Leppold 率先对美国威斯康星州草原的恢复重建进行了研究。1975 年 3 月，在美国弗吉尼亚工学院召开了"受损生态系统的恢复"国际会议，会议讨论了相关生态恢复与重建的原理、概念与特征，提出了加速生态系统恢复重建的初步设想、规划与展望。1980 年，Cairns 主编了"The Recovery Process in Damaged Ecosystem"一书，书中从不同角度探讨了

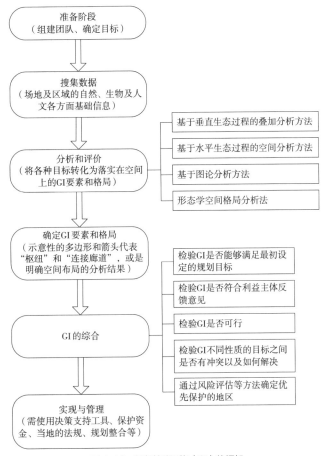

图 1-10 绿色基础设施（GI）的框架

受损生态系统恢复重建过程中的重要生态学原理和应用问题。1983年，"干扰与生态系统"学术会议在美国斯坦福大学举行，此后又在美国麦迪逊召开了恢复生态学学术研讨会，并出版了题为《恢复生态学》的论文集。1985年，美国学者Aber和Jordan首次提出了恢复生态学的科学术语，并将之逐步确定为生态学的新的应用性分支学科。至此，与之相关的环境、生态、景观等问题的研究与实践蓬勃开展起来。

在恢复生态学发展与实践过程中，与景观恢复与重建相关的实践和实例有不少。自20世纪70年代以来，英国、德国、美国等国家先后制定了城市生物生境调查、制图及评价规范，保护恢复方法、措施也逐步被提出并推广。同时，一些城市还颁布了城市生物保护政策与法律，并将城市生物保护内容纳入城市规划的范畴，在城市自然保护及生态重建方面进行了积极和有意义的尝试。

在城市自然保护方面，如1984年在大伦敦会议（GLC）领导下开展了伦敦地区野生生物生境的综合调查，确立保护地，制定了相应保护政策。1990年，德国对杜塞尔多夫市的生物栖息地的保护进行了规划，提出城市栖息地网络的设计方案。

美国新泽西州于 1988 年实施《淡水湿地保护法案》，即是对因城市发展而导致的湿地减少所采取的措施。

　　生态重建是以城市开放空间为对象，以生态学及相关学科为基础进行的城市生态建设系统，使城市绿地纳入更大区域的自然保护网络，成为发达国家可持续城市景观建设实践的主要内容。生态重建通常包括以下内容：生态公园建设、废弃土地的生态重建、城市森林与城市绿道体系建设、城市栖息地网络构建、城市雨水与中水的综合循环利用等。国外在这些方面的实践有很多，如：英国 1977 年在伦敦塔桥附近利用前火车停放场地建立了 William Curtis 生态公园，1986 年又建设了 Stave Hill 自然公园；1985 年加拿大多伦多市在市中心的麦迪逊大街建立了 Annex 生态公园。生态公园为城市生态重建提供了实践空间，拓展了传统城市公园的概念。城市废弃土地的生态及景观重建活动也日益盛行，如国外较早的采石场的生态恢复有 20 世纪 70 年代开始的委内瑞拉古里水电站 700 公顷采石场的生态环境恢复计划，瑞士的 Upper Rhineland 盆地峡谷中 Musital 采石场及其周边地区的生态恢复规划工程及法国的 Biville 采石场生态和景观恢复工程等。

　　20 世纪 90 年代以来，重建矿区等工业废弃地生态环境，实现可持续性发展，得到世界各个采矿工业大国的重视。如德国有丰富的煤炭资源，20 世纪 70 年代后，煤炭业开始萎缩，人们开始重视废旧矿区的生态恢复与重建问题，尤其是露天开采活动所造成的局部区域生态退化亟待解决。德国在此方面经过多年发展与实践，建立了较为完善的理论方法、体系、法律制度、技术措施及公众意识培育，值得其他各国学习和借鉴。其中成功的例证之一，如德国汉巴赫矿区外排土场的复垦工程，如今该处排土场已被重建成为一个别具特色的风景区。这类景观通常被称为后工业景观，其他比较著名的例子还有德国国际建筑展埃姆舍公园中的系列项目、德国萨尔布鲁肯市港口岛公园、德国海尔布隆市砖瓦厂公园、美国波士顿海岸水泥总厂及其周边环境改造、美国丹佛市污水厂公园、韩国金鱼渡公园等（图 1-11）。

5.4　生态网络

5.4.1　生态网络概念及思想发展

　　生态网络是指由各种类型的生态功能区、生态廊道和生态节点组成的生物种群间互利共生的复合网络。生态网络规划是基于系统学原理的生态要素相互作用的规划，是城市网络中生态要素的体现，也是多途径生态恢复的一种特殊方式。

　　生态网络规划思想可以追溯到西方国家 19 世纪的公园规划和 20 世纪的开敞空间规划。真正意义上的生态功能网络研究和规划基于 20 世纪 80 年代综合生态规划研究的兴起。1987 年美国总统委员会关于户外环境的报告是第一次出现"生态网络"

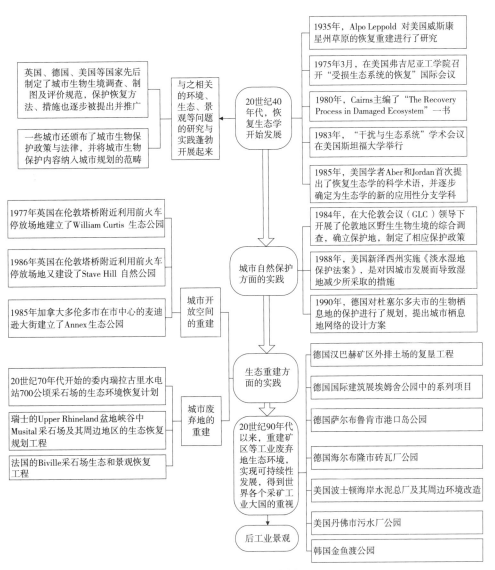

图 1-11 景观再生设计的发展

的政府工作报告。在生态网络理论的指导下，美国一半以上的州进行了生态网络规划。根据生态网络中各个景观要素的类别、特点、相对位置，可以分为核心区、连接区、缓冲和恢复区，共同构成生态网络的基本结构。核心区为支持整个动植物数量及相关生态功能提供基本的生境条件；连接区通过自然和半自然植被的协调使用，提高各个斑块间结构和功能上的连通，是供动物迁移、植物种子传播、基因交流的路径；缓冲区分布于核心区与连接区周围，减缓负面影响，通常可允许适度的人类活动和多种土地利用方式共存。恢复区是指扩大既有栖地或创造新的栖地，以改善生态网络功能的区域。生态网络构建包括保护已经存在的绿色单元、恢复受损的自然系统、重建新的绿色网络、完善网络连接及建立人文生态网络。生态网络通过加强各个栖息地斑块间的结构和功能连接，从而促进物种的基因交流、迁移和散布，因此对维持区域野生动植物物种的生存繁殖和生态格局安全具有重要意义。同时，生态网络也是达成生物多样性保育的重要手段，是生态保护与环境规划的新趋势（图1-12）。

从最初19世纪60年代为了提高绿地可达性和强化游客美学体验所建立的线性开放空间——连接（1inkage），到以线性廊道有目的地连接已有公园的公园道（parkway），到以河流和公园道为骨架建立的早期开放空间廊道体系（early open-space corridor），再到以廊道体系作为非建设用地、开放空间保护和游憩功能开发的对策，其规划思想的发展大致经历了四个阶段（图1-13）：第一阶段，以欧洲的轴线和美国的林荫大道为代表，主要功能为连接、运动和视觉。轴线是最主要的景观特征，主要连接关键特征和目标点。第二阶段，是早期的公园道与绿道，它沿着河流、小溪、山脊、道路及其他廊道两旁所建，服务于游憩活动和人行，最主要特征是无机动车辆通行。第三阶段，是美国的绿道系统和欧洲的开放空间系统，其空间结构已经有意识地朝网络化方向发展，主要目标是服务于某个单一具体问题，如城市开放空间保护、野生动物栖息地保护、河流的保护与水质恢复等。第四阶段，是多层次多目标的城市绿地生态网络体系，已经超越了单纯游憩与功能使用的范畴，功能高度复合，提供游憩活动同时注重于环境保护和提供野生生境，以及减少城市洪水灾害和提高水质等。

5.4.2　生态网络研究的主要领域

（1）环境、生态研究方面

城市绿地生态网络规划思想是多学科综合发展形成的一种城市生态环境规划理念，这一思想包含了许多已有的环境学和生态学理论。环境容量、自净能力、生态

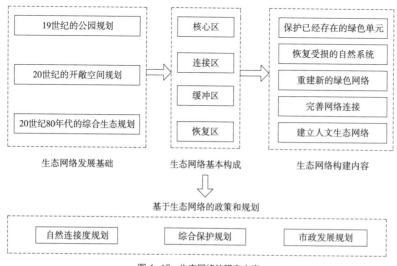

图1-12　生态网络的研究内容

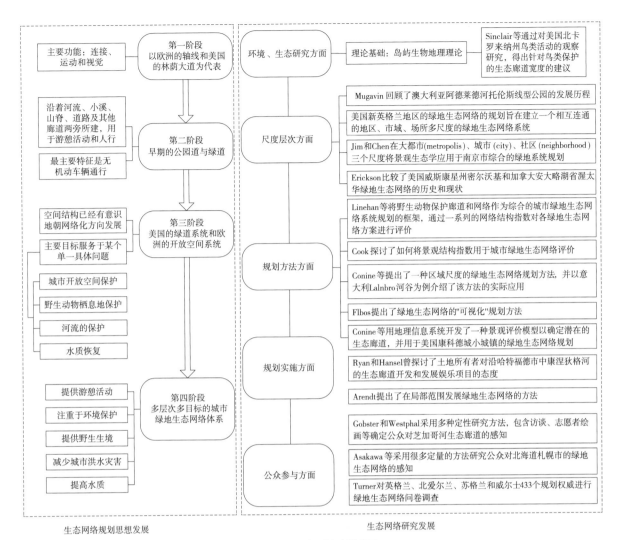

图 1-13　生态网络规划的发展

补偿和生态稳定性等都可看作是绿地生态网络的基础。其中岛屿生物地理理论是绿地生态网络研究的重要理论基础：一定面积的生境对应一定数量的物种，面积越大可能发现的物种数量就越多。将这一理论应用于城市绿地系统规划，则认为在总面积相同时，大面积成片分布的绿地斑块能比小块分散分布的绿地包容更多的物种，而绿地间有适当的生态廊道连接后更有助于物种的迁移多样性。根据这些理论，可以进一步推算城市绿地斑块地大小及最优分布格局。Sinclair等通过对美国北卡罗来纳州的哺乳动物的鸟类捕食者活动的观察，研究了鸟类保护与生态廊道宽度、廊道外围用地类型、廊道内人类居住模式的关系，得出针对鸟类保护的生态廊道宽度的建议。

（2）尺度层次方面

随着生态廊道概念的进一步拓展，多尺度的绿地生态网络研究受到广泛关注。

Mugavin 回顾了澳大利亚阿德莱德河托伦斯线型公园的发展历程，分析了规划背景、规划实施和评价等内容。研究表明该生态廊道可以对人们对河流日益变化的态度做出响应，已成为澳大利亚其他绿地生态网络规划的典型代表。美国新英格兰地区的绿地生态网络的规划旨在建立一个相互连通的多尺度的绿地生态网络系统——新英格兰地区尺度、市域尺度、场所尺度。Jim 和 Chen 针对中国城市比较紧凑的城市形态，在大都市（metropolis）—城市（city）—社区（neighborhood），三个尺度将景观生态学应用于南京市综合的绿地系统规划。

在时间尺度方面，Erickson 比较了美国威斯康星州密尔沃基和加拿大安大略湖省渥太华绿地生态网络的历史和现状，研究表明公园系统是每一个城市发展的重要组成部分，更多的、有意识地规划的城市绿地生态网络是现代化大都市区域规划的重要组分。在空间尺度方面，"区域（regional）—地方（local）—场所（site）"是规划中常用的 3 个尺度，它们与"景观—生态区—生态成分"相对应，但它们的行政、经济区性质对实际规划更为重要（图 1-13）。

（3）规划方法方面

Linehan 等将野生动物保护廊道和网络作为综合的城市绿地生态网络系统规划的框架，在区域土地覆盖、野生动物和生境评价的基础上，通过节点权重分析选取重要生境斑块形成 7 种绿地生态网络方案，然后通过一系列的网络结构指数对各方案进行评价。Cook 探讨了如何将景观结构指数用于城市绿地生态网络评价，主要是针对每一类指标（包括斑块指数、廊道指数和基质指数）现状，根据综合分析提出合理的优化值。Conine 等提出了一种区域尺度的绿地生态网络规划方法，并以意大利 Lalnbro 河谷为例介绍了该方法的实际应用，主要分析步骤包括：景观资源的评价；现存绿色通道和历史遗产网络分析；一单因素评价；综合评价及绿地生态网络的设计和描述。Flbos 提出了绿地生态网络的"可视化"规划方法，即分析为生态、自然保护、娱乐和历史及文化价值留出的绿色空间并制成专题图；分析现有的绿色空间规划并制成专题图；考察现存网络的缺陷，在每一个尺度上连接每种类型生态廊道；制定单项规划，如自然保护、娱乐、历史文化资源；整合所有的单项规划，形成综合的绿地生态网络规划。Conine 等用地理信息系统开发了一种景观评价模型，以确定潜在的生态廊道，并用于美国康科德城小城镇的绿地生态网络规划，主要通过一系列的区域评价、连接度评价、适宜性评价、接近性评价确定潜在的生态廊道。

（4）规划实施方面

城市绿地生态网络的规划及实施和城市的经济发展是一组相对立的活动，前者以生态环境为先，后者以经济利益为重，二者不可避免地产生一些矛盾，尤其是在土地获取和土地利用过程中。Ryan 和 Hansel 曾探讨了土地所有者对沿哈特福德市中康涅狄格河的生态廊道开发和发展娱乐项目的态度，从美国东北部日益增长的旅游需求出发，与土地所有者探讨了他们对将他们的农场或森林开辟为旅游设施的想法和接受度。Arendt 提出了在局部范围发展绿地生态网络的方法，即鼓励房地产开发商集中住宅业的发展，将其他的私人土地作为保护地或公园。该绿地生态网络实施策略由于较多地考虑私人因素、减少公众投资数量而扩大了当地社区的利益，这种方法因为可以扩大资金来源而对当地政府来说是非常重要的。

（5）公众参与方面

为公众服务是绿地生态网络规划和实施的重要目标之一，而绿地生态网络的接近性是其中一个重要的衡量指标。因此在规划中必须考虑公众对绿地生态网络的感知，尽可能扩大公众参与程度。Gobster 和 Westphal 采用多种定性研究方法，包含访谈、志愿者绘画等确定公众对芝加哥河生态廊道的感知。其中提到了绿地生态网络中六个相互依赖的人类感知，包括干净、自然、艺术、安全、接近性和发展潜力。Asakawa 等也采用很多定量的方法研究公众对北海道札幌市的绿地生态网络的感知，发现河岸两边植被的类型和保护对公众感知具有重要的影响，而且不同类型的绿地生态网络令使用者对生态廊道有不同的感知。Turner 对英格兰、北爱尔兰、苏格兰和威尔士 433 个规划权威进行绿地生态网络问卷调查。问卷的题目设置主要集中在：绿地生态网络的定义、绿地生态网络的状况、当地的某个绿地生态网络项目。通过这种方法来确定公众普遍接受的绿地生态网络的定义以及公众对绿地生态网络的了解程度，为以后的规划提供指导方向。

5.4.3 生态网络规划的应用实践

（1）北美地区的生态网络实践

北美的绿地生态网络规划实践主要关注于基于乡野土地、未开垦土地、开放空间、自然保护区、历史文化遗产以及国家公园的绿地生态网络建设，其中许多是基于游憩和风景观赏的考虑出发的，研究中较多采用绿道网络（Greenway network）一词。美国的绿地生态网络发展大致经历了三个阶段：第一阶段，为大面积绿地建设阶段，即 19 世纪的城市运动和国家公园运动以及 20 世纪的开放空间规划。该阶段形成了大批的城市公园和保护区，为以后的绿地生态网络建设提供了基础。第二阶段，在原有绿地的基础上，规划建设生态廊道，并进行有效的连接，这是美国当前绿地生态网络建设的主要内容。第三阶段，即注重绿地生态网络综合功能的发挥，建设综合性的绿地生态网络。目前，美国的绿地生态网络建设已开始进入这一阶段。有关绿地生态网络规划和实施的思想在美国已经广泛传播，正如美国保护基金绿道项目负责人爱德华·迈克曼所说，美国有一半以上的州进行了不同尺度的绿地生态网络规划和实施。其中新英格兰地区具有优良的绿地生态网络规划传统，试图将该地区所有的生态廊道进行连通，以形成一个综合性的多功能的绿地生态网络系统，这一规划可以说是走在世界前列。

（2）欧洲地区的生态网络实践

欧洲的绿地生态网络规划实践则把更多的注意力放在如何在高度开发的土地上减轻人为的干扰和破坏、进行生态系统和自然环境保护，尤其是生物多样性的维持、野生生物栖息地的保护以及河流的生态环境恢复上，多倾向于使用生态网络（Ecological network）这一术语。欧洲的绿地生态网络概念最早源自20世纪初城市规划中的绿带系统，它将城市与外界的自然地区和森林地带联系在一起，主要为被污染的城市提供可供市民游憩的场所。而后较为早期的欧洲自然保护规划多为针对具体某一地块的生态与环境保护，时至今日则发展成为完整的系统规划。虽然绿地生态网络多为功能复合的，并且在农业规划、道路规划和自然保护中建立一种协调关系，但是大部分西欧国家仍然把生态功能的实现作为绿地生态网络构建的主要目标，并且较少考虑到绿地生态网络的历史及文化资源保护功能。目前，欧洲正在实施中的区域尺度、国家尺度的绿地生态网络几乎全部基于景观生态学原则。

Rob H.G.Jongman 对欧洲十五个国家的绿地生态网络规划实践进行了研究和总结，其结论具有一定的代表性。这些绿地生态网络的构建主要出于以下目的：生物栖息——为生物种群创建憩息地；生态平衡——通过景观功能区划，维持区域生态环境的稳定；流域保护——构建以保护河流为核心的绿地生态网络（表1-4）。

5.5 绿道和绿道网络

5.5.1 绿道的概念

在《简明牛津字典》中，green 指与环境有关或支持环境保护。way 指一个地区的通道、到达一个地区的线路或路径。因此，从词源上来看，greenway 是人们接近自然的通道，并具有连接城市和乡村景观的功能。绿道一词在 1959 年首次出现并被 Whyte 所用，之后在 1987 年首次被美国户外游憩总统委员会（President's Commission on Americans Outdoor）官方认可，将绿道定义为提供人们接近居住地的开放空间，连接乡村和城市空间并将其串联成一个巨大的循环系统[7]。Little 将其定义为沿着自然廊道（如河岸、溪谷或山脊线）或转变为游憩用途的铁路沿线、运河、风景道或其他线路的线性开放空间；任何为步行或自行车设立的自然或景观道；一个连接公园、自然保护区、文化景观或历史遗迹之间及其聚落的开放空间；一些局部的公园道或绿带[8]。并将其划分为 5 种主要类型：①城市河流（或其他水体）廊道；②休闲绿道，如各种小径和小道；③强调生态功能的自然廊道；④风景道或历史线路；⑤综合性的绿道和网络系统。以上两种定义被广泛引用，前一种定义反

名称	主要功能	规划途径、构想和目标
比利时弗兰德斯生态网络	物种保护	主要目标是在自然保护区域中构建连续的网络框架
比利时瓦龙生态网络	物种保护	社区尺度上的地方规划，以区域尺度上的规划为指导
捷克国土景观生态系统	生态平衡、物种保护	基于空间功能划分的重要景观生态网络，目标在于保护自然、生物多样性，并支持土地的多功能用途
丹麦生态网络	生态平衡、流域保护	建立核心保护区和生态廊道，多功能规划，为物种的迁移建立连续的网络框架
爱沙尼亚综合地区网络	生态平衡	规划和管理乡野地区的理想的多样性景观和区域空间规划中的生态基础设施
德国 Vernetzter 生态系统	物种保护、流域保护	自然保护的概念性规划，建立针对物种保护的核心保护区和生态廊道
意大利 Reti 生态网络	物种保护	省级项目，目标为建立作为欧洲生物保护项目一部分的生态网络
立陶宛自然系统	生态平衡、流域保护	土地管理系统，为自然保护和恢复创造环境
荷兰国家生态网络	物种保护、流域保护	政策性文件，目标为在区域的连续框架下进行物种保护，国土范围的规划已在 12 个省的合作、实施中完成
波兰国家生态网络	物种保护、生态平衡流域保护	主要沿河流的廊道所构建的核心保护区网络，该项目由 IUCN 倡议，并通过国家当局的商议
葡萄牙里斯本和波尔图大都会区绿道系统	物种保护、游憩利用流域保护	对于保护和将实施保护的区域进行缝隙分析（Gap Analysis），目标为保护生物多样性和文化、游憩价值，由大学、NGOs 和城市当局合作倡议
俄罗斯自然区域保护系统	物种保护	委派保护区域的不同系统，在多个不同部门、不同区域的监督下形成多个独立的子系统
乌克兰生态网络	生态平衡	基于自然保护法构建的网络，作为具有法律效力的战略规划，由环境部门完成，包括现有保护区、缓冲带、生态廊道
斯洛法尼亚国土生态系统	生态平衡、物种保护	基于空间功能划分的重要景观生态网络，目标在于保护自然、生物多样性、并支持土地的多功能用途
西班牙加泰隆尼亚自然保护区域网络	物种保护	作为加泰隆尼亚生物多样性战略的成果，一些项目试图通过乡野地区连续 PEIN 自然保护区，构建生态网络
英国柴郡乡村生态网络	生物保护	目标在于实施一区域项目，为生态网络和核心区、廊道和缓冲带制图，并且作为欧洲生物保护项目与意大利一同合作实施

资料来源：Rob H.G. Jongman，Mart Külvik，Ib

映了与自然保护区和国家公园所不同的强调人的可进入性，后一种定义更加明确了几种不同的绿道类型。

随后，Ahern 在文献综述的基础上并结合美国的经验，将绿道定义为是由那些为了多种用途（包括与可持续土地利用相一致的生态、休闲、文化、美学和其他用途）而规划、设计和管理的由线性要素组成的土地网络[9]。该定义强调了 5 点：①绿道的空间结构是线性的；②连接是绿道的最主要特征；③绿道是多功能的，包括生态、文化、社会和审美功能；④绿道是可持续的，是自然保护和经济发展的平衡；⑤绿道是一个完整线性系统的特定空间战略。

与绿道相关的术语有生态网络（ecological networks）、栖息地网络（habitat networks）、野生动物廊道（wildlife corridors）、生态基础设施（ecological infrastructures）、生态廊道（ecological corridors）、环境廊道（environmental corridors）、景观连接（landscape linkages）等。

5.5.2 绿道的发展阶段

绿道的发展一共可以分为五个阶段，分别为：萌芽时期、实践快速发展时期、理论研究发展时期、成熟时期、全球化发展时期（图1-14）。

（1）第一阶段：萌芽时期（公元前1046—1900年）

西方国家绿道规划思想开始于16世纪，然而在中国却可以追溯到公元前1000多年的周代。从世界四大文明发祥地的诞生与发展可见，人类文明的形成与发展同流域发展结下不解之缘。以古老的中华民族文化为例，早在夏代（公元前2070—公元前1600年），大禹进行治水，改善农牧业生产条件，形成了古代城镇沿河流布局建设的思想。此时的河流主要承担方便生产生活、提供交通运输的作用。进入周代（公元前1046—公元前221年），在城市布局与筑城思想方面，已能采取顺应自然条件，充分利用山体、自然河道建造城墙与城壕，并且颁布了沿城壕外围必须植树造林的第一部法律。到春秋战国时期（公元前770—公元前476年），著名思想家管子已认识到沿河岸造林能加固土壤，防止洪水侵袭。从隋代（581—618年）沿京杭大运河种植大量的柳树，到宋代沿杭州钱塘江河岸种植了10多排树木，这些都可作为中国历史上所开展的大规模、有目的的绿道建设项目。在思想理念方面，沈括对1038—1040年间发生的洪水灾害进行研究表明，当人们砍伐先辈种植的树木后，洪水就会侵袭广大的粮田与人类生活驻地。这些实例充分说明，人们当时已认识到沿河分布的绿道在防止洪水侵袭方面的功能与作用。值得一提的是，自秦代开始（公元前221年），至明代正德年间（1518年），在川西古蜀道上先后开展了8次大规模的行道树种植与维护，形成了现今随着古栈道、驿道延伸，林木茂盛的林荫古道，即举世闻名的剑门蜀道"翠云廊"，这是迄今为止世界上最古老、保存最完好的古代绿道。

中世纪以来，随着西方国家经济繁荣，绿道规划研究重点区域已从古老的中国转向西方。人们提出了"理想城市"建设模式，形成了轴线干道加规则广场的城市建设范式。如法国巴黎在此时期沿塞纳河建设的林荫大道，即是早期西方国家所建设绿道的典型实例。1867年，奥姆斯特德（Frederick Law Olmsted）等在美国波士顿地区规划了一条呈带状分布的城市公园系统，该规划将富兰克林公

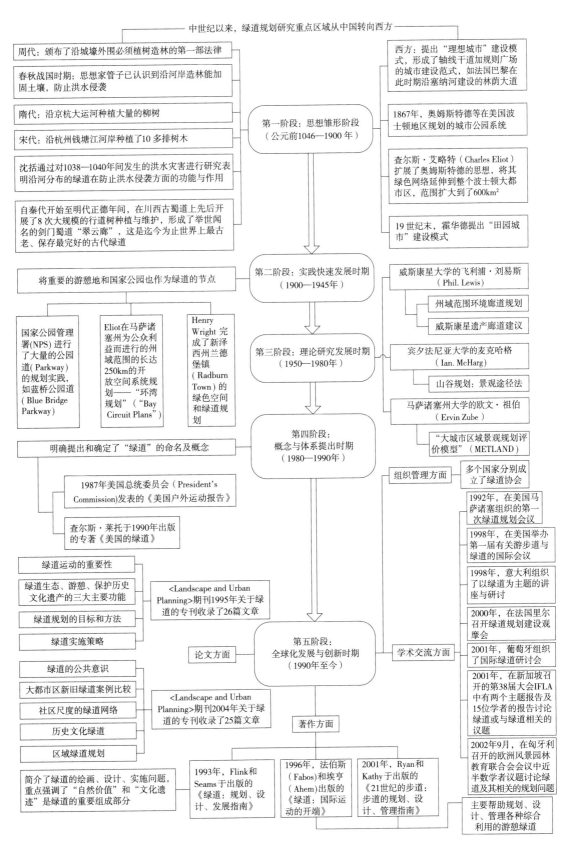

图 1-14　绿道和绿道网络的发展

园（Franklin Park）通过阿诺德公园（Arnold Park）、牙买加公园（Jamaica Park）和波士顿公园（Boston Garden）以及其他的绿地系统联系起来。该绿地系统长达 25km，连接了波士顿、布鲁克林和坎布里奇，并将其与查尔斯河相连，就像一条祖母绿翡翠项链环绕在城市周围。这是西方国家所公认的第一条真正意义上的绿道（比我国的翠云廊大约晚近 2000 年）。其后，查尔斯 . 艾略特（Charles Eliot）扩展了他的思想，将其绿色网络延伸到整个波士顿大都市区，范围扩大到了 600km²，连接了 5 条沿海河流。19 世纪末，霍华德提出"田园城市"建设模式，其核心思想就是通过在城市外围设置连续完整的绿带与放射状的绿楔，将城市与自然环境有机联系起来，以降低工业革命对人们生活环境的影响。由此可见，早期绿道规划呈现围绕着沿河流、道路等线状分布的特征，功能上体现了其连通性与审美游憩价值，在生态价值方面仅限为人们提供接近自然风景的机会。

（2）第二阶段：实践快速发展时期（1900—1945 年）

这一时期的绿道项目除了连接公园和郊野开敞空间外，还将重要的游憩地和国家公园也作为绿道的节点。国家公园管理署（NPS）进行了大量的公园道（Parkway）的规划实践，如蓝桥公园道（Blue Bridge Parkway），就是将国家公园纳入绿道规划的代表之作。该绿道沿阿巴拉契亚山脉脊线从华盛顿到北卡罗来纳，贯穿整个弗吉尼亚，全长达 750 公里。Olmsted Brothers 所做的波特兰的纪念 Lewis 和 Clark 的广场规划完成了 64km 的环，后来被规划师扩展到 225km。EliotÒ 在马萨诸塞州为公众利益而进行的州域范围的长达 250km 的开放空间系统规划——"环湾规划"（Bay Circuit Plans）。该规划的意义在于将湿地和城市排水系统也纳入绿道规划。Henry Wright 完成了新泽西州兰德堡镇（Radburn Town）的绿色空间和绿道规划。

（3）第三阶段：理论研究发展时期（1950—1980 年）

这一时期是从 1950—1980 年。绿道发展受到了大学学术研究的关注，并出版了相关读物。威斯康星大学研究项目包括保护环境敏感地区的州域范围环境廊道（environmental corridors）规划和保护该州文化遗产的提议的威斯康星遗产廊道建议，代表人物是菲利浦·刘易斯（Phil. Lewis）。这两项研究通过地图标记法，识别出威斯康星州 220 种自然和文化遗产。其中两种资源的数量各占一半，并主要沿河流廊道分布。

宾夕法尼亚大学代表人物是麦克哈格（Ian. McHarg）。他在绿道研究上最具代表的项目就是山谷规划，该项目和菲利浦·刘易斯"环境廊道"规划有异曲同工之妙，都意在保护生态环境敏感地区。

马萨诸塞州大学的代表人物是欧文·祖伯（Ervin Zube）。他们最重要的贡献和成果是研究发展最快的大都市区的土地适宜性利用方式，这种方法后来用于大都市景观适宜性研究。这种方法被称为"大城市区域景观规划评价模型"（METLAND）其结果与麦克哈格的"景观途径法"（Landscape Approach）研究结果类似。在具体操作上他们的区别在于"景观途径法"关键点是把地形、土壤、植被这样一些影响景观的要素看成是对结果有着同样影响力的因素，而"大城市区域景观规划评价模型"则把关注焦点放在了定量研究，把各种因素进行的比较分析，找到一种可计算的相适度最高的土地利用方法。

（4）第四阶段：成熟时期（1980—1990年）

这一阶段是从1980—1990年，是绿道发展史上极为重要的阶段，因为这一阶段明确提出和确定了"绿道"的命名及概念。1987年美国总统委员会（President's Commission）发表的《美国户外运动报告》（American Outdoors Report）中提到"绿道网络"（network of greenways）的概念。并指出绿道网络的功能是为人们提供就近达到开敞空间的机会，连接乡村和城市空间。其次，该报告的另一重要意义是指出河道网络是已有的可利用的绿道网络的载体。并且依托河道规划绿道网络能有效控制工业生产、城市及农业产生的污染问题，提高河水及周边土地的环境质量。接着，查尔斯·莱托于1990年出版的专著《美国的绿道》（Greenways for America）将绿道定义为沿着诸如滨河、溪谷、山脊线等自然走廊，或是沿着诸如用作游憩活动的废弃铁路线、沟渠、风景道等人工走廊延伸的线状空间，包括所有可供行人和骑车者进入的自然景观线路和人工景观线路。它是连接公园、自然保护地、名胜区、历史古迹及高密度聚居区之间进行连接的开敞空间纽带。从地方层次上讲，就是指某些被认为是公园路（parkway）或绿带（greenbelt）的条状或线型的公园。该专著的另一重要意义在于为宣传绿道规划做的努力和贡献。

（5）第五阶段：全球化发展时期（1990年至今）

绿道发展已经不仅仅局限于地区级别，而是向着世界性的国际运动发展。北美地区、欧洲地区以及较发达的亚洲地区都积极参与绿道研究。而且，更重要的是，绿道发展已经由实践产生的感性认识发展到理性认识，并且在由理性认识回到实践中，指导实践进行。

组织管理方面，美国、加拿大、英国、意大利等国家分别成立了绿道协会，推动了绿道规划与建设的深入。学术交流方面，自1992年秋在美国马萨诸塞组织的第一次绿道规划会议和1998年在美国举办的第一届有关游步道与绿道的国际会议以来，意大利也于1998年，由风景园林教授组织了以绿道为主题的讲座与研讨；2000年在法国里尔召开绿道规划建设观摩会，有200多名专家、绿道项目经理和代表参加了会议；2001年葡萄牙也组织了国际绿道研讨会，有来自欧洲和美国的学者参加；2002年9月，欧洲风景园林教育联合会在匈牙利首都布达佩斯召开会议，会议中近半数学者议题讨论绿道及其相关的规划问题。值得一提的是，国际风景园林师联合会（IFLA）于 2001 年在新加坡召开了第 38 届大会，其中两个主题报告及 15 位学者的报告讨论绿道或与绿道相关的议题。

"Landscape and Urban Planning" 期刊于 1995 年和 2004 年出版了两期关于绿道的专刊。1995 年收录了 26 篇文章，主要介绍了绿道运动的重要性；绿道生态、游憩、保护历史文化遗产的三大主要功能；绿道规划的目标和方法；绿道实施策略。2004 年收录了 25 篇文章。主要介绍了绿道的公共知觉；大都市区新旧绿道案例比较；社区尺度的绿道网络；历史文化绿道和区域绿道规划。

著作方面 Flink 和 Seams 于 1993 年出版的《绿道：规划、设计、发展指南》（Greenways：a Guide to Planning，Design and Development），简介了绿道的绘画、设计、实施问题，重点强调了"自然价值"和"文化遗迹"是绿道的重要组成部分。法伯斯（Fabos）和埃亨（Ahem）于 1996 年出版的《绿道：国际运动的开端》（Greenways：The Beginning of an International Movement）、Ryan 和 Kathy 于 2001 年出版的《21 世纪的步道：步道的规划、设计、管理指南》（Trails for the 21st Century：Planning，Designand Management Manual for Multi-use Trails），主要帮助规划、设计、管理各种综合利用的游憩绿道。

5.5.3　绿道规划的实践

不同国家和区域的绿道和绿道网络发展重点有所侧重，相应的实践内容也有所区别。

美国的研究最为广泛而且深入，涉及绿道的概念界定、规划设计方法、建设技术、建后管理和区域协调的方方面面，从生态学、社会学、经济学等多学科视角研究，研究层次跨度极大，从场所层次的社区游憩绿道建设，到市域层次的绿道网络规划，直至全美的绿道系统规划。国家层面，美国已经建立了国家游步径体系（National Trails System）。该体系 1986 年规划形成时一共有三种游步径形式：国家风景游径、国家游憩游径、边缘连接型游径（connecting-and-side trails），1987 年又增加了国家历史游径。该体系发展至今，已经有 30 条国家风景游径，超过 1000 条国家游憩游径，两条边缘连接型游径，总长度超过 80000km，为人们提供慢跑、骑马、山地自行车、露营的场所。地区层面最具代表的是新英格兰地区绿道体系规划。新英格兰地区规划绿道将覆盖六个州，并增建 19300 英里的绿道和 8,000,000 英亩的保护地区，形成由游憩节点、历史文化资源、东海岸绿道、历史文化绿道、游憩路道、游步径、风景到叠加在一起的综合性绿道网络。地方层面除波士顿公园体系外，还有马里兰州的水上游览系统（water trails）和宾夕法尼亚州的都市区绿带（capital area greenbelt）。马里兰州水上游览系统根据当地的地形、气候及河流分布情况，拟出了各河段适宜游憩的项目和独特的景观，满足不同游憩需求的水上游览体验。宾夕法尼亚州的都市区绿带是一个以游憩为主，旨在给居民和游览者提供徒步、骑自行车、滑冰、慢跑和遛狗的自然景观良好的空间。

　　欧洲对于绿道的研究重在绿道的生态功能。绿道研究有两个分支，东欧研究者们从自然生态系统出发，认为绿道是连接保护"生态垫脚石"的联系框架，并有利于物种迁徙；西欧研究者们从人的角度出发，研究重点在受到人类活动影响下的自然生态环境的承载力、自净能力、稳定性。欧洲绿道项目实践等级层次有跨国层面、国家层面、区域层面和地方层面。主要功能有以促进物种传播和生存为目标的生态功能；以生态补偿高强度土地利用区域，实现大区域内部景观稳定为目标的生态稳定功能；以河流为生态网络核心的河流系统。城市背景下，地方层面的绿道项目以伦敦东南部绿链（The South East London Green Chain）为代表。它的功能主要有以下四点：保护环境、为市民提供休闲场所、追忆历史、运动场所。另外，整个欧洲还于1998年1月成立了欧洲绿道联合会EGWA（European Greenways as Association），并在2000年对绿道做了如下的界定：①专门用于轻型非机动车的运输线路；②已被开发成以游憩为目的或为了承担必要的日常往返需要（上班、上学、购物等）的交通线路，一般提倡采用公共交通工具；③处于特殊位置的、部分或完全退役的、曾经被较好恢复的上述交通线路，被改造成适合于非机动交通的使用者，比如徒步者、骑自行车者、限制性机动者（指被限速或特指类型的机动车）、轮滑者、滑雪者、骑马者等。

　　亚洲的绿道发展相对滞后，但是一些经济较发达的国家和地区对于绿道发展也相当重视。最具代表性的就是新加坡和日本。新加坡绿道运动始于20世纪80年代末期。新加坡对于绿道的定义为公园连接网络（park connector network），即连接公园和开敞空间的线性廊道网络系统。新加坡绿道规划不仅仅是为了拯救城市环境，还兼具预留机场用地、港口用地、水库、发电站用地、军事训练场地的目的。在最初的20—30年间，规划了长360km，面积达290hm^{2}的绿道，以达到每1000人拥有0.8hm^{2}公园地的目标。另一个目标是以提供更多的自然廊道的方式保护生物多样性。新加坡绿道规划设计经常利用排水系统和道路系统。日本虽然国土面积狭小、自然资源匮乏，但仍通过绿道网的建设来保存珍贵、优美、具有地方特色的自然景观。日本对国内的主要河道一一编号，加以保护，通过滨河绿道建设，为植物生长和动物繁衍栖息提供了空间；同时，绿道串联起沿线的名山大川、风景胜地，为城市居民提供了体验自然、欣赏自然的机会和一片远离城市喧嚣的净土。

　　我国在绿道方面的发展较为缓慢。理论研究方面，引入绿道这个概念的时间较晚，2005年以前对绿道的研究还较少。近年来，由于国内环境改善的需求和国外绿道运动的蓬勃发展，我国对绿道的研究和实践也迅速展开。但是，我国对绿道的研究还处于初级阶段，很多研究都属于理论介绍型，对绿道性质及具体规划的问题还没有形成体系。实践方面，我国许多经济较发达的地区和城市，如深圳、广州、上海、成都、武汉等城市都已经开始尝试建设不同层次的绿道。其中珠三角地区是最具代表性的区域。据报道，广东省委十届六次全会第四次全体会议提出，从2010年起，广东将用3年左右时间，在珠三角地区率先建成总长约1690km的6条区域。《实施意见》明确提出了"编制省立公园——珠江三角洲绿道建设规划"的任务要求，将把公园、自然保护地、名胜区、历史古迹及其他高密度住宅区内的开敞空间联系起来，构建珠三角绿道网，并选取若干"区域绿道"，按照"省立公园"的模式进行保护和利用。

参考文献

[1] 魏来."天人合一"思想的当代价值[D].长春理工大学,2008.

[2] 钟晓龙.中国传统生态思想研究[D].大连理工大学,2003.

[3] 熊英姿.中国传统"天人合一"思想及其当代生态伦理价值[D].武汉理工大学,2006.

[4] 蔡海生,张学玲,王小明,等.中国古代生态思想对当代生态化发展的启示[J].生态经济(学术版),2012(01):414-418.

[5] Forster Ndubisi. Ecological Planning : A Historical and Comparative Synthesis[M]. Baltimore : The Johns Hopkins University Press,2002.

[6] 于冰沁,田舒,车生泉.从麦克哈格到斯坦尼兹——基于景观生态学的风景园林规划理论与方法的嬗变[J].中国园林,2013(04):67-72.

[7] 华晓宁,吴琅.回眸拉·维莱特公园——景观都市主义的滥觞[J].中国园林,2009(10):69-72.

[8] 邹丽丽.景观都市主义设计思想与手法初探[D].北京林业大学,2011.

[9] 杨锐.景观都市主义:生态策略作为城市发展转型的"种子"[J].中国园林,2011(09):47-54.

[10] 周艳妮,尹海伟.国外绿色基础设施规划的理论与实践[J].城市发展研究,2010(08):87-93.

[11] 李开然.绿色基础设施:概念,理论及实践[J].中国园林,2009(10):88-90.

[12] 吴伟,付喜娥.绿色基础设施概念及其研究进展综述[J].国际城市规划,209(05):67-71.

[13] 裴丹.绿色基础设施构建方法研究述评[J].城市规划,2012(05):84-90.

[14] 刘福智.城市景观再生设计的理论及策略研究[D].西安建筑科技大学,2009.

[15] 陈小奎,莫训强,李洪远.埃德蒙顿生态网络规划对滨海新区的借鉴与启示[J].中国园林,2011(11):87-90.

[16] 王鹏.城市绿地生态网络规划研究[D].同济大学,2007.

第二章

景观与区域
生态规划方法
体系框架

1 景观与区域生态规划方法体系构成

　　景观与区域生态规划方法体系框架主要由三大部分构成，首先是适宜性评价方法体系框架，它是整个生态规划方法体系的基础；其次，是生态规划方法的体系框架，它是各类生态规划方法具体内容和使用范围的体现；最后是生态技术体系框架，它为生态规划方法提供技术支撑，使规划方法能更好地达到预期目标（图2-1）。

2 适宜性评价方法体系框架

2.1 适应性评价方法的构成体系

　　适宜性评价方法是生态规划方法的基础，在人类生态学方法、生态系统方法、景观生态学方法及景观价值和景观感知等方法中都有其踪影。1969年前早期的适宜性评价方法孕育了后期发展的生态规划方法，所以在研究生态规划方法体系框架前，应对适宜性评价方法的体系框架有深刻的理解（图2-2）。

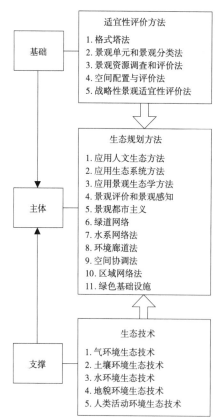

图2-1　适宜性评价方法、生态规划方法和生态技术三者关系框架

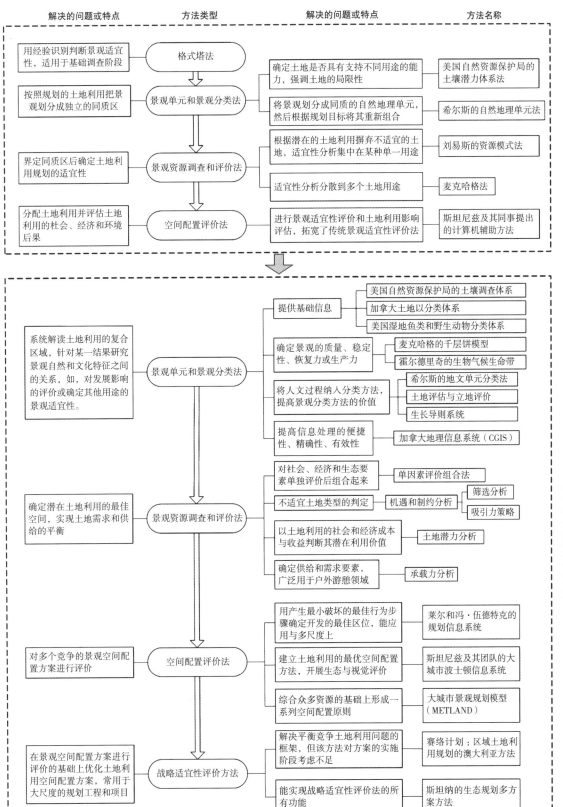

图 2-2　适宜性评价方法体系框架

在适宜性评价方法体系框架中，1969 年前的适宜性评价方法主要强调的是自然特征，而 1969 年之后的适宜性评价方法则融入了经济、社会文化等因素。所有体系框架中的适宜性评价方法可分为格式塔法、景观单元和景观分类法、景观资源调查和评价法、空间配置与评价法以及战略性景观适宜性评价法等五大类，其复杂程度依次递增。

2.2　格式塔法应用框架

格式塔法适用于基础调查阶段，因为其不能将各个因素融合起来，所以它不能在更高层次的阶段使用。格式塔法主要分四步进行（图 2-3）。首先，需要规划设计师研究航拍图与遥感数据，或是一天之中不同时间段内观察到的景观数据；第二步，记录景观的模式或区域，这些地区可能会出现一个或多个相同类型的景观，比如麦田与地势低洼的阔叶林带，两者的土壤都很潮湿，或者这些地区都具有独特的景观特质，例如优美如画的景色；第三步，预测出拟定的土地用途对景观格局造成的影响；第四步，根据潜在的土地使用模式推导出土地所具有的潜力。举例来说，在每次调查中发现某研究区域的土地总是很潮湿，那么就可以得出这块土地的土壤条件不稳定，很可能无法在这里建造房屋的结论。由于利用模式的基础是对自然和文化类型的理解，而不是针对任意一种用途的适宜性，因此，一些观察到的利用模式可能具有相同的适宜性。面对这种情况，规划师就需要为每种土地用途编制地图，以揭示面对土地既定用途时每种模式所具有的操作能力。

在大部分的景观适宜性评价法中，格式塔法可以说是一个颇具特色的判断方法，至少在基础调查阶段是这样的。例如，一片航拍的林地是由林下植物和地被植物组成的复合植物群落，其便可以被视作一个格式塔形态。在此，格式塔法用来识别特定的景观资源和植被类型，并将这些特征与其他资源整合后绘制适宜性地图。

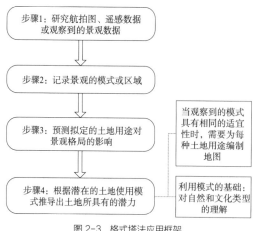

图 2-3　格式塔法应用框架

2.3 景观单元和景观分类法应用框架

1969 年前的景观单元和景观分类法是一种静态的研究方法，如用附带文本的方式进行景观过程的描绘分类。这类方法按照规划的土地利用把景观划分成独立的同质区。这一时期的景观单元和景观分类法主要包括美国自然资源保护局的土壤潜力体系法和希尔斯的自然地理单元法。从 20 世纪 70 年代初开始，景观单元和景观分类法得到进一步改进，进一步用于生态单元的确定。此外，该方法还重点强调理解和诠释景观，而不是仅仅描述景观的特征。由于景观单元和景观分类法反映了人类强加在自然和文化现象上的人文因素，因此景观单元和景观分类法具有无穷变化的可能性。这一时期的景观单元和景观分类法主要包括提供基础信息的美国自然资源保护局的土壤调查体系、加拿大土地分类体系和美国湿地鱼类和野生动物分类体系；确定景观质量、稳定性、恢复力或生产力的麦克哈格的千层饼模型和霍尔德里奇的生物气候生命带；将人文过程纳入分类方法的希尔斯的地文单元分类法、土地评估与立地评价和生长导则系统；提高信息处理的便捷性、精确性和有效性的加拿大地理信息系统等。

2.3.1 土壤潜力体系法应用框架

作为最悠久的方法之一，土壤潜力体系法是用来确定土地是否具有支持不同用途的能力。该系统是由自然资源保护局（原水土保持局）建立的，它是美国农业部的一个分支，用于协助农民进行农业管理的实践活动。土壤潜力体系法的基本逻辑是：当土壤属性被应用到特定的农业生产类型中的时候，就会对土地用途形成制约。换句话说，分类系统强调的是土壤的局限性，而不是对各类土地用途的吸引力。

土壤潜力体系法首先根据类、子类和单元三种层次将土壤进行分类；然后，根据土壤对土地用途构成的限制再进行分类；最后，使用该分类对农业生产、规划和资源管理进行评估。

应用最广泛的分类依据是土地性能。土地分类是用罗马数字 I 至Ⅷ来标明的，用这些来量化植物选择、土壤侵蚀性以及管理力度在农业生产中逐级增加的限制。I 类土壤对土地利用基本没有限制，而Ⅷ类土壤则有着诸多限制，这些限制都使得土壤不适宜于商业生产、野生动物生存以及用水供给。

第二个层次是在第一土壤类别中划分出几种土壤子类别。子类使用字母来进行标识，如 E（侵蚀），W（水），S（含石量或深浅度），将其后缀于第一类别的罗马字母后来表示土壤的限制程度，例如Ⅲ s 或者Ⅳ e。由于子类是以第一类的限制为基础，因此 I 类下的子类限制最少而Ⅷ类下的子类限制最多。

第三个层次是在子分类之下构成土壤的亚基层，它能够供给类似的作物生长，

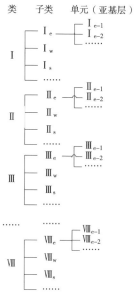

类　　　子类　　　单元（亚基层）

图 2-4　土壤潜力体系法应用框架

提供类似的农业生产力，同样也需要类似的管理措施。亚基层是用阿拉伯数字后缀于子类来表示限制程度，例如，Ⅱ s-2 或者Ⅳ w-3（图 2-4）。

　　总之，土壤潜力体系法通过土壤资源调查来帮助个人和机构完成景观适宜性评价。这些信息能够全部反映在比例尺为 1：20000 的地图上，公众可以很便捷地得到这些信息。由于不同的土地利用适宜性结论可以从分类系统中推导出来，因此土地适宜性的土壤评估会是一篇陈述性的评估报告。

2.3.2　自然地理单元法应用框架

　　安格斯·希尔斯（Angus Hills）是加拿大安大略省土地林业部（the Ontario Department of Lands and Forests）的首席研究专家，于 1961 年提出了用于景观分析的自然地理单元法。起初，希尔斯（Hills）侧重利用土壤群丛来确定土地的潜力，但是随着时间的推移他的兴趣转移到了利用地形地貌和植被群丛的综合结果来确定土地的潜力。希尔斯法（Hills's method）的本质是将景观划分成为同质的自然地理单元，然后根据规划目标将其重新组合。建立在生物生产力基础上的景观分类将有助于确保景观资源的可再生性。

　　希尔斯（Hills）提出了景观适宜性评价法的五个步骤（图 2-5）。第一步是建立生态资源的调查机制，将调查重点放在区域生物特性、物理特性以及现存的或者未来可能出现的社会和经济条件。为了尽量减少数据搜集所花费的时间和经费，调查选定自然地理条件恶劣的典型地区作为参考点来进一步搜集更详细的数据。第二步是按等级把参考区域分成不同的自然地理单元——立地区、景观类型、立地类型

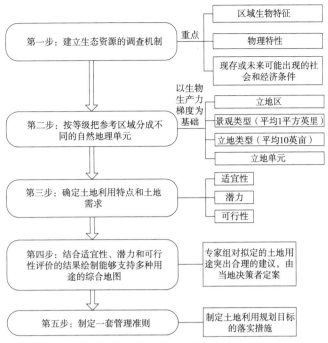

图 2-5　自然地理单元法应用框架

以及立地单元——这些分类都是以该区域的生物生产力梯度为基础的（气候和地形特征）（图 2-6）。

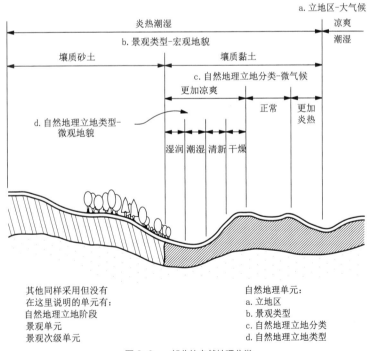

图 2-6　一部分的自然地理分类

摘自贝尔纳普（Belknap）和弗塔多（Furtado）的《环境资源分析的三种方法》

（Three Approaches to Environmental Resource Analysis）（M·雷博尔赫（M. Rapelje）重绘，2000 年）

作为陆地区域最大的单位，立地区（site-region）可以显示出植被和小气候相协调的模式，在区域主要的地貌类型上，通过森林类别的演替过程就能够给这个地区做出明确的定义。例如，生长在冰川冲蚀区的桦杨结合型群丛。根据不同的地形地貌、地质构造以及水文状况，将立地区划分成不同的景观类型（landscape types）。一个景观类型的平均尺寸大约为 1 平方英里或 0.631 公顷，比如，覆盖在花岗岩基岩层上浅沙质土壤区域。

每一个景观类型进一步细分成自然地理立地类型，依据生物生产力大小对每个类型进行评估；同时也可以根据土壤湿度、基岩层深度和当地气候的变化来划分立地类型。一个立地类型的平均尺寸大约是 10 亩。排水不良的、冰川冲蚀的基岩层土壤和排水适度的冰川土壤代表了不同的立地类型。土壤湿度、基岩层的深度和当地气候的不同组合决定了不同的自然地理立地类型（site types），比如在干燥的气候条件下深浅适度的土壤类型。最小的地貌类型是立地单元（site-unit），是自然地理立地类型的一个分支。立地单元最显著的特点包括土壤剖面、含石量、坡度以及坡向，这些特点在土地利用评估中都是非常有效的。

第三步是确定土地利用特点和土地需求，例如林业和农业。希尔斯（Hills）认为，一个经专家小组评估过的自然地理单元应具有支持拟定土地利用的能力。这些专家会在广义的生态规划和区域规划的等级上对土地的适宜性、潜力和可行性的评估进行指导。

"适宜性"是指基地现状条件所能满足的管理实践活动的能力。"适宜性评价"是指确定"指定时间段内土地的实际用途"。"潜力评估"需要确定"同时承担农作物生产和土地保护任务的土地所面临某一特殊用途的可能性。""可行性评估"需要确定在现存或预期的社会经济条件下，针对特定用途进行土地相对优势的管理。一方面适宜性和潜力评估把重点放在基地的固有特点上；另一方面，可行性评估则是确保土地特定用途的可持续性所需的社会经济条件。对于每个景观类型的评估来说，虽然土地评分采用从极度贫瘠到极度肥沃的七分制，但其基础是景观资源的强度和质量，而不是景观类型。

为了确保评价结果能够满足各种规划需求，希尔斯（Hills）采用了将小的地形单元再整合成大单元的方法。例如，对于地方等级上的研究，可以将自然地理立地类型合并生成景观组件（landscape components），占地大小约为一英亩。由于景观组件既能够表示每一块土地的生物生产力，也能表示出作物的分布以及管理形式的影响，因此，有利于进行土地利用潜力的评估。对于社区层次和区域层次，希尔斯以浅基岩层的深度变化研究为例，建议继续把景观组件合并为更大的景观单元（landscape units），大约是 16 平方英里。

第四步是结合适宜性、潜力和可行性评价的结果绘制能够支持多种用途的综合地图，在此基础上专家组对拟定的土地用途提出合理的建议。在确保满足社区或地区的社会与经济需求后，最终由当地的决策者定案。第五步，制定一套管理准则，以制定土地利用规划目标的落实措施。

2.3.3　土地评估与立地评价分类体系应用框架

在农业和城市利用的景观适宜性评价中，土地评估和立地评价体系提高了土壤调查的效用和准确度。土地评估和立地评价（LESA）体系由农业土地评估（LE）和农业立地评价（SA）两部分组成。农业土地评估根据农业土地的质量对区域进行等级划分，为最好的土壤赋值100，为最差的赋值0，综合土壤的潜力级别、重要农业用地分类以及土壤潜力分级等信息确定土壤的质量。自然资源保护局所采用的农业用地分类使用了国家标准来定义农业用地类型，这样可以在统一的基础上将特定区域的土壤与全国范围内的同一种土壤进行比较。在比较指示作物的土壤和其他产区的土壤时，土壤潜力分级反映出土壤的相对价值，它取决于现在和未来土壤用于克服其制约因素的成本。在决定农业利用土壤的价值时，土壤潜力可能取代土壤生产力。土壤潜力反映相对净收益，指示作物相对于各类土壤的期望收益。土壤潜力分级根据 SPI=P-CM-CL 方程对每类土壤制图单元进行计算。这里 SPI 是土壤潜力指数，P 是以美元衡量的土壤性能，CM 是削减土壤限制的相关成本，CL 是克服后续限制的相关成本。

每组农业土壤质量的相对价值根据三个分级体系评价。相对价值可根据特定产地的相关土壤面积进行调整，并以最高产量面积的百分比表示，它直接反映土壤质量。

在确定城市景观优化利用的过程中，立地评价还关注其他重要因素，如距离市场的区位和距离，与基础设施和公共服务设施的接近程度，现有土地利用法规，土地所有制形式以及预期利用的影响等因素，并赋予这些因素不同的值。国家自然资源保护局（NRCS）建议每一个要素的最大分值为10，这样就可以在适宜性评价时识别各要素间的相对重要性，并赋予要素相对权重。最终土地评价的分值是将每个因素的得分与权重相乘并最终加和取得的。例如，一个管理较好并根据预期利用被划分成区域，且远离其他农业利用的区域，会比没有这些特征的区域总得分要高。自然资源保护局认为，只有将土地评估和立地评价得分组合后形成的最终评价才是有用的（图2-7）。

2.3.4　加拿大地理信息系统应用框架

20世纪70年代开发的加拿大地理信息系统（CGIS），为计算机技术应用于分类体系做出了开辟性的贡献。从此之后，根据计算机技术最新发展的趋势，分类系统不断被改进。

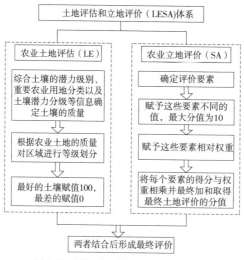

图 2-7　土地评估和立地评价体系应用框架

　　加拿大地理信息系统（CGIS）的基础是加拿大土地分类（CLI）体系。作为资源规划和管理精确而及时的信息源，CLI的使用者意识到数据处理过程十分不便，CLI系统无法发挥其全部潜能。作为响应，加拿大环境部开发的加拿大地理信息系统将加拿大土地分类地图转化成计算机数据银行，提供统计表格，综合地图中所含的信息，从而实现快速而详细的分析并使信息能够得到交互使用。

　　加拿大地理信息系统有三个子系统：数据输入、数据存储以及数据恢复（图2-8）。由加拿大土地分类地图提供的数据被加拿大地理信息系统转化成数字化数据库。复合的数据以图像数据（IDS）、定义为空间单元或多边形的数据以及包含多边形特征的数据银行（DDS）的形式储存。原始或过程数据可以以表格或地图的形式得以恢复，或者以交互使用电脑终端的方式恢复查询系统。用户可以从数字存储系统立即得到他们想要的地图和表格。因此，分类体系的计算机化强化了空间和非空间信息的管理，并在用户间以友好的方式进行交流。

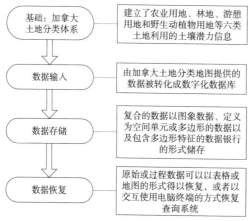

图 2-8　加拿大地理信息系统应用框架

2.4 景观资源调查和评价法应用框架

2.4.1 调查与评价方法与过程

景观资源调查和评价法强调对生物物理、社会、经济、技术因素的分类、分析和综合，目的在于确定潜在土地利用的最佳空间。先定义土地均质单元，然后应用组合原则法和均质区功能分级原则来制定均质单元的土地利用。在制定土地均质单元的原则和功能分级中，直接或间接考虑社会、经济和生物物理因素，得到一组地图或单一的合成图，并附带文本来说明土地单一或多种利用方法的适宜性程度（图2-9）。

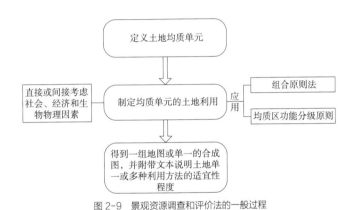

图2-9 景观资源调查和评价法的一般过程

资源调查和评价法主要考虑的是在特定地区调配预期土地利用的方法，它能够最大幅度地维持生态的稳定性和生产力，并为其提供变化的社会、经济和技术环境。早期的景观资源调查和评价法主要有两种，分别为分析某种单一土地用途的刘易斯的资源模式法，以及分析多个土地用途的麦克哈格法。随着发展，资源调查和评价法不断得到改进，主要可分为两个亚类，他们为：①对社会、经济和生态要素进行单独评价后组合起来的方法；②使用替代方法来确定适宜性。在景观适宜性评价中，我用一些替代概念来说明为满足预期利用目标而开展的土地适宜性评估。这些替代性概念有机遇和制约分析、土地生产潜力和承载力。

2.4.2 资源模式法应用框架

菲利普·刘易斯（Philip Lewis Jr.）提出的资源模式法，一方面是为了确定景观中的感性特征模式，另一方面是为了把这些特征融入区域景观规划设计中去。虽然刘易斯做了很多不同种类的研究，但所采用的方法多多少少有着共同特点。资源模式法主要在研究区域内确定重要的游憩资源及其模式，大体可将资源模式法的应用归纳为六个步骤（图2-10）。第一步，找出研究区域内主要资源和次要资源的

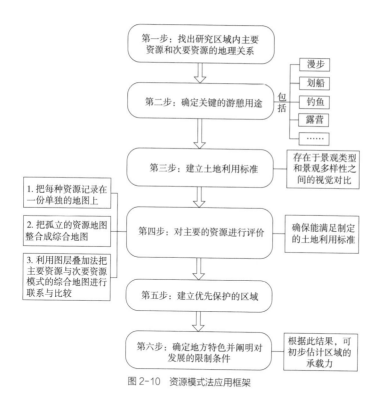

图 2-10　资源模式法应用框架

地理关系。第二步，确定关键的游憩用途，如漫步、划船、钓鱼和露营。第三步，建立土地利用标准，主要的土地利用标准存在于景观类型和景观多样性之间的视觉对比。第四步，对一些主要的资源进行评价，例如水体特点和地形特点，以确保能够满足其制定的土地利用标准。进行资源评价时，首先把每种资源记录在一份单独的地图上，然后利用这些地图将孤立的资源整合成综合地图，最后利用图层叠加法把主要资源和次要资源模式的综合地图进行联系和比较，以期在这些地图之间建立起高度的一致性。第五步，建立游憩资源的优先保护区域，对土壤进行详细调查和视觉研究。第六步，确定地方特色，并阐明其对发展的一些限制条件。使用这项成果可以用来初步估计区域的承载力。

2.4.3　麦克哈格法应用框架

麦克哈格在其《设计结合自然》（Design with Nature）一书中多次介绍了适宜性评价方法。此书对 20 世纪 70 年代的环保运动产生了意义深远的影响。同时，在景观规划设计的专业领域中使用最为广泛的方法毫无疑问也是麦克哈格法以及该方法的各种变体。在经过大量的实践项目后，麦克哈格和他在宾夕法尼亚大学的同事、学生以及他在华莱士的合作伙伴罗伯茨·托德，都对该方法进行了完善（WMRT）。

麦克哈格法的实际应用通常包括以下几个个步骤（图2-11）：

步骤1
按类别划分的地图数据因素

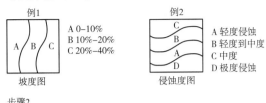

步骤2
为每种土地用途评估每种因素的各个类型

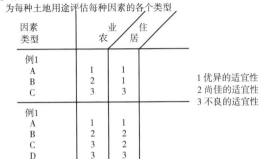

步骤3
土地类型的评估地图，并为每种用途选取一组地图

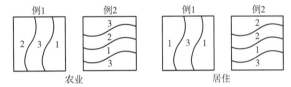

步骤4
将单因素的适宜性地图叠加成复合的适宜性地图
每种土地用途一张

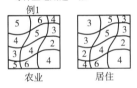

最小的数字区域是最适合土地利用的地块
最大的数字区域是最不适合土地利用的地块

图2-11 麦克哈格法应用框架

　　第一步，确定总体目标和阶段目标，界定土地利用的需求，建立研究范围。

　　第二步，调查生态资源，对与之相关的物理过程和生物过程进行管理。要按照时间顺序记录和绘制这些过程，并且要与土地利用的需求联系起来。数据搜集和理解的时间序列给景观过程提供了一个有缘可循的解释，并且在描述生物物理模型时达到整个景观过程的高潮。例如，理解区域的气候条件和历史上的地质景观，就能够解释这片地区目前的地下水水文条件和地形地貌特征。

　　第三步，将得出的结论综合绘制成图。每一个因素实际上就是景观的物理特性和生物特性。例如将坡度和土壤因素绘制成图之后，这些因素以同质区的方式显现出来。同时，在考虑住宅开发的土壤用途时，土壤排水是一个需要审查和绘制的重要过程。通过这样的做法，可以把土壤排水分成排水优异区、排水尚佳区和排水不良区三个等级的次级区域。

第四步，审查每一个因素的地图是为了能够给每一个区域拟定适宜的土地用途。例如，通过排水优异、排水良好和排水不良的划分可以决定哪一类更适于住宅开发。分类的结果是一张用颜色进行区分的图纸，深颜色的区域表示了更多的限制条件，或者说是排水不良的土壤；反之浅颜色的区域代表着更多的开发机会，或者说是排水优异的土壤。

第五步，决定土地用途的景观适宜性会用到多张相关因素的系列图纸，这些因素图纸以千层饼的形式进行叠加。如将表示基岩层深度、土壤排水、坡度和植被的图纸结合起来，就可以作为确定土壤住宅用途的适宜性的依据。这一步的成果就是绘制出每种土地利用适宜性的图纸。

第六步，以千层饼的方式把每一个单项土地利用适宜性图纸综合成一份综合性的土地适宜性图纸。综合性的土地适宜性图纸采用颜色区分的表现形式表示土地利用的适宜性评估。综合性的土地适宜性图纸的解释和记录可以作为土地利用配置的依据，也可以把它作为更大尺度空间的生态研究和土地利用研究的前期投入。

2.4.4　单因素评价组合方法

单因素评价组合方法首先独立考查每类信息（如发展需求，用户需求，生态相容性）的集合程度。其次，根据与项目目标间的关系分析每个集合。之后，根据他们相互间的关系、与项目目标的关系以及与其他相关价值制定分配原则或进行功能分级，并对上述独立分析结果进行综合。最后，根据这些原则确定土地利用方式（图 2-12）。

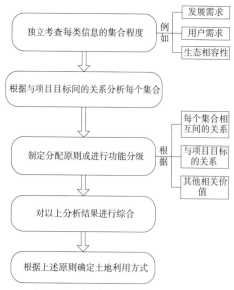

图 2-12　单因素评价组合方法应用框架

彼得·雅各布斯（Peter Jacobs）在加拿大新斯科舍省（Nova Scotia）哈利法克斯市（Halifax）的研究也论证了这个过程。20世纪70年代早期，彼得·雅各布斯提出一种场地规划的方法，它是针对哈利法克斯市城市远郊区流域开发行为的空间配置而提出的。这种方法包括三个过程：①区域开发潜力评估和场地评价；②确定使用者的需求并制定初步的设计计划；③探讨开发类型、结构和土地利用活动的强度，进一步优化设计方案并对方案进行评价。

对于雅各布斯而言，场地的优化利用取决于区域支撑潜在土地利用的内在能力（供给）和由大城市产生的城市增长压力（需求），主要包括使用者团体的需求和价值观（社会成本和收益）以及区域开发所形成的发展影响。利用这些相互关系确定土地预期优化利用的水平，并经过一段时间后评价土地利用的社会和环境的成本与收益。

1971年，托马斯·伊麦尔（Thomas Ingmire）、提托·帕特里（Tito Patri）、大卫·斯特雷特（David Streatfield）以及来自加利福尼亚大学伯克利分校的学者提出了一个与雅各布斯相类似的框架。伊麦尔（Ingmire）和帕特里（Patri）通过综合信息制定评价标准。这些信息来源于人们的消费兴趣与需求、影响景观动态的因素（类似于麦克哈格所说的自然过程）以及土地开发的环境影响评价。

2.5　空间配置评价法应用框架

2.5.1　评价方法应用过程

空间配置评价法是指在景观中依据地段变化配置土地利用，并基于项目目的、目标或其他价值对土地利用配置进行多方案的评价和选择。这些价值包括社会、经济、财政和环境影响。空间配置评价法的理论内涵和程序原则与景观资源调查和评价方法相类似，主要的差异在于前者可以对竞争的景观空间配置方案进行评价。在空间配置评价方法的发展过程中产生了两种相互独立但相关的发展。第一种是引导环境影响评估技术的发展和改进。第二种是将技术融入内部的一致性以及确定景观优化利用的系统程序。目前，专家们提出了大量的环境影响评价（EIA）方法，可以将环境影响评价的主要方法分为四种：特设法（ad hoc）、罗列法（checklists）、矩阵法（matrices）和网络法（networks）。上述四种方法已应用到空间配置评价过程中，它们具有四个共同步骤：第一步，制作经济、社会文化和生态的详细清单和导则。第二步，建立一系列原则和分级体系，在不同地区进行土地利用配置，形成土地适宜性的多方案选择。第三步，根据预定目的、目标及其他重要价值来评价选择的结果。这里土地适宜性评价可能使用前面已经回顾过的一种或多种环境评价法，也可能使用这里没有提及的社会、经济和视觉影响评价中所使用的方法。第四步，选择最佳适宜性方案。

2.5.2　规划信息系统应用框架

加利福尼亚州立理工大学的莱尔（Lyle）和冯·伍德特克（Von Wodtke）开发了一种用于生态规划的方法，名为规划信息系统（Information System for Planning）。从 20 世纪 70 年代初期到中期，这个系统被应用到加利福尼亚的圣地亚哥县海岸平原的大量工程中。这个方法的理论框架建立在包含开发行为、区位因素以及环境影响三方面在内的系统性的相互关系上。

开发行为（development actions）是那些改变生态过程的行为。开发行为包括资金投入和经营运作行为，资金行为指将资金和物质资源投入到景观的物理形态转变中。经营运作行为则是人类利用景观的结果。例如，高速路的建设涉及开垦、土壤压实和铺砌，一方面这些行为可能形成侵蚀、流失和附近河流的淤积等环境影响。另一方面，人类使用高速路，如骑摩托车会增加噪音，排放废气，产生灰尘，并对石油储备等方面产生额外的环境影响。

区位因素（locational variables）是指那些与生态过程相关的自然和自然景观要素。在上述案例中，土壤和水是重要的景观区位因素。环境影响（environmental effects）是指特定开发行为干扰景观后所形成的结果。这些干扰由物质和能量从"源"到"汇"的流动过程中产生，通常用流程图的形式来表现这些影响。

莱尔和凡·伍德特克假设，如果知道三个变量中的两个，那么就可以预测第三个。如果开发行为及其环境影响已知，就可以确定开发行为最适宜或最不适宜的区位。转化表用于描述区位、开发行为及环境影响之间的相互作用，通过图表可以标示出具有可持续环境过程的区位。

莱尔和凡·伍德特克进一步提出了确定景观优化利用的三步步骤。第一步，依据景观自然要素支持土地利用目标的内部能力制作适宜性地图。根据开发行为描述土地利用，开发行为是土地利用变化的源头。制作适宜性地图的中间步骤包括分析景观要素和开发行为以及景观要素和潜在环境影响之间的关系。用线性组合法组合相关信息，说明适宜性评价中景观要素之间的相关影响。第二步，用类似于网络影响评价方法初步评价适宜性方案对环境的影响。第三步，通过列出特定区位可接受的开发行为，用产生最小破坏的最佳行为步骤确定开发的最佳区位。该信息系统的显著特点是能在区域、地方和特殊场地等多尺度上应用到土地利用决策与设计项目中（图 2-13）。

在莱尔和凡·伍德特克的信息系统中，在开发行为、影响以及区位要素之间的相互作用的基础上确定了识别和组合相关数据的原则，以确定景观的优化利用。环境影响评价有利于减少适宜性选择方案的数量，选择那些在特定区位产生最小环境

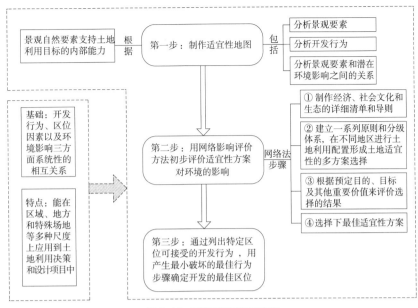

图 2-13　规划信息系统应用框架

影响的方案。然而，在建立适宜性以及最优区位选择过程中，该信息系统却没有包括社会、经济和技术要素。

莱尔在 1985 年出版的《人文生态系统设计》（Design for Human Ecosystems）一书中扩展了该信息系统。他根据生态系统结构、功能和区位原则，重新解释了信息系统的基本概念。该书以提升人文和自然生态系统功能的一致性的方式来阐述确定景观优化利用的原则和方法。根据莱尔所言，在提高一致性方面，适宜性模型的作用是"在生态过程和土地区位之间建立桥梁"。

2.5.3　大城市波士顿信息系统应用框架

从 20 世纪 70 年代中期起，斯坦尼兹（Steinitz）和哈佛学者的跨学科团队在马萨诸塞州完成的许多规划设计中都使用了空间配置评价法，用于开发波士顿快速城市化的东南部地区土地利用空间配置及其评价的信息系统。该系统的目标是为包含八个镇在内的 765km²（295 平方英里）的地区编制区域发展规划。

首先在建立项目目的和目标时，他们使用了公众参与的方法然后研究了当地社会、经济、文化和自然资源数据数据库。它由 2.47 英亩（1hm²）的栅格网为单位，共 75000 组的栅格组构成。这个数据库 1975 年编写，成为比较区域发展策略的基础信息。

研究小组根据特定原则和对优先增长的类型、数量和密度所做的多种假设，用空间配置模型研究区域不同地区的土地利用，根据经济成本和公众意愿对各类土地利用区域进行分级，试图寻求每类利用方式存在的最优土地空间。考查的土地利用类型包括工业、商业、公共设施、保护和游憩用地。其中住宅规划的原则强调选择场地经济价值和赢利能力最大的地方。保护区规划的原则是在现有规定中识别环境敏感性资源，如不稳定的土壤、流域保护区、洪泛平原以及景色优美和历史悠久的资源。

项目组开发了28个数学模型用来预测土地利用空间配置方案对社会、经济、财政和环境的影响，包括对水质、视觉质量、空气质量以及土地价值的影响。这些应用模型与检验因果关系的网络法相类似。在对土地利用增长及其影响假定的基础上，建立并生成评价——空间配置信息，经公众讨论后结合到区域发展的政策制定中。

波士顿信息系统建立了土地利用的最优空间配置的方法（图2-14）。首先根据项目目的和目标评价社会、经济和生态数据，通过一种算法或综合指数应用到交互式计算机程序中，并形成最终的信息。

哈佛研究小组完成的视觉影响评价是土地利用影响评价的重要组成部分。它标志着哈佛研究小组走在应用计算机技术创造性地开展生态与视觉评价的最前沿，推动了景观空间配置场景变化研究及其发展评价。这充分体现在1978年为实施马萨诸塞州风景名胜和休闲河流法（Massachusetts Scenic and Recreational Rivers Act）而完成的对政策变化模拟的研究中。1987年，为保护野生动物栖息地，哈佛研究小组通过综合分析景观要素的作用和视觉组合等信息为缅因州（Maine）的阿卡迪亚国家公园（Acadia National Park）和荒岛山（Mount Desert Island）制定了景观管理和景观设计导则与标准。

在过去的10年里，卡尔·斯坦尼兹（Carl Steinitz）和他的同事做了大量研究，在许多方面改进了波士顿信息系统。这些研究包括加利福尼亚潘德顿军营（Camp

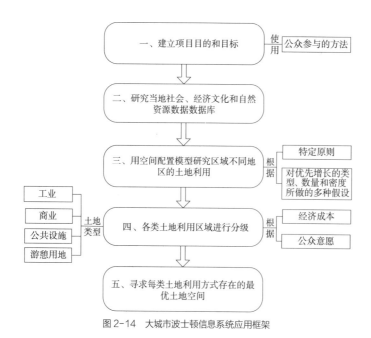

图2-14　大城市波士顿信息系统应用框架

Pendleton）区域发展研究，以及亚利桑那州和墨西哥索诺拉省的圣佩德罗河上游流域研究。在亚利桑那州和索诺拉省的研究中，斯坦尼兹和他的团队调查了未来 20 年里亚利桑那州和墨西哥索诺拉省的圣佩德罗河上游流域相关城市增长以及水文和生物多样性的变化趋势。其研究从索诺拉省卡纳内附近的圣佩德罗河的源头一直延伸到亚利桑那州的雷廷顿。以 2000 年为基础，研究团队用一系列的过程模型来模拟现有景观的功能，预测一系列要素及其变化所形成的影响。

斯坦尼兹和他的团队用发展模型评价流域不同开发行为所形成的土地吸引力，如商业和市郊。评价结果用于在不同变化场景下模拟区域未来二十年的城市增长。考虑到增长对区域水文和生物多样性的影响，研究团队用水文模型来评价地下水储量的下降状况，佩德罗河流入量的减少，河水流捕获量和水头形态所形成的影响等。接下来，他们根据水文界线、火灾和放牧管理等环节的变化，采用植被模型预测植被分布的变化，从而为流域生物多样性的评价奠定基础。最后，通过模拟城市增长格局建立风景偏好的视觉模型，评价城市增长对区域景观的潜在影响。

根据评价结果，立足区域发展、水资源利用以及土地管理等因素，斯坦尼兹和他的团队设计了圣佩德罗河上游流域未来变化的几个场景，利用不同的模型评价不同场景对水资源的可利用性、土地管理及生物多样性的影响，从而提供区域的详细信息，帮助他们对流域改变进行决策。

2.5.4 大城市景观规划模型应用框架

20 世纪 70 年代早期，马萨诸塞州立大学的法布士（Fabos）和他的同事们提出了大城市景观规划模型。该模型将景观描述为参数，通过定量法和计算机技术获得生态信息，并做出合理的土地利用决策。COMLUP 是应用在大城市景观规划模型中的计算机制图程序，由美国林业局（USFS）的尼尔·艾伦（Neil Allen）研发。在过去的三十年里，计算机技术和遥感技术的发展不断推动模型的进一步改进。目前该模型以一种交互性的方式更能便捷的完成土地利用决策。不断改进的 METLAND 模型被大量应用于马萨诸塞州区域景观和乡村规划项目中，其中也包括 20 世纪 70 年代晚期马萨诸塞州柏林顿（Burlington）的土地利用规划。

该模型的应用过程分三步：景观评价、景观规划方案的规范化和综合评价（图 2-15）。

第一步，通过一系列相互关联的分析来研究土地所具有的景观价值、生态敏感性及公共服务价值。景观价值分析是评价土地自然和文化资源数量、质量及分布的基础。生态敏感性用于评价和识别需要保护的重要资源及高价值资源，其中也包括生态兼容性及开发适宜性的评价。然后，评价公共设施的可用性和充足性以及可利用的其他基础设施。最后将单个因素的分析融入最后的综合景观评价中。

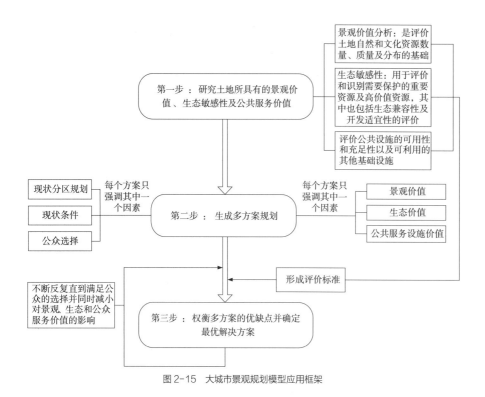

图 2-15　大城市景观规划模型应用框架

第二步，生成多方案规划。每个方案只强调景观价值、生态价值及公共服务设施价值三个因素中的一个，也可以选择现状分区规划、现状条件、公众选择三个因素中的一个。现状条件和景观价值方案可以被看作是两个极端方案，其他方案都介于这两者之间。

第三步，权衡多方案的优缺点并确定最优解决方案。在景观价值、生态相容性及公共服务价值三个方案结合的基础上形成评价标准。评价结果在步骤三中不断反复，直到满足公众的选择并同时减小对景观、生态和公共服务价值的影响。

大城市景观规划模型被认为是在综合众多资源的基础上所形成的一系列空间配置原则，这些原则包括：不鼓励开发那些具有重要资源价值以及会对自然和人类造成危害的区域；引导在最适宜的地方开发；确保开发不超过区域的生态承载力水平。在评价景观优化利用的过程中一些预设的原则可能会成为破坏上述原则的关键因素。

2.6　战略适宜性评价方法应用框架

2.6.1　评价过程与功能

战略适宜性评价方法是最复杂的适宜性评价法。它们可能被视为在空间配置评价法的基础上增加了优化土地利用空间配置方案的功能。该方法是一个复杂的规划体系，还关注景观优化利用的决策过程以及实现相关决策的途径。其典型功能有：①规划工程或项目的目的和目标的清晰度；②根据一系列分配原则，在不同区位确定土地利用空间配置；③根据项目的目的、目标和其他相关价值评价空间配置方案；④选择最优方案；⑤制定基本管理导则并详细说明允许的土地利用行为及其管理策略；⑥制定管理机制、策略和计划，确保最优方案中行为的实现；⑦建立对行为所产生的影响进行监督和评价的机制。战略适宜性评价常用于大尺度的规划工程和项目中，尤其是那些关系到环境质量、公众健康、福利和安全的工程项目。

2.6.2 赛络计划（区域土地利用规划的澳大利亚方法）应用框架

赛络计划（SIRO-PLAN）是适用于澳大利亚社会机构和法定背景下的土地利用规划方法。这个背景主要包括多元的价值、景观规划的多样性、景观利用的冲突和各级政府彼此孤立的决策，也包括在土地利用在通过土地利用空间配置与各个利益集团达成一致的基础上，赛络计划（SIRO-PLAN）为平衡竞争中的土地利用问题提供了一个解决框架。这个框架是由澳大利亚联邦科学与工业研究组织（CSIRO）在20世纪70年代中期提出的。自那之后，该方法不断得到改进。赛络计划（SIRO-PLAN）作为一种初步规划方法被澳大利亚许多机构采用，其中包括澳大利亚国家公园和野生动物保护局（Australian National Parks and Wildlife Service）。此外，由于集合了很多计算机模型程序，土地利用规划（LUPLAN）系统被开发出来，被更便捷地应用于赛络计划（SIRO-PLAN）系统的实施。

从许多文献的总结中可以看出，赛络计划（SIRO-PLAN）首先关注的是寻求一个共同背景，平衡公众利益和景观可持续利用之间的关系，满足土地利用竞争的需求。其次生态规划的观点是如何构建土地系统的健康性以满足不同的土地利用需求。土地利用多目标规划是通过不同空间配置方案来满足公众多元的需求目标。最后，数学优化程序对土地利用目标的实现提供了土地利用空间配置的最大化的思路和方法。

赛络计划法可以划分为四个阶段（图2-16）：①政策建立；②数据的收集和配置方案的产生；③优化方案的选择；④制度化和实施措施。第一阶段包括体现各利益集团态度和价值的景观利用政策，如相关的城市发展、农业发展以及自然保护。在第二阶段中，与景观单元和景观分类法将景观组织成同质单元的方法类似，依据自然和文化景观要素将场地划分为同质的小地块，自然与文化要素主要是地理、水文和土壤类型等生物物理要素，最后得到一张均质区域或规划分区的地图。在第三阶段中，将讨论中的规划方案提交公众讨论。这时候很多其他因素开始起作用，例如城市用地的规划需求、公共服务和设施的可用性以及法律等因素。根据公众争论，充分利用第一阶段制定的所有政策对规划做进一步研究。在赛络计划（SIRO-

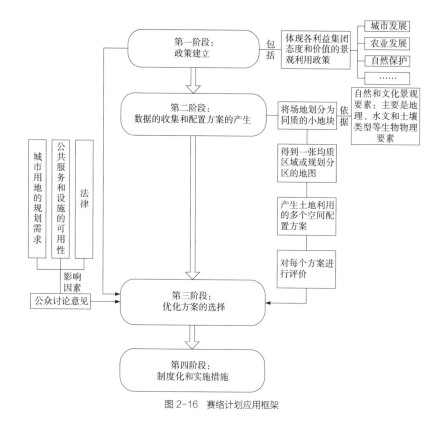

图 2-16　赛络计划应用框架

PLAN）的最后阶段，需要制定一个实施计划，将可用资源配置给规划实施的任务，监督规划，确保后续政策的实施。

赛络计划（SIRO-PLAN）具有许多明显特征。与麦克哈格的观点不同，赛络计划认为景观不具有内在价值，景观价值取决于其环境，景观在不间断的系统行为过程中发展和改变。因此，赛络计划认为价值是基于问题的而不是内在的。目标设定是一个非常重要的任务，它是制定政策的基础。一个优化的规划往往是由对抗和争斗的利益集团所提出的政策效应最大化的规划。此外，由于政策在多个空间配置方案评价中起到关键作用，因此源于公众投入的种类要具体。同时，由于产生了很多规划分区，因此给政策赋额定值也是一项艰巨的任务。为降低工作的难度，可以使用政策排除法，这种方法与通过筛选法排除不适宜的土地利用方式类似，可以显著降低需要赋值的数量。

赛络计划（SIRO-PLAN）使用了大多数规划师广泛熟知的传统规划步骤，在各竞争的景观空间配置方案之间做了明确的选择。此外，评价标准还包含最终方案实施的可行性，但该方法的最大缺陷就是对方案的实施阶段考虑不足。

2.6.3　斯坦纳的生态规划多方案方法应用框架

德克萨斯州奥斯汀大学（Austin University）景观系系主任弗雷德里克·斯

074　　　　景观与区域生态规划方法 / 第二章　景观与区域生态规划方法体系框架

坦纳在《生命的景观》（1991）一书中提出生态规划的多方案方法。斯坦纳将其描述为通过"研究生物物理和社会文化体系来揭示土地利用最好地段的一种组织框架。"通过人们利用景观以及人和社会、文化、经济及政策力量之间相互作用来研究不同尺度景观。因此，该方法具有人文生态学的倾向，能实现战略适宜性评价法的所有功能。斯坦纳的 11 步方法使用了来自传统规划和生态规划的方法和过程（图 2-17）。行为的逻辑序列为最佳土地利用空间规划提供了功能组织框架。该序列不断被反馈循环打断，这意味着规划过程不完全是线性的。斯坦纳指出，"过程中的每一步都与规划和实现措施之间相互作用，在实际中规划和实现措施可能由规划区域的官方控制，尽管每一步都会产生成果，但规划和实施措施仍被视为整个过程的最终结果。"

市民参与不仅是一个明确的步骤，同时也融合在整个过程之中。把市民参与界定为一个明确步骤是为了强调其在与其他空间配置方案比较和决策中的重要作用。斯坦纳将此看作是"规划选择"，此外，还将组织等级思想分析融汇在多尺度自然和文化现象之中。

传统规划方法虽然也研究社会经济问题，但几乎不涉及社会经济与生物物理条件相结合的指导方法。斯坦纳的方法融入了社会经济和生物物理要素之间的关系，在适宜性分析方法的基础上进行了详细的研究，与麦克哈格和朱尼加（Juneja）作品中记载的方法相类似。

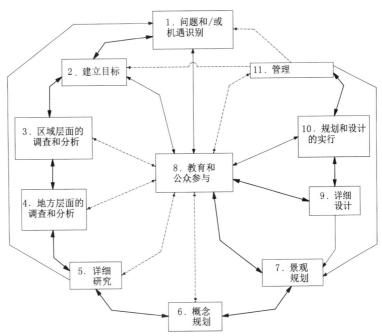

图 2-17　斯坦纳的生态规划多方案方法应用框架

对斯坦纳而言，最优空间配置方案是景观规划而非土地利用规划。景观规划是为特定地区土地利用管理提供策略。由于景观规划强调土地利用的重复性和整合性，因此它又不仅仅是土地利用规划。在斯坦纳的生态规划方法中，景观设计完整而明确地与大多数适宜性方法不同。场地尺度的设计不仅可以帮助决策者将景观规划的影响可视化，而且还综合了规划过程中前期的步骤，从空间上审视使用者团体的短期利益和长期利益与经济目标。

斯坦纳指出，他的方法和麦克哈格或宾夕法尼亚大学所提出的方法存在重要差异。后者强调资源的详细目录、条件分析以及综合，他的方法将重点放在"目标的建立、实施、管理及公众参与，在生态规划中也是如此"。

总而言之，斯坦纳的方法具有的一系列相互关联的功能，与赛络计划（SIRO-PLAN）法中的相一致。两种方法都成功地将规划程式化过程与目标联系起来，但斯坦纳的方法最成功。与传统规划相似，这两种方法都将市民教育和参与作为方法的核心，这是规划师和景观设计师们众所周知的组织行为框架。两种方法都认为在工业化社会中干扰是内在的，因此，在规划过程中都建立了反馈机制。就两种方法而言，斯坦纳的方法利用了可以在多种条件下应用的常用方法，两者都强调定量的评价而不是定性的评价。

3　生态规划方法体系框架

3.1　体系特征与构成

在过去的 30 年，公众对环境恶化的认识日益加深，环境保护和资源管理行动在全球范围内开展，科技日新月异，生态规划设计专业领域的可持续意识不断进步。这些力量共同促进了景观中人类行为管理方法的发展。

景观适宜性方法除了技术有效性与信息管理能力明显需要提高以外，还被批评不够关注人文方面的问题。例如，人类如何感知、评价、使用及适应变化中的景观；人文生态系统和自然生态系统如何运行；景观如何变化以响应生物物理及社会文化的互动；如何将审美因素整合到景观评价之中。

这些观点给景观设计、规划及相关专业带来的压力日益增加，因此需要发展一套依据上合理，技术上有效，生态上健康，公众可以监督，并且能够贯彻实施的方法。于是，景观设计师、规划师、地理学家、生态学家、环境心理学家、历史学家和环艺设计师需要共同发展生态规划方法的概念与策略。如同景观适宜性方法、生态规划方法也反映了源于人与自然的辩证关系的定义、分析和解决问题的独特思路。

本书中主要讨论的生态规划方法包括：应用人文生态方法、应用生态系统方法、应用景观生态学方法、景观评价和景观感知方法、水系网络法、环境廊道法、空间协调法、区域网络法、绿色基础设施、景观都市主义、景观再生设计（图2-18）。这十一种方法各有其不同的特点，可解决生态规划设计中的不同问题。其中，水系网络法、环境廊道法、空间协调法、区域网络法、绿色基础设施等五种方法在后续章节中会详细介绍其应用框架和方法，故本章节不再赘述这五种方法的具体应用框架，而将重点介绍其余六种方法的具体应用框架，以供参考。

3.2 应用人文生态方法应用框架

3.2.1 方法内涵与构成

生态学处理的是物种与生物物理环境间的相互作用关系。当物种包括人类时，生态学就指的是人文生态学（human ecology），是应用人文生态方法使用人类与生物物理环境之间的相互作用信息，来指导建成环境与自然景观的最优利用决策。具体来说，这一方法重点研究人类如何影响环境并被环境影响，以及与环境相关的决策如何影响人类。

我们可以将规划面临的挑战以问题的形式表述：人们如何评价、使用及适应景观？景观的哪些方面，被谁评价，以哪种方式被评价，为什么被评价？在特定景观镶嵌体中的特定场所，人们有哪些价值和利益取向？人们如何与景观相联系？景观对于他们来说意味着什么？人类如何适应景观带来的变化和压力？有效的社会适应机制（social mechanisms for effective adaptation）是怎样的？景观决策中谁受益谁受损，即景观变化危及谁的利益？这些都是人文生态规划讨论的主要问题。

人文生态学被广泛认为是人文生态规划的概念基础，但任何单一的基础原则都不足以稳定支撑整个人文生态规划体系。更确切地说，人文生态规划产生于众多学科的边缘（margins），包括社会学、地理学、心理学以及人类学。在大多数人文生态规划研究中，文化适应（culture adaptation）是一个使用文化 - 生态复合视角的关键主题。另一个类似的关键概念是场所（place），由自然力量与人类行为相互作用而产生。

针对上述问题，规划师和景观设计师提出了人文生态规划设计的框架。然而框架的发展却受到诸多因素的限制。目前，人文生态规划还未发展成熟，也没有统一的概念体系和经严格检验的技术。然而，许多规划方法已被提出，充满前景的应用案例也能提供程序指导。

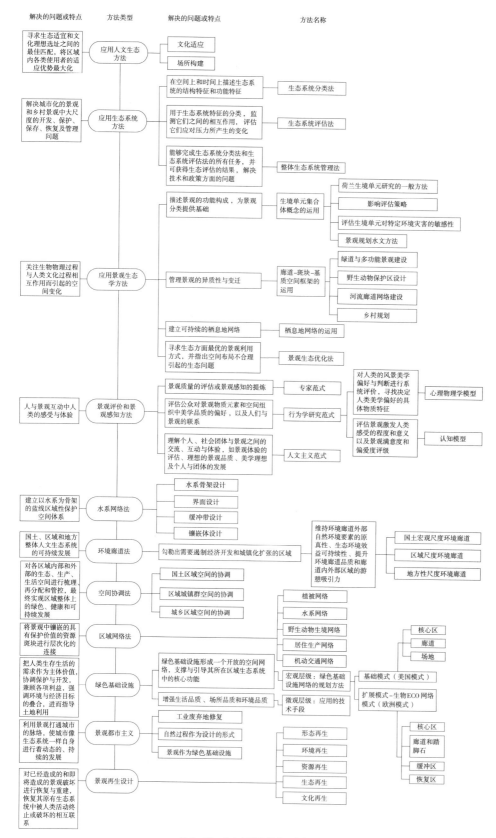

解决的问题或特点	方法类型	解决的问题或特点	方法名称		

寻求生态适宜和文化理想选址之间的最佳匹配，将区域内各类使用者的适应优势最大化 —— 应用人文生态方法 —— 文化适应 / 场所构建

解决城市化的景观和乡村景观中大尺度的开发、保护、保存、恢复及管理问题 —— 应用生态系统方法
- 在空间上和时间上描述生态系统的结构特征和功能特征 —— 生态系统分类法
- 用于生态系统特征的分类，监测它们之间的相互作用，评估它们应对压力所产生的变化 —— 生态系统评估法
- 能够完成生态系统分类法和生态系统评估法的所有任务，并可获得生态评估的结果，解决技术和政策方面的问题 —— 整体生态系统管理法

关注生物物理过程与人类文化过程相互作用而引起的空间变化 —— 应用景观生态学方法
- 描述景观的功能构成，为景观分类提供基础 —— 生境单元集合体概念的运用 —— 荷兰生境单元研究的一般方法 / 影响评估策略 / 评估生境单元对特定环境灾害的敏感性 / 景观规划水文方法
- 管理景观的异质性与变迁 —— 廊道-斑块-基质空间框架的运用 —— 绿道与多功能景观建设 / 野生动物保护区设计 / 河流廊道网络建设 / 乡村规划
- 建立可持续的栖息地网络 —— 栖息地网络的运用
- 寻求生态方面最优的景观利用方式，并指出空间布局不合理引起的生态问题 —— 景观生态优化法

人与景观互动中人类的感受与体验 —— 景观评价和景观感知方法
- 景观质量的评估或景观感知的提炼 —— 专家范式
- 评估公众对景观物质元素和空间组织中美学品质的偏好，以及人们与景观的联系 —— 行为学研究范式 —— 对人类的风景美学偏好与判断进行系统评价，寻找决定人类美学偏好的具体物质特征 —— 心理物理学模型
- 理解个人、社会团体与景观之间的交流、互动与体验，如景观体验的评估、理想的景观品质、美学理想及个人与团体的发展 —— 人文主义范式 —— 评估景观激发人类感受的程度和意义以及景观满意度和偏爱度评级 —— 认知模型

建立以水系为骨架的蓝线区域性保护空间体系 —— 水系网络法 —— 水系骨架设计 / 界面设计 / 缓冲带设计 / 镶嵌体设计

国土、区域和地方整体人文生态系统的可持续发展 —— 环境廊道法 —— 勾勒出需要遏制经济开发和城镇化扩张的区域 —— 维持环境廊道外部自然环境要素的原真性、生态环境效益可持续性、提升环境廊道品质和廊道内外部区域的游憩吸引力 —— 国土宏观尺度环境廊道 / 区域尺度环境廊道 / 地方性尺度环境廊道

对各区域内部和外部的生态、生产、生活空间进行梳理、再分配和管控，最终实现区域整体上的绿色、健康和可持续发展 —— 空间协调法 —— 国土区域空间的协调 / 区域城镇群空间的协调 / 城乡区域空间的协调

将景观中镶嵌的具有保护价值的资源斑块进行层次化的连接 —— 区域网络法 —— 植被网络 / 水系网络 / 野生动物生境网络 / 居住生产网络 / 机动交通网络 —— 核心区 / 廊道 / 场地

把人类生存生活的需求作为主体价值，协调保护与开发，兼顾各项利益，强调环境与经济目标的叠合，进而指导土地利用 —— 绿色基础设施 —— 绿色基础设施形成一个开放的空间网络，支撑与引导其所在区域生态系统中的核心功能 —— 宏观层级：绿色基础设施网络的规划方法 —— 基础模式（美国模式）/ 扩展模式-生物ECO网络模式（欧洲模式）—— 增强生活品质、场所品质和环境品质 —— 微观层级：应用的技术手段

利用景观打通城市的脉络，使城市像生态系统一样自身进行着动态的、持续的发展 —— 景观都市主义 —— 工业废弃地修复 / 自然过程作为设计的形式 / 景观作为绿色基础设施

对已经造成的和即将造成的景观破坏进行恢复与重建，恢复其原有生态系统中被人类活动终止或破坏的相互联系 —— 景观再生设计 —— 形态再生 / 环境再生 / 资源再生 / 生态再生 / 文化再生 —— 核心区 / 廊道和踏脚石 / 缓冲区 / 恢复区

图 2-18 生态规划方法体系框架

3.2.2　方法过程与模型

大多数的规划研究中,应用人文生态方法的程序主要围绕以下步骤进行组织(图2-19):①确定规划目标;②组织多学科团队;③使用人文生态模型;④获得概况;⑤确定边界;⑥确认区域内的自然、社会文化和行政区划;⑦确定使用者团体;⑧收集现有信息;⑨信息评估;⑩生成必要的新数据;⑪辨识互动关系;⑫构建模型和资料;⑬评估和修正过程。其中,第3步、第6步和第11步体现了人文生态的特征。

人文生态模型的应用是为了更好地理解人类和环境间的互动关系。在实际的规划设计中,设计团队可以根据实际需求来选择不同的人文生态模型作为研究基础。人文生态模型的基础是人文生态学的主要理论,如人类地理决定论、可能主义学说、斯图尔德文化生态学、文化生态系统论、动态适应论。这些主要理论对应了不同的人文生态模型,如斯图尔德相互模型、适应性模型等。

3.3　应用生态系统方法框架

3.3.1　方法构成与内涵

景观设计师、规划师、资源管理人员、野生动植物保护专家及环境管理人员等生态规划专家青睐于应用生态系统规划方法而不是景观适宜性评价方法和应用人文

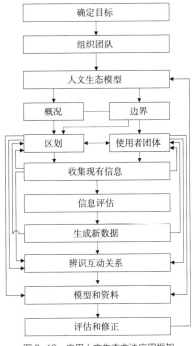

图 2-19　应用人文生态方法应用框架

生态学方法。尽管此方法的实践应用多以自然和乡村景观为主，但从理论上看，它主要应用于解决城市化的景观和乡村景观中大尺度的开发、保护、保存、恢复及管理问题。

应用生态系统方法可以细分为生态系统分类法、生态系统评估法和整体生态系统管理法等方法。类似于 1969 年后的景观适宜性评价方法，这种分类反映了应用生态系统方法实现目标的能力不断增强，特别是完成与保护规划相关任务的能力：确定目标、调查评估、提出替代方案、决策和实施。研究人员都能够依据系统观点完成这些任务。系统观点强调因果关系、互赖性和反馈关系。

3.3.2　生态系统分类与评估

生态系统分类方法在空间上和时间上描述生态系统的结构特征和功能特征。生态系统评估方法用于生态系统特征的分类，监测它们之间的相互作用，评估它们应对压力所产生的变化。整体生态系统管理方法则能够完成所有这些任务。此外这些方法还具有综合性、跨学科性及目标导向性以及明确的管理和制度方向。

3.3.3　整体生态系统管理方法

整体生态系统管理方法（Holistic-Ecosystem-Management Methods，HEM）最能代表应用生态系统方法，能够描述生态系统的特征和动态变化，可以依据生态系统预期功能评价系统的行为。此外，与其他的应用生态系统方法不同，HEM 方法可以获得生态评估的结果。HEM 方法主要解决技术和政策方面的问题，这些问题在保护规划的各个过程都会受到重视，主要包括：哪些社会、经济、技术、生态因素的相互作用能够评价生态系统的健康水平，在相互作用研究的基础上明确问题的范围？如何描述和监测生态系统的结构、功能和动态变化？如何评估压力对生态系统的影响？生态系统在维持自身稳定性的同时能否调整它的预期功能？如何认识压力对生态系统的影响并指导一系列管理方案的制定？

政策问题也需要引起我们的关注。公众、决策者及其他的相关人员或机构在问题的界定、生态系统的评价、管理决策的制定及实施等方面扮演什么样的角色？哪些机构或团体将制定和实施管理方案？谁将扮演协调员的角色？为了实现目标需要什么资源（资金、时间等）？如何获得这些资源？什么样的机制能够评估和监测项目实施所带来的影响？许多社会、经济、技术和生态的因素会影响生态系统，HEM 侧重于从整体上认识这些因素之间的相互作用和影响及其因果关系。HEM 方法的目的就是通过定性和定量分析得到一系列的管理目标和方案，从而保证公众参与，管理方案能够长期得到实施。

HEM 一般适用于资金充足、周期长的区域景观规划和资源管理研究，这些研究涉及到多重目标、资源、利益相关者和众多的政治分歧。虽然 HEM 方法已应用于大尺度生态系统的研究中，但它的逻辑性和理论目的也适用于解决较小尺度生态系统的规划和资源管理问题。应用 HEM 方法的步骤都有一个共同的主线。1985 年 RSC － NRC 联合报告中所阐述的策略就涉及下述的主要步骤：①科学地评估湖泊现状以及对湖泊演替的影响；②拟订解决问题的科学与技术措施；③识别制约措施有效实施的规定以及相关的政治和经济问题；④鉴定实施过程中涉及的重要行动及行政机构，并建立相应的支持体系。

这个方法是应用在大量生态系统管理研究中的典型程序。而多尼提出的程序则明确区分了规划的制定和实施，它分为生态规划和环境保护两个阶段（图 2-20）。生态规划包括定义问题、制定计划和做出决策；环境保护着眼于项目的实施和监测。两个阶段都适用于各种尺度的水域生态系统和陆地生态系统的规划。

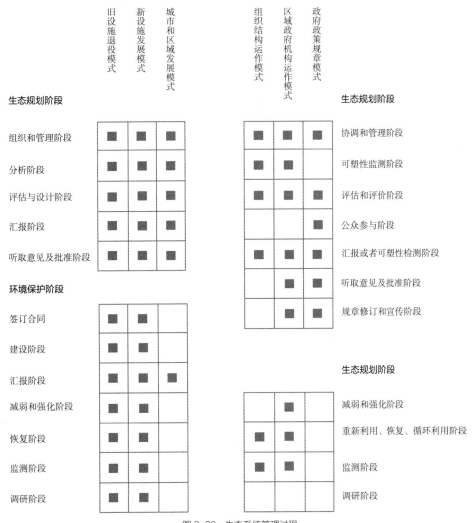

图 2-20　生态系统管理过程

3.4 应用景观生态学方法框架

景观生态学（landscape ecology）属于理论与应用的交叉领域，且具有成熟学科的多数基本特征（having most of the features of a well-established scientific discipline），主要关注生物物理过程（biophysical）与人类文化过程（human-culture process）相互作用而引起的空间变化。景观生态学将地理学中强调空间分析的空间方法与生态学中关注生态系统运行的功能方法结合起来。现在，越来越多的相关专业的学者与专家正在寻求运用景观生态学原理解决生态规划设计问题，例如，栖息地破碎化、自然保护区设计、资源管理以及可持续发展等。

应用景观生态学方法将景观生态学的理论和实践用于管理景观中的人类活动，这种应用被称为过渡概念。过渡理论关注于景观中的空间关系，揭示了景观格局与功能的知识，对构建可持续景观非常有价值。过渡理论有助于我们理解生态规划设计过程中遇到的关键挑战，决定应该调查分析何种景观特征，形成信息综合分析的原理，以及选择景观中可持续的空间结构。

景观生态学用过渡理论丰富了规划的内容。过渡理论将格局与过程的知识转化为空间框架和原则，用于创造可持续的景观空间布局。然而，将景观生态学的概念系统地整合进规划，形成一定的程序方法仍然是一重大挑战。只有程序向前发展，景观生态学才能为生态规划提供更多贡献。我们可以从各类文献中总结程序的一般特征（图2-21）。

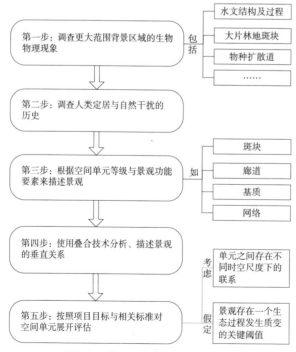

图2-21　应用景观生态学方法的一般程序

大多数程序首先调查更大范围背景区域的生物物理现象，包括水文结构及过程、大片林地斑块、物种扩散道等等，同时还将调查人类定居与自然干扰的历史；接下来，根据空间单元等级与景观功能要素来描述景观，如斑块、廊道、基质与网络，并使用叠合技术来分析、描述景观的垂直关系；随后，按照项目目标与相关标准对空间单元展开评估，评估过程中考虑到单元之间存在不同时空尺度下的联系。评估假定景观存在一个生态过程发生质变的关键阈值（critical thresholds）。

3.5　景观评价和景观感知方法应用框架

3.5.1　方法内涵与构成

不同于其他生态规划方法，景观评价与感知着重研究人与景观互动中人类的感受与体验。感知是通过感官理解对象的行为。景观评价与感知研究将景观视为价值观和文化意义的物质体现，主要通过景观的物质要素（地形、植被等）、组合要素（尺度、形状、颜色等）和心理特性（复杂、神秘、易读）展现。人们在与景观的互动中满足自身的栖居需求，同时感受到景观的品质。这种人与景观的互动还能唤起多样化的体验，例如人的需求能否得到满足；是否感觉舒适；能否获得归属感；景观是失败的还是成功的，丑恶的还是美丽的。关于景观感知与评价领域有三类共性问题：人们如何区分各类景观？为什么某些景观的价值高于另外一些景观，景观评价的意义何在？在人与景观的互动过程中，哪些体验是美的，如何找到这些体验，将它们整合到景观设计中，使人们受益？这些问题吸引了多个学科的专家学者，尤其是规划设计、资源管理、环境学、心理学和地理学的专家学者。每个专业都将自身的学科方向带入景观感知的研究，并由此出现了众多景观感知和景观评价的范式、方法与技术。多种多样的应用实践涵盖了从人类主导到自然主导的各类景观。

3.5.2　方法应用过程与模型

除了人文主义范式，各种生态规划途径中评估美学质量和偏好的程序都是相似的。主要过程包括：①详述研究问题和研究机会，例如定义研究目标和对象，确立研究范围。研究目标可以是景观偏好、景观质量或景观视觉承载力（capacity for visual absorption）的评估；②定义美学资源，例如建立审美评估框架，确定景观中的感受影响因素或者需要调查的要素；③制定美学资源清单，例如以视觉或其他感受为标准对景观进行描绘并分类，用文字或图像记录美学资源；④在项目目标和相关标准基础上，通过定性和定量技术，分析美学资源；⑤对美学品质的评估、偏好与判断的结果进行排列、组合及比较；⑥设立适合的设计、规划、管理的活动与标准，以缓和、维持、强化美学品质。

评估的研究结果往往用作更大规模研究的输入信息（inputs）。在实践中，由于反馈的存在，以上步骤可能不按照顺序精确进行。此外，行动实施还取决于研究目标、可用资源（时间、资金、人力）以及空间尺度（区域、地方、场地）。不过，采用何种景观感知范式将使各条行动产生最大的变化。例如，第 5 条行动的要点与专家研究范式最为接近。在心理物理学模型中，第 5 条行动可能变为：将景观偏好与景观物质要素相关联，通过建立美学品质和偏好的统计模型，用规划和管理的方式对这些景观要素进行控制。认知模型与心理物理学模型相似，但它关注的是理解景观空间布局的意义，在此基础上发展景观偏好的预测模型。在人文主义研究中第 5 条行动可能并不存在，因为人文主义研究并不倾向于作出判断。

景观评价的应用涵盖了很多类型的问题（廊道研究、游憩和林业等），运用于多种地理尺度（区域、地方和场地等）和各种物质环境（城市、郊区、荒野和自然）。已有的研究记录中，专家和行为学研究范式占主要部分。

3.6　景观都市主义方法应用框架

查尔斯·瓦尔德海姆（Charles Waldheim）教授是"景观都市主义"概念的提出者，他在《参考宣言》（A Reference Manifesto）一文中给出如下定义："景观都市主义描述了当代城市化进程中一种对现有秩序重新整合的途径，在此过程中景观取代建筑成为城市建设的最基本要素。在很多时候，景观已变成了当代城市尤其是北美城市复兴的透视窗口和城市重建的重要媒介。"景观都市主义理论经过多年的发展与实践，证实对城市工业废弃地的改造更新、不断萎缩的城市中心区的复兴以及快速发展背景下的新城开发等问题都有很好的指导作用。

景观都市主义的内涵包括三方面内容：工业废弃地的修复，自然过程作为设计的形式以及景观作为绿色基础设施。工业废弃地（Brown feild）指曾经用于工业生产及其相关用途，而现在已经不再作为工业用途的场地。主要包括工业采掘场地、工业制造场地、交通运输设施、工业或商用仓储场地以及工业废弃物的处理场地等。这些场地都或多或少有些环境污染，但都有很大的再发展潜力。景观都市主义的第二层含义是指自然过程作为设计的形式，即充分尊重场地的自然演变过程，以场地的演变肌理为蓝本，作为启发设计师构图时的基本形式，更进一步，将这一思想融合到场地的生态演变中去。景观作为绿色基础设施的想法与实践最初出现在高伊策（Adriaan Geuze）的荷兰阿姆斯特丹国际机场的景观规划中，这也是较早让风景园林师来做机场景观设计的案例之一。这个设计中体现的思想极其简单，高伊策没有像其他的设计师那样设计很多人工景观，而是只做了三件事：大量种植了适合当地环境且能快速生长的白桦树；种植了一些三叶草；请养蜂人在白桦林里养蜂。设计初期以植物为切入点，不考虑人为的场地干预。事实上，白桦林给三叶草的生长提供了小气候，蜜蜂又促进了植物的繁衍和自然生长，在此基础上又引入其他植物，形成了较为完善的生态系统，而整个景观不需要大量的后期维护。白桦树、三叶草和蜜蜂替代人工，成为阿姆斯特丹机场景观形成的推手，最终在极少的人工干预下形成了极具特色的自然艺术，而景观也成为具有生命力的绿色基础设施。景观都市主义理论适用于西方不断萎缩的城市中心区复兴，关于这一点，已经或正在被大量的实例所证明。如詹姆斯·科纳2004年完成的纽约高线项目，该项目目前正在施工中，设计与施工的过程都赢得了大众的普遍关注，有望成为近年来景观都市主义理论应用的一个成功建成案例。而对于该理论在快速发展背景中的新城开发过程中的适用性，也是完全可行、值得期待的（图2-22）。

3.7 景观再生设计应用框架

景观再生是对已经造成的和即将造成的景观破坏进行恢复与重建，恢复其原有生态系统被人类活动终止或破坏的相互联系，并以景观单元空间结构的调整和重新构建为基本手段，包括调整原有的景观格局，引进新的景观组分等，以改善受威胁

图2-22　景观都市主义的研究框架（杨锐）

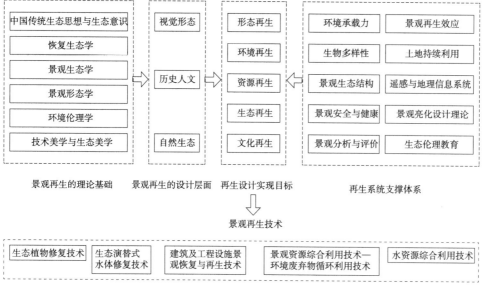

中国传统生态思想与生态意识	视觉形态	形态再生	环境承载力	景观再生效应
恢复生态学		环境再生	生物多样性	土地持续利用
景观生态学	历史人文	资源再生	景观生态结构	遥感与地理信息系统
景观形态学		生态再生	景观安全与健康	景观亮化设计理论
环境伦理学	自然生态	文化再生	景观分析与评价	生态伦理教育
技术美学与生态美学				

景观再生的理论基础　　景观再生的设计层面　再生设计实现目标　　　　　再生系统支撑体系

景观再生技术

| 生态植物修复技术 | 生态演替式水体修复技术 | 建筑及工程设施景观恢复与再生技术 | 景观资源综合利用技术—环境废弃物循环利用技术 | 水资源综合利用技术 |

图 2-23　景观再生设计的框架

或受损生态系统的功能，提高其基本生产力和稳定性，将人类活动对于景观演化的影响导入良性循环（图 2-23 ）。

　　景观再生的理论基础:中国传统生态思想与生态意识、恢复生态学、景观生态学、景观形态学、环境伦理学、技术美学与生态美学。

　　景观再生设计包括视觉形态、历史人文、自然生态三个层面，最终实现景观的形态再生、环境再生、资源再生、生态再生和文化再生。

　　景观再生系统的支撑体系：环境承载力、生物多样性、景观生态结构、景观安全与健康、景观分析与评价、景观再生效应、土地持续利用、遥感与地理信息系统、景观亮化设计理论、生态伦理教育。

　　景观再生设计的技术及方法：生态植物修复技术、生态演替式水体修复技术、建筑及工程设施景观恢复与再生技术、景观资源综合利用技术——环境废弃物循环利用技术、水资源综合利用技术。

4　生态技术体系框架

4.1　生态规划技术体系构成

　　环境生态技术在景观生态规划与设计中有着广泛的应用，对生态规划起着一定的支撑作用。根据环境生态技术其与大气、水体、地貌、土壤及人类活动之间产生的相

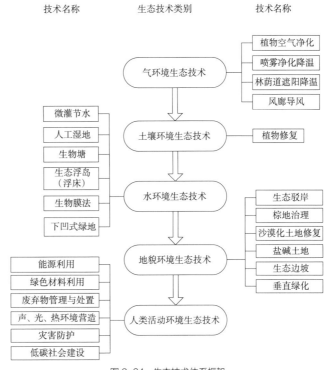

图 2-24　生态技术体系框架

互作用，可将其在景观生态规划设计中的应用分为五大类（图2-24）。具体每种生态技术的工作原理及应用将在本书第九章中具体详细介绍，本章中只是简单说明。

4.2　气环境生态技术

植物空气净化是通过抗污染植物群落技术的应用，选用具有吸抗污染和阻滞灰尘功能的植物，组成多层次的净化空气植物群落，所种植的植物具有吸尘、滞尘、杀菌、提神、健体的效果。

喷雾等景观设施的营造，吸附空气中的灰尘，增加空气中的水汽和负氧离子浓度，增加湿度，降低气温，提高空气质量。

林荫道对于城市除了景观绿化作用外，还对气环境具有遮阳、降温、净化空气质量以及保持自然通风等作用。林荫道具有很强的阻挡太阳辐射的作用，并且枝叶越茂密，阻挡能力越强，广场和草坪上的光合有效辐射值可比林荫道上高 20-50 倍。林荫道上相对湿度的降低和升高趋势比较平缓，白天具有良好的保湿效果，其与广场上相对湿度的最高差值可达 8.00%-12.50%。白天，随着辐射强度的变化，林荫道的降温效果比较明显，其与广场最高温差可达 1.91-2.17℃，但由于林荫道比较密闭，不易散热，在夜间则起到了一定的保温效果。

风廊导风指顺着主导风向栽植植物，引导风流进入。庭院有计划植物配置可以将气流有效地偏移或导引，使气流更适于建筑物的通风。

4.3　土壤环境生态技术

植物修复主要包括植物固定、植物挥发和植物吸收三种。植物固定是利用植物的根系使土壤中的迁移性降低，重金属沉淀下来，降低其在土壤中的迁移性，减少毒性在土壤中通过淋滤进入地下水或通过其他途径进一步扩散。但是，植物固定可能是植物对重金属抗毒性的一种表现，并未使土壤中的重金属去除，环境条件的改变仍有可能可使它的生物有效性发生变化。植物挥发是指植物将吸收到体内的污染物转化为气态物质，释放到环境中。植物挥发只适用于具有挥发性的金属污染物，应用范围较小。此外，将污染物转移到大气环境中对人类和生物有一定的风险，因而它的应用受到一定程度的限制。植物吸收是利用能超量积累金属的植物吸收环境中的金属离子，将它们输送并贮存到植物体的地上部分，这是当前研究较多并且认为是最有发展前景的修复方法。

4.4　水环境生态技术

微灌（micro irrigation），是按照作物需求，通过管道系统与安装在末级管道上的灌水器，将水和作物生长所需的养分以较小的流量，均匀、准确地直接输送到作物根部附近土壤的一种灌水方法。与传统的全面积湿润的地面灌和喷灌相比，微灌只以较小的流量湿润作物根区附近的部分土壤，因此，又称为局部灌溉技术。

人工湿地是在已消亡的湿地或异地恢复与重建的湿地生态系统，包括对原有湿地的恢复与重建，以及按湿地恢复与重建的原理在异地营造新的湿地生态系统等。人工湿地主要由五个部分组成：一是具有透水性的基质，如土壤、砂、砾石等；二是好氧和厌氧微生物；三是适应在经常处于水饱和状态的基质中生长的水生植物，如芦苇、香蒲等；四是无脊椎或脊椎动物，如鱼类、贝类和鸟类等；五是水体，包括在基质上或下流动的水。

生物塘又称稳定塘或氧化塘，是一种利用天然净化能力对污水进行处理的构筑物的总称。其净化过程与自然水体的自净过程相似，通常是将土地进行适当的人工修整，建成池塘，并设置围堤和防渗层，依靠塘内生长的微生物来处理污水。

生态浮床技术是运用无土栽培技术，利用漂浮材料作为载体和基质，人工把高等水生植物或改良驯化的陆生植物直接种植到受污染水域水面，通过植物强大的根系吸收、吸附作用和根系生态系统的物质转化途径，削减水体中的氮、磷等营养物质，并以收获植物体的形式将其搬离水体，从而达到净化水质的效果。生态浮床通过与其他环保设备配合使用能形成一个净水能力更加强大的生态浮岛系统，大大降低治水效果的反复风险。

生物膜法是利用附着生长于某些固体物表面的微生物（即生物膜）进行有机污水处理的方法。生物膜是由高度密集的好氧菌、厌氧菌、兼性菌、真菌、原生动物以及藻类等组成的生态系统，其附着的固体介质称为滤料或载体。

下凹式绿地是一种具有渗蓄雨水、削减洪峰流量、减轻地表径流污染等优点的生态型排水设施，是绿地雨水调蓄技术的一种。较普通绿地而言，下凹式绿地利用下凹空间充分蓄集雨水，显著增加了雨水下渗时间。

4.5　地貌环境生态技术

生态型驳岸在景观效果与生态效应以及亲水性方面与传统的驳岸相比具有明显的优势。生态驳岸是指恢复后的自然水岸具有自然水岸"可渗透性"的人工驳岸，可以充分保证与河流或湖池等水体之间的水分交换和调节，同时也具有一定的抗洪强度。驳岸坡脚具有高孔隙率、多鱼类巢穴及多生物生长带，流速多变，为鱼类等水生动物及其两栖类动物提供了生存和繁衍及避难的场所。驳岸上的葱郁的绿树、灌丛、草地为陆上的昆虫、鸟类提供了休憩、觅食空间，同时垂入水中的植物枝叶、根系等为鱼类产卵、幼鱼避难等提供了便利，形成了一个水陆复合型生物共生的生态系统。

盐碱地在中国的分布很广，主要分布在东北、华北、西北内陆地区以及长江以北沿海地带（卢耀干，1994）。国内外经验证明，在盐碱地上种植耐盐植物，不仅可改善生态环境，而且可利用耐盐植物，不失为目前治理盐碱地的有效措施。在盐碱地上种植耐盐植物与当前农业种植结构调整相适应，可实现农业二元种植结构向三元种植结构的转变，既可有效地抑制土壤盐分，改良盐碱地，保持水土，恢复生态，改善生态环境，又能促使畜牧业发展，取得了显著的经济效益。因此盐碱地种植耐盐植物是当前盐碱地高效利用的有效途径，值得大力推广。

垂直绿化的作用包括生态效应、景观效应、生理和心理效应、经济效应等。其中生态效应主要包括防风防尘、净化空气、缓解热岛效应、提高生物多样性、增加绿地率、降低噪声、减少光污染、建筑降温隔热等。景观效应主要指使千篇一律的灰色墙面充满绿色的生机，提升城市绿化的艺术水平。垂直绿化可淡化建筑立面的生硬感，使建筑与环境更加和谐融洽，并随着季相的变化，使建筑在不同时节和不同气候条件下具变化之美。垂直绿化还可快速有效的装饰老旧建筑破旧的建筑立面，使它们重新焕发生命力。其心理、生理效应有利于缓解心理压力、减轻疲劳，净化空气有益身心。其经济效益可以延长建筑物使用寿命，提高场所品味和价值等。

4.6 人类活动环境生态技术

人类活动环境中的生态技术主要有：能源利用，如再生能源绿色基础设施的设计、热转化绿色基础设施的设计等；绿色材料利用，如绿色铺装的应用等；废弃物管理与处理，如建筑垃圾填埋景观设计、生产废弃物利用、垃圾公园设计等；声、光、热环境营造，如景观照明生态设计、景观隔音设计等；灾害防护，如各类地质灾害的防护；低碳社会建设，如居住区景观生态技术、城市生态公园技术等。

参考文献

[1] 杨锐. 景观都市主义的理论与实践探讨 [J]. 中国园林，2009（10）：60-63.

[2] 胡一可，刘海龙. 景观都市主义思想内涵探讨 [J]. 中国园林，2009（10）：64-68.

[3] 刘东云. 当代景观都市主义的理论和谱系研究 [J]. 建筑与文化，2014（12）：133-135.

[4] 陈洁萍，葛明. 景观都市主义研究——理论模型与技术策略 [J]. 建筑学报，2011（03）：8-11.

[5] 王衍. 景观都市主义实践的理论追溯 [J]. 时代建筑，2011（05）：32-35.

[6] 刘东云. 景观都市主义的涌现 [J]. 中国园林，2012（1）：87-91.

[7] 况平. 麦克哈格及其生态规划方法 [J]. 重庆建筑工程学院学报，1991（04）：60-67.

[8] 胡一可，刘海龙. 景观都市主义思想内涵探讨 [J]. 中国园林，2009（10）：64-68.

[9] 刘海龙. 连接与合作：生态网络规划的欧洲及荷兰经验 [J]. 中国园林，2009（09）：31-35.

[10] 付喜娥，吴人韦. 绿色基础设施评价（GIA）方法介述——以美国马里兰州为例 [J]. 中国园林，2009（09）：41-45.

[11] 孙明，邹广天. 基于可拓学的城市生态规划方法体系研究 [J]. 华中建筑，2009（10）：35-38.

[12] 王海珍. 城市生态网络研究 [D]. 华东师范大学，2005.

[13] 詹文. 城市中心区景观保护与再生 [D]. 中南林学院，2005.

[14] 钱静. 技术美学的嬗变与工业之后的景观再生 [J]. 规划师，2003（12）：36-39.

[15] 郑晓笛. 关注棕地再生的英文博士论文及规划设计类著作综述 [J]. 中国园林，2013（02）：5-10.

[16] 盛卉. 矿山废弃地景观再生设计研究 [D]. 南京林业大学，2009.

[17] 谢园方. 江南新城建设中休闲绿道的研究与实践 [D]. 南京林业大学，2009.

[18] 王铭子. 基于连接度的城市绿地生态网络研究 [D]. 北京林业大学，2010.

[19] 孔阳. 基于适宜性分析的城市绿地生态网络规划研究 [D]. 北京林业大学，2010.

[20] 李然. 城镇绿地生态网络模式研究 [D]. 北京林业大学，2010.

[21] 罗培蒂. 城市绿道网络构建研究 [D]. 西南交通大学，2011.

[22] 朱建伟. 城市绿道景观设计研究 [D]. 四川师范大学，2012.

[23] 犹渝. 基于绿道理论下的重庆市绿道网构建 [D]. 重庆大学，2012.

[24] 谭少华，赵万民. 绿道规划研究进展与展望

[J]. 中国园林，2007（02）：85-89.

[25] 张云彬，吴人韦. 欧洲绿道建设的理论与实践 [J]. 中国园林，2007（08）：33-38.

[26] 周年兴，俞孔坚，黄震方. 绿道及其研究进展 [J]. 生态学报，2006（09）：3108-3116.

[27] 张笑笑. 城市游憩型绿道的选线研究 [D]. 同济大学，2008.

[28] 韩向颖. 城市景观生态网络连接度评价及其规划研究 [D]. 同济大学，2008.

[29] 李祉锦. 游憩型绿道网络构建研究 [D]. 燕山大学，2013.

[30] 宋丽. 城市游憩型绿道网络构建研究 [D]. 浙江大学，2013.

[31] 侯琛. 城市游憩型绿道网络的构建研究 [D]. 河南农业大学，2013.

[32] 刘滨谊，王鹏. 绿地生态网络规划的发展历程与中国研究前沿 [J]. 中国园林，2010（03）：1-5.

[33] 李敏. 国外绿道研究现状与我国珠三角地区的实践 [J]. 中国城市林业，2010（03）:7-10.

[34] 胡剑双，戴菲. 中国绿道研究进展 [J]. 中国园林，2010（12）：88-93.

[35] 刘佳. 基于建构绿色基础设施维度的城市河道景观规划研究 [D]. 合肥工业大学，2010.

[36] 李阳. 基于景观格局的城市绿地系统绿道网络构建初探 [D]. 西南大学，2011.

[37] 莫方明. 绿道建设研究 [D]. 华南理工大学，2010.

[38] 高岳，高凤姣，苏红娟. 上海市绿道网络规划研究初探 [J]. 上海城市规划，2014（05）：63-71.

[39] 谭晓鸽. 绿道网络理论与实践 [D]. 天津大学，2007.

[40] 刘滨谊，余畅. 美国绿道网络规划的发展与启示 [J]. 中国园林，2001（06）：77-81.

[41] 许克福. 城市绿地系统生态建设理论、方法与实践研究 [D]. 安徽农业大学，2008.

[42] 周秦. 国外生态网络规划实践对我国生态城市建设的启示 [A]. 中国城市科学研究会、广西壮族自治区住房和城乡建设厅、广西壮族自治区桂林市人民政府、中国城市规划学会.2012城市发展与规划大会论文集 [C]. 中国城市科学研究会、广西壮族自治区住房和城乡建设厅、广西壮族自治区桂林市人民政府、中国城市规划学会：2012：7.

[43] 王海珍，张利权. 基于 GIS、景观格局和网络分析法的厦门本岛生态网络规划 [J]. 植物生态学报，2005（01）：144-152.

[44] 刘理臣. 生态网络城市研究 [D]. 兰州大学，2008.

[45] 韩博平. 生态网络分析的研究进展 [J]. 生态学杂志，1993（06）：41-45.

[46] 李中才，徐俊艳，吴昌友，张漪. 生态网络分析方法研究综述 [J]. 生态学报，2011（18）：5396-5405.

[47] 徐建刚，宗跃光，王振波. 城市生态规划关键技术与方法体系初探 [J]. 城市发展研究，2008，S1：259-265.

[48] Forster Ndubisi. Ecological Planning：A Historical and Comparative Synthesis[M]. Baltimore：The Johns Hopkins University Press，2002.

第三章

景观语言
与
区域景观生态
分析体系

1　景观的语言与图式语言

1.1　景观的语言研究背景与发展历程

1.1.1　概念辨析

　　语言是人类文明的结晶，是人类社会中用来表达思想观念的符号和工具。语言的功能是表达生活和情感，是传播思想的工具、媒介、载体、形式（胡燕，2014）。设计语言也是人类的一种交际工具，是人类表达、传递设计思想的符号和工具。设计语言不具备语言的声音外壳，只包含语汇和语法两个体系。设计语言可以有很多种：程序设计语言、建筑设计语言、园林设计语言等等（胡燕，2014）。

　　"景观的语言"作为设计语言的一种类型，是所有生物的母语。早在人类学会用语言来描述自己的故事以前，就在尝试着阅读自己所居住着的景观；早在其他信号和符号产生以前，景观就成了人类最早的教科书——风云的变化暗示了天气，涟漪和潮汐标示了水下的岩石和生物，山洞提供了栖身之地，河流衍生了人类居地。其他的语言——文字语言、图式语言、数学语言，都可以说是由景观的语言衍生出来的（卜菁华，2003）。

1.1.2　来源出处

　　"景观的语言"是 20 世纪 90 年代由美国掀起的研究热点。1995 年新西兰林肯大学（Lincon University）第一届景观语言大会（LOLA，Language of Landscape Architecture）正式提出"景观是语言"这一观点。1998 年第二次会议（LOLA2）探讨了景观语言在设计实践、理论和教育上的运用，主要集中在景观的叙事、隐喻和意义三方面。同年，宾夕法尼亚大学教授安·维斯特·斯本（Anne Spirn）出版的《景观的语言》（The Language of Landscape）是该领域最具代表性的研究成果，同时也开辟了风景园林学科发展的新的研究途径。安·维斯特·斯本教授指出，景观是所有生物的母语，有语言的所有特征，它可以言传、用文字描述、阅读和给人以想象，不同时代景观意义的讲述和阅读方式也不同（肖辉，2008）。

1.1.3　国内外研究成果

　　在理论研究的基础上，安·维斯特·斯本（Anne Spirn）以 Mill Creek 社区为例在宾夕法尼亚大学开展了长期的规划设计实践研究和 MIT 教学探讨。她认为景观的语用学包括：创造一个结构，为稳定的、生长的以及意外出现的事物提供一个空间；以及基于设计师自己的背景和经历——作者得来的景观创造和感知（蒙小英，2006）。在安·维斯特·斯本（Anne Spirn）研究的基础上，2002 年凯文·麦·梅奥尔（Kevin Miles Mayall）在他的博士论文《景观语法》（Landscape Grammar）中指出景观特征通过空间和视觉两方面特征表达，提出用空间语汇和句法规则描述景观的特征（Mayall，2002）。2007年，乌多·维拉赫（Weilacher）编著的《景观文法——彼得拉兹事务所的景观建筑》（Syntax of Landscape：The Landscape Architecture of Peter Latz and Partners）一书，以拉兹最经典的作品为核心，从理论到实践详细解读了景观作品背后的深刻含义，形成了具体的文法导引（维拉赫，2007）。

此外，芬兰建筑大师阿尔瓦·阿尔托在处理建筑与环境的对话和建筑向自然的延伸中，形成了对欧洲风景园林设计师产生重要影响的独特设计语言（蒙小英，2008）。丹麦现代主义园林大师C.索伦森从丹麦本土景观和历史元素中提炼设计词汇，创造了以圆和椭圆为代表的几何景观的特征词汇，形成了秩序、时态、建筑化的方法和构成的构图句法规则，它们既是索伦森个人的景观语言，也是丹麦现代主义园林的景观语言（蒙小英，2010）。

景观的语言研究近年来也得到国内研究的关注。国内学界对于景观语言的研究走的是"引进理解、拓展研究、本土化发展"的技术路线。研究主要集中在几个方面：

（1）引进景观的语言学说，即对西方风景园林规划设计语言的研究。首先是将安·维斯特·斯本（Anne Spirn，1998）教授《景观的语言》（The Language of Landscape）的成果引入国内并结合自己对景观的理解，探讨景观语言的语法和修辞手法（卜菁华，2003）。其次是对西方风景园林设计师设计语言的研究。蒙小英（2006）从园林历史和设计的角度，研究1920—1970年间北欧各国有代表性的园林设计师的作品；运用语言学的研究方法，对北欧现代主义富有地域性与艺术品质特征的设计语言生成基础和原因展开研究。在欧洲现代主义园林设计的发展和设计语言的量化与生成研究中，万艳华（2007）等人研究亚历山大的"模式语言"，运用其中的模式理念和模式语言方法，探讨基于模式语言的、新型的和动态的，既延续传统地方特色又适应当代社会需求的历史文化村镇保护规划体系。

（2）景观语言的拓展研究。该研究主要集中在几个方面：首先是景观语言符号的研究。通过对景观语言符号的意义概念、意义生成机制、意义传达机制、主题类型、作品类型与表达方式的系统阐述，揭示其活动机制，并提出相应的创作原则与方法，为具体的景观创作提供依据，并在阐述语言和景观语言概念的基础上，提出景观语言的交际性、符号性和社会性三大基本属性，以及景观语言的语音、语义和语法三要素（陈圣浩，2007；邱冰，2010）。其次是对地域性设计语言的研究。对风景园林设计语言从地域性角度进行分析和研究，并以此为基础探讨风景园林实践中景观的地域性特征（王向荣，2002；林菁，2005；肖辉，2008；王浩，2009；

王云才，2009）。研究的核心在于阐述风景园林设计语言和地域性之间的相互关系，以及风景园林地域性的构成体系，特别是自然和人文在地域性特征中的实质性影响。再者就是景观图式语言的研究（王绍增，2006；吴洪德，2007），探讨图式的特点、图式的转换和图式构成。其中景观生态化设计的图式语言是近年来开展的重点研究领域（王云才，2009）。

（3）景观语言本土化发展。近年来，结合地域性特征的景观语言研究乃至实践成为趋势。一批学者着眼研究"地域性景观语言"并反推景观语言的地域性特征，使景观语言成为景观学的新方法论（王向荣，2002；林菁，2005；肖辉，2008；王浩，2009；王云才，2009）。国内学界有关景观语言研究的另一个热点在于解释景观设计语言和地域景观特质的作用肌理，以及地域景观空间构成特征，尤其是人文—生态型地域景观的存续本质（王绍增，2006；吴洪德，2007）。

1.2　景观的语言思想体系

1.2.1　景观的语言思想体系的构成要素

语言是一种音义结合的符号系统，它的基本结构是由语音、语汇和语法组成的结构体系。景观的语言和其他设计语言一样，不具备语言的声音外壳，只包含语汇和语法两个体系。但就像由文字的语言所形成的文学作品一样，景观的语言也可以传播、书写、阅读和想象。一棵树的形状和结构，记录了物种和环境循序渐进的对话；树或宽或窄的年轮，讲述了它一生中每个生长季节的水和养料状况；人造景观揭示了建造者和建造地之间的关系；它们讲述了降水和屋顶坡度，耕种方法和耕种地大小，家庭结构和定居方式的契合（卜菁华，2003）。就像语言是由词汇、语法构成的一样，景观的设计语言也有对应的语言规则。由于景观语言的结构比普通语言更为复杂，因此，建立起相对完整的景观语言内容框架及思想体系，将成为系统地进行景观认知、设计与规划的指导和依据。

借鉴语言学的构成规律，可通过景观的语汇、景观的语法及景观的语用三个方面来构建景观的语言体系。"景观的语汇"作为景观符号的聚合体，是景观的语言体系中最基本的单位，它代表了一切景观设计构成要素的总汇。根据景观符号组合的复杂程度，可以把景观语汇进一步分为景观语素、景观词汇、景观短语和景观语句。"景观的语法"则是把以上这些景观构成要素排列起来以表达各种不同含义的组织秩序和运作规律。景观的语法有助于将景观讲述得更加流利、深刻、富有表现力。按照在景观塑造中所起的不同作用，可将景观的语法分为景观时态、景观词法和景观句法三类。"语用论"指"特定情景中的特定话语，研究不同语言交际环境下如何理解和运用语言"。因此，安·维斯特·斯本（Anne Spirn）认为，"景观的语用"

包括两大部分：创造一个结构，为稳定的、生长的以及意外出现的事物提供一个空间；以及基于设计师自己的背景和经历——作者得来的景观创造和感知（蒙小英，2006）。根据她的观点，在此将景观的语用分为两部分内容，即代表设计师个人情感创造的"景观的修辞"，和代表场地本身空间特征及背景环境的"景观的语境"。

构建起景观的语言思想体系的三个方面的内涵、功能及内容细分详见表3-1：

景观的语言思想体系的具体内容

表3-1

构成要素	概念	语言学功能	景观功能	内容细分
景观语汇	景观符号的聚合体，是景观的语言体系中最基本的单位	构成环境（文章）的元素	景观要素、典型景观空间、景观空间单元和景观空间结构，分别以"字""词""词组/短语"成为景观的语汇	景观的语素（字） 景观的词汇 景观的词组/短语
景观语法	把环境内部所有景观构成要素排列起来表达各种不同含义的组织秩序和运作规律	描述环境（上下文）的法则	景观要素的空间组织秩序、景观环境内部的运作规律和使景观环境成为一定形式的作用机理，分别以"词法""句法""时态"成为景观的语法	景观的词法 景观的句法 景观的时态
景观语用	创造一个结构，为其内部所有事物提供空间；基于设计师自己背景和经历的景观创造和感知	塑造环境（上下文）及其内部要素间的关系	景观空间的表现特征与表达手法、景观空间本身及其背景环境，分别以"修辞手法""语境"成为景观的语用	景观的修辞手法 景观的语境

1.2.2 景观的语言思想体系的结构逻辑

在景观的语言思想体系中，"景观的语汇"是能够被区分含义的最小语言单位，即景观语言的最基本构成要素，它代表了一切可以用来塑造景观且本身具有独立意义的景观要素或空间。景观的语汇根据其组成符号的复杂程度，可分为景观语素、景观词汇及景观词组/短语三个级别，分别指代语言中的字、词及短语的汇总。景观语素代表了景观的构成要素，景观词汇代表了由景观构成要素组合而成的景观空间，景观词组/短语则代表由景观空间组合而形成的更复杂的景观空间单元或结构。因此，景观的语汇既可以独立运用形成景观，也可以依照一定的规律被组合在一起形成尺度与范围上更大的景观环境。

"景观的语法"包括词法、句法和时态的内容，主要研究不同时间与空间下，景观语汇之间的组合关系，重点在于空间的组织和形式的协调。在景观语法中"词法"的作用下，景观语汇中的"语素"，即景观构成要素以一定的排布规律形成"词汇"，即景观空间；在景观语法中"句法"的作用下，景观语汇中的"词汇"，即景观空间以一定的组织秩序形成"词组/短语"，即景观空间单元或空间结构；在景观语法中"时态"的作用下，景观的语汇所描述的景观空间在不同的时间背景下呈现出不同的表现特征与表达形式。

"景观的语用"指的是在一定的景观语言使用环境及其内部影响因素的作用下，通过景观语法对景观语汇进行组织与排布，使其成为具有一定内涵、意义且可被识别与感知的景观空间环境。同时，景观的语用还包含了景观修辞手法对景观空间的提升、加工与塑造作用。

总的来说，景观的语汇为景观的语言体系提供了可供使用的基本素材单位；景观的语法则将这些零散、分散的素材通过一定的秩序与规律编纂、排布在一起，完成"单体要素－简单空间－复杂空间结构－完整景观空间环境"这样一个在尺度上由小到大的过程，并将这些景观空间环境置于不同的时空轴线下进行加工与表达；而这一系列的过程，都需要置于一定的景观语境之中，才有特定的、可被理解的景观环境内涵、意义和价值；同时，景观的修辞手法通过特殊的景观语法加以表达，作用于一定语境中的景观语汇之上，便可提高景观空间的表现力。以上所有在一定语境下，通过景观语法对景观语汇的排布和在此基础上的景观修辞加工，就是景观的语用，这种对景观语言的应用与使用的结果则以一定形式的景观环境表现出来（图3-1）。

1.3 图式语言的研究背景与发展历程

1.3.1 概念辨析

"图式"表征特定概念、事物或事件的认知结构，影响对相关信息的加工过程。"图式语言"是运用图形作为某类事物的基本范式表达的语言形式。"景观图示语言"，概括地讲是指用语言学的方式来研究景观的要素和组合特征，并开展景观语言符号的研究。它试图在自然生态景观及其过程、文化景观及人文过程、网络化与网络格局典型研究的基础上，以空间组合图式为表达形式，构建起以生态过程为依据，由景观要素、景观空间单元、景观空间组合，耦合叠置而形成的具有尺度、秩序、语法、意义等功能的生态景观形成过程与规律。景观空间的图式语言结构组织涉及多层次、

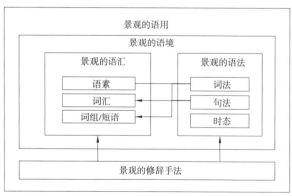

图3-1 景观的语言思想体系逻辑结构框架图

多要素，与语言学的遣词造句呈现出相似性，故语言学中的多种研究方法和结论在景观学中同样适用。然而，语言学研究历史悠久，景观图式语言的研究还仅仅只是一个开始。

1.3.2 来源与应用

"图式"一词最早由康德在其哲学著作中提出。瑞士著名心理学家、教育家皮亚杰也十分重视图式概念。他认为图式"只是具有动态结构的机能形式，而不是物质形式"，即图式就是主体对于某类活动的相对稳定的行为模式或认识结构。而皮亚杰则认为图式与行为模式、认识结构是等同的概念。随后，图式又被引入生物形态学的研究中研究动物的形态特征，直至今天被广泛运用于各个学科中。

西方景观文化中对于景观语言的研究起步较早，图式语言在相关领域如建筑等应用已经十分广泛。据蒙小英的研究（2006），西方景观师从很早起就运用语言学的研究方法，探讨北欧现代主义富有地域性与艺术品质特征的设计语言生成的基础和原因。研究发现，总体而言西方园林较为规整化，因此其景观语言的发展也较早。近年来，研究学者们试图在欧洲现代主义园林设计的发展和设计语言的量化与生成研究中，探讨既延续传统地方特色，又适应当代社会需求的历史文化村镇保护规划体系。在景观领域，研究学者们已经提炼出各种以椭圆等几何形态为基本单元的语言要素，并且西欧有多个古典园林实例验证了其广泛性和实用性。与景观领域相比，图式语言在建筑领域发展较快。在建筑设计中，部分与环境相关的设计为建筑与环境相结合而形成的语言体系，对景观语言的发展起到了较大的启发作用。就此，西方景观语言的研究从园林历史和设计的角度出发，探索了多种规则特征性的景观语言。

1.3.3 研究意义

景观生态化设计需要一个完整的生态设计语言来指导生态化设计，并构成生态设计的基本范式和框架。景观学的景观生态化设计图式语言则致力于采集具有强地域特征的景观图式，解构性地解读景观图式机理，用语言学方法论重构景观图式语言体系。生态设计语言以景观要素、景观空间单元、基本组合与空间格局以及生态过程作为其基本构成，以生态流与生态过程作为其内在连接规律，将生态设计的空间图式、自然景观图式、文化景观图式、网络化图式等连接为一个具有整体性、完整性、动态性特征的整体性景观（王云才，2010）。在构建图式语言体系框架时，可以依照和参考景观语言的语言框架加以提炼。景观语言的基本构成、景观要素的秩序、上下文关系等研究成果对应到图式语言中就是要素图式、景观空间图式以及景观格局图式。

对"景观生态空间分析体系的图式语言"进行研究，就是在对自然生态景观的构成与关系进行系统地分析研究的基础上，以图式为表达形式，构建起以生态过程为依据，由景观构成、景观空间单元、景观空间组合依次耦合叠置所形成的具有尺度、秩序、语法、意义等功能的生态景观规律。研究的目的在于更好地进行以自然与人文生态过程为核心，融合生态要素和空间单元，有效组织基本组合范式和空间单元模式，形成自然与人文一体化的具有整体性、连续性和有机性的景观整体或整体人文生态系统设计。

1.4　图式语言的研究现状与成果

1.4.1　国外研究成果

目前，国外已有大量学者将图式语言运用于景观生态规划与设计的实践之中。美国景观生态学者温彻 . 德拉姆斯泰德（Wenche E. Dramstad，1996）、詹姆斯 .D. 奥尔森（James D. Olson）、理查德 .T. T. 福尔曼（Richard T.T. Forman）在著作《景观设计学和土地利用规划中的景观生态原理》（Landscape Ecology Principles in Landscape Architecture and Land-use Planning）中提出了 55 条景观生态规划的法则、概念及生态设计关于斑块、边界（界线）、廊道（连通性）和镶嵌体的图式语言。理查德·杜比（Richard Dube，1997）尝试性地通过草图、照片、结构分析和美学特质等方面研究了 48 种自然景观图式，并就每种图式进行变形，以适应具体空间规划设计的需要。苏格兰爱丁堡学院教授，林学家、景观学者西蒙·拜尔（Simon Bell，1999）研究了图式（Pattern）的含义和感知图式的方式与途径。在他出版的著作《Landscape：Pattern，Perception and Process》中，他以不列颠群岛的自然为图式（Pattern）理论研究的语境背景（Context），初步探讨了地形图式、生态图式和人文图式等图式形式，并用区域规划案例加深人民的感知和理解。他以自然生态图式为研究切入点，过程中解读了人居和历史遗存图式，最终服务于人文 - 生态系统环境的大背景。他认为人类与其生活的世界紧密相连，人类应该有意识来更好地经营自然和文化资源，使其更加可持续。

除了将图式语言运用于生态规划与设计中，还有专门以图解或图式的方法研究风景园林设计原理和设计方法发展历史的研究流派。图解或图式研究方法是以高度概括的图解形式阐释风景园林设计史的原理与时代性设计语言及语汇，探究不同历史时期人地关系的特点和不同文化发展阶段下人类设计自己环境的原始动机和出发点。图解或图式的方法主要采用包括作品绘图与图形概括、绘制景观变化的图谱（绘制连环画）、插图故事、案例研究与设计语汇的解构，在此基础上归纳提炼出不同历史时期风景园林设计所具有的共同设计理念、设计原理和设计语汇等。在这一流派中以杰弗瑞.杰里柯（Geoffrey Jellicoe）和伊丽莎白.伯顿最具代表性。英国学者杰弗瑞·杰里柯和苏珊·杰里柯所著的《图解人类景观——环境塑造史论》（The Landscape of Man：Shaping the Environment from Prehistory to the Present Day）就是一本以揭示风景园林设计史中世界多样性文化图式的重要成果。全书揭示了人类景观（文化景观）的设计图式和设计语汇的发展历程。在杰里科之后，具有代表性的是伊丽莎白·伯顿（Elizabeth Boults）的《图解景观设计史》（Illustrated history of landscape design）。它纵览风景园林发展的历史，沿着图解（图式）这一线索展开，采用概括图解的文献梳理方式，使用数百幅黑白钢笔画，按照公元纪年和地理分区来组织，说明历史背景与文化渊源如何影响着当时的设计创作。

1.4.2　国内研究成果

卜菁华在 2003 年的研究中总结，国内景观语言的研究起源于对安·维斯特·斯本（Anne Spirn）教授《景观的语言》一书的引入。该书主要讨论了景观语言的语法和修辞手法。概念一经提出，相关研究便探讨了景观语言基本的含义和语法，并发现景观语言与普通语言相比在符号特征的基础上还有社会性特征，具有更高的复杂性（陈圣浩，2007；邱冰，2010）。此后，图式研究逐步与整体人文生态系统理论相结合，综合探讨自然和历史人文对于景观的影响，将图式语言作为研究方法，阐述文化和自然生态相互关系。而景观的图示语言则具体开始研究其特征、构成和转换的规则（王绍增，2006；吴洪德，2007）。表达地域性特征是图式语言研究的一个重要节点。为应对全球化的潮流，目前规划和景观领域均已开始寻找方法塑造独特的地方特色空间。通过景观语言来分析和研究地域性特征文化空间已成为十分热门的议题。

1.5　图式语言研究的空缺与不足

相比于其他设计语言，景观的语言研究起步较晚。图式语言是其中一个重要组成部分。

伊丽莎白·伯顿的研究力图以全世界为尺度，以时间（一个世纪）为单位，探讨每个世纪风景园林的设计原理和图式语汇。虽然具有高度的概括性，但它却少了不同地区、不同文化下的设计原理与设计语汇的丰富性和多样性。从国内外对景观空间图式语言的研究进程来看，大多研究仍维持在平面上，空间纵向多平面之间的嵌套关系研究仍处于空缺状态。同时，图式语言是一个各尺度通用还是适用于单尺度平面的要素也始终是一个亟待解决的问题。

除此之外，生态设计语言一直是为景观生态化设计所忽视的一个环节。现阶段的生态规划设计理论和方法不断被发展和创新，并且人文景观的重要性也被研究者们逐渐发觉。但是生态规划设计依旧缺乏一套科学的、完善的理论依据和原则。生态设计的实例研究多着眼于某项单一的生态理论。而这些理论指导景观规划虽然具有一定的科学性，却并不完善。生态设计语言的缺失使景观生态化设计处在"理论落后于实践"，而"实践又缺乏依据、缺乏规范过程和评价标准的泛化生态的混乱"阶段，这使得有心进行景观生态设计的设计师在实践过程中面临缺乏理论依据和技术方法的困境。因此，理论的积累和大量的实践呼唤，使得景观生态化设计语言的研究成为现今最为紧迫的课题。

2　区域景观生态分析的 C-3P 体系

2.1　区域景观生态分析 C-3P 体系的内涵与构建意义

生态、文化和艺术是风景园林学科的三个重要平台。生态特征是风景园林空间的基本特征之一。基于生态特征对景观生态空间进行认知、分析与评价，将对风景园林的规划与设计产生重要的意义。风景园林空间的多尺度特征决定了景观生态空间的多尺度特征。由于不同尺度所表现出的构成、结构和功能的差异，景观生态空间在不同尺度上的特征和具体体现也不相同。与此同时，在每一个尺度上，景观生态空间都包括与尺度相适应的构成、空间格局、生态过程和景观感知等维度特征。在某一尺度上对景观生态空间进行分析与认知，一般来说包括三个方面：①认知并记录生态空间中各个景观构成的类型和数量；②认知并分析各个构成要素与其所处环境的空间组合关系；③探究并认清景观生态空间中维持建立、维持空间组合以及维持各个构成要素之间稳定的生态关系的所有生态过程与联系。基于以上观点，立足于风景园林空间的尺度及嵌套特点,结合景观生态空间具有的景观构成、景观格局、景观过程和景观感知的动态体系，从"区域 – 空间单元 – 典型空间 – 构成要素"几个尺度层面建立景观生态分析的"C-3P"体系框架。"C-3P"体系是指：对一定尺度下景观生态空间的景观构成（Component）、景观格局（Pattern）、景观过程（Process）与景观感知（Perception）进行认知与分析，并由此建立的全面、系统且具有多尺度和多维度特征的区域景观生态分析体系。

对于风景园林规划师来说，区域景观生态分析的"C-3P"体系框架的建立具有重要意义：①明确风景园林生态空间的特征，可以为认知与理解生态空间提供依据，进而为生态规划和设计提供要点；②为规划师提供了行为导则，指导其在进行风景园林规划设计过程中观察和收集生态空间的哪些数据、资料和特征并重点突出生态空间规划设计的内容体系;③在此框架的帮助下,规划师可以在规划设计过程中,客观地认知和评价规划范围内不同尺度空间中生态空间的特征;④该框架体系可以帮助规划师结合风景园林规划设计的地方性,在规划设计实际工作中建立每个工程项目的生态空间在"构成、格局、过程和感知"体系下的生态设计框架;⑤帮助规划设计师将风景园林规划设计目标中的自然与人文保护目标细化,融入从总体规划、详细规划、场地设计等不同尺度的规划设计过程中,逐步落实地方性的保护性设计。

2.2 区域景观生态分析 C-3P 体系的构成

2.2.1 景观生态分析 C-3P 体系的构成要素

"景观构成"(Component),即构成景观生态空间的基本要素。在不同的尺度下对景观构成进行认知,会得到不同细度的构成结构:在小尺度上,"景观构成"指的是一切构成景观环境的最小、最基本的要素单体,包括人文景观要素单体和自然景观要素单体两类;在中尺度上,"景观构成"即同种要素单体所形成的组团,如由植物要素单体形成的植物组团、由建筑要素单体形成的建筑组团、由田块要素单体形成的农田组团等;在大尺度下,"景观构成"可被视为同质性整体的集合,包括人工要素、自然要素与半自然半人工要素三类。

"景观格局"(Pattern)是指大小和形状不同的景观构成要素在空间上的排布规律,景观构成要素的组成和构型是其基本特点。景观要素组成是指景观格局的要素类型以及各类型在景观中所占的比重,而景观要素构型则是指不同景观要素的空间排列方式。根据景观构成的复杂程度,景观格局亦可在三个尺度层面上进行认知与研究:微观层面上,"景观格局"即小范围空间上一定数量与类型的景观构成要素按一定规律排布所形成的基本生态空间;中观层面上,"景观格局"指的是较大范围空间上一定数量与种类的生态空间以一定组合方式所形成的,与周围环境具有明显异质性的生态空间单元;宏观层面上,"景观格局"指的是区域空间范围内多个生态空间单元以一定组织秩序排布所呈现出的生态空间格局。

"景观过程"(Process)是指景观构成要素在组合成基本生态空间,并进一步组合成为生态空间单元与格局的过程中所依照的特殊过程和关系。景观生态空间中存在的景观过程可分为三种类型:自然生态过程,即塑造了已有景观生态环境的十大水平及垂直生态过程;历史文化过程,即随着时间的推移与社会的演变,对景观生态环境产生影响和塑造作用的文化与社会经济过程;人文空间塑造过程,即在人为作用下对景观生态环境进行空间逻辑塑造的过程,也就是生态空间的规划与设计过程。

"景观感知"（Perception）是指在对区域性景观生态环境进行亲身体验后所留下的景观意象与评价。这将帮助风景园林规划师在现场从整体上把握景观生态空间的现状特征，并基于此做出进一步专业性的景观分析与评价。对于一个区域范围内的景观生态环境，可从两大方面进行感知：一方面是对场地本身环境特征的感知，包括对场地内景观特征以及场地内可利用资源进行的，以人的主观感受为主的评价；另一方面则是对场地所处环境的感知，即对场地文脉、社会文化背景等人文方面的了解与感受。

景观生态分析的 C-3P 体系的构成要素及各要素间的关系如图 3-2 所示。

2.2.2 景观生态分析 C-3P 体系的结构逻辑

建立景观生态分析的 C-3P 体系，有助于帮助风景园林规划师对已有景观生态空间进行系统地、全面地认知，而这也是进行体系化、逻辑化地生态规划与设计的基础和前提。

景观生态分析的 C-3P 体系是一个多维度、多层次的体系。

首先，对于景观构成与景观格局的认知应在第一个维度内进行。因为对于点状的景观结构要素和以块面状呈现的景观格局的形状、比例、类型、空间分布、空间关系等特征的认知与研究，皆主要以地图、平面图、遥感影像图等可视化途径在二维平面上进行。景观构成根据要素数量的多少，依次形成"单体要素—组团要素—

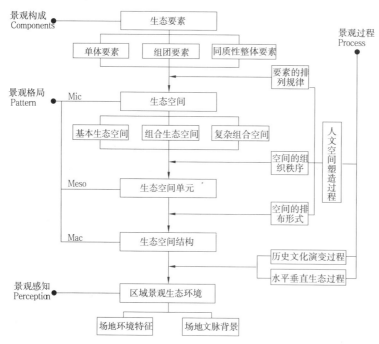

图 3-2 景观生态分析 C-3P 体系构成要素及其逻辑关系示意图

同质性整体要素"的体量及细度变化,这是其水平方向上广度的扩展;景观格局随着彼此间空间的水平拼接与垂直嵌套,则存在着"基本生态空间 – 生态空间单元 – 生态空间格局"的深度与尺度变化,这是其垂直方向上尺度的深化。景观构成在要素间关系的作用下,形成了对景观格局由基本空间到区域环境的静态描述,它们以一种固定且特定的方式呈现于各个尺度等级的二维平面中,待我们在某个特定尺度之下进行相应的认知。

其次,景观过程的认知应在第二个维度上进行。因为景观过程大多数存在于不可见的景观环境内部,它更像是一种动态的、发展的、延续且抽象的机制或规律,其认知方式与上一维度内通过可见、具象、静态的实物进行认知的景观构成和景观格局完全不同。对于景观过程的认知,需要我们在上一个维度里已经形成的环境中加以追溯:一方面是从静态格局的序列组合中寻找不同时间节点或空间尺度下格局的动态变化,另一方面可以从已形成的要素组织关系中推理分析不同的水平或垂直阶段内各要素关系的动态演变等等。

最后,也是进行景观生态分析的最终步骤,便是在第三维度上进行的景观感知。之所以对景观生态环境的感知处于最高层级,一方面是因为在这一步骤里加入了以人的主观感受为主的对生态环境的感知与评价,即从观察者出发,利用其各种感官对生态环境进行的主观复刻;另一方面则是因为景观的感知包含了对之前所有内容的感知——对单体要素的感知、对整体环境的感知及对内在生态过程的感知。

随着在这三个维度上,从实体平面的认知,到表象与内在共同认知,再到加入人为主观感受的多感官认知,对景观生态空间的分析和认知得以完成,对景观生态分析的 C-3P 体系的构建也形成了多维度、多层次、多角度的体系框架(图 3-3):

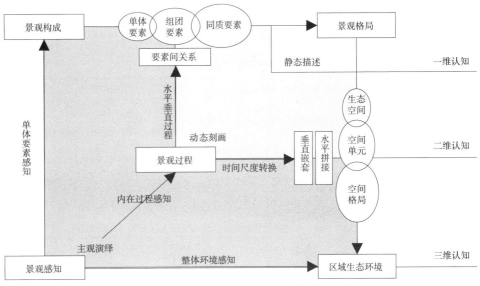

图 3-3 景观生态分析的 C-3P 体系三个维度认知框架图

3 区域景观生态构成（Components）的认知

任何形式对土地的合理利用，都从研究环境及其内部进行的自然过程开始，而获得区域内有关土地的各种信息则是其首要任务。区域景观的生态构成，也被麦克哈格称为"生态细目（inventory）"或"生态决定因素（eco-determinates）"，即一个景观生态环境中所有的组成成分，它是形成整体景观生态环境的基本素材和最小且具有意义的景观单位。从不同的尺度对景观构成进行认知，可得到不同细度的景观构成分类及其认知要点，这将有助于形成对各个层次景观格局的识别与分析。

3.1 区域景观生态构成（Components）的认知内容

对一个景观生态环境中所具有的景观构成进行认知，就是寻找在该环境中一切对其形成与塑造产生影响及作用的因素或元素。因此，景观生态构成可按照"可见景观构成"和"不可见景观构成"两种类型进行认知。可见景观构成，指的是一个景观生态环境中眼睛所见的一切景观元素；而不可见景观构成，则是指虽然本身不可见，但它的存在会对一个景观环境及其内部可见要素的形成与发展带来影响的元素。

由于观察相对"度"的不同，也就是对景观构成细节涉及程度的不同，得到的认知结果也不同。因此，对可见景观构成进行认知与识别，可以不同的精细度（或分辨率）从大、中、小三个尺度上来进行（表3-2）：

在小尺度上，我们对景观构成的识别细度较为精细，即分辨率较高，则应从构成要素单体的层面对其进行认知。构成要素单体即构成景观环境的要素个体，它包

可见性景观生态要素认知具体内容表格　　　　　　　　　　　　表3-2

认知尺度	认知细度/分辨率	认知结果	对象类型	认知内容
小尺度	精细/高分辨率	要素单体/个体	自然要素单体	土壤、树木、水体、岩石、动物……
			人文要素单体	田地、农作物、果园、鱼塘、道路、建筑设施、家禽家畜、人文产业……
中尺度	适中/中分辨率	要素组团	自然要素组团	植被组团、水体组团、地形地势……
			人文要素组团	建筑组团、道路网络、开放空间体系、农田耕地……
大尺度	粗略/低分辨率	同质性要素整体	自然要素整体	生态空间（软质）：林地、山地、草甸……
			半自然半人工要素整体	生产空间（软质&硬质）:牧场、农田、山区、耕地……
			人工要素整体	生活空间（硬质）:乡村、聚落、城市……

括自然要素单体和人文要素单体两大类型。自然要素单体的认知内容包括该区域内的植物、动物、土壤、裸露岩石、水体等一切非人工性质的自然要素；人文要素单体的认知内容包括该区域内一切出于人工或与人类活动息息相关的人文要素，如：建筑及设施、田地、果园、鱼塘、农作物、道路、家禽家畜、人文产业及其生产工具等。对景观构成的要素单体进行认知，即从微观尺度对景观生态环境进行分解与剖析。这将有助于规划师认清景观生态每一种要素单体在整体生态环境中的功能作用，也有助于规划师通过将其作为研究景观成因的出发点与研究对象，追溯生态环境中各种生态过程形成的源头和动因。

在中尺度上，我们对景观构成的识别细度及分辨率适中，即将类型相同、空间位置相近的构成要素单体视为一个构成要素组团对其进行认知。构成要素组团同样包括自然要素组团和人文要素组团两大类型。自然要素组团的认知内容包括该区域内各类自然要素单体的组团集合，如：植物组团、水体组团、地形地貌等；人文要素组团的认知内容包括该区域内各类人文要素单体所形成的组团集合，如：建筑组团、路网系统、开放空间体系、农田等。对景观构成的要素组团进行认知，即对同一类型的要素单体进行空间上的分类归纳，以形成内部要素单体具有同质性、外部与周边环境存在异质性的要素组团。这将帮助规划师认清一类构成要素在景观环境中的功能作用，进而对由不同要素组团按一定排布规律搭配而成的空间单元有所认知。

在大尺度上，我们对景观构成的识别细度较为粗略，分辨率也较低。在该尺度上，仅需要对从景观构成要素的所属性质上对其进行分类与认知，以形成同质性的要素整体。因此，可按照要素性质将景观构成分为自然要素整体、半自然半人工要素整体和人工要素整体三种类型。自然要素整体，即以自然要素为基底，以植物、水体、土壤等软质要素为主形成的生态空间，如林地、山地等整体景观构成；半自然半人工要素整体，即以自然要素为基底，以人工介入较多的软质或硬质要素为主形成的生产空间，如农田、耕地等整体景观构成；人工要素整体，即以人工要素为基底，以建筑、设施、道路等硬质要素为主形成的生活空间，如村落、城市等整体景观构成。对景观构成的同质性要素整体进行认知，有助于规划师从自然与人工要素的整体关系入手，把握景观生态环境的大格局，从而对景观生态格局的识别有初步的认识。

对不可见景观构成进行认知，主要是对一个区域的气候进行认知，即了解该区域内的气候特征，以及这些特征将如何作用并影响到区域内的其他可见要素构成。

一个区域的气候主要可以从风速、降水、日照、温度等几个方面来对当地的地形、水体、土壤、动植物等自然景观构成加以影响，从而对该区域的自然景观产生一定的塑造作用。此外，气候也直接影响区域内人们的生活方式和生活习惯，如衣着、饮食、

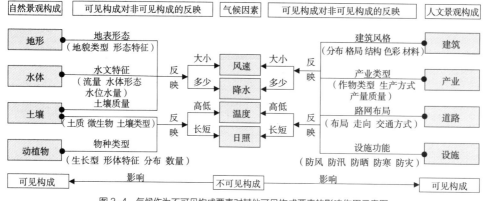

图 3-4　气候作为不可见构成要素对其他可见构成要素的影响作用示意图

信仰、娱乐方式等，进而决定着该区域内的产业、建筑、道路、设施等人文景观构成，从而形成该区域特有的人文景观。因此，可以从区域景观环境的可见构成要素出发，从各个要素表现出的特定特征来分析并认知不可见气候要素及其特征（图 3-4）。对区域景观生态环境的气候因素进行认知，有助于规划师更好地认识这地区已有自然及人文景观构成的特征及其成因。与此同时，对气候因素进行充分的认知，可以帮助规划师根据特定的气候条件进行最佳的场地及生态设计，同时选取恰当的手段修正气候的影响以改善生态环境、规避可能的灾难。

3.2　区域景观生态构成（Components）认知的要点

由于在不同的尺度与细度上景观生态构成认知的内容存在差异，因此对于各个尺度的景观生态构成都需要有不同的认知要点，并由此得出重点不同的认知结果。

在小尺度上对各个景观构成要素单体进行认知，即把它看作构成整体景观空间环境的基本构件。此时认知的关注要点，一方面应为每一个要素单体本身的性质及特征，包括：类型、体量、形态、色彩、材质、细部等；另一方面则应该是要素单体在整体空间环境中的角色及地位，包括：功能、区位、比例、分布等。小尺度认知景观构成的主要结果，则是试图列出区域景观空间环境中所有对环境产生塑造与影响作用的因子，以将其作为进一步空间认知的基本研究对象。

在中尺度上对各个景观构成要素组团进行认知，即把性质上相同、空间上相近的各个景观要素单体视作一个组团整体来认知。此时认知的关注要点应分为组团内部要素和组团与外部环境两方面：一方面，对于组团的内部组成要素，仍需要对其进行类型、数量、形态、分布等方面的认知，从而进一步形成对整体组团在类型、功能、面积、边缘形态等方面的认知；另一方面，则需要将要素组团视为一个整体，研究它与其外部环境之间的关系，即将要素组团置于大环境中，对其走势、分布、空间比例、空间布局等特征进行认知。中尺度认知景观构成的主要结果，则是找出区域景观空间环境中在比例、功能或形态上具有主导地位的景观要素构成，并进一步探讨其在空间中的作用与角色。

在大尺度上对各个景观构成要素进行整体性认知，即把景观构成分为人工、自然和半自然半人工三大类，主要对每一类同质性整体要素的外部特征及其在环境中的特点这两大方面进行认知。认知的要点分别为：同质性整体要素的性质、功能、体量、边缘形态、平面形态等特征，以及同质性整体要素在环境中的空间比例、区位、分布等特点。大尺度认知景观构成的主要结果，则是从宏观上把握区域景观空间环境中人工与自然构成的关系和格局，从而明确在该区域景观环境中人所要扮演的角色与作用。

然而，在具体的、特定类型的区域景观生态空间中，对于景观生态构成的认知尺度及分类依据则取决于该空间内的研究对象和研究目的。为了更加明确在不同区域景观生态空间中对景观构成的认知方法、内容与要点，本文特从现有相关研究成果中选取"水体生境空间"、"土地形态空间"、"中小尺度生态界面空间"、"传统村落公共开放空间"、"传统文化景观轴线空间"及"传统文化景观网络空间"五类生态空间为例，从"分类依据"、"构成要素类型"、"认知尺度"、"具体认知内容"、"认知与分析要点"及"认知结果"几个方面对各个生态空间的景观构成认知进行详细阐释与展示（表3-3）。

总而言之，对区域景观生态空间的景观构成进行认知，就是明确生态空间中有哪些对景观具有意义和作用的成分要素——观察"有什么"和它们分别"什么样"，各自具有"什么用"——是审视和了解景观环境的第一步，也是为进一步认知生态空间，确定其作用来源和研究对象的基础一环。

4 区域景观生态空间格局（Pattern）的认知

前一节主要阐述了对区域景观生态空间中景观生态构成的认知及方法，试图从景观环境构成单元和要素的角度对景观生态环境进行拆解与剖析。然而，一切构成要素并非彼此毫无关联地独立存在于环境之中，而是在一定相关性的作用之下，以某种特定的组合形式或排布方式共同呈现出一种具有稳定特征的样式，即区域景观生态空间格局。对景观生态空间格局进行认知，即找到景观生态空间中各个景观构成组织起来后呈现出的具有规律性、典型性的排布方式，并将其作为一种图解形式的导则或范例，运用到生态空间的修复、规划和设计当中。

生态空间	分类依据	构成要素类型		认知尺度	具体认知内容	认知与分析要点	认知结果
水体生境空间	按主导/核心要素的类型分类	河流生境要素		中尺度	河流标准段 河流转弯处 河流平面形态 沙洲 小岛 河漫滩	河流两岸要素类型及组合 河道形态 植物类型 沙洲及岛屿形状 河漫滩形状及分布	认知出水体生境空间中的核心水体要素构件及其特征，了解水体要素构件在空间中发挥的作用
		池塘生境要素			自然池塘 生活池塘	功能 平面形态 驳岸形态 河岸植物类型分布 与农田的关系	
		湖泊生境要素			湖泊平面 湖泊驳岸 湖心岛 湖湾 湖泊与河流交汇	所在地形地貌 湖泊平面形态 湖岸形态 驳岸功能 岛屿形状 湖湾走势与开合 交汇处形状	
		湿地生境要素			点状湿地 带状湿地 环状湿地	湿地平面形态 边缘形态	
		溪流生境要素			溪流水体 溪流驳岸	溪流平面形态 驳岸线形态	
土地形态空间	按主导/核心要素类型分类	耕地空间要素		中尺度	平地水田 平地旱田 坡地水田 坡地旱田	平面/形态 位置 面积 田块形状	认知出土地形态空间中的核心土地空间要素及其内部特征，了解土地要素构件在空间中的作用
		园地空间要素			茶园 果园	平面/边缘形态 田块形状 种植类型	
		鱼塘空间要素			河湖型鱼塘 细胞形鱼塘 基塘 农田鱼塘	植被群落类型 种植类型 平面形态 边缘形态 宽度 面积 农作物及居民点分布	
中小尺度生态界面空间	按要素构成成分的性质分类	水－陆生态界面要素	平地水陆生态界面	中尺度	平面形态、界面内部肌理、平地水陆界面标准化形态	地形 坡度 土壤质量 界面内部肌理的介质构成 界面形态及其成因	认知出界面空间的构成成分和特征，及其作为一个整体要素构成与周边环境的组织方式
			坡地水陆生态界面		平面形态、界面内部肌理	驳岸坡度 河床河道形态 界面内部肌理的介质构成 界面形态及其成因	
		陆－陆生态界面要素	平地陆陆生态界面		平面形态、界面内部肌理	界面内部肌理的介质构成 界面形态及其成因	
			坡地陆陆生态界面		平面形态、界面内部肌理	坡地坡度 界面内部肌理的介质构成 界面形态及其成因	
传统村落公共开放空间	按要素构成成分的功能分类	主要空间要素		小尺度	广场	位置 构件 围合界面 功能属性 形成因素	认知出传统村落空间中的核心公共开放空间及形成空间的要素构件，了解各要素构件在塑造开放空间中的作用
					水系	形状 位置 走向走势 与村落关系	
					绿地	树种 形状 布局 形成因素 使用需求 功能	
		环境构件要素	公共建筑类		寺庙 宗祠 戏台	类型 方向 位置 功能作用 色彩 材质 相关文化习俗 形态形状 规模 与河岸关系 与村落关系	
			生活设施类		水井 水埠 桥		
			自然要素类		风水树 花坛 水塘		
传统文化景观空间：轴线空间	按要素构成成分的类型分类	地形空间要素		小尺度	山地－台地界面 山地－山谷界面 河谷界面 坡地－平地界面	地形地貌 地形界面 走势 态势	认知出构成轴线空间的各个主导构件要素及其特征，了解各个构件在轴线空间中的作用
		水系空间要素	自然水系		江 川 河 湖 泊 潭 池	水体平面形态 水系走向及开合 水系宽度 功能作用 水系数量	
			人工水系		坑塘 水田 基塘 水库 灌溉渠 运漕 运河		
		道路空间要素			单一道/复合道路 路网骨架	路网结构 走向 宽度 平面形态	
		植被空间要素	自然植被		自然林带/林地 区域森林	覆盖面积 边界界面 形态 植物类型 完整度 连续性 功能作用	
			人工植被		块状林 带状林		
		聚落建筑空间要素			建筑单体 院落 里坊 村落	建筑类型及功能 院落布局及相关历史空间功能空间类型 空间特征	
传统文化景观空间：网络空间	按要素构成成分的性质分类	自然构件	自然廊道	小尺度	河流 山脊 沟谷 林带	组成要素类型 平面形态 功能 两侧要素与居民点关系方位布局	认知出构成网络空间的各个廊道、节点与单元构件及其特征，了解各个构件在网络空间中的作用
			自然节点		河流交汇点 植被群落 自然斑块 山体	平面形态 功能 方位 布局 组成要素空间层次	
		人工构件	人工廊道		道路 灌溉渠 建筑带 防护林带 经济林带	组成要素类型 平面形态 功能 两侧要素与居民点关系空间感受 方位布局	
			人工节点		建筑群 坑塘水库 公园广场	组成要素类型 与外部环境的联系 功能 面积 方位布局	
			人工单元		农田 基塘	组成要素类型 平面形态 周边环境特征 功能方位布局	

4.1 区域景观生态空间格局（Pattern）的认知内容与要点

空间格局认知发生于符号空间。在符号空间内，人们在对空间要素属性特征的简化、关联与综合的基础上，以有关空间实体的"部分—整体"（Part-whole）关系知识（或经验）为指导，对空间实体进行对象化符号表达（鲁学军，2004）。对景观生态空间格局进行认知的过程，就是在表面看似混乱与无秩序的环境之中寻找景观构成要素在自然或人文过程下形成的组织规律，并基于一定客观的、可靠的观测对其进行描述。因此，对景观生态空间格局的认知需从景观构成要素及要素间的关系入手，并在三个尺度层次上展开，即微观尺度上的生态空间、中观尺度上的生态空间单元和宏观尺度上的生态空间格局。与此同时，对应景观构成的三个认知层次，对于每一个尺度层次上生态空间格局的认知，可分为自上而下的认知和自下而上的认知两种方式（图3-5）。

自上而下的认知，就是从景观构成要素的要素关系入手，从同质性要素整体在空间中的布局结构、要素组团彼此间的组织方式、要素单体间的相互关联等方面的认知开始，分别形成对生态空间结构、生态空间单元和生态空间的认知。这种从景观构成要素间关系入手的自上而下认知的特点在于，可以从生态空间格局的整体大关系上着眼，从大尺度到中尺度再到小尺度地进行生态空间格局的认知，这将有助于规划师从整体到细部、从宏观到微观逐步对生态空间进行认识与剖析。自下而上的认知，则是从景观构成要素的类型入手，从对要素单体的种类、空间中的比例和空间中的配置几个方面的认知开始，形成对生态空间的基本认知；进而以此类推，通过对要素组团的认知形成对生态空间单元的认识，最后通过对同质性要素整体的认知完成对生态空间结构的识别。这种从景观构成要素类型入手的自下而上认知的特点在于，可以从微观、可见的要素单体开始，从小尺度到中尺度再到大尺度地进行生态空间格局的认知，这将有助于建立从具象到抽象的认知过程。在进行空间格局的认知与分析中，往往较常采用的是自下而上，从微观到宏观、从局部到整体的研究方法。故下面将按照该认知顺序，对生态空间格局各个尺度层次上的认知内容分别进行阐述（图3-6）。

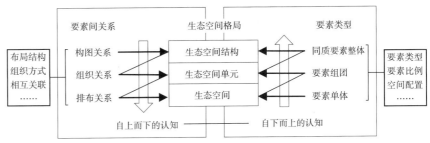

图3-5　从景观生态构成入手对景观生态格局进行认知的两种方式示意图

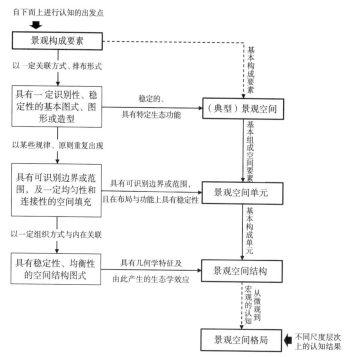

图3-6 从景观构成要素入手自上而下对景观空间格局各尺度层次进行认知示意图

从微观尺度上对景观生态空间格局进行认知，即从景观构成入手，研究由景观构成要素以一定关联方式和排布形式所形成的稳定的、具有特定生态功能的生态空间。生态空间是生态空间格局的最小尺度层次，它由景观构成要素按一定规律直接构成。根据景观构成的复杂程度，还可进一步将生态空间分为：①基本生态空间，如：院落、农田、耕地、鱼塘、果园等由类型较单一、数量较少、空间关系较简单的构成要素所形成的生态空间；②组合生态空间，如：林地、村落、水岸线、林缘线、水系等由性质相同的基本生态空间组合而成的生态空间；③复杂组合生态空间，如：村庄、高山林地、河流谷地、水域等由性质不同的基本生态空间及构成要素共同组合而成的生态空间。在该尺度上，生态空间研究涉及的空间范围相对最小，但是对生态空间的认知则是将对景观构成独立、分散的认知组织起来形成整体的首要一环，也是进一步对更大尺度与空间范围的生态空间格局进行认知的基础。因此，对生态空间的认知主要包括两方面内容：一方面是对构成生态空间的要素的识别，如要素类型、数量、位置等基本特征；另一方面是对空间内的要素间关系进行识别，如要素间的布局、组合方式、相互作用等内容。总而言之，生态空间就是景观构成要素以一定方式彼此关联形成的具有一定识别性、稳定性的图式、图形或造型。对其进行认知，就是要利用各个构成要素和它们之间的关系，把这种含有一定规律或典型性的图形或造型从看似混乱和无秩序的空间环境中分别出来，从而对其性质、功能进行定位。

从中观尺度上对景观生态空间格局进行认知，即在认知出具有典型性的景观空间的基础上，研究由一定数量及类型的景观空间以某些规律或原则重复出现所形成的具有可识别边界或范围，且在布局与功能上具有稳定性的生态空间组合，即景观生态空间单元，如：岛屿、山地、林地、水网地区、植物生境等。景观生态空间单元作为景观生态空间格局的中观尺度，是进行生态规划与设计过程中最经常接触并处理的尺度层次。其内部包含着众多以典型生态空间为主导，其他多种类型生态空间同时存在的次级空间格局。同时它也作为一个整体单元要素，在构成更大尺度空间范围的景观生态空间环境中发挥着重要作用。因此，对生态空间单元的认知包括以下三方面内容：一方面是空间单元内各生态空间，特别是在功能或比例上占据主导地位的典型生态空间的种类、数量、位置、比例、面积、功能等特征；另一方面是空间单元内典型生态空间的组合关系，即布局、态势、相互作用、组合形式、重复规律等构图特征或生态联系等内容；还有一方面则是将生态空间单元看作一个整体，对其尺度、面积、形状、功能、边界关系等方面进行认知。总的来说，生态单元就是典型生态空间通过一定形式的重复排布，在具有一定上限和下限的尺度及空间范围内完成的有着均匀性和连接性的空间填充。对其进行认知，不但要基于对生态空间的认知来确定生态空间单元形成的范围下限，即生态空间单元的基本空间组成单位，以保证其内部存在的几何或生态规律的完整性；同时也要确定出典型生态空间以一定规律出现的范围上限，即生态空间单元的边界范围，以保证对景观生态空间格局的认知始终在中观尺度上进行。

从宏观尺度上对景观生态空间格局进行认知，即在对区域景观生态环境中的生态空间单元的认知基础上，研究各个生态空间单元在整体景观生态环境中的构图、布局和分布特征。生态空间格局的研究对象即整个区域景观生态环境。在该尺度上，对生态结构的认知仍存在两方面内容：一方面是对构成整体生态结构的各个生态单元的认知，包括它们的平面形态、边界特征、主要功能、体量面积等特征；另一方面是对各个生态单元之间关系的认知，即他们的构图特征、排布方式、组合形式、彼此关联、相互作用等内容。总的来说，生态结构就是各个生态单元在区域景观生态环境中的组织方式与内在关联所表现出的具有稳定性、均衡性的空间结构图式，所以需要认知出它们呈现的几何学特征及由此带来的生态学效应，即功能区的划分。

下面将通过对几组现有研究成果的总结与归纳，以框图的形式展示如何运用自上而下及自下而上两种研究方式，具体地从景观构成要素入手，对区域景观生态空间格局进行三个尺度层次的认知与分析。

例一：自下而上对沿河两岸生活－生产空间景观格局的认知（图 3-7）

例二：自下而上对水网地区农田生产－生活空间景观格局的认知（图 3-8）

例三：自上而下对传统文化景观空间格局的认知（图 3-9）

例四：自上而下对滨河生活－生产空间景观格局的认知（图 3-10）

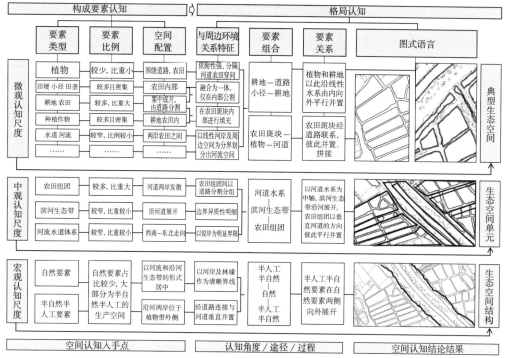

图 3-7　从景观构成入手对景观空间生态格局三个尺度层次进行认知的应用图解（1）

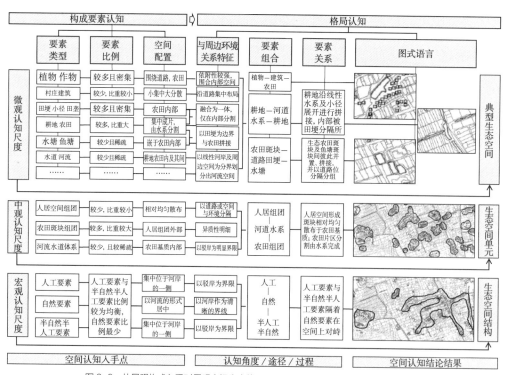

图 3-8　从景观构成入手对景观空间生态格局三个尺度层次进行认知的应用图解（2）

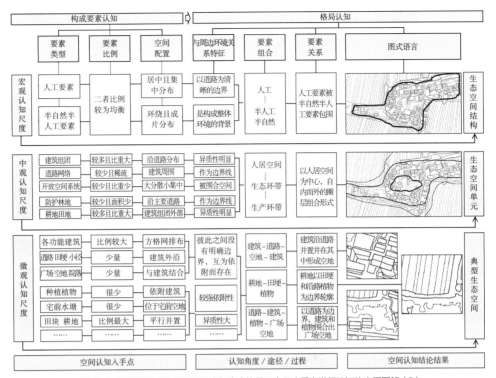

图 3-9　从景观构成入手对景观空间生态格局三个尺度层次进行认知的应用图解（3）

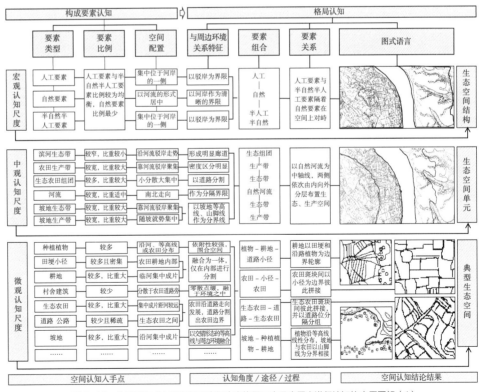

图 3-10　从景观构成入手对景观空间生态格局三个尺度层次进行认知的应用图解（4）

由以上案例可以看出，当区域景观生态空间内部存在着识别性较强且重复形式较为明显的图式，即典型生态空间时，对于该区域景观生态空间格局的认知与分析适合以自下而上的研究方式进行（如例一、例二）。即：先抓住易于识别的典型生态空间的构成及特征；再进一步观察典型生态空间的规律性排布方式及其所形成的生态空间单元；最后再在认知出生态空间单元的基础上，对各空间单元的组织方式，即空间结构进行认知。而当区域景观生态空间在整体结构上有着较强的特征及识别性时，即各类同质性整体构成要素的区分较为明细的情况下，则适合以自上而下的研究方式进行（如例三、例四）。即：先识别出宏观尺度上各类同质性整体构成要素的大关系，即总体空间结构；再对每一类同质性整体进行中观尺度上生态单元的分析；最后在每一个生态单元内部，寻找并认知具有一定规律或在一定程度上出现重复的固定生态空间，进而对其构成要素单体进行识别与认知。

4.2 区域景观生态空间格局（Pattern）的几种特殊认知途径

对于区域景观生态空间格局的认知，可以遵循一定的逻辑顺序按照从大到小或从小到大的尺度层次逐步展开（如前一小节内容所述）。然而，当所认知的生态空间对于认知者来说具有某些特殊性的时候，对其格局进行认知的先后顺序及认知方法也会有所不同。显而易见的几种特殊认知途径包括下面几种类型：

（1）从景观生态空间中识别度较高的线性要素入手，如道路、河流、建筑轴线、林带等。首先，对线性要素本身进行生态空间层次的认知，即它的重要节点、走势走向、宽度、开合、曲直等特征，以及线性要素在空间中的组织作用，如引导流线、空间划分、空间轴线、组织序列空间等；进而，随着线性要素的发展方向，对沿线性要素两侧的展开空间以及从线性要素向外分叉支出的要素或空间，进行空间单元水平的识别与认知，包括它们本身的特征及其与线性要素之间的排布关系，如并置、平行、交错、垂直、对称、序列等；最后，从线性要素两侧的要素或空间进一步向四周发散，对其两侧的外围要素或空间进行认知，以寻找整个区域内空间结构的特征。因此，这种空间格局的认知可能是从一个线性要素开始，不断从其两侧向外分层发散的过程（图3-11①所示）。

（2）从景观生态空间中在功能/数量上具有主导作用或在位置/布局上处于核心地位的要素入手，如中央开敞空间、人居生活空间、湖水生境等。首先，对主导/核心要素本身进行生态空间层次的认知，从要素的三个尺度层次——即要素单体、要素组团和同质性要素整体——的特征进行识别，同时明确该主导/核心要素在生态空间中的组织作用，如汇聚空间、发散中心、功能节点等；进而，对围绕主导/核心要素展开或与其紧密结合的附属要素或空间进行空间单元水平上的认知，找出它们之间的联系；最后，从中心向外部继续发散认知，寻找与主导/核心要素有次级或更弱联系的边缘要素/空间的特征即排布方式，以认清区域内整体的空间结构特征。因此，这种空间格局的认知可能是从一个边缘、形状与体量较为确定的主导/核心要素开始，不断从中心向外围发散、辐射的圈层嵌套过程（图 3-11 ②所示）。

（3）从景观生态空间中特征性明显的要素组团入手，如居民点、村落、农田地块、水塘坑塘等要素组团。首先，对各个要素组团本身的特征，如轮廓与边界、平面形态、内部构成等方面进行空间单元水平上的识别，并对所有要素组团在整体空间中的排布方式与空间布局进行认知，找出它们之间类似集中分散、均质分布、重复邻近、序列排布等关系特征；进而，再对它们与大环境之间的联系方式——即空间格局，以及其内部构成要素——即典型生态空间进行认知。因此，这种空间格局的认知可能是从几组相互关联、异质性明显的要素组团的空间排布开始，再对组团之间的环境以及各个组团的内部进行认知填充的过程（图 3-11 ③所示）。

（4）从景观生态空间中的边界要素入手，如岛屿轮廓、河岸线、林缘线、山脚线、生产与生活空间交界线等。首先，先对边界要素的构成内容、轮廓形态、走向走势、长短曲直等基本特征进行空间单元水平上的认知，并明确边界要素在整体空间环境中的组织作用，如界面限定、空间划分、空间围合等；进而，再对贴近边界要素的外缘要素或空间进行识别，认知出基本特征及其与边界要素的关系，如紧贴、分层、

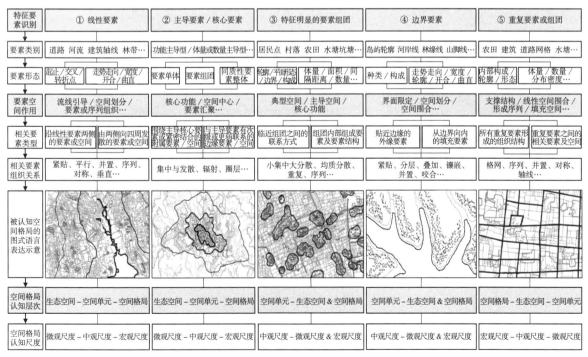

图 3-11　区域景观生态空间格局几种特殊认知途径的认知逻辑框图

叠加、咬合、嵌入、并置等；最后，进一步由边界向内深入，对内部的填充要素或空间进行相应内容的认知。因此，这种空间格局的认知可能是从较为明确和清晰的边界开始，不断分层次向内部进行深入与填充的过程（图 3-11 ④所示）。

（5）从景观生态空间中具有明显重复特征的要素或要素组团入手，如农田斑块、建筑、道路网格、鱼塘水塘等。首先，先对每一个基本的重复要素单体或组团进行生态空间水平上的认知，包括其类型、功能、轮廓形状、平面形态、面积体量等特征；进而，通过明确它们作为重复的整体在整个空间环境中的作用，如结构支撑、空间围合、构建序列、空间填充等，对所有重复要素所形成的组织结构进行认知，如格网、序列、并置、对称、轴线等空间结构特征；最后，对由重复要素或组团构建起的空间结构进行细部的填充认知，即对各个重复要素或组团之间空间的认知。因此，这种空间格局的认知可能是从某个基本重复单元开始，到单元的重复性排布规律，再到重复单元之间的内容填充的过程（图 3-11 ⑤所示）。

5 区域景观生态过程（Process）的认知

前面两节中，我们通过观察平面图式和卫星影像图等方式，对区域景观生态环境中已有的景观生态构成和景观生态格局的可见形态与空间布局进行了探讨。探讨的主要内容则是如何通过一些静态的、现状的、可见的图式化特征将各种景观生态构成和景观生态格局从表面看似混乱、无秩序的大环境中认知和识别出来，进而对其生态作用与景观功能进行探究。然而，区域景观并不会一直以某一时刻下的静态形式存在下去。自然界的持续运转和人类社会的不断介入，使得任何一个区域景观生态环境都处于持续不断的变化与运作之中。而这也正是我们要在第一个维度上对景观生态构成和景观生态格局进行认知的基础上，继续在本节中从第二个维度对区域景观生态环境的内部过程进行认知的原因。

5.1 区域景观生态过程（Process）的认知内容与要点

区域景观生态过程并非第一个维度上切实可见的图形或图式，它更倾向于一种对已有图形或图式现象的解读和描述，是存在于可见现象背后，但可通过景观生态格局的特征加以推理和揭示的内在机制。换句话说，景观格局是各种景观生态演变过程中的瞬间表现，景观生态过程是对静态景观生态格局的动态刻画。由于生态过程的复杂性和抽象性，很难定量地、直接地研究生态过程的演变特征。因此，对景观生态过程进行认知需要从已有景观生态格局的变化入手，理清现有生态格局与产生格局的生态过程之间的相互作用关系，即通过景观生态格局的现象对其形成的本质进行认知，同时也通过景观生态过程的描述对其塑造的格局加以进一步地认识。

在这里，对景观生态过程的理解是：一切对景观生态格局起到塑造、影响和改变作用的自然及人文过程。其中，自然过程主要指自然界中的生态过程；人文过程则包括了时间演进中人为因素作用下会对景观环境带来影响的历史、文化、社会等演化过程，以及人类出于需求而对景观环境进行的人工空间塑造过程。通过对前两种过程的认知，可对已有景观生态空间的特征加以解释，并为其形成寻找可遵循依据；通过对最后一种过程的认知，则可掌握更多塑造生态空间的方法和逻辑，为生态规划与设计谋求途径与方法。

（1）从自然生态过程的角度对景观生态过程进行认知，就是从景观生态学的角度，观察以自然景观环境为主的景观格局在自然过程作用下的演变与革新。自然过程包括生物过程与非生物过程。生物过程包括：种群动态、种子或生物体的传播、捕食者与猎物的相互作用、群落演替等；非生物过程包括：水循环、物质循环、能量流动、扰动扩散等。在进行景观生态空间的认知过程中，需要关注的十大水平及垂直自然过程则包括：生物物种扩散与迁移过程、生态系统物质循环过程、生态系统能量转换过程、物种与物种的生态关系、自燃分异过程、水循环过程、大气过程、物质重力过程、生命过程、扰动过程等。每一种过程都在景观生态系统中承担各自的作用，具有不可代替的生态意义和生态功能，由此产生了景观生态过程的多样性——这是对自然生态过程进行认知所需要明确的重要一点（图3-12）。

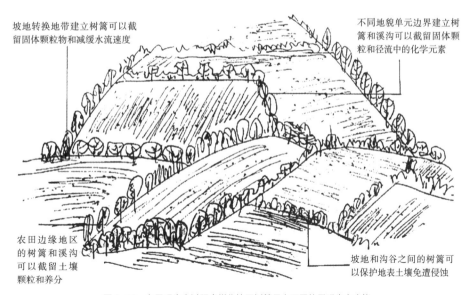

图3-12　在景观生态过程多样化地区树篱具有不同的景观生态功能
（图片来源：王云才，《景观生态规划原理（第二版）》）

由于自然生态过程存在多样性，所以景观生态格局的形成可能是多个生态过程综合作用的结果。但在其形成过程中会存在一个主导的自然生态过程，这个自然生态过程便是我们进行认知的要点。自然生态过程的实质是景观生态流的表现形式。景观生态流是指：景观中的能量、养分和多数物种都可以从一种景观要素迁移到另一种景观要素，表现为物质、能量、信息、物种的流动过程。因此，在对景观生态环境中的自然生态过程进行观察与认知，可以通过关注景观生态流移动过程中媒介物或载体的变化来实现。这些媒介物或载体包括：风（可携带水分、灰尘、雪、种子、小昆虫、热量等）、水（雨水、冰、地表径流、地下水、河流、洪水等，可携带灰尘、雪、种子、小昆虫、热量等）、动物（鸟、蜜蜂等，可携带种子、孢子等）等。

正是这些自然生态过程的存在，在很大程度上影响、改变并塑造着景观生态格局的形式与特征。自然生态过程是景观生态环境得以形成的基础发育过程，因此是从景观生态过程入手对景观生态空间已有形态进行了解与认知的首要一环。

（2）从历史人文过程的角度对景观生态过程进行认知，就是从人类发展与演进的层面出发，关注以人文景观环境为主的景观生态格局于时间演进过程中，在人工活动作用下的融合、发展、兴衰与更迭。任何一处景观环境都无法完全脱离人类社会的介入与人文活动的作用，任何景观生态空间都会在自然基础的发育过程中受到人类活动的深刻影响。在比较大的空间尺度上，地貌和气候等自然生态过程常常对景观起主导作用；而在中小尺度上，人类活动对景观空间的塑造作用则更为明显。在所有人文活动中，聚居行为与农业活动是人类介入对自然景观的塑造中最早的人文过程（图3-13）。

从聚居行为上看，人类的聚居方式、聚居习性、社会结构等方面随时间的推移不断发生变化，体现在景观生态空间中则是聚居模式、聚居规模、聚居区位等特征的改变。由此便形成了原始聚居景观、草场景观、农耕景观、殖民与规划景观、乡村景观、城市景观等以人文活动影响为主导的人文景观环境。因此，通过对人类历史社会发展与演进过程的探究，便可一窥人文景观环境的逐步形成原因和维持稳定现状的内在机制。

从农耕活动上看，人类的农耕方式、农业类型、农用工具与技术等方面随时间的推移不断发生变化，同时也会因为空间的分异而在同一时间点下有着不同的地方特性。由此便形成了农田景观、鱼塘景观、耕地景观、梯田景观、南北方农业景观等能够反映不同农耕活动方式和特征的人文景观环境。因此，通过对人类农耕历史的发展、演变过程及其地方性的探究，便可对多样化人文景观环境的成因与塑造方式有更深刻的理解。

历史人文过程是在自然基础发育过程对最初自然景观塑造的基础上，按照人类的意愿向着一定方向对景观环境进行加工与改变的动力机制。对历史人文过程的认

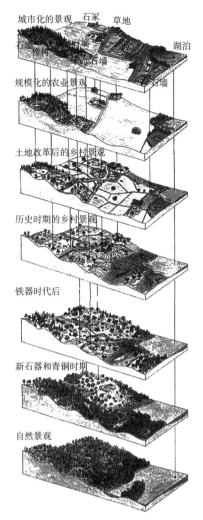

城市化的景观　石冢　草地

石墙激构　石墙　湖泊

石墙

规模化的农业景观

土地改革后的乡村景观

历史时期的乡村景观

铁器时代后

新石器和青铜时期

自然景观

图 3-13　由自然景观到农耕景观再到城市景观的演变（图片来源：王云才，《景观生态规划原理（第二版）》）

知有助于风景园林师更多地从景观使用者的角度审视人们随时间不断变化的居住意愿、审美倾向与空间需求。此外，在人类社会的发展进程中，任何涉及土地、环境、空间等方面的政策、改革、理念、技术革新等内容，都将作为推进历史人文过程对景观空间塑造的影响与刺激因子。因此，在对历史人文过程进行认知时，以上影响与刺激因子也是需要加以了解与考虑的重要内容。

（3）从人工空间塑造过程的角度对景观生态过程进行认知，就是对在较短时间内人类通过一定手段与方法有意识、有目的地对景观生态空间进行的改造加以识别和认识。这种景观生态过程并非出于自然界之手，也不同于在漫长历史与社会的发展过程中所形成的一定程度上无意识的人为改变。人工空间塑造过程更倾向于将景观生态空间视为建筑空间类似物，对其进行以空间塑造、外观造型、功能承载等目的的空间组合与排布。这种景观生态过程多发生于经规划的景观生态空间中。这种对景观生态空间的人工塑造可发生于两个尺度／层面之中：①对景观构成要素或景观生态空间的排布,如:分层、叠加、并置、重复、包含、拆分、合并、围合等排布方式;②对景观生态空间单元的组织:如放射、集中、轴线、对称、格网、序列等组织方式。除此之外,人工空间塑造过程还包括对已有景观生态空间的加工与提升,如对空间进行的拼接、嵌套、转化、对比、插入等修饰,或为空间赋予强调、隐喻、象征等内涵。

在不同的景观生态环境之中,运用不同的空间塑造手法能够实现不同生态功能,并能产生多种生态效益。因此,对已有景观生态空间中人工空间塑造过程进行识别,并对其生态功能的发挥做出评价,能够为风景园林师管理已有景观生态空间提供途径,也可作为修复受损生态空间和创造新的生态空间的依据与参考。

总体来讲,对景观生态过程的认知应从三个方面展开:首先,根据生态功能的重要性与景观生态流的媒介物在生物链中的位置,选择孕育了自然景观基底的主导自然生态过程加以识别,关注其促使已有景观生态环境形成的作用机理及其持续发挥的生态作用;其次,对支撑着景观环境中人文景观的内在历史文化过程进行认知,关注人文活动在时间作用下对景观环境的改造与塑造,以及景观环境反过来对人类活动的限定与影响;最后,对生态环境内经人工规划的景观加以关注,探究其中存在的人工空间塑造过程,并对其发挥的生态功能与效益进行认定与评价。经过这三方面对景观生态环境内部已经发生、正在发生且将要发生的过程的认知,风景园林师才能够对景观生态空间格局的形成、变化与发展有更全面、深刻的认知。

5.2 景观生态过程(Process)认知的应用举例

5.2.1 自然生态过程认知举例——斯基纳河(Skeena river)河流景观形成原理

斯基纳河(Skeena River)是加拿大不列颠哥伦比亚省西部河流。这是一条被两侧冰川侵蚀下形成的峡谷所限定的、发育成熟的蜿蜒河流。沿河风景绚丽、壮观,拥有大量荒凉的溪流,深邃的峡谷,壮观的冰川,清澈的湖泊,葱郁的沙洲和茂密的原生林区景观。峡谷的限定为河流塑造了生动的景观特征——编织状的溪流、砾石浅滩和被侵蚀的峭壁使河流的结构始终处于不断变化之中。如图 3-14(左)所示,作为一种典型的景观生态空间格局,河道中央不断重复出现的砾石浅滩为我们展示了河水的流动轨迹。作为已经形成且较为成熟的河流景观,斯基纳河(Skeena River)河道的弯曲迁移与其中水流的流动密切相关。也就是说,水的流动既是随从已有景观生态格局的结果,与此同时也通过其自身的改变,不断创造着新的景观生态格局——这是景观生态空间格局与景观生态过程相互作用、联合统一的一种典型实例。蜿蜒的河流持续地顺峡谷而下,在此过程中不断侵蚀着弯道外侧的下部,并将由此产生的泥沙等物质沉淀于水流流速较慢的弯道内侧,同时在水流内部还存在

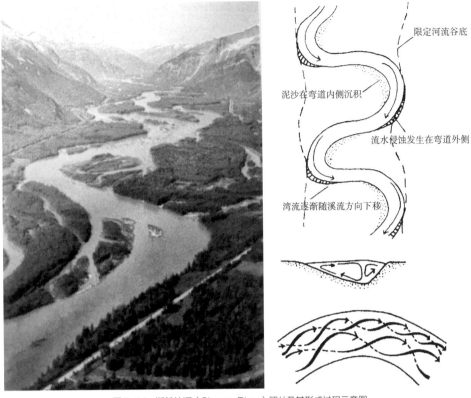

图 3-14　斯基纳河（Skeena River）照片及其形成过程示意图
（图片来源：Simon Bell，Landscape Pattern，Perception and Process）

着螺旋状的移动方式。正是这种移动方式，带动了水中泥沙等物质的搬运，从而驱使着河流景观呈现出不断蜿蜒的形式（图 3-14 右）。

通过从自然生态过程的角度欣赏并认知斯基纳河（Skeena River）河流景观，让我们更清楚地看到河流及其沿岸景观形成的原因与其所呈现特征的实质内涵。并且，我们也可以对处于不断变化之中的河流景观有一定程度上的预测和把握，从而在河流景观的利用与保护方面采取更遵循自然过程、更利于生态保护的手法。

5.2.2　历史人文过程认知举例——英国乡村景观的演变与形成过程

图 3-15 中的四张小图依次表现了英国乡村景观是如何在历史人文过程的作用下，从以自然景观为特征发展到以新石器农耕景观为特征的演变与形成过程。图 a 展示了在农民到达此地前，本地以狩猎采集为生的居民仅住在对环境影响很小的小范围聚居地中，整个景观生态空间基本被针叶树木所覆盖。在图 b 中，以家庭族群为单位的农民到达此地，在其居住地周围砍伐树木、开垦农田，并以区位朝向、种植农作物潜力和可达性作为选择居住地的标准，山体顶部的树木开始遭到砍伐。图 c 展示了随着时间流逝，农民聚居空间范围的不断扩大与彼此联合。山体顶部更大

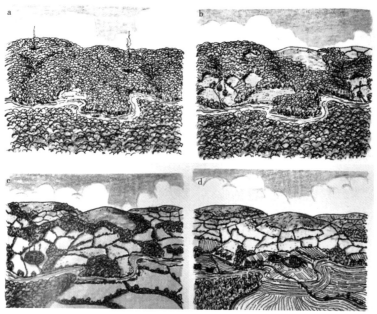

图 3-15　人文活动作用下从自然景观到农耕景观的变化示意图

（图片来源：Simon Bell，Landscape Pattern，Perception and Process）

片的树木遭到砍伐，裸露的灰化土暗示着土壤肥力的下降。在图中的青铜器时代，一些用于设防的碉堡开始出现于居住地周围。图 d 展示了中世纪时期，该地区居民对山体的完全开垦和对耕地空间格局的创造已经完成。然而，封建制度的到来带来了土地所有制的重新调整。并且，小型的圈占地被带有更大开敞田地的核心型村庄代替，村庄中开始出现城堡形式的建筑。此时，仅仅位于可达性较差地区的少量自然林地及用于制造木制品的生产型林地被保留下来。

可以看到图 a 和图 d 中存在两种截然不同的景观生态空间格局——自然景观生态格局和农业景观生态格局。而历史人文过程正是造成这种格局改变的直接原因。在该格局改变过程中，人类的聚居行为、农耕活动及其他人文生活、生产与游憩活动是促使环境发生改变的直接动因。了解整个过程中该地区内居民结构、社会制度、土地政策、建筑技术、人居理念、耕种习性等方面的特征与演变，也会对该景观生态环境形成的认知有所帮助。

5.2.3　人工塑造过程认知举例——法国阿尔萨斯（Alsace）Neuf-Brisach 理想城规划

在城市中，工业化所带来的最显著结果，就是人们不断通过工业技术或科技手段克服自然约束，如来自地形、气候、干旱或土壤等方面的限制，尝试将自然生态环境中存在的空间格局与生态过程从依靠自我组织的自然系统中分离出来，运用到人工塑造的景观环境中。与此同时，在进行城市等居住空间的塑造时，人们通常会

图 3-16　法国阿尔萨斯（Alsace）Neuf-Brisach 理想城航拍图

（图片来源：Simon Bell，Landscape Pattern，Perception and Process）

将来自于美学、政治、哲学等方面的思想以规划理念的形式融入规划设计的过程之中，从而影响着人工空间塑造的过程与结果。

比如，一些早期小镇的规划形式就常与防御体系息息相关。Neuf-Brisach 小镇位于法国东北部阿尔萨斯（Alsace）的上莱茵省（Haut-Rhin）。小镇的设计开始于 1698 年，设计师 Vauban 是一位路易十四（Louis XIV）时期的军事工程师。与其说 Neuf-Brisach 是座城，倒不如说是一座防御工事。围绕小镇外周的石墙与夯土墙如同堡垒一般围绕着城市，被规划以八角形的外观，并呈现以明显的分形结构——星星形状的相似外观在不同尺度下被加以重复使用。在城墙内部，城市有着典型的几何形路网与四平八稳的中心广场。其中对称、轴线、网格、空间序列等人工空间塑造手法的运用，皆反映了当时人们崇尚几何美的审美特点（图 3-16）。

通过从人工空间塑造过程的角度审视景观生态环境中已有的人工景观的规划，可帮助我们看到景观环境内部所蕴藏的生态设计理念与思想，这将有助于我们追溯该景观环境所承载的人们的审美需求与空间诉求，从而利用多种人工空间塑造手法对景观空间进行更具有人性化与地方性的规划与设计。

6　区域景观生态空间的感知（Perception）

面对一个区域景观生态空间，规划师往往需要将眼前所见的客观景物转化为脑中对其的主观意象，再借助生态、景观等专业知识对主观意象进行处理与认知，归回到对客观景观生态空间的理解中去。而这样一个对景观生态空间进行"感受—识别—理解"的过程，就是对区域景观生态空间的感知。对景观生态空间的感知是规划师开始了解与认知一个生态空间的基础，组织并辨认环境也是一名规划师必须具备的空间处理能力。

6.1 景观生态空间的感知（Perception）内容与要点

一个区域景观生态环境中所包含的内容，无论如何总会比人们单纯地通过可见可闻所感受到的更多。因此，研究一个区域景观生态空间，除了研究空间环境中本身具有的要素及其特质，通常还需要联系周围的环境、事情发生的先后次序以及先前的经验（凯文 . 林奇，1960）。也就是说，对景观生态空间进行全面、深刻地感知与理解，需要我们从以下几个方面同时进行：场地本身整体环境的特征，场地中可利用资源的特性，以及包含了时间、空间等变化过程的场地背景特征。这三方面感知内容分别对应着"整体意象感受—细部特征识别—文脉背景理解"的从总体到具体、从表象到内在的不同感知阶段（表 3-4）。

景观生态空间感知三个阶段的感知要点内容及其途径表　　　　表 3-4

感知阶段		第一阶段：感受	第二阶段：识别	第三阶段：了解
感知要点		场地环境整体意象与氛围	场地环境细部对象及其价值	场地背景文脉与内部过程
感知内容	客观环境特征	整体结构中显著的特征点 吸引点 奇异点 印象点等	具体景观构成与景观空间的形态特征及可识别特征	生态价值 环境价值 经济价值
	主观美学特征	景观形象 线条 色彩 态势 结构等形式的美感与灵感度	天景 地景 水景 生景 人景等风景资源的美感度	历史价值 人文价值 社会价值
感知途径	客观认知途径	几何构图特性 异质性 空间填充度 均匀度 清晰度等	特异性 形态简单性 连续性 统治性 方向性 视觉范围等	环境发挥的生态效益 环境效益与经济效益
	主观审美途径	自然性 时空性 多样性 和谐性 综合性等	形象美 色彩美 线条美 动态美 感官美等	人文景观的艺术风格 历史文化景观的内在意蕴

第一阶段的重点是对具有景观品质的空间及其内部要素关联的整体感受与认识。首先，从大关系上对景观生态空间的整体环境特征进行感知，第一时间找出某一要素具有的景观品质与周边的环境及其他要素之间存在强弱不同的印衬关系（宋功明，2006），即生态空间内的显著特征点、吸引点、奇异点、回味点等内容，进而从景观格局的结构层次对其从几何构图特性、异质性、空间填充度、均匀度、清晰度等方面进行客观的认知描述。其次，根据主观的审美感受对景观生态空间的整体视觉美学特征进行感知，即对环境给人的整体印象和氛围进行感知与评价，评价的内容包括：景观的形象、线条、色彩、势态、结构等形式的美感度与灵感度（谢凝高，2011）。评价的要点可从景观生态环境的自然性、时空性、多样性、和谐性、

综合性等方面展开，进行主观的审美感知。之所以在第一阶段进行整体而非细节的感知，是为了保证不忽略整体内各部分之间的相互关系，并针对其特征，将这种由各种景观构成相互交织、整体编组而形成的浓郁的、生动的意象通过客观的认知与主观的审美加以反映。总的来说，对空间环境整体特征进行感知与描述，需要规划师借助各样的环境线索，如色彩、形体、线条、肌理、动态变化等，同时运用多种感官感受，如视觉感受、听觉感受、嗅觉感受、动觉感受等，从"呈现方式"以及"给人感受"两个方面，对整体景观生态环境进行以主观审美感受为主、以客观总体评价为辅的环境感知。

第二阶段着重于进一步识别环境具体对象的特色与价值。基于前几节中对于景观构成和景观格局的认知，首先，应对客观环境中存在的景观构成要素、生态空间和生态空间单元的形态及可识别特征进行描述与识别。感知途径为对感知对象的特异性、形体简单性、连续性、统治性、方向性、视觉范围等方面特征的客观描述。其次，从主观审美途径对场地环境中存在的天景、地景、水景、生景、人景等可利用风景资源进行评价。评价角度包括：景观的形象美、色彩美、线条美、动态美、感官美等。掌握了这些具体细节信息，规划师便可对环境加以逐步了解，其中的各个组成部分也可在相关环境中被分别感知。总的来说，对空间环境具体细部进行感知与描述，就是从客观特征认知和主观美学评价两个角度对环境内的具体感知对象进行"是什么"和"什么样"两个方面的描述。

第三阶段的目的在于透过现象对景观生态空间的内在机制与背景环境进行深入地挖掘，以得到对场地环境本身更加深刻的理解与体会。人是认知景物的主体，景物是认知的客体，而认知则是主体的人对客体的景物审美和鉴赏逐步升华的过程（吴家骅，1999）。因此，依据人们的感知规律，在第一、二阶段中经过对景物外在物化所呈现的形、色等特征的逐步了解后，在感知的最后一个阶段应对景物所表现出的多种形色的内在机制，以及包容景物的空间中的情境关联与背景文脉等方面进行深入了解与挖掘。尽管不可见，对于场地背景文脉及其内部过程的感知仍然需要在两个方面上进行：一方面是通过可见的技术指标对其具有的生态、环境及经济价值进行效益认定与评估，客观地对景观生态空间所处大环境的影响和作用加以描述，并由此对其内部运行的过程，如自然生态过程、社会经济过程等，进行观测与评价；另一方面则是通过观察场地中人文景观的特征与风格，体会历史景观的内在意蕴，或是从环境中人居生活的点滴寻找线索，对抽象且无形的历史、人文及社会价值进行挖掘与认知，并借此感知场地及其所处背景环境随时间推移与空间更迭而产生的一系列动态变化。总的来说，对景观生态环境的背景与内在过程进行感知，就是跳脱出眼睛所见之景，以延续且动态的眼光去审视眼前的景观生态环境"正在并已经经历了什么"。

6.2　景观生态空间感知（Perception）的应用举例

　　基于以上对景观生态空间感知内容与要点的总结，在此特通过以下两个应用举例（图 3-17、图 3-18），进一步阐明对一处景观生态环境进行系统地、全面地、深入地感知的途径与方法。

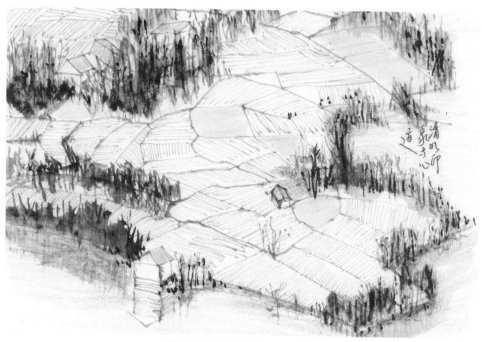

图 3-17　江南水乡乡村景观生态空间

图 3-18　意大利乡村景观生态空间

例一：江南水乡乡村景观生态空间感知

（1）初步感受。客观上，首先认知出这是一个由自然水体包围的大片农田，农田中大分散小集中地点缀着少量村舍农家的江南水乡乡村景观生态环境，空间格局呈现"自然要素－半自然半人工要素－人工要素"逐渐过渡的大体结构。其中，自然水体与人工农田界面分明，水体驳岸清晰可见；人居生活空间与农田空间分界模糊，前者很好地融于后者构建的大背景中；整体空间感受开敞、疏朗。主观上，对该景观空间所带来的视觉效果与空间感受进行感知：大片金黄色、赋有视觉冲击力的油菜花田平铺展开，充斥于大部分空间；葱郁笔直且整齐排列的树木沿水岸勾勒出参差的驳岸形态；简朴而小巧的坡屋顶村舍隐匿在自然与半自然环境中，整个场景呈现出一片和谐、安宁的氛围。

（2）进一步识别。客观上，进一步观察感知空间构成要素的特征与特点，如：水陆界面或蜿蜒或平直，丰富的水生植物塑造出水陆之间的垂直界面空间；油菜花田经重复、拼缀形成大片开敞的、平坦的农田空间，田块间由小径分隔，田块内部呈现平行排布的种植肌理；村舍房屋较为集中地分布于农田中央由植物围合而成的隐秘空间中，建筑色彩与周围环境融为一体。主观上，对景观环境中的生物景观、水体景观、大地景观、人文景观等风景资源进行审美体验与美学评价，如：以大片油菜花田为主要特征的大地景观，其鲜艳的色彩和富有韵律感与重复美的特征十分具有视觉冲击力；主要生物景观油菜花，随时间变化所呈现的季节性与生命性也会带来不同的景观效果与体验；围绕陆地的大片水体景观是江南水乡的特征景观要素之一，波光粼粼的水面和斑驳的水中倒影给景观环境增添了安宁、灵动的景观效果；别致简朴、具有乡村气息的村舍房屋建筑，及水乡村民日常的生产、生活活动，作为乡村人文景观，也为这片景观空间注入了浓郁的乡土与民俗气息。

（3）深入了解。首先，针对该景观空间内最具特点的大面积油菜花田进行背景信息与内在价值的挖掘。一方面，探究该江南水乡大规模油菜花田景观空间的形成原因与形成过程，如：了解种植方式、耕作习性、自然条件、地理特征等人文及自然因素对景观形成的影响；另一方面，从效益与价值的角度分析并评价油菜花田本身所具有的生态价值、环境价值与景观价值，以及油菜花田作为农作物田地为当地村民所带来的经济价值与社会价值，其与当地人文民俗与风土人情共同作用下所形成的历史价值与人文价值。其次，对该乡村景观环境中蕴含的人文特色与文化内涵进行探究。比如水乡农业、渔业等本地产业对景观环境与生态空间的塑造作用，或是渔村村民的生活习俗与居住特点和他们生存环境之间的相互影响，抑或是当地居民对其本身居住环境的塑造意象与审美评价等。

经过以上三个阶段从表面到内在、从整体到具体地对江南水乡乡村景观生态空间的感知，便可对其外在特征和内在机理有较为全面、完整的了解。在此基础上，结合对该景观生态空间中生态构成、生态格局和生态过程的具体认知，就能够形成对江南水乡乡村景观生态空间建立在"C-3P"体系上的完整认知。

例二：意大利乡村景观生态空间感知

（1）初步感受。客观上，首先认知出这是一个位于丘陵地貌环境中，处于谷地平原上的乡村景观空间。以山地丘陵为背景，半自然半人工的耕种农田在山脚下的平原处展开，人居建筑则位于山地向平原过渡的交错空间中。空间格局呈现"自然要素—人工要素—半自然半人工要素"依次展开的整体结构。其中，从自然向半自然半人工环境的过渡平缓而模糊：地势由起伏趋于平缓，存在一定程度上景观梯度的改变；地面植被由自然型树木逐渐变为人为耕种的农作物；从山地到平原景观视野开阔，且存在气流交换的空间。主观上，对该景观空间带来的视觉效果与空间感受进行感知：连绵起伏的丘陵构建起空间环境的大背景，带给人平缓、安宁的视觉感受；人居环境被葱郁的树木、大片的农田及蜿蜒的乡道所环绕、包围，人与自然的和谐相处中呈现出一派乡村田园农场的娴静氛围。

（2）进一步识别。客观上，进一步观察感知空间构成要素的特征与特点，如：山地丘陵上沿山脊生长的树木，勾画出山地连绵起伏的连续轮廓；农田依坡而种，田块间由道路小径分隔，田块内部种植肌理随坡就势；由蜿蜒的道路限定围合出平原上的一块人居空间，与两侧农田相比地势较高；多层、四坡顶建筑带有浓厚的意式乡村风情，作为自然与人居环境之间的重要节点，位于环境的中央核心位置，从视觉和功能上主导着这片景观生态空间。主观上，对景观环境中的生物景观、天空景观、大地景观、人文景观等风景资源进行审美体验与美学评价，如：茂盛而多样的乡土植物显示出良好的生态环境和浓郁的乡土风情，可以想象树木、田野、农作物等生物景观在季相变化下的浓墨重彩和丰富多姿；由种植了不同农作物的农田田块拼缀而成的大地景观，其表面具有丰富多样的种植肌理，同时在地势的高低起伏与微妙变化中形成多样的生态空间与景观；在连续不断、高低起伏的丘陵地貌的衬托下，放眼望去，天空景观显得格外开阔、大气与宁静；意式风格鲜明的乡村建筑和花园作为乡村人文景观，也为这片景观空间的感知注入了别样的异域风情和乡土气息。

（3）深入了解。对于该乡村景观生态空间的背景与文脉进行深入挖掘与了解，则可从以下两个方面展开：一方面，可对其农耕环境在丘陵地貌中的形成原因与过程进行探究，以了解在景观生态空间的形成过程中，在自然与人为因素的相互作用下如何在彼此协调的过程中形成当下的景观；另一方面，则可对意大利乡村的人文文化与当地的历史文脉进行了解，其目的是审视当地居民在生产与生活的过程中，自觉或不自觉地对乡村景观产生的塑造和影响作用，以及不同文化背景与生活习俗的人对人居环境的不同追求与定位。

经过以上三个阶段从表面到内在、从整体到具体地对意大利乡村景观生态空间的感知，便可对其外在特征和内在机理有较为全面、完整的了解。在此基础上，结合对该景观生态空间中生态构成、生态格局和生态过程的具体认知，就能够形成对意大利乡村景观生态空间建立在 "C-3P" 体系上的完整认知。

7　基于景观的语言思想体系的区域景观生态分析体系

在本章的第一节中，景观的语言思想体系的构建，使我们对景观的设计语言有了体系化的认识，并有了系统地进行景观设计与规划的指导依据和操作工具。在本章的第二至六节中，区域景观生态分析 C-3P 体系的构建及对其各部分内容的认知，能够帮助风景园林师明确景观生态空间的特征，从而为认知与理解生态空间提供依据，进而为生态规划和设计提供要点。在本节中，通过将景观的语言思想体系和区域景观生态分析的 C-3P 体系进行对接（图 3-19），借助景观设计语言体系的组织性与逻辑性，实现从对景观生态空间系统全面地认知到对其进行合理地生态规划的过程。

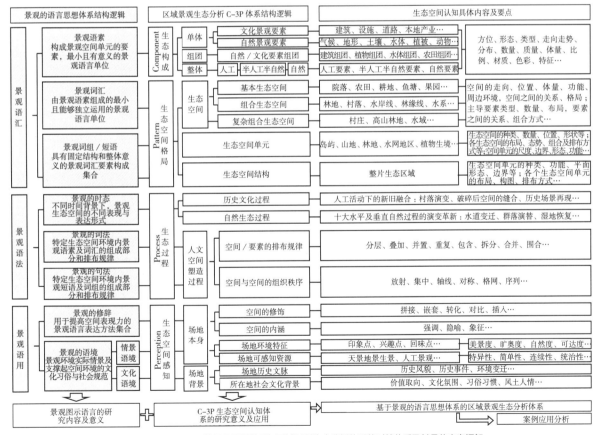

图 3-19　景观的语言思想体系与区域景观生态分析体系的对接体系及其具体内容框架

7.1 景观的语言思想体系与区域景观生态分析体系的对接

7.1.1 景观的语素与景观生态构成

在景观的语言思想体系中，"景观的语素"是景观语汇中最基本的构成要素。作为最小且具有意义的景观语言单位，景观的语素相当于语言学中的"字"。在区域景观生态分析的 C-3P 体系中，"景观生态构成"（Components）是景观生态空间形成的最基本要素素材，也是进行景观生态空间分析与认知过程中的最小研究对象。同样作为体系中最基本且具有意义的组成要素单位，将景观的语素与景观生态构成进行对接，将有助于风景园林师从最基础的景观设计语言单位——"字"——的角度，对景观生态环境中的各个组成成分加以认知和理解，并参考"字"在设计语言中的角色与特征，从而在规划设计的实践中更好地对环境中的景观生态构成进行梳理和应用。

7.1.2 景观的词汇及短语与景观生态空间格局

在景观的语言思想体系中，"景观的词汇"指的是由多个景观语素以一定规律组成的最小且能够独立运用的景观语言单位的集合，即语言学中"词语"的汇总。"景观的词组 / 短语"则是由景观词语和景观语素进一步组合而成的具有固定结构和整体意义的要素集合，相当于语言学中"词组"或"短语"的概念。根据组成要素数量的不同，景观的词语或短语的长度和复杂度也有所不同。在区域景观生态分析的 C-3P 体系中，"景观生态空间格局"（Pattern）指的是景观构成要素在一定相关性的作用下，以某种特定的组合形式或排布方式共同呈现出的一种具有稳定特征的样式。不同景观构成要素的数量及组成形制，会形成不同尺度与复杂度的景观生态空间格局。景观的词汇及短语与景观生态空间格局都是由体系中最基本的构成要素按一定规律直接组合而形成的整体集合，且两者都会随着组成要素数量的变化而呈现不同复杂程度的集合体。基于以上原因，将景观的词汇及短语与景观生态空间格局进行对接，将有助于风景园林师从景观设计语言中"词语"和"词组 / 短语"的角度，对由景观生态构成要素组合形成的景观生态空间格局加以认知和理解——既从"词语"和"词组 / 短语"的水平出发对生态空间格局在不同尺度与复杂程度下所呈现的整体特征与形式进行把握，又从组成"词语"和"词组 / 短语"的"字"的角度对生态空间格局的形成机制与组成要素进行了解——进而基于对"形成"的理解，将"形式"应用于景观生态规划与设计的实践当中，实现用生态化和地方化的景观设计语言进行景观生态规划设计的目的。

7.1.3 景观的语法与景观生态过程

在景观的语言思想体系中，"景观的语法"是把上述景观的语汇中所有景观语言单位或集合排列起来，以表达各种不同景观含义的组织秩序和运作规律。景观的语法通过提供一种规律、方式或模式，从而将景观讲述得更加清晰、流利且易于理解。在区域景观生态分析的 C-3P 体系中，"景观生态过程"（Process）指的是一切对景观生态格局的形成起到塑造、影响和改变作用的自然及人文过程。它的作用是通过自然界中生态过程的原理和机制对已有景观生态空间加以描述或解释，以及基于人类需求目的通过人工方式对景观生态空间进行塑造与影响。作为存在于体系内部且用于组织体系中可见形式的运作机理，将景观的语法与景观生态过程进行对接，有助于风景园林师从"景观的语法"的两个作用方面，对较为抽象的景观生态过程所扮演的角色加以理解和认知。一方面，景观语法中的景观时态（不同时间背景下对景观生态空间的不同表现与表达形式）可提醒我们审视景观生态过程在时间演进下通过自然过程或人文活动对景观生态环境带来的影响与塑造作用；另一方面，景观语法中景观词法和句法对景观语素及词语的排列原则和组合方式，可在进行人文空间塑造的生态过程中使我们更加理解空间及要素的组织秩序与排布规律。

7.1.4 景观的语用与景观生态空间感知

在景观的语言思想体系中，"景观的语用"一方面指的是在特定"景观的语境"及其内部影响因素的作用下，对景观的语言所表达的内容进行相应的理解、体会与运用，从而使其成为具有一定内涵、意义且可被识别与感知的景观空间环境；另一方面指的是通过"景观修辞手法"对景观空间的提升、加工与塑造作用，从而将景观表达得更加深刻、生动且富有表现力。在区域景观生态分析的 C-3P 体系中，"景观生态空间感知"（Perception）指的是将景观生态环境置于更大的自然或人文背景中，对其从整体到细部、从抽象到具体地进行感受、识别和了解，从而避免将景观生态环境割裂于它所处的背景环境与文脉，不仅对空间本身的表面物质特征加以把握，更将对它的认知上升到精神审美与内在文脉的体会之中。不论是语言还是空间，都需要被置于更大且特定的背景环境中才具有意义和可读性。同样，语言和空间也都需要一定的修饰与加工，才更具有表现力和感染力。因此，将景观的语用与景观生态空间感知进行对接，有助于风景园林师提升对场地本身从主观角度出发的美学感知与从客观角度出发的特征把握，也有助于提醒风景园林师将场地空间置于自然环境、历史文脉及社会文化的大背景中，从地理、历史、社会、文化等多个角度感知景观生态空间的特征及其所扮演的角色，从而在生态规划与设计的实践中创造地方性特征鲜明、与当地环境和谐相处的生态空间。

7.2 基于景观的语言思想体系的区域景观生态分析体系的构建

通过将景观的语言思想体系与区域景观生态分析体系中的构成要素进行一一对接，运用景观的语言思想体系的结构逻辑，组织并梳理区域景观生态分析的 C-3P 体系中各个构成要素之间的逻辑关系，并用图 3-1（景观的语言思想体系逻辑，结构框架图）的表达方式，对景观生态分析 C-3P 体系构成要素及其逻辑关系示意图的内容进行归纳与整理，便可得到如图 3-20 所示的"基于景观的语言思想体系的区域景观生态分析体系逻辑结构框架图"（图 3-20）。

景观生态构成（Components）与景观生态空间格局（Pattern）一同作为"景观的语汇"，是景观生态空间基础的构成单位，也是塑造景观生态空间的过程中基本的要素素材。同时，在景观的语汇内部，景观生态构成与景观生态空间格局之间仍存在着区域景观生态分析体系中的逻辑关系，即：不同数量与类型的生态要素形成不同尺度下的生态格局。因此，明确景观生态构成与景观生态格局之间的逻辑关系，及其在景观的设计语言中作为"景观语汇"的角色与地位，有助于风景园林师在进行生态空间的规划与设计时更多地掌握生态化、地方化的设计语言与符号，以创造与当地环境更加和谐的景观生态空间。

景观生态过程（Process）作为"景观的语法"及"景观的修辞手法"，一方面，可用以描述和解释已有景观生态环境的形成原因与形成过程，为其呈现特征寻找形成根源与塑造依据；另一方面，则可用于人为地对新的景观生态环境的塑造之

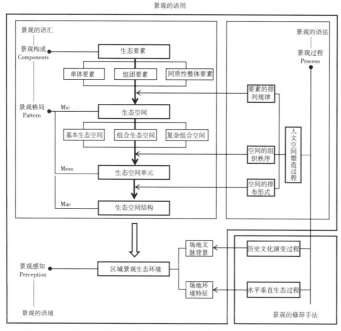

图 3-20 基于景观的语言思想体系的区域景观生态分析体系逻辑结构框架图

中。总而言之，扮演着"景观的语法"和"景观的修辞手法"角色的景观生态过程，通过一定的形式直接作用于构成景观生态空间的要素与格局之上——正如景观的语法和修辞手法对景观语汇的组织和加工——从而使它们以特定、稳定且具有可读性的形式呈现出来。这一点的明确，能够帮助风景园林师在进行生态空间的规划与设计的过程中，有意识地遵循、尊重并模仿自然环境的内在生态过程，进行人工空间的塑造。

景观生态空间感知（Perception）的对象，是由位于其中的构成要素或空间单元在生态过程的作用下形成的区域景观生态环境。区域景观生态环境的场地本身及其所处的背景环境作为"景观的语境"，是容纳所有景观语汇的物质空间环境，也是作用于其中的景观语法和景观修辞手法的物质及非物质载体。正如语言置于上下文语境中才具有意义和可读性，景观生态空间也需要更大的自然环境和文脉背景的定义与限定，才能够被更好地解读与认知。同样，对"景观语境"的感知也是进行生态规划与设计的重要先决条件。

综上，基于对环境特征与文脉背景（景观的语境）的了解，在对场地内已有或应有的景观生态构成与景观生态空间格局（景观的语汇）充分认知并分析的基础上，遵循环境内部自然生态过程、尊重场地背后历史文化过程（景观的修辞手法）的同时，通过人工空间塑造的手法（景观的语法）对景观生态空间进行规划与设计，便是"景观的语用"——即遵循景观的语言思想体系对区域景观进行生态分析与规划设计的过程。

8 案例应用与解读

基于本章前面几节对于景观的语言、景观图式语言及区域景观生态分析 C-3P 体系认知的阐述、总结与归纳，下面将以两个现有研究成果作为应用案例，展示如何借助景观的语言思想体系，通过区域景观生态分析与认知，以图式化语言的表达方式进行地域化、生态化的景观生态规划与设计。

8.1 洛阳嵩县生产性景观体验园设计

8.1.1 基地现状与规划定位

基地位于河南省洛阳市嵩县陆浑湖南岸，地处洛阳南 60km 处，距嵩县县城 10km，洛栾快速通道从其西侧穿过。嵩县位于河南省西部，县境东与汝阳、鲁山县接壤，西与栾川、洛宁县毗邻，南依西峡、内乡、南召县，北和宜阳、伊川县交界。

全境东西长 62km，南北宽 86km，总面积 2981km²，县城位于县境北部，背依后山坡，面临陆浑，东为高都川，西为贾寨川，洛卢公路贯穿县城东西。县城北距洛阳市 70km，东距平顶山 140km，距省会郑州 220km。

基地位于陆浑湖南岸，现状多为农田，高程由南向北逐渐降低，滨水的平缓地带较窄。规划总面积为 88.3hm²。基地现状散布较多居民点，多集中于沟谷内。基地两侧为坡地，现状主要为农田，植被种类较少。基地目前存在以下几个生态问题：①基地只有一条城市快速路，连接性的次级道路较少，使得交通不便；②植被种类较少，以单一农作物为主，群落结构简单，生态稳定性一般；③景观要素单一，吸引力较小。

通过对基地现状的分析，充分考虑基地的自然环境、产业优势，设计目标为将基地打造成以生产性景观为主导的体验园区。基地紧邻陆浑湖，景观开阔，视线良好。比较有特色的是基地的地形变化，设计应充分利用其地形特色，加以改造和提升。本项目的功能定位为滨湖生产性景观体验园，需要实现的功能目标有：①突出强调北方丘陵地形特色；②丰富景观类型；③增加植被类型，提升生态稳定性；④打造集游赏、体验于一体的生产性景观空间。

8.1.2　生态调研与分析

（1）基地生态构成要素认知与分析

地形地势：嵩县地处豫西山区，地势由西南向东北倾斜，西南为伏牛山，西北为熊耳山，外方山处于伊、汝河之间，三面群山环抱，山岭连绵，地形起伏，沟壑纵横，地形地貌复杂多变，大体由中山、低山、丘陵、盆地、河谷、川地等组成。

水体：陆浑水库为河南省第二大水库，控制流域面积 3740km²，占伊河流域面积的 61%，是以防洪为主的，集灌溉、发电、供水、养殖和旅游为一体的综合水利设施。坝高 55m（坝顶高程 333m），顶宽 8m，全长 710m。总库容 13.2 亿 m³，水面 54932.2 亩，其中防洪库容 6.73 亿 m³，死库容 1.5 亿 m³。水库设计正常蓄水位 319.5m，20 年一遇洪水位 321.5m，50 年一遇洪水位 322.5m，100 年一遇洪水位 325m，1000 年一遇洪水位 327.5m，10000 年一遇洪水位 331.8m，死水位 298m，长期兴利水位 322.4m。目前灌溉面积 134 亩，年发电量 1450 万度，养鱼水面 4.68 万亩，鱼种池 300 余亩，鱼箱养鱼 100 多亩，产值 449 万元，已成为银鱼引种基地（图 3-21）。

遗址遗迹：嵩县境内现存仰韶文化、二里头文化等古文化遗址 39 处，国家文物保护单位 1 处（两程故里），省级文物保护单位 6 处，现存铺沟石窟、桥北仰韶文化、万氏佳城、万氏故居、伊尹祠、庆安禅寺等 19 处市级保护单位。嵩县宗教文化丰厚，鼎盛时期有庙宇寺庵 300 余处。两程故里位于嵩县田湖镇境内，距县城 15km，紧

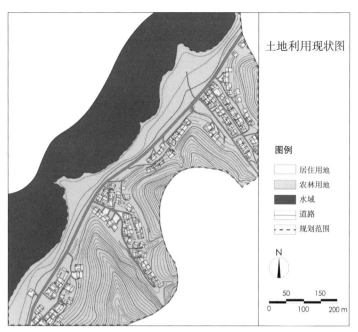

图 3-21　土地利用现状图

邻洛南快速通道，是北宋时期著名政治家、思想家、教育家、理学家程颐、程颢兄弟的故居，始建于宋高宗绍兴辛亥年间，总面积 4392m²，整体布局以中轴为线，结构合理，具有浓厚的祠堂和书院特点，内存有宋、元、明、清碑碣和皇帝御书，赐书匾额等，1978 年被公布为县级文物保护单位，2000 年 9 月被公布为"第三批省级文物保护单位"，2006 年 6 月被国务院公布为"国家级文物保护单位"。伊尹祠（伊尹故里）位于嵩县纸房乡境内，距县城 5km。古史记载商代名相伊尹出生于纸房乡，后人为纪念伊尹功德，在这里建祠一宇即伊尹祠堂，名曰"元圣祠"，始建年代不祥。据历史记载，明宣德、正统、弘治、崇祯年间均有过重修，现存伊尹祠南有正殿五间、左为一德堂，右为三聘台、均有三间、另存有道义门一座，整个建筑古朴典雅，有较高的建筑艺术，历代名人墨客大都慕名而至，进竭朝拜。"题伊尹祠诗"为分巡河南道礼部尚书胡莹于明宣德二年八月所立，至今已有五百多年历史，此外尚存有"商相伊尹、伊陡故里"，"重修伊尹祠""奉题伊尹祠"等碑记，现为县级文物保护单位。

名人名士：嵩县名人辈出，"中华第一名相"伊尹出生于嵩县，汉相张良隐居于嵩县，程朱理学的奠基人程颐、程颢晚年故居嵩县，大诗人李白、杜甫、白居易等游历嵩县留下了许多动人的诗篇。

（2）规划设计语汇定位

项目的功能定位主要为生产性景观体验，因此可以充分运用土地形态的图示语言进行设计。规则设计从三个层面出发进行图式选择，由大到小依次为景观格局、景观空间和景观要素。景观格局决定了园区整体结构，景观空间决定了园区内部不同区域的空间联系，景观要素为空间节点、空间要素的设计提供依据。

景观格局的定位：基地位于河南洛阳，依地形地势分析，整体格局属于小丘陵与坝地相结合，因此选择景观格局时，考虑图式语言中"旱梯田+平地旱田"的格局形式，采取前文总结的拼接型耕地组合图式与环绕型耕地组合图式相结合的方式（图3-22、图3-23）。

景观空间单元的定位：基地背山面水，所以在空间构建上要充分考量这一点，将现有资源充分利用。在选择图式时考虑鱼塘平面形态，平地旱田平面形态，坡地旱田平面形态等，并最终选择了以下几种图式：①耕地组合平面形态图式（图3-24）；②耕地鱼塘组合图式（图3-25）；③平地水田平面形态图式（图3-26）；④平地旱田居住空间分布图式（图3-27）；⑤平地旱田平面形态图式（图3-28）；⑥鱼塘平面形态图式（图3-29）。

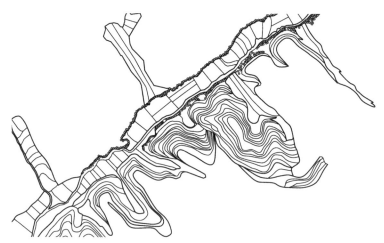

图 3-22　耕地型耕地组合图式

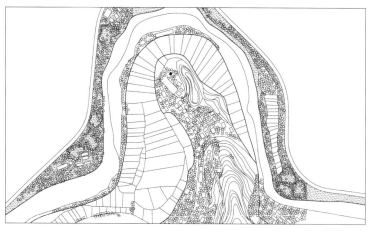

图 3-23　环绕型耕地组合图式

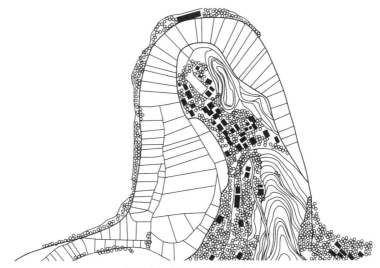

图 3-24　耕地组合平面形态图式

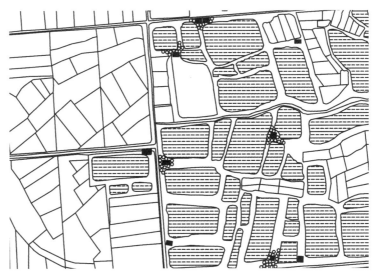

图 3-25　耕地鱼塘组合图式

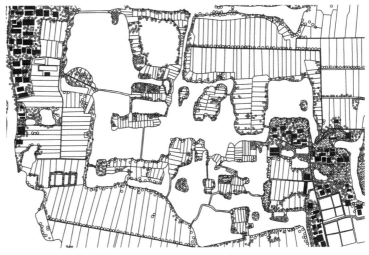

图 3-26　平地水田平面形态图式

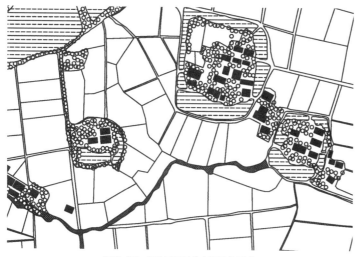

图 3-27　平地旱田居住空间分布图式

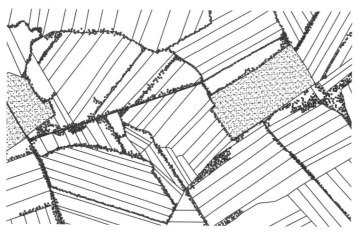

图 3-28　平地旱田平面形态图式

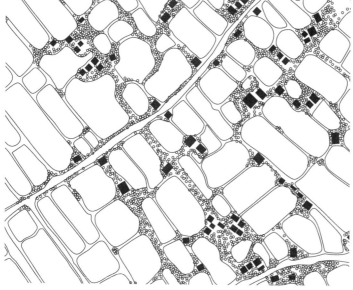

图 3-29　鱼塘平面形态图式

　景观与区域生态规划方法 / 第三章　景观语言与区域景观生态分析体系

景观要素的定位：本案例景观空间较丰富，因此所涉及的景观要素也很多，包括鱼塘要素、耕地要素。最终选取了以下图式：①块型平地旱田要素图式Ⅰ（图3-30）；②块型平地旱田要素图式Ⅱ（图3-31）；③单核型梯田要素图式（图3-32）；④无核型梯田要素图式（图3-33）；⑤平地水田要素单元图式Ⅰ（图3-34）；⑥平地水田要素单元图式Ⅱ（图3-35）；⑦河湖型鱼塘要素图式Ⅰ（图3-36）；⑧河湖型鱼塘要素图式Ⅱ（图3-37）。

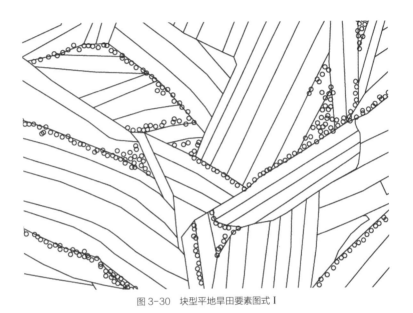

图 3-30　块型平地旱田要素图式Ⅰ

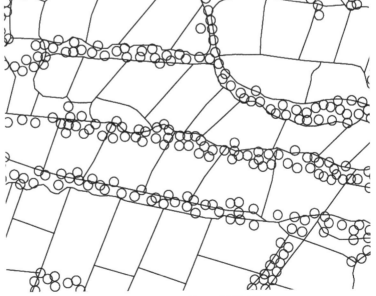

图 3-31　块型平地旱田要素图式Ⅱ

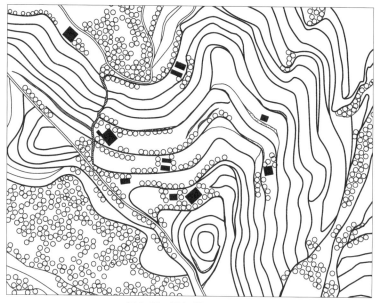

图 3-32　单核型梯田要素图式

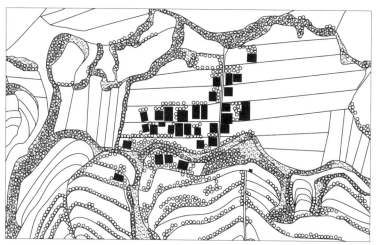

图 3-33　无核型梯田要素图式

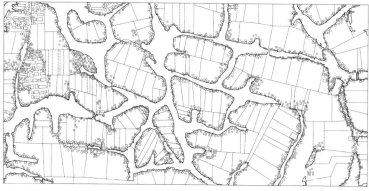

图 3-34　平地水田要素单元图式 I

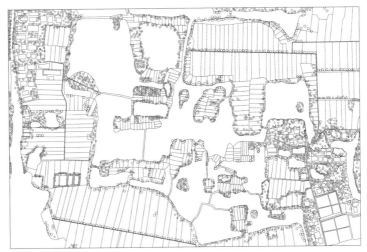

图 3-35　平地水田要素单元图式 II

图 3-36　河湖型鱼塘要素图式 I

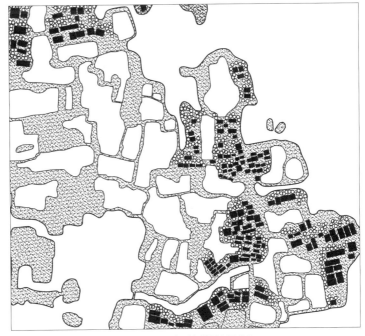

图 3-37　河湖型鱼塘要素图式 II

8.1.3 项目总体规划——生产性景观体验园

（1）总体布局

项目整体定位为生产性景观体验园，引导游客参与体验不同类型、不同生产方式的生产性景观，包括梯田景观、玫瑰花田景观、平地耕地景观、鱼塘景观、湿地景观等（图 3-38）。

（2）功能分区

规划设计将园区划分为五大功能区，分别为：梯田景观区、鱼塘景观区、平地农田景观区、玫瑰花田景观区、湿地景观区。五大分区的功能和景观特色各有不同，以满足游客不同层面的需求（图 3-39）。

（3）景观结构

园区构成"五心两带"的景观结构。五心分别为：渔家体验园、休闲农庄、湿地迷宫、玫瑰花海、梯田农家乐；两带分别为：滨湖景观带和平地农田景观带。游客沿景观带游赏，感受大尺度的农田花海的魅力，同时可以在景观节点近距离地感受生产的趣味（如图 3-40）。

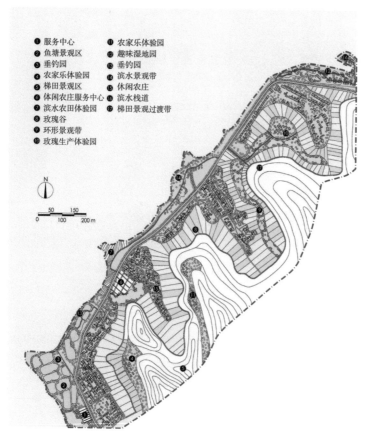

❶ 服务中心　　　　**⓫** 农家乐体验园
❷ 鱼塘景观区　　　**⓬** 趣味湿地园
❸ 垂钓园　　　　　**⓭** 垂钓园
❹ 农家乐体验园　　**⓮** 滨水景观带
❺ 梯田景观区　　　**⓯** 休闲农庄
❻ 体闲农庄服务中心　**⓰** 滨水栈道
❼ 滨水农田体验园　**⓱** 梯田景观过渡带
❽ 玫瑰谷
❾ 环形景观带
❿ 玫瑰生产体验园

图 3-38　总体平面图

图 3-39 功能分区图

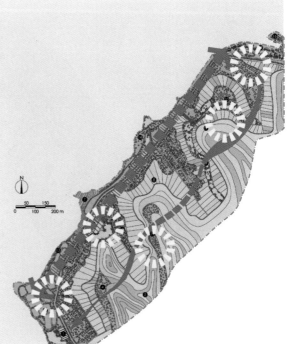

图 3-40 景观结构图

8.1.4 园区景观规划——园区生产性景观营造

（1）梯田景观营造

梯田景观的营造主要依靠三种基本图式，包括单核型和无核型，其中无核型分为两种，一种为平画曲线式，另一种在较宽的田面上设置群落组团和居住组团（图3-41，表3-5）。居住组团可作为农家体验园。

（2）平地农田景观营造

平地农田景观区包括滨水农田景观、环绕型农田景观、玫瑰花海景观、湿地景观。其中玫瑰采摘体验园采用农田围绕居民组团的平面图式，使建筑位于组团中心，玫瑰田呈环形围绕在其周围。湿地景观园参照平地水田的图式，田块单元呈散点式分布于水中，将各单元以栈道相连，组成充满趣味性的湿地迷宫（图3-42，表3-6）。

（3）鱼塘景观营造

鱼塘景观区位于整个园区的西端，濒临陆浑湖。设计参照河湖型鱼塘的图式，充分利用其滨水优势。鱼塘单体形状为细胞形，彼此不相连，塘基较宽的位置有两种设计方式：①设计为垂钓园和渔趣体验园，呈组团式分布，作为游客体验鱼塘生产的重要节点;②设计为植物群落组团,创造生态环境稳定多样的休闲空间(图3-43，表3-7)。

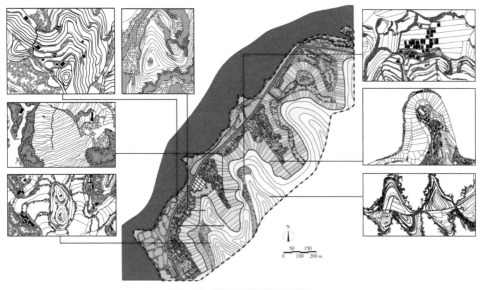

图 3-41 梯田景观梯田类型分布图

梯田景观梯田类型表　　　　　　　　　　　　　　　表 3-5

类型	图　式		
单核 型梯田			
无核 型梯田			
组合 梯田			

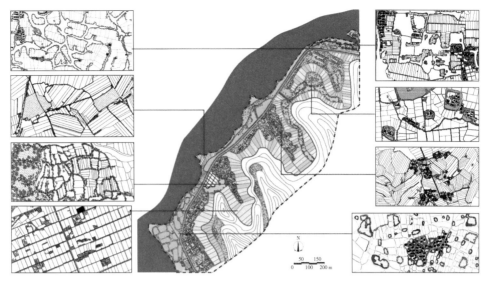

图 3-42　平地农田景观耕地类型分布图

平地农田景观耕地类型表　　　　　　　　　表 3-6

类型	图　式	
平地水田	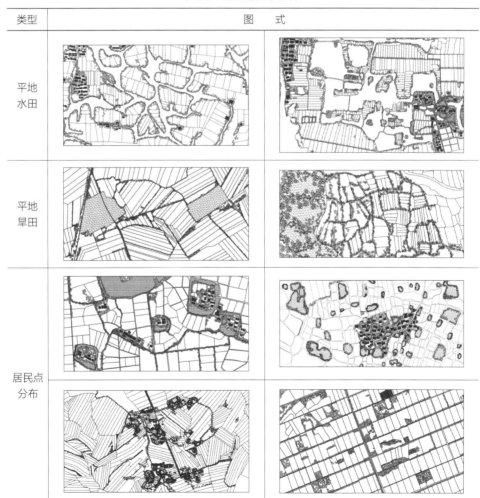	
平地旱田		
居民点分布		

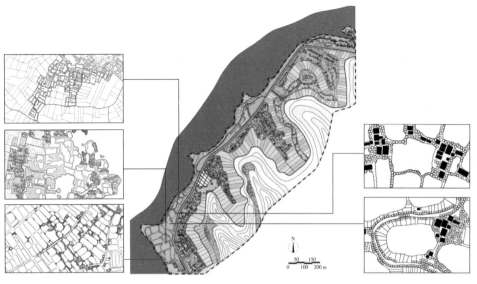

图 3-43　鱼塘景观鱼塘类型分布图

鱼塘景观鱼塘类型表

表 3-7

鱼塘		
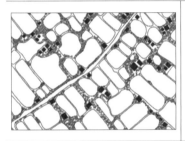		

（4）组合景观营造

组合景观包括梯田与平地农田景观组合和鱼塘农田组合。园区整体格局为环绕型。平地农田景观区环绕梯田景观区，两者的衔接处形成了一条田野开阔、景观类型丰富的景观带。鱼塘与农田组合参照拼接型组合图式，两者由生态空间衔接，引导游客体验鱼塘景观后再进入视野开阔的耕地景观（图3-44，表3-8）。

8.2　沈阳卧龙湖生态休闲公园设计

8.2.1　生态认知与分析方法

（1）中小尺度生态界面的基本图式

中小尺度生态界面分为平地水陆生态界面、平地陆陆生态界面、坡地水陆生态界面、坡地陆陆生态界面四大类。①平地水陆生态界面"字"层面有平面形态、界面内部肌理和平地水陆界面标准化形态3个基本要素，共36种图式

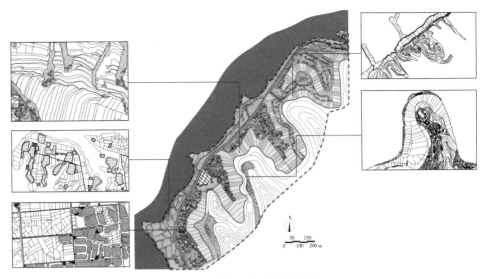

图 3-44　组合景观组合类型分布图

组合景观组合类型表 表 3-8

类型	图　式	
耕地鱼塘 组合		
耕地组合		

（图 3-45-1—图 3-45-36）；平地水陆生态界面"词"层面分为破碎型、线型、指型和格网型 4 种类型，共 18 种图式（图 3-45-118—图 3-45-135）。②平地陆陆生态界面"字"层面存在平面形态和界面内部肌理两个基本要素，共 33 种图式（图 3-45-37—图 3-45-69）；平地陆陆生态界面"词"层面分为线型、破碎型和格网型 3 种类型，共 15 种图式（图 3-45-136—图 3-45-150）。③坡地水陆界面"字"层面存在平面形态和界面内部肌理两个基本要素，共 18 种图式（图 3-45-70—图 3-45-87）；坡地水陆界面"词"层面分为线型、格网型和指型三种类型，共 9 种图式（图 3-45-151—图 3-45-159）。④坡地陆陆界面"字"层面存在平面形态和界面内部肌理两个基本要素共 30 种图式（图 3-45-88—图 3-45-117）；坡地陆陆界面"词"层面分为线型、格网型和指型三种类型，共 12 种图式（图 3-45-160—图 3-45-171）。平地水陆生态界面基本图式的特点和规律：①平地水陆界面标准化形态地形坡度较缓，水陆系统交汇，土壤水分饱和，生态环境较好；②界面内部肌理一般由自然植被、池塘、田地或驳岸类型四种介质构成；③破碎型界面形态受外力冲击影响大，形成不规则的土地肌理，又可分为点状破碎和带状破碎两种形式；④线型界面形态较稳定，受外力影响小，土地肌理形态单一；⑤指型界面形态是因风力、地貌地形等自然因素形成；⑥格网型界面多为人工池塘、鱼塘或盐田等生产空间，形态较规则。

平地陆陆生态界面基本图式的特点和规律：①界面内部肌理一般由自然植被、池塘或田地 3 种介质构成；②破碎型界面形态一般由河流等水体穿过两侧同质的相邻系统（田地或林地），三者共同作用产生破碎化土地肌理斑块；③线型界面形态分为生产型与生态型，生产型由农田与经济防护林构成，生态型由乔灌木林地构成；④格网型界面形态多数由农田或人工养殖池塘构成。农田和养殖塘分为规则式和有机式。

坡地水陆生态界面基本图式的特点和规律：①界面内部肌理一般由自然植被、池塘、田地或驳岸类型 4 种介质构成；②指型界面形态多为由硬质沉积岩、变质岩形成的肌理凹凸，岸线呈现不规则形态，驳岸面较窄且坡度大；③线型界面形态一般为柔性护岸，多位于嵌入的浅滩或水塘、低倾斜的蜿蜒河床或低倾斜的弯曲河道等区域；④格网型界面形态大部分由生产空间构成，一般近似长椭圆形，面积较大。

坡地陆陆生态界面基本图式的特点和规律：①坡地陆陆界面为坡地与坡地相交错而产生的生态界面，其图式的形态与两侧的同质坡地有很大联系。界面内部肌理一般由自然植被、池塘或田地三种介质构成；②线型界面形态一般为由坡地的谷底所形成的带状具有韵律感与方向感的线型图式；③指型界面形态一般为坡地之间的谷地，由水体与农田 2 种介质类型构成，水体面积大小多变；④格网型界面形态多由生产空间构成，基本单元多为不规则的多边形，一般单元田块呈线状或组团式分布。

（2）中小尺度生态界面的组合图式

从"词组"的基本语境总结中小尺度生态界面中多种组合图式，分为生活、生态空间组合，生活、生产空间组合，生态、生产空间组合，生态、生活与生产空间组合等4种类型，共28种图式（图3-45-172—图3-45-199）。①生活与生态空间的组合图式中，一般生活空间位于生态空间的单侧，生活空间依附于生态空间呈组团式布局或有机分布式布局；或者生活、生态空间两者相融合，植被生态空间为基底，生活空间紧邻水体，无植被缓冲空间。②生活与生产空间的组合图式中，一般生活空间位于较大尺度的生产空间的单侧，生态空间穿插于生活空间中；或者生活与生产空间相融合，一般有三种融合方式：生活与生产空间相间的融合方式、大面积的生产空间包围组团式的生活空间的融合方式或者生活空间点式散落于大面积的生产空间之中的融合方式。③生态与生产空间的组合图式中，一般生产空间依附于生态空间，位于其一侧；或者以生态空间为中心主体，大面积的生产空间位于其两侧，中间的主体部分多为长有灌木、水生植物等的溪流生态空间，形成的景观镶嵌体形态多样，有效增大这一区域与周边生产空间的接触面积。④生态、生活与生产空间的组合图式中，一般生产空间位于生活空间的单侧，生态空间穿插于生活空间中或生活空间依附于河流、坡地等生态空间；或者生产、生活与生态空间三者融于一体，以大面积的生产空间为主，生活、生态空间点缀其间；或者是生态、生产空间比例均衡，生活空间以点状分布于生态空间中。

（3）中小尺度生态界面的图式语言体系

中小尺度生态界面的图式语言体系由"字"（景观要素）、"词"（空间单元）和"词组"（空间组合）共同构建（图3-45），三者依据生态过程形成相应的生态界面空间格局。上文总结了大量的生态界面的图式语言，分别描述了其各自的特点，通过对同一类型生态界面的图式语言进行比较研究，得出这类生态界面所具有的共同特征。只有确定了这些必要特征，设计师在运用图式语言时才能抓住必要特征，建立由核心生态过程决定的生态格局。

中小尺度生态界面的图式语言与其他类型的图式语言相比有其独特之处，主要可以归纳为以下几点：

①中小尺度生态界面的空间类型丰富、形态多变，因此生态界面相应的"字"和"词"也较为丰富，实际应用范围更广；

②中小尺度生态界面的界面空间更易形成生态空间，加上界面空间本身具有生物多样性、动态性等特征，生态界面内部较易形成生态、生产、生活3大不同空间类型，使生态界面空间更易形成适用于生态设计的图式语言应用于现代园林生态规划设计中；

③中小尺度生态界面内普遍存在生态学上的"边界效应"，生物多样性更丰富，

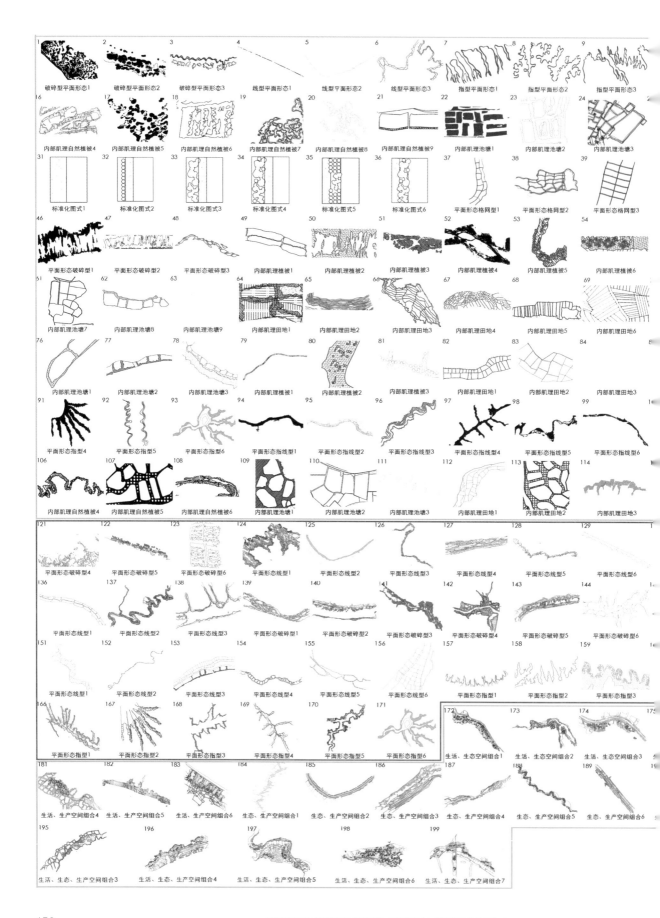

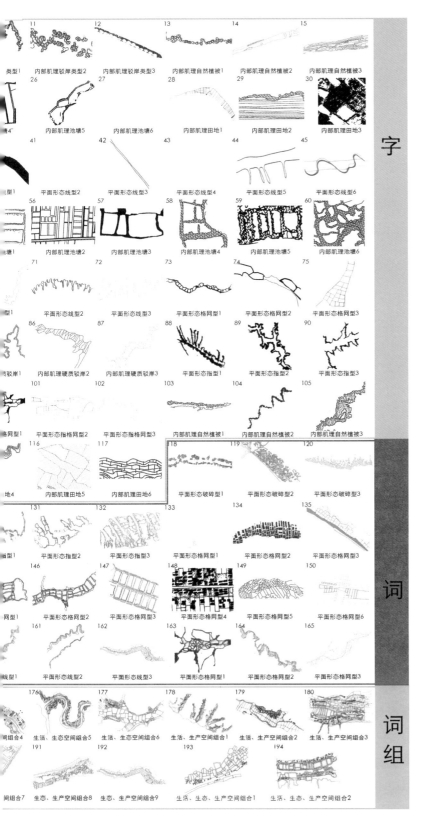

11	12	13	14	15
类型1	内部肌理驳岸类型2	内部肌理驳岸类型3	内部肌理自然植被1	内部肌理自然植被2	内部肌理自然植被3
26	27	28	29	30
4	内部肌理池塘5	内部肌理池塘6	内部肌理田地1	内部肌理田地2	内部肌理田地3
41	42	43	44	45
型1	平面形态线型2	平面形态线型3	平面形态线型4	平面形态线型5	平面形态线型6
56	57	58	59	60
墙1	内部肌理池塘2	内部肌理池塘3	内部肌理池塘4	内部肌理池塘5	内部肌理池塘6
71	72	73	74	75
型1	平面形态线型2	平面形态线型3	平面形态格网型1	平面形态格网型2	平面形态格网型3
86	87	88	89	90
驳岸1	内部肌理硬质驳岸2	内部肌理硬质驳岸3	平面形态指型1	平面形态指型2	平面形态指型3
101	102	103	104	105
网型1	平面形态指格网型2	平面形态指格网型3	内部肌理自然植被1	内部肌理自然植被2	内部肌理自然植被3
116	117	118	119	120
地4	内部肌理田地5	内部肌理田地6	平面形态破碎型1	平面形态破碎型2	平面形态破碎型3
131	132	133	134	135
型1	平面形态指型2	平面形态指型3	平面形态格网型1	平面形态格网型2	平面形态格网型3
146	147	148	149	150
网型1	平面形态格网型2	平面形态格网型3	平面形态格网型4	平面形态格网型5	平面形态格网型6
161	162	163	164	165
线型1	平面形态线型2	平面形态线型3	平面形态格网型1	平面形态格网型2	平面形态格网型3
176	177	178	179	180
间组合4	生活、生态空间组合5	生活、生态空间组合6	生活、生产空间组合1	生活、生产空间组合2	生活、生产空间组合3
191	192	193	194	
间组合7	生活、生产空间组合8	生态、生产空间组合9	生活、生态、生产空间组合1	生活、生态、生产空间组合2	

注：

1. 平地水陆界面图式：1-36；118-135；
2. 平地陆陆界面图式：37-69；136-150；
3. 坡地水陆界面图式：70-87；151-159；
4. 坡地陆陆界面图式：88-117；160-171；
5. 组合图式：172-199。

图3-45　中小尺度生态界面图式语言体系总结

生态过程更明显；

④中小尺度生态界面两侧生态系统及内部肌理构成具有多样性，生态界面的图式语言的形态较为生动，可构造出不同的界面空间图式语言。

8.2.2 生态界面的图式语汇与应用——卧龙湖生态休闲公园

（1）基地现状与规划定位

卧龙湖生态休闲公园位于辽宁省沈阳市康平县城西 1km，占地面积约 1952hm²。所处区域环境水资源和生态资源丰富，总体呈现城郊乡村农田景观格局。

基地现存以下几个问题：生态环境敏感，卧龙湖长期作为鱼塘发展养殖业，不利于其长期发展；整体空间均质化、破碎化，造成土地资源浪费；气候干旱，基地仅一侧临水，内部水网不发达。

（2）详细规划与设计

卧龙湖生态休闲公园生态界面的图式语言应用主要从驳岸生态设计、平面形态设计和人工化空间生态设计三个方面进行分析与选择（图 3-46）。

①驳岸生态设计

根据基地地形特点，设计主要从平地水陆生态界面的图式语言中选取与基地生态环境相一致的 12 种驳岸图式，分别应用在不同的功能区及地块。选中的 12 种图式可分为自然缓坡驳岸图式（图 3-45-11、14、19、33、120）、生产型驳岸图式（图 3-45-28、31、78、134、153）和植栽驳岸图式（图 3-45-29、126）三大类。在卧龙湖坡面较缓且空间足够大的情况下，选择自然缓坡驳岸图式。此类图式以岸边湿地基质土壤与原有的平缓坡地上的表土自然相接，选用当地乡土树种，恢复其自然生态系统。生产型驳岸图式适用于基地现状为生产型池塘，岸线，不适宜亲水或水体的水质适宜养殖鱼虾的情况。植栽驳岸图式适用于坡度稍微大一些，亲水性不强，或需要帮助卧龙湖水生动物逃避敌害及提供遮阴场所的岸线。因卧龙湖生态环境极好，且生态敏感度高，在滨水区域较少设计人工化强烈的景观，因此平地型水陆界面空间组合图式的生态设计仅选择 1 种图式运用其中（图 3-45-196）。

②平面形态设计

根据卧龙湖基地现状所处的环境及所处区域的功能定位，基本图式主要从平地型陆陆生态界面平面形态图式中选取与基地土地使用情况相类似的 4 种图式。图式的平面形态整体都为线型，但又具有各自不同的特征。顺直线型图式（图 3-45-41）中心为生态林地，景观类型单一，群落生境较简单；蜿蜒线型图式（图 3-45-137）中心由细窄的水渠构成，两侧分布乔灌草群落，景观元素变化丰富；组合线型图式（图 3-45-65）中心为狭窄的生态水体或林地，生境类型相对简单；线型组合图式（图 3-45-187）中心为线型水体，水面十分狭窄。卧龙湖生态休闲公园平地型陆陆生态

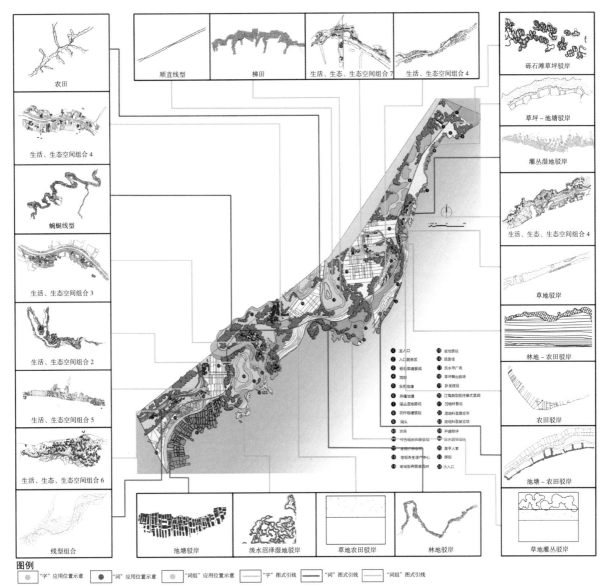

图例
● "字"应用位置示意　■ "词"应用位置示意　● "词组"应用位置示意　⎯⎯ "字"图式引线　⎯⎯ "词"图式引线　⎯⎯ "词组"图式引线

图 3-46　卧龙湖生态度假公园生态界面图式应用

界面空间组合图式主要包括生活、生态空间组合图式及生活、生态与生产空间图式两类。生活、生态空间组合图式（图 3-45-173）位于人造湖湾处，湖泊的凹形岸线所形成的空间，相对封闭，生境也较稳定。适应于卧龙湖生态环境的生活、生态与生产空间组合图式共有三种：居住空间位于水体的单侧（图 3-45-174）、居住空间位于生态水体的两侧（图 3-45-175）及居住空间位于生态水体内部（图 3-45-199），按照场地的功能及环境需求，3 种类型图式相互联系构成有机统一体。

③人工化空间生态设计

基地西南处、北侧有两处坡地选择农田、生产性景观梯田及北方典型居住模式3 种坡地陆陆生态界面人工化图式。农田（图 3-45-169）生产空间整体呈带状分布，田地单元大小不一，形状不规则；梯田（图 3-45-114）种植生产性农作物，因地形较陡，梯田随山势变化，水平梯田与自然坡地沿等高线平行布置；民居保留现状原有居民的居住模式，组团式密集布局，展现典型北方民居居住模式（图 3-45-198），增加体验类型。坡地陆陆界面空间组合图式根据基地现状唯一一处坡度较陡的坡地的现状条件及功能定位，选择与之相适应的图式。此地带为田地—坡地交错的界面，既有生产性又有生态性，且南侧有原有保留民居，因此选择生产空间与生活空间组合图式（图 3-45-182）。

参考文献

[1] Bell S. Landscape : Pattern, perception and process. 2nd ed. London : : Taylor & Francis 2012.

[2] Frederick Steiner. Human Ecology—Following Nature's Lead [M], Washington : Island Press, 2002 : 12-69

[3] 王云才. 景观生态规划原理 [M]（第二版）. 北京：中国建筑工业出版社，2014.

[4] 卜菁华，孙科峰. 景观的语言 [J]. 中国园林，2003（11）：55-58.

[5] 胡燕. 后工业景观设计语言研究 [D]. 北京林业大学，2014.

[6] 陈圣浩. 景观设计语言符号理论研究 [D]. 武汉理工大学，2007.

[7] 李静，陈玉锡. 景观符号学理论的研究 [J]. 合肥工业大学学报（社会科学版），2010（01）：151-154.

[8] 蒙小英. C·Th·索伦森的景观语言 [J]. 新建筑，2010（03）：92-96.

[9] 陈圣浩. 景观语言的基本结构框架 [J]. 时代文学（理论学术版），2007（05）：27-28.

[10] 邓位. 景观的感知：走向景观符号学 [J]. 世界建筑，2006（07）：47-50.

[11] 肖辉. 风景园林设计语言的地域性分析 [D]. 北京林业大学，2008.

[12] 王云才，韩丽莹. 景观生态化设计的空间图式语言初探 [A]. 中国风景园林学会. 中国风景园林学会 2011 年会论文集（上册）[C]. 中国风景园林学会，2011：7.

[13] 王云才. 景观生态化设计与生态设计语言的初步探讨 [J]. 中国园林，2011（09）：52-55.

[14] 王云才，王敏. 图式化与语言化教学：西蒙·贝尔与安妮·斯派恩的风景园林教育观 [J]. 中国园林，2014（05）：115-119.

[15] 王云才. 风景园林生态规划方法的发展历程与趋势 [J]. 中国园林，2013（11）：46-51.

[16] 王云才. 基于风景园林学科的生物多样性框架 [J]. 风景园林，2014（01）：36-41.

[17] 王云才，刘悦来. 城市景观生态网络规划的空间模式应用探讨 [J]. 长江流域资源与环境，2009，09：819-824.

[18] 傅伯杰. 景观多样性分析及其制图研究 [J]. 生态学报，1995（04）：345-350.

[19] 宋功明，刘晖，韩晓莉. 注重景观认知的空间设计——空间系列训练教学实践总结 [J]. 西安建筑科技大学学报（社会科学版），2006（03）：16-20.

[20] 况平. 麦克哈格及其生态规划方法 [J]. 重庆建筑工程学院学报，1991（04）：60-67.

[21] 王孟本. "生态单元"概念及其应用 [A]. 中国生态学会. 生态学与全面·协调·可持续发展——中国生态学会第七届全国会员代表大会论文摘要荟萃 [C]. 中国生态学会：2004：1.

[22] 俞晨圣. 论景观空间的界面 [D]. 福建农林大学，2006.

[23] 肖笃宁，布仁仓，李秀珍. 生态空间理论与景观异质性 [J]. 生态学报，1997（05）：3-11.

[24] 骆剑承，周成虎，梁怡，张讲社，黄叶芳. 多尺度空间单元区域划分方法 [J]. 地理学报，

2002（02）：167-173.

[25] 杨宇辰，赵雄.河谷人文生态空间的基本图式与特征——以广西红水河谷地区人文生态空间为例 [J]. 中外建筑，2013（06）：38-39.

[26] 王晓博.生态空间理论在区域规划中的应用研究 [D]. 北京林业大学，2006.

[27] 邰杰，陆韡.理想景观图式的空间投影——苏州传统园林空间设计的理论分析 [J]. 城市规划学刊，2008（04）：104-111.

[28] 王云才.风景园林的地方性——解读传统地域文化景观 [J]. 建筑学报，2009（12）：94-96.

[29] 王云才.传统地域文化景观之图式语言及其传承 [J]. 中国园林，2009（10）：73-76.

[30] 王云才，史欣.传统地域文化景观空间特征及形成机理 [J]. 同济大学学报(社会科学版)，2010（01）：31-38.

[31] 王云才.传统文化景观空间的图式语言研究进展与展望 [J]. 同济大学学报(社会科学版)，2013（01）：33-41.

[32] 王珲，王云才.苏州古典园林典型空间及其图式语言探讨 以拙政园东南庭院为例 [J]. 风景园林，2015（02）：86-93.

[33] 陈利顶，刘洋，吕一河，冯晓明，傅伯杰.景观生态学中的格局分析：现状、困境与未来 [J]. 生态学报，2008（11）：5521-5531.

[34] 胡巍巍，王根绪，邓伟.景观格局与生态过程相互关系研究进展 [J]. 地理科学进展，2008（01）：18-24.

[35] 吕一河，陈利顶，傅伯杰.景观格局与生态过程的耦合途径分析 [J]. 地理科学进展，2007（03）：1-10.

[36] 何萍，史培军，高吉喜.过程与格局的关系及其在区域景观生态规划中的应用 [J]. 热带地理，2007（05）：390-394.

[37] 苏常红，傅伯杰.景观格局与生态过程的关系及其对生态系统服务的影响 [J]. 自然杂志，2012（05）：277-283.

[38] 张秋菊，傅伯杰，陈利顶.关于景观格局演变研究的几个问题 [J]. 地理科学，2003（03）：264-270.

[39] 邹维娜.景观意境的研究 [D]. 华中农业大学，2004.

[40] 鲁学军，秦承志，张洪岩，程维明.空间认知模式及其应用 [J]. 遥感学报，2005（03）：277-285.

[41] 鲁学军.空间认知模式研究 [J]. 地理信息世界，2004（06）：9-13.

[42] 赵刘.符号学视角下景观的意义感知 [J]. 安徽农业科学，2011（33）：205-207.

[43] 陈毓芬.电子地图的空间认知研究 [J]. 地理科学进展，2001（S1）：63-68.

[44] 王云才，崔莹.基于风景园林设计发展历史的伊丽莎白·伯顿图式语言思想 [J]. 风景园林，2015（02）：50-57.

[45] 刘滨谊，王云才，刘晖，徐坚.城乡景观的生态化设计理论与方法研究 [A]. 中国风景园林学会.中国风景园林学会 2009 年会论文集 [C]. 中国风景园林学会，2009：6.

[46] 李永胜.多样性风景园林评论的语境营造 [A]. 中国风景园林学会.中国风景园林学会 2013 年会论文集（上册）[C]. 中国风景园林学会，2013：3.

[47] 李明.传统景观语汇与城市特色意象塑造研究初探 [D]. 南京农业大学，2006.

[48] 伍丹婷.当代地景建筑的语境化表达策略 [D]. 湖南大学，2013.

[49] 王云才，瞿奇，王忙忙.景观生态空间网络的图式语言及其应用 [J]. 中国园林，2015（08）：77-81.

[50] 瞿奇.传统文化景观空间网络图式语言及其应用 [D]. 同济大学，2014.

[51] 徐进.景观生态设计中水体生境的图式语言 [D]. 同济大学，2012.

[52] 杨宇辰.传统文化景观空间轴线图式语言及应用 [D]. 同济大学，2015.

[53] 张醇琦.传统文化景观空间图式语言的尺度特征与嵌套机理 [D]. 同济大学，2015.

[54] 邹琴.传统村落公共开放空间图式语言应用 [D]. 同济大学，2014.

[55] 傅文.传统文化景观空间土地形态图式语言及应用 [D]. 同济大学，2014.

[56] 王云才，张英，韩丽莹.中小尺度生态界面的图式语言及应用 [J]. 中国园林，2014（09）：46-50.

第四章

区域功能划区
与
景观生态空间管制

1　区域功能划区的概念与背景

区划作为分异规律的区域划分，是地理学以区域为对象、致力开展的一项重要工作。区域功能区划以空间资源评价为基础，从生态学、环境学、地质学、区域规划等学科进行研究，以生态的承载力为出发点，以空间资源分配为核心，以经济、社会、生态的和谐发展为目标，从整体利益、长远利益出发，以协调各类空间资源的关系为基点，优化区域空间布局，建立空间准入机制，合理规划，进而控制和改善区域环境，实现社会、生态、经济发展净利益的最大化。

中国从 20 世纪 20—30 年代已经开始区划的研究工作。20 世纪 50 年代以来，我国曾把自然区划工作列为国家科学技术发展规划中的重点项目，并组织了三次大规模的全国综合自然区划研究，完成了一批重大成果。20 世纪 80 年代以来，随着改革开放和区域经济的快速发展，面对新的问题，生态系统、资源、环境等概念方法被引入了区划研究当中，使区划研究在适应社会发展需求，解决现实问题方面发挥了重要作用。长期以来，我国相继开展自然区划、农业区划、经济区划、生态功能区划等重大基础性工作，在理论和方法上积累了大量经验。

自然区划是对气候、地形、地貌、土壤、植被等要素根据地带性与非地带相结合、发生一致性、区域共轭性等原则，划分不同等级的自然地理综合体。农业区划是以农业类型、农业区域作为农业系统空间单元划分的依据，自然地域分异规律与社会劳动地域分工规律相结合，在综合自然区划基础上，根据农业特点和条件的内部相似性和外部差异性而划分出具有不同比较优势、发展前景和建设途径的区域，为合理调整农业内部结构与生产布局提供科学的可行性依据 。经济区划是根据社会劳动地域分工规律及各地区发展条件，指出各经济区专业化发展方向和产业结构特点，是对未来社会劳动地域分工新格局的构想。生态功能区划是根据生态环境要素、生态环境敏感性和生态服务功能分区的空间分异规律，在考虑了自然环境特征和人类活动的影响过程基础上，划分不同的生态功能区，为制定区域环境保护与建设规划，维护区域生态安全以及资源合理开发利用与生产力布局提供科学依据。

近年来，我国相继开展了一系列功能区划工作，如水功能区划、水环境功能区划、全国海洋功能区划、自然保护区功能区划、全国生态功能区划、全国主体功能区划等。这些区划一方面正在或将会对我国区域发展布局提供科学依据，但同时我们应该看到，在另一方面我国还没有从地理单元、自然资源分布、区位空间结构特点与区域社会经济发展的内在机理出发，厘清不同区域的主导功能和发展方向。

2 景观生态空间的概念与特征

2.1 景观生态空间的内涵

不同学科对于景观（landscape）的表述极为丰富，在生态学中，景观的定义也可以概括为狭义和广义两种。狭义景观是指在几十至几百千米范围内，由不同类型生态系统所组成的具有重复性格局的异质性地理单元。广义的景观则包括出现在从微观到宏观不同尺度上的，具有异质性和斑块性的空间单元。广义的景观概念强调空间异质性，景观的绝对空间尺度随研究对象方法和目的而变化。综合起来对景观可以作如下理解：景观由不同空间单元镶嵌组成，具有异质性；景观是具有明显形态特征与功能联系的地理实体，其结构与功能具有相关性和地域性；景观既是生物的栖息地，更是人类的生存环境；景观是处于生态系统之上，区域之下的中间尺度，具有尺度性；景观具有经济、生态和文化的多重价值，表现为综合性。

景观生态空间是景观空间构成的一种重要类型，具有景观空间的一般特性，强调空间内部各景观单元间的相互关系、空间格局、生态过程及尺度间的相互作用，其在时间及空间尺度下不以其他景观空间类型的存在为转移，具有相对独立性。作为景观空间的核心组成，景观生态空间具有明显的尺度特征，并通过不同尺度间的生态要素及生态过程衔接，构成具有不同地域生态化印记的景观生态系统，是人居环境可持续发展的重要支撑基础之一。

2.2 景观生态空间的特性

2.2.1 时间及空间的相对独立性

从地表景观分布的演进过程来看，景观生态空间长期占有绝大部分的比例，是不同尺度生态系统的核心组成与支撑基础。随着人类景观改造能力的提升，这一比重在不断下降。因此就表象而言，景观生态空间的提出实质上是一种带有明显人本主义色彩的趋利性概念。景观生态空间在景观空间组成中一度处于弱势地位，但随着人类社会发展步入生态文明时期，这种趋利性的色彩开始逐渐淡化，人们开始以一种新的思维重新审视景观生态空间的存在，即景观生态空间是景观空间的原始核心组成，是人居活动建设的基础，对景观生态空间的保护与建设不单单服务于人类自身，其他生命存在在景观生态空间的使用上享有同人类平等的权利。就地表景观的分布而言，景观生态空间以外的景观类型可以看作一种介入类型，这种介入多带有明显的人类活动印记。同时，这种介入对在原本以景观生态空间为主体的景观系统中多表现为负面干扰，但景观生态空间具有极强的自我调节与修复能力。因此，尽管越来越多的景观类型侵入到景观空间系统内部，但其始终保持着较强的相对独立性。

2.2.2 多尺度的系统完整性

尺度是生态学对环境干扰、生物反应与植被格局等进行研究的基础，以不同尺度研究时，内容也不相同（图4-1）。尺度也是景观生态学对景观对象进行研究的重要先决条件。John Lyle 教授在其《Design for Human Eco-system》一书中提出对景观生态研究对象首先要明确尺度等级。他认为在不同尺度中，景观生态的特征表现大相径庭，在大尺度中会失去对细节的描述，生态手法将无法体现；而在小尺度中又看不到大的景观生态背景，会难以把握景观的生态化规划设计的方向。唯有将设计的对象按尺度等级进行分级，才能实现生态化的规划设计。John Lyle 根据多年来对景观规划设计的实践，提出了整合后的一系列尺度，分别是：整个地球（whole earth）、亚大陆（subcontinent）、区域（region）、规划单元（plan unit）、工程（project）、场地（site）和建设（construction）。尺度之间需要一定的联络通道来联系。通常上一级尺度为下一级尺度的目标制定指明方向，而下一级尺度为上一级尺度的实现提供操作依据，这也正是 Lyle 强调的联络通道。Lyle 的思想实质上阐述了健康的景观生态空间是一个需要通过所谓联络通道进行有机整合的多尺度生态系统。需要特别强调的是，这一系统完全可以独立运行，可以在保障其自身稳定性的同时满足内部能量流动及物质循环的需求。

2.2.3 景观空间的一般属性

景观生态空间作为景观空间的核心组成，具备景观空间的一般属性。除上述的尺度特征及系统性外，比较为相关学科所关注的属性主要有以"斑块—廊道—基质"为基本模式的景观要素组成、连通性、异质性与多样性等。

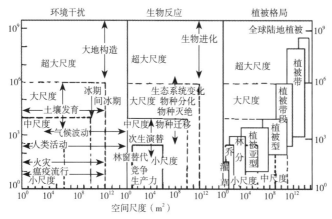

图4-1 不同时空尺度的生态学研究侧重点

斑块—廊道—基质：景观是一个由不同生态系统组成的异质性陆地区域，其组成单元称为景观单元。景观生态空间亦是如此，按照各种要素在景观空间中的地位和形状，景观要素分成三种类型：斑块（或称为嵌块体）、廊道、基质（或称为本底）。斑块是外貌上与周围地区（本底）有所不同的非线性地表区域，其形状、大小、类型、异质性及其边界特征变化较大。廊道是景观中与两侧基质有显著区别的带状空间，其性质主要体现为一方面将不同景观空间部分分隔，对被分隔的景观是一个障碍物，另一方面又将景观中不同部分连接起来，是一种联系通道。基质（本底）是在景观要素中是占面积最大、连接度最强、对景观控制作用最强的景观要素。作为景观空间的背景，它控制影响着生境斑块之间的物质、能量交换，强化或缓冲生境斑块的岛屿化效应，同时控制整个景观的连接度，从而影响斑块之间的物种的迁移。

连通性：在景观生态学中，景观连通性是区分基质（本底）与斑块的标准之一，是组成景观元素在空间结构上的联系，可用来测定景观的结构特征。景观连通性可从斑块大小、形状、同类斑块之间的距离、廊道存在与否、不同类型树篱之间的相交频率和由树篱组成的网络单元的大小得到反映。需要指出的是，景观连通性不同于景观连接度。景观连接度是景观中各元素在功能和生态过程上的联系，用来测定景观功能特征。景观连接度的提出与应用对景观生态学在生物多样性保护与生物资源管理方面有重要意义。

异质性与多样性：景观异质性是指景观的变异程度，多指景观类型的差异，景观异质性的存在决定了景观格局的多样性和斑块多样性。而景观多样性是景观单元在结构和功能方面的多样性，反映了景观的复杂程度。景观多样性包括斑块多样性、格局多样性，两者都是自然干扰、人类活动和植物演替的结果，它们对物质、能量和物种在景观中的迁移、转化和迁徙有重要的影响。

2.2.4 明显的区域生态化印记

不同区域的生态化印记可理解为特色的自然生态肌理，具体表现为极具区域特色的景观生态格局。而景观格局一般指景观的空间格局，是大小、形状、属性不一的景观空间单元（斑块）在空间上的分布与组合规律，景观格局是景观异质性的具体表现。明显的区域生态化印记是具有地域特色的景观生态格局与内部景观生态过程在复杂多样的影响因素作用下，经过长期的磨合适应形成的具有较强稳定性与自我调节能力的生态系统的外在表现。在相同尺度条件下，不同区域的生态化印记也可以看作是该尺度下景观异质性的必然结果。由于地表景观在形成过程中所受影响因素在类型、强度及机制上的差异化，区域生态印记的表现也大不相同。由于景观生态空间是景观空间的构成基础与支撑系统，对于区域景观生态系统的认知、修复与构建必须尊重区域生态化印记的特征，以此为基础进行的人居建设活动才能够健康有序地进行。

2.3 景观生态空间的功能

景观生态空间功能的明确是景观生态空间功能区划的基础。不同的景观生态空间通过一定的组合方式形成多尺度的景观生态系统，这一系统自身具有相对独立的特性。系统自身最核心的功能在于维持其组成的完整、内部过程的连续，进而为附着在其上的各类生态组成的存在提供依托。同时，景观生态系统的独立性并不意味着孤立与封闭，景观生态系统也是一个开放的外向服务系统。因此，景观生态空间的功能可以分为主体功能与外部功能两大类。

2.3.1 景观生态空间的主体功能

景观生态空间的主体功能主要体现为两方面。一方面，对于具体尺度的景观生态系统，主体功能作为整体是衔接相邻尺度景观生态系统的组成，具体尺度的景观生态系统在这一体系中往往承担者不同的角色，如多尺度景观系统中的生态节点、生态战略点等。另一方面，就单一尺度下的景观生态空间系统而言，主体功能着重强调其满足内部生命物种生存所提供的条件，如为动植物提供食物供应、栖息地和迁徙廊道，为水循环、土壤形成、营养物质循环等生态过程提供空间载体以及提供物种及基因库的存储空间等。景观生态空间的主体功能状态可反应为该空间的景观生态质量，即景观生态系统维持自身结构与功能稳定性的能力。其衡量标准就是景观生态系统的稳定性，具体包含该尺度条件下的景观生态系统与相邻尺度景观生态系统的衔接状况、景观生态系统的格局及其内部生态过程的完整性、景观生态格局的结构质量、景观生态格局内部各景观单元的质量及景观多样性状况、景观生态系统的干扰现状及系统抵御干扰的能力等。

2.3.2 景观生态空间的外部功能

景观生态空间主体功能的受益对象包含附着在系统之上的所有生命体，而其外部功能的主要服务对象就是人类，这是景观生态空间两种功能间的根本区别。景观生态空间的外部功能可以理解为以人类为对象的服务功能，即景观生态空间格局与生态过程所形成的维持人类生存的条件和过程，如食物及原材料的供应、水分及气候调节、娱乐及文化功能等。景观生态空间的外部功能在人类受益过程中使得景观生态空间与人居活动空间产生了过程联系与空间交集，这种联系与交集的存在是景观生态空间与人居活动空间有机结合的前提，但随着人类对景观生态空间外部功能获取的强度的持续加强，这种联系与交集逐渐消失，人居活动空间愈发成为一种纯粹的负面干扰介入到景观生态空间中。这既不利于景观生态系统的保护与利用，也不利于人居环境的可持续发展，因此，对景观生态空间外部功能的获取就需要综合考虑其与人居活动空间的过程联系与空间交集，体现在空间层面多表现为对针对不同景观生态空间外部功能取向的适宜性分析与研究。

景观生态空间的主体功能与外部功能在实际研究中多相互穿插交织，单类的景观生态空间功能往往具有双重的功能属性，因此实际研究多根据不同的研究方向与研究目的，侧重于某一景观功能的深入研究。如生态及环境学科多注重景观生态系统的主体功能评价，研究重点集中于系统的生态质量分析；而风景园林、城乡规划等应用性学科多侧重于不同导向的适宜性评价，研究及实践重点集中于保障景观生态系统服务性功能持续高效的运转。

3 区域功能区划的类型研究

3.1 主体功能区划

3.1.1 背景及理论基础

主体功能区最早由国家发改委规划司前司长杨伟民提出。国家"十一五"规划纲要中明确提出"根据资源环境承载能力、现有开发密度和发展潜力，统筹考虑未来我国人口分布、经济布局、国土利用和城镇化格局，将国土空间划分为优化开发、重点开发、限制开发和禁止开发四类主体功能区。"2006年10月11日，国务院办公厅下发了《关于开展全国主体功能区规划编制工作的通知》，要求在2007年年底前编制完成全国主体功能区划规划草案。由此，主体功能区筹划工作终于迈出了实质性的一步。

2010年6月国务院常务会议审议通过《全国主体功能区规划》，在国家层面将国土空间划分为优化开发、重点开发、限制开发和禁止开发四类区域，并明确了各自的范围、发展目标、发展方向和开发原则。目前我国按照国家级和省级两个层面进行主体功能区规划编制，市县层面不进行主体功能区规划。

主体功能区的提出，是为了服务特定功能类型区因地制宜地发展和合理空间格局的构建，明确产业合理规模和布局，引导各种功能要素的合理流动，逐步形成主体功能清晰，发展导向明确，开发秩序规范，经济发展与人口、资源环境相协调的区域发展格局。在未来相当长一段时间内，主体功能区划和建设将成为我国国土区划和国土开发整治的主要形式。

地域主体功能区划是一项十分复杂的系统工程，许多经济地理学理论均可以在这个过程中得到检验和完善。同时，主体功能区划还涉及许多相关学科，如经济学、生态学、环境化学、社会人文科学等。因此主体功能区划的理论往往是多学科相互交叉、渗透所形成的。

王丽在生态经济区划的研究中提出，地域分异理论和协调发展理论是综合区划工作最基础的理论。地表自然界最显著的特点之一，就是在空间分布上的不同一性推动了区划工作的进行。Norgand 于 1990 年提出的协调发展理论把经济发展过程看作是不断适应环境变化的过程。协调和发展始终处于互为推动的动态过程，"只有协调才有发展"在协调发展运行中表现得非常突出。在区划研究中始终贯穿协调发展理论，对于区域生态、社会、经济协调发展有着非常重要的作用。

朱传耿等人认为，地域主体功能区划必须以科学发展观为理论基础，即在确定地域主体功能时，要遵循全面协调可持续发展的新理念。科学发展观落实到地域主体功能区划上，核心目标是明确区域的主导优势功能。首先应弄清其在较高等级空间系统中所承担的主要功能与作用。区域在较高等级系统中所执行的相对单一的功能与其自身的整体性、综合性并不矛盾，而是在客观上反映出了较高等级系统中存在的空间差异。其次，应在自然区划、农业区划、经济区划和生态功能区划等专项区划的基础上，从自然、经济、社会、生态等区域生态经济要素高度综合的角度，分析特定空间单元的资源环境基础、开发潜力、利用成本以及经济社会基础、增长动力、发展收益，以确定该空间单元的综合承载能力和发展方向，进而划分出不同功能类型区。

樊杰认为，主体功能区划的科学基础除了因地制宜的思想及其相关的理论方法外，另一个重要的科学基础是空间结构的有序法则。主体功能区划不仅要因地制宜，更要有利于中国区域发展格局的演变，使之在空间结构的其他方面也是有序的。他引入了区域发展空间均衡模型，探讨了主体功能空间均衡模型和主体功能区划的科学基础。有序化目标的区域格局表现形式应当是各区域发展水平达到均衡和稳定。发展水平均衡是立足区域比较优势，充分体现其地域功能综合价值的空间均衡，是在生产层面、中间层面和生活层面等不同层面的各种要素合理流动前提下的空间均衡，是与时间尺度有关的相对均衡。

综上所述，地域主体功能区划由于其复杂性而与许多学科有紧密的联系，其理论基础包括地域分异理论、可持续发展理论、协调发展理论、科学发展观、生态经济学理论以及空间有序性法则理论。在这些理论中，空间有序性法则是地域主体功能区划的主旨所在，科学发展是主体功能区划的主要理论。

3.1.2　区划标准与方法

经过长期的理论探索和实践，伴随科学发展观提升到一个新的高度，我国区域发展战略也得到了升华。2006 年 3 月 5 中华人民共和国国民经济和社会发展第十一个五年（2006—2010 年）规划纲要根据《中共中央关于制定国民经济和社会发展第十一个五年规划的建议》明确提出：根据资源环境承载能力、现有开发密度和发展潜力，统筹考虑未来我国人口分布、经济布局、国土利用和城镇化格局，将国土空间划分为优化开发、重点开发、限制开发和禁止开发四类主体功能区。在区域经济学中，功能区是功能区域（functional regions）的简称，是指有一定的功能内聚性、各组成部分相互依赖的空间单元，其重视的是各组成部分的功能联系而非同质性。十一五规划纲要提出的主体功能区主要是指类型区（在区域经济学中的规范名词是匀质区）。

相对于自然区划、经济区划、生态功能区划等传统区划而言，地域主体功能区划将特征区划和功能区划相结合，生态环境与经济社会发展相结合，是一种完全综合性的区划，也是区划研究发展的新阶段。因此，在其实践操作方法上既要继承延续经典的区划方法，又要不断创新和探索新方法。自上而下区划法和自下而上区划法是一切传统单项或综合区划中最通用的方法。

主体功能区划具有全局性、引导性、约束性或强制性的特点，应采用自上而下的划分方法。由于我国区域类型多样、差异显著以及中央和地方目前的行政和经济管理体制特点，自下而上划分容易由于各省所制定的原则、标准、指标体系和利益权衡的不同，而形成各不相同的区划方案，中央难以在此基础上形成最终区划方案并实施配套政策。因此，主体功能区划应坚持自上而下的原则，同时允许部分省、市先行试点进行自下而上的探索，积累一些好的经验和做法，为全国的主体功能区划提供借鉴。

现有对主体功能区的区划分析方法一般有：相关分析法、主导标志法、专家集成的定性分析法、矩阵聚类和逐步归并的模型定量法、最终分类评价矩阵法等。陈雯、段学军等人在空间开发功能区划研究中，提出采用趋同性分析方法，分别确定单元的自然价值和经济价值，而后采用关联表互斥的矩阵分类方法，进行经济开发价值与生态保护价值的分类考虑，综合考虑综合开发和保护价值，提出各种评价单元的开发方向。随后又在江苏空间功能区划中提出了三维魔方图分析法，对经济、资源、生态环境综合分类。这对当今的主体功能区划的方法提供了很好的借鉴和引导。

朱传耿提出的地域主体功能区划的基本思路是在构建地域基础图形数据库和社会经济发展数据库的基础上，分别进行生态环境约束性等级分区和地域经济社会综合潜力等级分区研究，然后采用空间叠置分析和聚类分析方法，最终形成地域主体功能区划方案和区划图。

王新涛在省域主体功能区划方法研究中，从现有开发密度和强度、资源环境承载力、发展潜力等方面入手，设计了三类指标体系，在借鉴毛汉英等提出的状态空间法和张正栋提出的绝对承载力方法的基础上，结合运用地理信息系统、计量模型等技术方法和手段，形成了一套规范科学的划分主体功能区的方法。

同时，一些省区已初步尝试运用定性、定量与 GIS 相结合的方法进行主体功能区划。刘传明采用综合集成法，包括采用修正的熵值法和主成分分析法、系统聚类法、矩阵判断、叠加分析和缓冲分析等对湖北省主体功能区进行了分类。曹有挥等人以安徽沿江地区为实证，以 GIS 技术为支撑，采用经济社会开发支撑和自然生态约束的趋同性动态聚类和互斥性矩阵分类相结合的梯阶推进的分区方法，初步划分出四类主体功能区。张广海等人在对山东省主体功能区划中，尝试建立了由资源环境承载力、开发密度和发展潜力等因素构成的指标体系，运用状态空间法划定了山东省主体功能区。

综上所述，在地域主体功能区划研究中，除了运用传统区划方法以外，还借鉴了数学、生态学、经济学、社会学等学科的研究方法，为地域分异规律、区划界线的确定等提供新的分析方法，促使对地域复杂系统的研究由一般定量分析转向综合集成分析。同时，GPS、GIS、RS 及计算机等现代技术手段的逐步应用，为区划中对地理结构与功能、地域分异规律等的研究提供了先进的手段，提高了研究精度。然而，地域主体功能区划尚处于探索阶段，学者专家尝试运用多种方法从不同角度进行研究操作，但研究工作较为零散和不成熟。

3.2 生态功能区划

3.2.1 背景与理论基础

自然地理环境是生态系统形成和分异的物质基础。在一定尺度的区域内，自然地理环境的地域分异规律，会形成空间分布呈区域分异的不同生态系统的组合。因此，一般而言生态区划是在自然区划的基础上发展而来的。19 世纪初，德国地理学家 Humboldt 把气候与植被分布有机结合，首创了世界等温线图。俄国地理学家 Dokuchaev 提出按气候划分自然土壤带，建立了土壤地带学说。与此同时，德国地理学家 Hommever 发展了地表自然区划的观念与在主要单元内部逐级分区的概念，设想出 4 级地理单元，从而开创了现代自然区划的研究。19 世纪末，生态区划的研究出现，其标志是 Merriam 以生物作为自然区划的依据来划分美国的生命带和农作物带。1905 年，英国生态学家 Herbertson 对全球各主要自然区域单元进行了区划和介绍，并指出进行全球生态地域划分的必要性。随着 1935 年英国生态学家 Tansley 提出了生态系统的概念，以植被（生态系统）为主体的生态区划研究得到了蓬勃发展，但也出现了把植被区划等同于生态区划，忽视生态系统整体特征的研究误区。1962 年，加拿大森林学家 Orie Loucks 提出了生态区的概念，并为以此作为划分单位进行生态区划奠定了理论基础。1967 年，加拿大生态学家 Crowley 根据气候和植被的宏观特征，绘制了加拿大生态区地图。1976 年，美国生态学家 Bailey 提出了真正意义上的生态区划方案，从生态系统的角度阐述区划是按照其空间关系来组合自然单元的过程，并分别绘制了美国、北美洲、世界大陆和海洋的生态区地图。

20 世纪 80 年代起，生态功能区划的研究出现，并在大区域尺度上得到了广泛应用。20 世纪 80 年代出版的《中国自然生态区划与大农业发展战略》一书根据生态系统的差异，首次将全国划分为 22 个生态区，这标志着中国生态区划的研究正式拉开帷幕。针对 20 世纪 90 年代中期中国日益严峻的生态形势，傅伯杰等提出在充分认识区域生态系统特征的基础上，研究生态系统服务、生态资产的分布，生态胁迫过程和生态环境敏感性，建立中国生态环境综合区划的原则、方法和指标体系。杨勤业和李双成明确了中国生态地域的基本分区，将全国分为 52 个生态区。21 世纪初，傅伯杰等提出了中国生态区划方案，将全国划分为 3 个生态大区、13 个生态地区、54 个生态区，从而揭示了不同生态区的生态环境问题及其形成机制，为全国各区域进一步开展生态功能区划建立了宏观框架。2001 年，国家环保总局组织中国科学院生态环境研究中心编制了《生态功能区划暂定规程》，对省域生态功能区划的一般原则、方法、程序、内容和要求做了规定，用于指导和规范各省开展生态功能区划。

生态功能区划的理论基础包含以下几个方面：

（1）生态系统服务功能

生态系统服务功能是指人们从生态系统获取的效益。由于受气候、地形等自然条件的影响，生态系统类型多种多样，其服务功能在种类、数量和重要性上存在很大的空间异质性。因此，区域生态系统服务功能的研究就必须建立在生态功能分区的基础上。同时，生态系统服务功能是随时间发展变化的，生态系统的演替过程反映了其受人为干扰影响而发生的相应变化，因而生态功能区划就必须考虑其动态性特征。

（2）区域生态规划

区域生态规划与生态规划相比，其内涵更强调区域性、协调性和层次性。通过识别区域复合生态系统的组成与结构特征，明确区域内社会、经济及自然亚系统各组分在地域上的组合状况和分异规律，调控人类活动与自然生态过程的关系，从而实现资源综合利用、环境保护与经济增长的良性循环。因此，区域生态规划为生态功能区划的区域尺度研究提供了直接依据。

（3）环境功能区划

环境功能区划是从整体空间观点出发，以人类生产和生活需要为目标，根据自然环境特点、环境质量现状以及经济社会发展趋势，把规划区分为不同功能的环境单元。环境功能区划立足划分单元的环境承载力，突出了区域与类型相结合的区划原则，表现在环境功能区划图上，既有完整的环境区域，又有不连续的生态系统类型存在。从生态系统生态学的角度而言，生态系统服务功能体现了系统在外界扰动下演替和发展的整体性和耗散性，以及通过与外界物质和能量交换来维持自身平衡的动态过程。因此，环境功能区划是研究生态功能区划原则的重要基础。

（4）景观生态区划

景观生态区划是基于对景观生态系统的认识，通过景观异质性分析确立分区单元，结合景观发生背景特征与动态的景观过程，依据景观功能的相似性和差异性，对景观单元划分及归并。景观生态区划重视空间属性的研究，强调景观生态系统的空间结构、过程以及功能的异质性。相比生态系统服务功能，景观生态区划着眼于协调资源开发与生态环境保护之间的关系，更注重发挥和保育自然资源作为生态要素和生态系统的生态环境服务功能。因此，景观生态区划为生态功能区划，尤其是流域生态功能区划，为研究水陆生态系统的耦合关系提供了关键的理论指导，同时也为生态功能区划的应用提供了强有力的技术支持。

（5）生态系统健康与生态系统管理

生态系统健康是用一种综合的、多尺度的、动态的和有层级的方法来度量系统的恢复力、组织和活力。相比生态系统完整性，生态系统健康更强调生态系统被人类干扰后所希望达到的状态，不具备进化意义上的完整性。刘永和郭怀成认为，对于生物多样性非常重要的区域，可以利用生态系统完整性评价，来反映人为活动对生态系统的干扰程度。但由于很多人为活动的影响已经无法改变，因此无法以生物系统完整性作为生态系统管理的目标。更多地，应该将生态系统健康评价以及在此基础上的生态系统综合评价的结果，作为生态功能区划制定生态系统管理策略的重要基础。

3.2.2 规划内容与方法

生态功能区划的本质就是生态系统服务功能区划。换而言之，生态功能区划是一种以生态系统健康为目标，针对一定区域内自然地理环境分异性、生态系统多样性以及经济与社会发展不均衡性的现状，结合自然资源保护和可持续开发利用的思想，整合与分异生态系统服务功能对区域人类活动影响的不同敏感程度，构建的具有空间尺度的生态系统管理框架作为生态系统管理的重要手段，开展科学合理的生态功能区划，已成为世界各国走向可持续发展所面临的关键挑战之一。

生态功能区划是针对一定区域内自然地理环境分异性、生态系统多样性以及经济与社会发展不均衡性的现状，结合自然资源保护和可持续开发利用的思想，整合与分异生态系统服务功能对区域人类活动影响的生态敏感性，将区域空间划分为不同生态功能区的研究过程。生态功能区划反映了基于景观特征的主要生态模式，强调了不同时空尺度的景观异质性。通过梳理生态功能区划的概念与内涵、形成与发展及其理论基础，提出生态功能区划是以恢复区域持续性、完整性的生态系统健康为目标，基于区域的自然地理背景，界定生态功能分区及其子系统的边界，结合区域水陆生态系统、社会经济与土地利用的现状评价与问题诊断，识别生态系统空间格局的分布特征、生态过程的关键因子以及动态演替的驱动因子，明确影响生态系统服务功能的景观格局与结构、景观过程与功能以及景观动态变化，构建生态功能区划的指标体系与技术体系，实现生态功能多级区划，并为决策者更为全面和综合地开展生态系统管理提供科学依据。

生态功能区划的关键性问题包含以下几个层面（图4-2）：

（1）生态系统的生态过程分析

生态过程是指生态系统内部和不同生态系统之间物质、能量、信息的输入、输出、流动、转化、储存与分配过程的总称。其具体表现多种多样，包括物质循环、能量流动、种群和群落演替等物理、化学和生物过程以及人类活动对这些过程的影响。

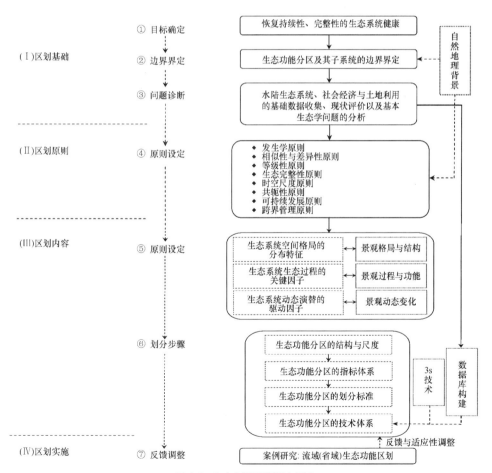

图4-2 生态功能区划的研究框架

生态系统的物质和能量流动是生态过程的基本机制。从景观生态学出发，景观过程是由一定时空尺度上的各景观要素共同驱动的、自然和人为因子共同作用的结果，其主要表现为景观要素之间的相互作用、相互联系、相互依存，强调了事件或现象的发生、发展的动态特征。景观格局的形成，反映了不同的景观过程，与此同时，景观格局又在一定程度上影响着景观过程中的物质迁移和能量转换。

（2）生态系统的空间格局分析

景观异质性决定了生态系统空间格局研究的重要性。从景观生态学出发，景观格局是景观异质性的具体表现，是自然、生物和社会要素之间相互作用的结果，同时也是生态系统生态过程在不同尺度上作用的结果，而且对生态系统的边缘效应有一定的影响。因此，斑块边界的确定是景观格局分析的重要依据。景观格局分析可以及时准确地反映生态过程的动态变化，即从看似无序的景观斑块镶嵌中，发现潜在的、有意义的规律，以确定驱动生态过程的景观格局分布特征。

（3）生态系统的动态变化分析

生态系统服务功能随时间的动态演替是景观动态变化的有力证据。景观动态变化是一个十分复杂的过程，其实质包括了生态系统不同组分及其服务功能之间的相互转化过程，揭示了在外界干扰下，景观格局、过程和功能中能量流动、物质循环和信息传递的变化情况。景观动态变化的驱动因子一般可分为两类：自然因子和人为因子。自然因子常常在较大的时空尺度作用于景观，可以引起大面积的景观发生变化；人为因子包括人口、技术、政治经济体制、政策和文化等，在其影响下，景观动态变化主要表现在土地利用或土地覆被的变化。土地利用本身就包括了人类的利用方式及管理制度，而土地覆被是与自然的景观类型相联系的。

3.3 空间管制规划

3.3.1 背景与理论基础

空间管制规划迄今已经历了 10 多年的创新和摸索。2002 年，建设部发布了《城市规划强制性内容暂行规定》（建规 [2002]218 号），其中最重要的创新之一就是强调了对区域关键性用地空间的强制管理。这一思路为空间管制规划的出现铺垫了基础。2006 年施行的《城市规划编制办法》首次明确了空间管制规划的具体内容，包括"市域"和"中心城区"的"禁建区、限建区和适建区"的划分，基本确立了空间管制规划的基本内容体系。2008 年颁布的《中华人民共和国城乡规划法》正式将以上内容列为城市总体规划的强制性内容，确立了空间管制规划的法定地位。

空间管制规划在理论基础上主要来自于三类理论模式的综合，分别为：

（1）城市增长管理模式。

城市增长管理模式兴起于美国。二战后蓬勃兴起的建设开发热潮，造成城市无限制的低密度蔓延。人们开始质疑、检讨、反思此种以土地、环境为代价的增长模式，对土地开发活动进行管制，制定更加完善的发展建设措施，成为各地方政府关注的热点。"增长管理"作为一种新的尝试性管理模式，被提出并应用于美国许多城市的建设发展管理中。

（2）空间准入制度的建立与准入门槛的设定。

空间管制的有效实施，应以建立"空间准入"制度为核心，为各类开发建设活动设定"准入门槛"，以达到引导控制目的，即"分而治之"。根据不同的地域功能、空间资源特色、开发潜力，从空间范围上划定不同的管制区域，制定相应空间利用引导对策和限制策略。

（3）空间协调模式。

以协调性为主的控制引导包括两层含义：首先是指同一区域范围内，不同类型管制分区间的协调，表现为不同性质开发行为与资源保护的协调，如城镇建设占用耕地与土地资源保护协调、开敞空间侵蚀与生态环境保护协调等。其次是指超越行政辖区之外的管制协调，其实际操作难度往往大于前者。因此，除制定相应规划对策外，更为重要的是建立健全的行政协调机制，以在相互冲突的发展目标间寻求最佳平衡状态。

以上三种理论和实践模式的综合构成了空间管制规划的理论基础。在理论与实践的共同推动下，空间管制作为一种有效而适宜的资源配置调节方式，日益成为区域规划尤其是城镇体系规划的重要内容。

3.3.2 规划内容与方法

城乡空间管制的主要标准是建立不同管制要求的城乡空间分区。2006版《城市规划编制办法》第31条确定：中心城区应该划分禁建区、限建区、适建区和已建区，并制定空间管制措施。明确提出了空间管制的概念，表明主管部门已经充分认识到由于土地资源等各种自然因素的稀缺及空间差异性，不能毫无节制地开发，其政策目的也正是为了通过对区域城市空间整体使用的战略划分，解决城市发展与生态保护之间的矛盾，解决城市发展土地的弹性问题。

事实上，城市规划针对规划区的空间管制分区由来已久。在2006版《城市规划编制办法》颁布前，城市规划编制也参照地理区划方法进行了"优先发展区、控制发展区和限制发展区"的划分，起初名称为禁止建设区、调控建设区和宜建区（仇保兴，2006）。2006版《城市规划编制办法》实施后，基于管制分区的禁建区、限建区、适建区和已建区"四区"划分逐步展开（袁锦富，2008），相关区块的功能和涵义被确定。划分"四区"旨在建立空间准入制度，确保城市规划的空间管制能有效实施。

空间管制规划一般作为专题出现在政府组织编制的总体规划中，并没有独立的规划编制。从 2000 年到 2007 年编制的一些总体规划中，可以看到有关规划部门已经开始将空间管制概念贯彻下去，以期开创区域管理的新层面。如合肥市城市总体规划（2006—2020 年）将中心区分为建成区、适宜建设区、限制建设区、禁止建设区 4 种用地类型：建成区主要指现状的城市建设用地；适宜建设区指综合条件下适宜城市发展建设的用地，新增城市建设用地主要安排在适宜建设区；限制建设区主要是指生态敏感区和城市绿楔，生态敏感区主要包括水域生态敏感区和山地、丘陵生态敏感区等；禁止建设区规划将饮用水源一级保护区、基本农田、风景名胜区的核心区、地质灾害区、城市生态廊道以及城市滞洪区等作为禁止建设的控制范围。

深圳市总体规划（2007—2020 年）有明确的"四区划定"目标，分为禁建区、限建区、适建区和已建区等。山西省城镇体系规划中也提出将山西省区域空间管制区划分为优先发展地域、适度开发地域、重点保护地域 3 大方面。合肥市和长春市都在最近的总规中提及了空间管制的概念。

在具体的规划方法上，当前主要的城乡空间管制规划根据区域生态的不同特征，对生态的适宜性、相似性和敏感性进行分析研究，以优先划定生态敏感区为原则，把敏感性较强、生命力比较脆弱的生态系统（包括生物多样性保护、水源涵养、水资源保护、生物链保护、自然资源与文化景观、城市生态环境调节、生态廊道等）作为制定空间管制区划的先决条件，划定禁建区、限建区、适建区等管制分区的范围；以特定区域内的城乡结构和城乡特色为依据，按空间资源的特征属性、实际建设情况确定管制分区的类型单元。

为使空间管制有效实施，城乡空间管制规划以社会经济统筹发展与生态环境保护相协调的原则，以建立空间准入制度为核心，制定空间管制规则，为各类建设活动设定准入门槛，以达到引导和控制目的；依据不同地域的生态特征、服务功能、空间资源的属性（包括区域空间管制中某些重大空间资源的开发利用，以及跨行政辖区的协调问题，如：基础设施共享、跨境生态区保护、与周边城乡发展协调、互补等）因素，以及城镇的发展特征等，从定性、定量两个方面制定相应空间利用引导对策和限制策略，从而实现对整个区域空间资源的全覆盖，协调各类空间资源关系，充分发挥整体竞争优势，实现区域空间的可持续发展。

总体上，城乡空间管制规划的空间管制作为引导控制各类空间资源整合利用的增长管理模式，为城镇体系规划的实施提供了可能。目前空间管制还只是偏重于空间管制的规划内容编制，而对具体的土地利用开发行为的控制引导，仍缺乏有效规划管理实施。因此在完善管制内容可操作性的同时，应加强对政府投资导向与市场调控结合的双轨式管制策略研究，以增强空间管制的实效性，有利于城市总体规划更好的编制和实施。

3.4 土地利用规划

3.4.1 背景与理论基础

土地利用总体规划是在一定地域范围内，根据国家社会经济可持续发展的要求和自然、经济条件，对土地资源开发、利用、整治、保护所做的总体部署和安排。土地利用总体规划的任务在于根据国民经济和社会发展计划和因地制宜的原则，运用组织土地利用的专业知识，合理地规划、利用全部的土地资源，以促进生产的发展。具体包括：查清土地资源、监督土地利用；确定土地利用的方向和任务；合理协调各部门用地，调整用地结构，消除不合理土地利用；落实各项土地利用任务，包括用地指标的落实，土地开发、整理、复垦指标的落实；保护土地资源，协调经济效益、社会效益和生态效益之间的关系，协调城乡用地之间的关系，协调耕地保护和促进经济发展的关系。

土地利用总体规划实质是国土资源规划的一个种类，具有鲜明的政治经济属性。不同国家的不同发展阶段，土地利用规划具有不同的特点。土地利用规划是确定和分析问题，确定目标和具体的规划指标，以及制定和评价供选方案的过程。土地利用规划方案是土地用途的空间安排以及一套使它实现的行动建议。土地利用规划是土地利用结构和布局的优化配置。

1999 年 4 月 2 日国办发 [1999]34 号文，要求全国各省市编制土地利用总体规划。从 1999 年国务院批准浙江省土地利用总体规划开始，到 2001 年 2 月批准拉萨市规划，需国务院审批的 112 个省市已全部批准实施。目前来看，第一轮土地利用总体规划是比较侧重于对耕地保护的规划，而对发展的地区差异性、工业化推进的不平衡带来建设用地需求的不平衡考虑不足，某种程度上甚至是限制了发展。经过了 20 多年的发展，中国的土地利用总体规划已经形成了比较完善的理论和实践体系。

在理论层面上，根据中国土地利用总体规划的实践，土地利用规划的理论可分为三个层次，即相关的政治经济学基础理论、总体理论和主题理论。

（1）政治经济学的基础理论

土地利用规划是社会运动、政府行为和职业技术三位一体的活动过程。如 J. B. Mcloughlin（1985）声称"规划不只是一系列理性的过程，而且在某种程度上，它不可避免地是在特定的政治、经济和社会的历史背景的产物。"因此，各国的土地利用模式有所不同。比如一个国家如果选择了以凯恩斯为代表的政府干预的经济学观点，其规划中更多的强调政府的作用；相反如选择了以哈耶克为代表的新自由主义的经济学观点，规划中则强调市场的作用。不同的观点决定了土地利用规划的目标、内容和实施手段。中国当前的土地利用规划是以社会主义市场经济体制为基础，规划的主题和方案应以完善市场经济体制为出发点。

（2）总体理论

总体理论是关于土地利用规划最一般、最基本的性质、本质及其过程的理论。通常是规范性的。比如系统论、控制论、人地协调理论、可持续发展理论、区位论等。

（3）主题理论

主题理论涉及在土地利用规划中的一些重要的基本不变的主题。这些主题遍布在土地利用规划的各个领域，并构成了土地利用规划工作的主体。主题理论比如耕地保护的理论、城市化理论、城市空间形态理论、地租理论、环境影响评价理论、区域协调理论以及与政策相关的理论等通常是实证性的。

3.4.2 规划内容与方法

土地利用规划是实行土地用途管制的依据。根据麦克洛夫林的研究，规划包括确定问题和目标、借助模型研究可能的行动方向编制方案、评价各比较方案以及规划方案实施4个阶段，并通过监督系统的状态调整目标进行循环过程，直到结果满意为止。土地利用规划的编制程序是：

①编制规划的准备工作；

②调查研究，提出问题报告书和土地利用战略研究报告，编制土地利用规划方案；

③规划的协调论证；

④规划的评审和报批。

土地利用规划报告是土地利用规划主要成果的文字说明部分，包括土地利用规划方案和方案说明。编制土地利用规划方案是在土地利用现状分析、资源分析、土地利用战略研究的基础上，根据规划目标和任务而进行的。规划方案的主要内容有：

①导言；

②土地利用现状和存在问题；

③土地利用目标和任务；

④各部门用地需求量的预测、

⑤地域和用地区的划分；

⑥土地利用结构和布局的调整；

⑦实施规划的政策和措施。

规划方案说明的主要内容包括：

①规划方案的编制过程；

②编制规划的目的和依据；

③规划主要内容的说明；

④规划方案事实的可行性论证等。

不同发展阶段的土地利用规划方法有所不同。新方法的产生并不意味着旧方法的失效。随着问题导向的土地利用规划的发展，其方法也在不断地发展之中。土地利用规划的要素综合性和学科集成性决定了其方法的多样性，总体上可分为普遍的方法和具体的方法两个层次。具体到适合中国的基于过程的土地利用规划方法，包括了用地规模预测的规划模型方法、规划方案编制方法和规划方案评价方法，而具体的方法则包括土地评价方法、建立土地利用与社会经济发展关系的模型、建立土地利用变化与生态环境演变的模型、制定土地利用分区管制的法则等。当前新一轮土地利用规划修编需要理论和方法的创新，包括重视土地利用规划的专题研究和创新规划手段两个方面。

（1）用地规模预测的规划模型

对耕地、城镇用地、产业用地、农村居民点用地等不同用地类型的发展规模预测是规划的主要内容。通常建立模型以寻求系统行为的途径，求解未来土地利用规模。常见的模型有趋势外推、要素的相关分析以及灰箱方法等。需要指出的是，以规划为目的的模型的运用首先针对相关的问题做出逻辑分析，然后用可度量的概念来表达。明确建立动态的还是静态的、静态的还是概率的等模型类型，还要研究哪些变量是规划师可控的。如果没有可控的部分，该模型只是纯预测模型，只要有一部分要素是可控的，就是一个规划模型。通过建立带有可控要素的规模模型，不仅可以使预测结果更可靠，也是编制多目标规划方案的基础。

（2）规划方案编制

规划方案的编制是将上述预测结论综合协调为整体的方案。需要指出的是，规划方案首先并不只是确定系统未来的一种状态而应该是不同政策导向下的几种状态。同时强调将规划作为一个过程来看待，规划的方案也不是未来某一预定日期的一次性方案，而是构成的模型反映出来的将是从现在起预见的将来的一条连续的轨迹。此外，方案的编制过程应该是可反馈的，即先编制若干非常粗线条的比较方案，并建立模型，通过评价排除一部分比较方案，保留一个或几个比较方案。对保留的方案再进行详细的编制工作和建立模型。由于合理地排除比较方案和进行深入的修改，这样的一个可反馈过程有助于使规划方案更接近未来的实际。

（3）规划方案的评价

规划方案的评价和选择目前多采用建立包括经济效益、社会效益和生态环境效益在内的指标体系并计算综合得分的方法。由于指标选取的困难使比较结果难尽人意。可借用国外通常采用的规划平衡表法以及目标效益矩阵法。规划平衡表法即通过计算不同规划方案下不同规划目标的平衡表格实现对规划方案的选择。而目标效益法也是从行动方案入手，建立不同行动与规划目标的关联矩阵，并要求决策者通过判断来比较不同方案符合目标的程度。这两种方法的长处都在于不强求综合而强调不同规划方案的正面以及负面影响，并细致地列出价值假设，使决策者在没有成见的情况下决策。

总体上，经过 20 多年的发展，中国的土地利用规划已经在内容、方法上形成了比较完整的体系。近年来科学发展观和新型城镇化的提出，对土地利用规划的科学性提出了更高的要求。从 2002 年国土资源部启动 12 个县级规划试点工作，2003 年又启动 14 个地（市）级规划修编试点，2004 年土地利用规划修编的重新开始，到 2005 年关于土地利用规划前期研究工作的国办 [32] 文的颁布，新一轮土地利用规划稳步开展，标志着中国的土地利用规划正在面临更大的挑战与机遇。

3.4.3　小结

总体上，虽然我国现有的各类区域功能区划都已经产生了大量的理论和实践成果，但大部分区域功能区划类型都具有以下三个共性的问题：

（1）成果未能在区域发展布局中充分应用。由于体制的原因和区划本身在技术方面的不足，我国各种区划的成果未能在区域发展布局中充分应用。如我国为了更好地保护水资源，历经十余年，对全国水域进行了水环境功能区划分。然而目前我国的化工企业绝大多数都是沿江河分布，其中沿长江、黄河分布的就占 50%，有 100 多家存在安全隐患。

（2）缺乏动态性特征。由于受技术条件的制约，土地利用规划没有把区划要素静态特征和动态变化结合起来，未能把资源环境的区域分异特征与社会经济发展的新特征和新格局结合起来。因此，当区划要素和区域发展格局发生了变化，原有区划就因无法适应新形势下的发展需求而被淘汰。

（3）区划方案的认定没有制度化的保障，因此并未真正为各地政府的经济建设规划所吸纳，未能达到为可持续发展服务的预期目的。在过分强调经济总量增长以及区域间生态补偿机制缺失情况下，许多生态脆弱地区也大力加强经济发展力度，结果造成了严重的生态环境问题。

4 景观生态空间的功能区划

4.1 景观生态空间功能区划的理论基础

4.1.1 自然地理学

自然地理学的研究对象是自然地理环境，包括只受到人类间接或轻微影响，而原有自然面貌未发生明显变化的天然环境，以及长期受到人类直接影响而使原有自然面貌发生重大变化的人为环境。自然地理环境是生态系统形成和分异的物质基础。在一定尺度的区域内，自然地理环境的地域分异规律，会形成空间分布呈区域分异的不同生态系统的组合，因此，一般而言地表景观的异质分化是在自然地理环境异质分化的基础上发展而来的。正是基于这一思想，施吕特尔在 20 世纪初提出景观研究是地理学的中心目的，用历史地理学方法探索文化景观从原始（或自然）景观演化的现象和过程，他把自然地理学研究的注意力引向研究人类活动所创造的人类居住地。20 世纪 30 年代末期，特罗尔创建了对自然地理学的发展有重要推动作用的景观生态学。需要特别强调的是，区划的概念对自然地理学的研究发展也具有重要的推动作用。19 世纪早期，洪堡德首创世界等温线图，研究气候与纬度、海拔、距海远近、风向等因素的关联性，初步揭示了气候与植被相互联系的规律，这一研究被认为是区划研究在自然地理学科的首次尝试。1976 年，美国生态学家 Bailey 提出了真正意义上的生态区划方案，从生态系统的角度阐述区划是按照其空间关系来组合自然单元的过程，并分别绘制了美国、北美洲、世界大陆和海洋的生态区地图。20 世纪 80 年代起，自然地理学界开始出现生态功能区划的研究，并在大区域尺度上得到了广泛应用。这些生态功能区划与生态制图的方法与成果，阐明生态系统对全球变化的响应，分析区域生态环境问题形成的原因和机制，并进一步对生态环境和生态资产进行综合评价，为区域资源的开发利用，生物多样性保护，以及可持续发展战略的制订等提供科学的理论依据。

通过从自然地理学与景观生态学及区划研究的联系进展分析可以发现，利用自然地理学理论对具体区域的研究对景观生态空间的功能区划有以下助益：①确定合理的景观生态空间区划范围：规划实践的范围通常以行政区划范围为基准，规划区域外围的潜在重要景观生态空间的缺失会使区划成果不能全面系统地考虑规划区域所处的自然地理单元的完整性。自然地理学的研究对象的范围多为具体尺度的自然地理单元，通过借鉴自然地理单元的空间界定可以补充和完善以往景观生态空间区划范围确定的不足，使规划成果更加全面合理。②为规划区域在更大尺度范围内的生态定位提供参照：随着我国自然地理学科的深化发展，众多类型的自然地理空间区划成果日益丰富，这些成果从不同尺度逐步对各式各样的自然地理空间进行区划界定，通过对现有成果的研究利用，可以在一定程度上对规划区域的宏观生态定位进行指导与参照。③对规划区域的基本景观格局构成及特征形成基础认知：自然地理环境是景观空间格局形成的基础，通过对规划区域自然地理特征的分析可以更加全面深入地了解其景观格局的组成，为后期景观生态空间功能区划提供基础认知。

4.1.2　生态环境现状的评价与分析

生态环境现状评价是在区域生态环境现状调查的基础上，分析区域生态环境的要素组成、各要素的特征与空间分异规律、区域生态干扰的主要类型、分布情况及干扰机制，评价主要生态环境问题的现状与演变趋势。评价内容包括区域自然环境要素（地质、地貌、气候、水文、土壤、植被等）特征及其空间分异规律、区域社会经济发展状况（人口、经济、产业布局、城镇发展与分布等）及其对生态环境的影响、区域生态系统类型、结构与过程及其空间分布特征、区域主要生态环境问题、成因及其分布特征。其中，区域生态系统类型、结构与过程及其空间分布特征评价、区域主要生态环境问题、成因及其分布特征评价是现状评价的重点。规划实践中所能够获取的与景观生态空间研究相关的资料较为有限，且以环境学科的数据及资料为主，因此可以通过生态环境现状评价与分析的方式将繁杂的环境学数据信息进行有效的利用与整合，并与景观生态空间的区划工作进行衔接。该部分工作受基础信息种类及数量的影响，其成果灵活性较大，如区域生态要素现状分布及空间分异规律、生态干扰现状分布及特征分析、主要生态环境问题的分布及成因分析等是较为核心的阶段性成果组成。

4.1.3　环境功能区划

环境功能区划是从整体空间观点出发，以满足人类生产和生活需要，即实现景观生态空间的外部功能为目标，根据自然环境特点、环境质量现状以及经济社会发展趋势，把规划区分为不同功能的环境单元。环境功能区划由于在一定程度上将部分具有空间连续特征的生态环境要素纳入考虑范围，因此其成果具有相应的生态化印记特征。但环境功能区划的功利色彩使其更加突出区域与类型相结合的区划原则，即表现在环境功能区划图上，既有完整的环境区域，又有不连续的生态系统类型存在。从生态系统生态学的角度而言，生态系统服务功能体现了系统在外界扰动下演替和发展的整体性和耗散性，以及通过与外界物质和能量交换来维持自身平衡的动态过程。因此，环境功能区划是研究景观生态空间功能区划原则的重要基础。

环境功能区划的具体方法主要有生态适宜性评价、生态承载力分析、生态敏感性评价、生态系统服务功能评价等。①生态适宜性评价：生态适宜性分析是生态规划的核心，其目标是以规划范围内不同类型的空间为评价单元，根据具体的需求导向，明确不同空间对需求满足的适宜程度及限制情况。其具体内容多包涵规划对象尺度的独特性、抗干扰性、生物多样性、空间地理单元的空间效应、观赏性以及和谐性分析规划范围内在的资源质量以及与相邻空间地理单元的关系等。②生态承载力分析：生态承载力指在特定时间、特定生态系统的自我维持、自我调节的能力，资源与环境子系统对人类社会系统可持续发展的一种支持能力，以及生态系统所能持续支撑的一定发展程度的社会经济规模和具有一定生活水平的人口数量。其概念包括三层基本涵义：一是指生态系统的自我维持与自我调节能力；二是指生态系统内资源与环境子系统的供容能力；三是指生态系统内社会经济—人口子系统的发展能力。由于不同景观空间的资源及发展潜力存在差异，这就导致了区域景观空间内部的生态承载力分布也存在空间差异，进而为景观空间的区划提供了一种潜在的依据。③生态敏感性评价：生态系统脆弱性和敏感性由生态系统的结构和人类对生态环境的胁迫过程所决定。一般来说，生态系统的结构和功能越复杂，其抗干扰能力越强，其自我恢复的功能越强；反之，生态系统的结构和功能越单一就越脆弱，对人类活动的干扰也越为敏感。④生态系统服务功能评价：在环境功能分区的具体操作过程中，生态系统服务功能主要侧重于其外部功能。现阶段对景观空间的生态系统服务功能评价多通过价值转换的形式进行，通过对景观空间中的空间类型进行详细划分，明确不同空间的服务功能类型，在此基础上对不同空间单位面积的具体功能进行价值测算。通过这样的方法可以对具体景观区域内部的生态服务功能的空间分化情况进行整体把握。

4.1.4　景观生态格局及过程分析

景观是由多个生态系统构成的异质性地域或不同土地利用方式的镶嵌体。实质上这些不同的生态系统经常可以表现为不同的土地利用或土地覆被类型。因此，景观格局主要是指构成景观生态系统或土地利用/覆被类型的形状，比例和空间配置。在景观镶嵌体中发生着一系列的生态过程。这些过程可分为垂直过程和水平过程。垂直过程发生在景观镶嵌体中发生在某一景观单元或生态系统的内部，而水平过程发生在不同的景观单元或生态系统之间。与格局不同，过程强调事件或现象的发生、发展的动态特征。生态学过程包括生物过程与非生物过程。生物过程包括：种群动态、种子或生物体的传播、捕食者－猎物相互作用、群落演替、干扰传播等等；非生物过程包括：水循环、物质循环、能量流动、干扰等等。景观格局与生态过程之间存在着紧密联系，这是景观生态学的基本前提。二者相互作用而表现出一定的景观生态功能，并且这种相互作用受尺度的制约。当前对景观生态格局及过程的分析方法主要通过斑块—廊道—基质模型对格局进行描述，利用计算机模型或空间统计学方法对不同类型的景观生态指数进行分析，进而对具体区域的景观生态格局及过程进行整体把握。传统的景观生态空间区划成果多表现为离散的非线性功能区划，这种方式忽视了不同景观单元之间的相互联系及作用关系，不利于区域景观生态格局的整体保护，在一定程度上违背了生态规划的基本原则。因此，通过对具体区域的景观生态格局及过程分析可以将原本离散、孤立的功能区进行有效的整合，在区划成果中凸显区域景观生态空间的生态化印记及结构性特征，使区划成果更加系统。

4.1.5　景观生态规划

景观生态规划是在一定尺度条件下对景观资源的再分配，通过研究景观格局对生态过程的影响，在景观生态分析、综合及评价的基础上，提出景观资源的优化利用方案。它强调景观的资源价值和生态环境特性，其目的是协调景观内部结构和生态过程及人与自然的关系，正确处理生产与生态、资源开发与保护、经济发展与外境质量的关系，进而改善景观生态系统的功能，提高生态系统的生产力、稳定性和抗干扰能力。当前应用较多的景观生态规划类型有景观生态安全格局规划、绿色基础设施规划、景观生态网络规划等。景观安全格局的概念认为景观中存在着某种潜在的空间格局，它们由一些关键性的局部点及位置关系构成，这种格局对维护和控制某种生态过程有着关键性的作用，这种格局被称为生态安全格局。绿色基础设施是由城市周围、城市地区之间，甚至所有空间尺度上的一切自然、半自然和人工的多功能生态网络组合而成。绿色基础设施强调城市及其周边区域绿色空间的质量和数量以及他们之间的相互联系和能够为人们提供的经济与生态效益。同时基础设施与物质设施设备的内涵相联系，如道路、排水系统、电信和电力（灰色基础设施）等，是城乡支持系统的一部分。网络化的景观生态空间格局被普遍认为是一种高效合理的景观生态空间格局模式。在这一共同认知下，以网络化景观生态空间格局的构建为目标，通过对景观空间中关键节点及不同等级廊道的识别，依据经过论证的、适用于不同类型景观空间的网络模式，构建起具有明显网络化空间特征的景观格局的规划被称为景观生态网络规划，景观生态网络规划可以看作是一种特殊的景观生态安全格局规划。

4.1.6　区划理论

所谓区划，就是区域的划分，其方法可以分为基本方法和一般常用方法两类。其中基本方法有顺序划分法与合并法；一般方法主要有叠置法、地理相关分析法、主导标志法及景观制图法。基本方法：①顺序划分法：主要是根据区域分异因素的大、中尺度差异，按照区域的相对一致性以及区域共轭性，从划分高级区域单元开始，逐级向下进行划分。通常进行大范围的区划和区划高、中级单元的划分多采用这一方法。②合并法：这种方法是从划分最低等级区域单元开始，然后根据相对一致性原则和区域共轭性原则将它们依次合并为高级区域单元。在实际应用中，合并法是与类型制图法结合，以类型图为基础进行区划的方法。一般方法：①叠置法：该方法是采用重叠各个要素区划（气候区划、地貌区划、植被区划、土壤区划等）图来划分区域单位，也就是把各要素区划图重叠之后，以相重合的网格界线或它们之间的平均位置作为区域单位的界线。运用叠置法进行区划并非机械地搬用这些叠置网格，而是要在充分分析比较各部门区划轮廓的基础上来确定区域单位的界线。②地理相关分析法：这是一种运用各种专业地图、文献资料和统计资料对区域各种自然要素之间关系进行相关分析后进行区划的方法。该方法的具体步骤是：首先将所选定的资料、数据和图件的有关内容等标注或转绘在带有坐标网格的工作底图上，然后对这些资料进行地理相关分析，按其相关关系的紧密程度编制综合性的自然要素组合图，在此基础上逐级进行自然区域划分。③主导标志法：通过综合分析选取反映地域分异主导因素的标志或指标，作为划定区界的主要依据，并且在进行某一级分区时按照统一的指标划分。应当指出，每一级区域单位都存在自己的分异主导因素，但反映这一主导因素的不仅仅是某一主要标志，而往往是一组相互联系的标志和指标。因此当运用主要标志或指标划分区界时，还需要参考其他要素和指标对区界进行订正。④景观制图法：这种方法是应用景观生态学的原理，编制景观类型图，在此基础上，按照景观类型的空间分布及其组合，在不同尺度上划分景观区域。不同的景观区域生态要素的组合、生态过程及人类干扰是有差别的，因而反映着不同的环境特征。在区划的具体操作过程中，基本方法是指导实践的原则性思路，而随着实践对制图精度的要求日益严格及以 GIS 为核心的计算机分析技术的发展，一般方法中的叠置法成为人居环境大学科中应用最为普遍的区划方法，而其他一般方法则通常扮演辅助的角色。

4.2 景观生态空间功能区划的目标与原则

4.2.1 区划目标

景观生态空间功能区划的目标是，在保障景观生态空间功能区划范围系统完整的基础上，通过分析区域生态的纵向结构、景观生态环境要素的状态、景观生态空间格局及过程特征、景观生态系统空间异质性规律等，明确生态功能分区的主导生态系统服务功能以及生态环境保护目标，划定对区域生态系统健康起关键作用的重要生态功能区域。以生态功能区划为基础，指导区域生态系统管理，增强各功能分区生态系统的生态调节服务功能，为区域产业布局和资源利用的生态规划提供科学

依据，促进社会经济发展和生态环境保护的协调，从而保证实现区域经济－社会－
生态复合系统的良性循环和可持续发展。

4.2.2 区划原则

（1）发生学原则

景观生态空间功能区划的发生学原则是，通过对规划区域生态环境问题、景观
生态空间的功能及景观生态格局结构、过程、格局的关系分析，确定区划中对整体
生态环境起主要影响作用的主导因子，以此作为区划的基本依据。

（2）相似性与差异性原则

自然地理环境的地域分异形成了景观生态系统的景观异质性。每个景观生态结
构单元都有特殊的发生背景、存在价值、优势、威胁及与必须处理的相互关系，从
而导致景观格局和过程会随区域自然资源、生态环境、生产力发展水平和社会经济
活动的不同，而在一定区域范围内表现出相互之间的差异性。同时，相似性是相对
于差异性而确立的，空间分布相似的要素会随区域范围的缩小和分辨率的提高而显
示出差异性。因此，生态功能区划必须保持区域内区划特征的最大相似性（相对一
致性）和区域间区划特征的差异性。

（3）等级性原则

任何尺度上的区域都是多种生态系统服务功能的综合体，不存在单一生态系统
服务功能的生态单元。在较高等级生态系统中所表现的生态系统服务动能，与其自
身的整体性、综合性并不矛盾，还反映了较高等级生态系统中存在的区域差异。因此，
生态功能区划必须按区域内部差异，划分具有不同区划特征的次级区域，从而形成
能够反映区划要素空间异质性的区域等级系统。

（4）生态完整性原则

生态完整性主要体现在各区划单元必须保持内部正常的能量流、物质流、物种
流和信息流等流动关系，通过传输和交换构成完整的网络结构，从而保证其区划单
元的功能协调性，并具有较强的自我调节能力和稳定性。因此，生态功能分区必须
与相应尺度的自然生态系统单元边界相一致。

（5）时空尺度原则

空间尺度是指区域空间规模、空间分辨率及其变化涉及的总体空间范围和该变
化能被有效辨识的最小空间范围。在生态系统的长期生态研究中，空间尺度的扩展
十分必要，目前一般可分为小区尺度、斑块尺度、景观尺度、区域尺度、大陆尺度
和全球尺度等6个层次。任意一类生态系统服务功能都与该区域，甚至更大范围的
自然环境与社会经济因素相关，所以生态功能区划的空间尺度往往立足于区域尺度
（流域、省域）、大陆尺度（全国）甚至全球尺度考虑。时间尺度是指某一过程和事

件的持续时间和事件中的持续时间长短，及其过程与变化的时间间隔，即生态过程和现象持续多长时间或在多大的时间间隔上表现出来。由于不同区域或同一区域不同的生态系统生态过程总是在特定的时间尺度上发生的，相应地在不同的时间尺度上表现为不同的生态学效应，生态功能区划应结合行政地区的发展规划，提出近、中、远期不同时间尺度的生态系统管理目标，以适应处于动态变化的生态环境，从而对区域经济－社会－生态复合系统的可持续发展发挥更好的指导作用。

（6）共轭性原则

景观生态空间的功能分区必须是具有独特性、空间上完整的自然区域，即任何一个生态功能分区必须是完整个体，不存在彼此分离的部分。在一定的区域范围内，生态系统在空间上存在共生关系，所以生态功能区划应通过生态功能分区的景观异质性差异，来反映它们之间的毗连与耦合关系，强调生态功能分区在空间上的同源性和相互联系。

（7）可持续发展原则

漫长的人类历史使一个区域形成了其特有的劳动生产方式和土地利用格局，这种方式和格局体现了这个区域生态系统特有的生物与物理条件。生态功能区划不仅要促进资源的合理利用与开发，削减和改善生态环境的破坏，而且应正确评价人类经济和文化格局在区域内的相似性和区域间的差异性，从而增强区域社会经济发展的生态环境支撑力量，推进生态功能分区的可持续发展。

（8）跨界管理原则

生态功能区划的边界具有自然属性而非行政属性。所以区划应统筹考虑跨行政边界（跨部门职能）的冲突问题，使区划结果能够体现相关政府部门、利益相关者以及公众协商的一致认可性，从而保证不会造成未来的生态系统管理问题。

4.3　景观生态空间功能区划的基本方法及步骤

4.3.1　界定区划区域的空间范围

尽管在尺度条件限制下绝对独立的景观生态空间单元并不存在，同时，景观生态空间的复杂性使其主体及外部功能的表现极其多样化，但我们仍然可以通过对具体区域的上层次尺度进行分析，明确其相对空间边界和主要的景观生态功能，这就为区划区域的范围界定提供了基本方向。在此基础上，由于区划的最终服务范围仍然侧重于规划区域，因此需要以实际规划范围为基础，结合对所在区域相对空间边界和主要的景观生态功能的分析成果，着重调整与规划边界临接的景观生态空间单元，一方面防止规划边界对重要景观生态空间组成的分割，另一方面要保障与规划边界临接的重要景观生态空间能被纳入到区划范围，加以系统考量。

4.3.2 明确影响区域景观生态系统的主导因子及主要问题

景观空间的异质分化导致了地表景观格局的多样化存在和类型丰富的景观生态格局一过程耦合关系，进而导致不同类型生态系统服务功能及具体生态服务功能的空间分化。深究景观异质化的产生，景观生态要素的异质化是其根源，而景观生态要素的异化主要表现为空间分布及作用强度两方面，通过对影响具体区域景观生态空间异质化的景观生态要素空间分布及作用强度进行分析，可以获取影响区域景观生态系统的主导因子及其与其他因子的相互关系，这就为后续的工作提供了必要的参照。

在获取区域景观生态系统主导因子及其与其他因子相互关系的基础上，首先分析主导因子是否存在或面临负面干扰。由于主导因子对区域景观生态系统的稳定性起到关键性作用，因此，当主导因子面临影响其正常空间分布及作用强度的干扰时，就意味着区域景观生态格局及其过程面临着不稳定因素，而这种不稳定所导致的格局演变往往是负面的，因此区划需明晰此类负面干扰的存在。此外，实际项目操作过程中，面临来自不同专业口径的农业、林业、环保、交通、城建等部门的基础资料，如何提炼及转译为区划所需的内容，这对最终区划成果是否全面系统也极其重要。由于信息提供的行政职能部门所管理的人类活动多可以看作是对区域景观生态空间的外部干扰介入，因此可以将其作为生态干扰进行分类，对其影响范围及强度进行图面表达，这样就可以在整合各部门基础资料的同时，明晰区域主要的生态环境问题及生态环境问题的空间分布特征。

4.3.3 具有功能导向性的区域景观生态空间综合评价

景观生态空间的功能根据服务对象的不同分为主体功能及外部功能两种，不同的规划实践根据区域发展的需求对两种功能各有侧重，因此，首先需要根据规划目标明确两种功能的相互关系，以此作为区域景观生态空间综合评价的先决条件。

（1）类型一：以主体功能的正常运转为主，外部功能居于次要地位

区域景观生态系统的主要服务对象是附着其上的所有生命体，因此要求该区域的生态空间保护工作要优先于建设及开发活动，尽可能的保障区域景观生态质量处于较优的状态。这类区域多处于自然保护区、风景名胜区、水源地保护区等景观生态空间。基于这一现状条件，对此类区域的景观生态空间进行评价所采用的方法主要为区域景观生态质量评价。当前对区域景观生态质量的评价主要分为两种类型，一种强调对景观生态空间的格局组成及结构进行分析评价，其一般性操作是对区划区域进行以斑块—廊道—基质为基础的矢量化处理，之后利用 Arcgis 的 Fragstats 工具对区域景观空间的各项景观格局指数进行分析，最终根据分析结果

将区域的景观生态空间进行质量分级；另一种评价类型着重通过对景观生态空间的主要影响因素进行加权叠加，获取景观生态空间的质量分级。这种方法的核心在于对区域景观生态空间影响因子的选取及权重的计算。中国环境监测总站于2007年对生态环境质量评价提出了技术规定，对其中的生态环境质量评价指标进行了如下描述：①生物丰度指数：指衡量被评价区域内生物多样性的丰贫程度。②植被覆盖指数：指被评价区域内林地、草地及农田三种类型的面积占被评价区域面积的比重。③水网密度指数：指被评价区域内河流总长度、水域面积和水资源量占被评价区域面积的比重。④土地退化指数：指被评价区域内风蚀、水蚀、重力侵蚀、冻融侵蚀和工程侵蚀的面积占被评价区域面积的比重。⑤污染负荷指数：指单位面积上担负的污染物的量。在此基础上，其对各个指标的权重指数也进行了明确的赋值，同时规定对于区域生态环境质量评价的成果分级分为优、良、一般、较差、差五个等级。由于我国幅员辽阔，各个区域景观生态环境的多样性使得单一的指标体系难以达到全面适用，因此，在具体的实践过程中往往根据具体情况制定符合实际及项目要求的生态质量评价体系。

（2）类型二：以外部功能的正常运转为主，主体功能居于次要地位

区域景观生态系统的主要功能以满足人居环境建设及发展需求为主，因此，区划更加侧重如何高效利用景观生态空间满足人居环境建和与发展的需要，区划的重点也就转变为界定人居环境与景观生态环境的空间范围，同时尽可能降低人居环境建设对区域景观生态环境的干扰。类型二中的区域多表现为具有优质景观生态空间系统，但人居环境建设滞后，规模较小或受景观生态环境的作用，人居环境建设规模受到较大限制的地区。基于这一现状条件，对此类区域的景观生态空间进行评价主要以人居环境建设的景观生态适宜性评价为主。当前对适宜性评价的应用范围基本分为5大类：①城市建设用地的评价；②农业用地的评价；③自然保护区或旅游区用地的评价；④区域规划和景观规划；⑤项目选址以及环境影响评价。这里的人居环境建设适宜性评价主要属于城市建设用地及景观规划的应用范畴，通过分析区域土地开发利用的生态适宜性，确定区域开发的生态制约因素，从而寻求最佳的土地利用方式和合理的规划布局。在进行适宜性分析评价时需要考虑的影响因子有很多，生态方面的、经济发展方面的等。不过通常情况下，适宜性分析主要考虑的是生态方面的限制性因素，如与水源，生态敏感地的距离，坡度、坡向、高程、地基承载力、土壤生产性及渗透性、植被多样性、地表水分布及景观价值等因素，所以通常意义上的适宜性评价可以狭义地理解为生态适宜性评价。其具体操作方法类似于生态质量评价，首先选取影响因子，根据影响因子的分布特征及作用强度等确定相互之间的权重关系，之后利用Arcgis软件的叠加分析工具进行分级区划，其分析成果一般包含很适宜、适宜、较不适宜、

不适宜、很不适宜五个等级。但需要指出的是，尽管人居环境建设的生态适宜性评价指标与生态质量评价指标体系具有一定的相似性，但两者指标选取的出发点截然不同，前者强调生态要素对人居环境建设的限制作用，而后者注重生态要素对景观生态质量空间差异化的作用关系。

（3）类型三：协调主体功能与外部功能的相互关系，保障综合景观生态功能的正常运转

随着公众生态意识的觉醒，生态环境的保护与利用是否合理逐渐成为规划成果的必要乃至核心组成部分。特别是对于一些长期忽视生态环境保护与合理利用的地区，在面临城镇化水平持续提高及产业经济发展逐步转型的新时期，如何通过规划补全长期以来的"生态债务"，协调好未来人居环境建设与生态环境保护间的关系就成为规划面临的首要工作。对于这样一些地区的区域景观生态空间功能区划需要综合考虑景观生态系统的主体功能及外部功能，具体可以通过对区域生态质量评价及区域人居环境建设适宜性评价的成果进行整合的方法实现区域景观生态空间的功能区划（表4-1）。此外也可以根据实际情况的需求构建景观生态空间生态功能综合评价体系，将生态质量评价及生态适宜性评价俩种指标体系进行整合，通过对景观生态空间的主体功能及外部功能进行综合评价的方式实现对区域景观生态空间功能区划。

生态质量评价及生态适宜性评价的整合矩阵　　　　　　表4-1

生态适宜性 ＼ 生态质量	优	良	一般	较差	差
很适宜	生态保育区/生态修复区	生态缓冲区	生态协调区	生态协调区	生态协调区
适宜	生态保育区/生态修复区	生态缓冲区	生态协调区	生态协调区	生态协调区
较不适宜	生态保育区/生态修复区	生态缓冲区	生态缓冲区	生态修复区	生态修复区
不适宜	生态保育区/生态修复区	生态缓冲区	生态缓冲区	生态修复区	生态修复区
很不适宜	生态保育区/生态修复区	生态缓冲区	生态缓冲区	生态修复区	生态修复区

综合来看，上述三种导向的区域景观生态空间的综合评价多涉及空间要素的叠加分析，但仍需看到的是：一方面，景观生态空间的复杂性难以通过简单的、少量的要素进行全面的描述，而对尽可能多的要素进行全面细致的分析又难以得以落实；另一方面，尽管区域景观生态空间的综合评价成果在一定程度上可以体现区域的景观生态化印记，但部分要素的缺失使得该区域的景观生态化印记不够明确，特别是对于结构性的特征难以凸显。此外，由于规划成果在分级过程中所依据的数值具有一定的主观性，这就必然导致不同功能区边界的划定过于绝对与僵化，同时简单的分级区划也不能够合理地协调好不同区划空间的相互关系，因此需要通过分析区域景观生态格局及过程来进一步补充和完善该阶段的区划成果。

4.3.4 区域景观生态格局及过程特征分析

景观生态空间的生态化印记是景观生态空间基本特性之一，而这一特性的实质就是景观生态格局与其生态过程相互耦合的特征表现。这一外在表现并不仅仅是一种简单的空间形态特征，更是不同区域景观生态空间异质化存在的基础，是决定一个区域景观生态格局及过程是否完整和健康的前提条件。因此对区域景观生态空间进行格局及过程特征分析的最终目的在于将分析所得的区域生态化印记整合到区域景观生态空间综合评价之中。

景观格局强调景观要素在景观空间内的配置及组合形式。从格局的空间形态特征入手，景观格局可分为以下 5 种基本类型：①均匀分布型：主要景观类型在空间中的分布相对均匀，相互间的空间距离相近。该类型形成的主要原因在于景观空间中的影响因子分布较为均质，作用强度相似，整个空间不存在突出的景观格局影响因素。在此基础上，具有规模优势的景观类型作为各自片区的主导景观成为其所处片区的生态过程的战略节点。因此对均匀分布型格局进行规划和利用的核心就在于防止个别生态要素的分布及作用强度的空间突变，在这种突变不可避免的情况下尽量降低外来干扰对区域景观格局造成的负面冲击。②集聚分布型：同一类型的景观要素斑块相对聚集在一起，同类景观要素相对集中，在景观中形成若干较大面积的分布区，再散布在整个景观中。该类型景观格局的形成往往是由于一种或多种生态因子在空间分布及作用强度上的突变，使得部分类型的景观空间在区域层面实现空间集聚，其他附属景观空间在整个区域格局的构成中通常扮演生态过程的承接及中转的角色，因此，对此类型空间格局的规划要求保障聚居景观类型的空间位置及规模，同时强化其他附属景观空间与集聚景观空间的格局及过程联系。③带状格局：同一类型的景观要素在空间呈带状分布。该类型的景观格局中由于一种或多种生态要素在空间分布及作用强度上具有明显的带状分布特征，使该区域内的景观空间集中分布于该带状空间周围，因此，带状格局可以看作是一种特殊的集聚景观格局类型。对此类型景观格局的规划重点在于保障形成带状景观空间的生态要素在空间中的分布及作用强度的稳定，同时需要调整布局其他景观类型与带状生态空间的空间相对关系，强化带状景观生态空间与其他周边景观空间的联系。④平行格局：该类型格局中的不同景观生态空间呈相互平行分布，具有明显的分层特征，其常见于谷地及山地、丘陵景观区域。该类型景观格局多由于坡度、高程及水环境等生态要素的空间梯度变化使得不同景观空间类型在区域的分布也呈现出平行的梯度变化特征。该类型景观格局规划的重点在于通过分析具有梯度变化的景观生态要素的分布及作用情况识别出不同类型景观生态空间的平行分布格局，保障各个景观生态空间的空间位置及规模的稳定。⑤特定的组合及空间格局。该类型景观空间格局的形成通常

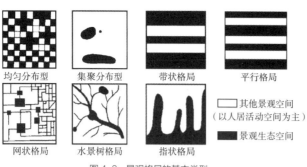

图 4-3　景观格局的基本类型

是由复杂的景观生态要素综合作用形成，比较典型的有指状景观格局、水景树格局及网络化景观生态空间格局。保障这类格局生态稳定及健康的关键在于通过分析格局内部关键节点及生态战略点的位置及规模，同时在结构组成上保障不同景观空间类型间的系统有序地连接。在对区划区域进行以斑块—廊道—基质模型为基础的图像处理的前提下，通过对区划区域基本生态格局及过程的特征分析，提取该区域景观生态格局的基本特征组成，进而以此作为区划工作的核心组成（图4-3）。

4.3.5　区域景观生态系统规划

景观生态空间的功能区划不仅仅是一种指导后续规划工作的阶段性成果，更应当成为一种与最终区域景观生态规划及土地相关规划成果相辅相成的规划内容。在获取区域景观生态空间功能综合评价分析及区域景观生态格局及过程特征分析的成果后，一方面为进一步精确区域景观生态功能区划的最终方案，另一方面也为使其更好发挥其对后续规划工作的协同作用，需对规划区域的景观生态系统进行规划。规划后的区域景观生态系统基本组成应包含以下基本内容：①生态廊道网络：生态廊道的主要载体有河流水系、各类林网、道路等，根据不同生态廊道的功能需求，在充分保障廊道基本连接功能的基础上确定廊道宽度及基本断面形式，最终构建起具有多个等级的生态廊道网络体系。②战略性景观生态功能空间：根据卫星遥感影像图和区域景观生态空间综合评价分析的结果，将具有较高景观生态功能综合评价的大面积完整区域划定为战略性景观生态功能空间。此类空间由于具有较低的干扰介入和较大的空间体量，能够相对独立地维持自身生态状态的稳定，因此可以单独成为一类特殊的景观生态斑块存在。③生态战略节点：对高等级廊道相交的区域需要通过利用现有的景观生态空间或者营造新的景观生态空间，形成一定规模的生态节点。由于这类节点所处的生态廊道往往具有多重生态功能，因此对整个区域生态系统具有战略性的意义。其空间规模可以参考区域景观生态空间综合分析的结果，并结合卫星遥感影像图具体划定。④一般性的景观生态节点：对于低等级廊道相交的空间需根据廊道功能的需求，结合卫星遥感影像划定保障其基本生态功能的生态空间，将其作为一般性的景观生态节点。⑤生态斑块：随着人类改造自然能力的持续提高，景观生态空间不可避免地会出现破碎化的趋势。在这一趋势中对于面积较小的景观生态空间需要根据其在区域景观生态系统中的功能及相互间的空间关系，对具有保留价值的生态空间进行保护和修复，同时为满足景观生态系统体系化构建的目标，可适当的增加以踏脚石系统为主的斑块类型。⑥生态桥：对于大型基础设施，特别是水利及道路设施，其在景观空间中不可避免地会对部分景观生态空间造成割裂，为保障此类区域内部生态过程的流畅运转，需要特定的人工生态环境工程设施加以补充，可根据实际情况明确此类设施的空间数量、密度及分布规律。⑦人居环境建设空间：根据区域景观生态空间功能综合评价的分析结果，将综合评价值较低的区域作为人居环境建设的首选空间，在此基础上，以人居环境建设空间的实际需求为出发点进行详细的边界及规模界定。

4.3.6　区划成果调整与整合

本部分区划调整的主要依据为区域景观生态格局及过程特征分析和区域景观生态系统规划。通过调整，最终的区域区划成果整体上可以反映出规划区域的生态化印记，实现与后续生态及土地规划的高度协同，同时，调整后的区划边界更加合理和明晰，便于后续规划管理的实施。

（1）以区域景观生态格局及过程特征分析为依据的区划调整

通过区域景观生态格局及过程特征分析可以将不同类型的景观格局对号入座，提取对相应类型景观格局及其过程相互作用影响最为明显的要素，最终以要素的空间分布为切入点获取区域景观生态格局的生态化印记特征。这一特征也可以理解为区域景观生态空间的主体构成。这一主体组成空间与其他空间的边界既可以是明显的分割线，也可以是带状的空间，但无论其相互间是一种绝对边界或带状空间，其都可以作为区域景观生态功能综合评价中各类型成果中间状态的空间或边界，如生态质量一般的区域、生态适宜性中较不适宜的区域、生态缓冲空间、生态协调区与生态保育区域的边界等。由于区域景观生态格局及过程特征分析的结果是对区域景观生态化印记的提取，因此以这一分析结果为依据的调整就使得生态化印记在区划成果中得以体现。

（2）以区域景观生态系统规划为依据的区划调整

区域景观生态系统规划为进一步调整区划成果提供了详细依据（图4-4），具体内容如下：

a. 生态廊道网络：主要考虑高等级及部分廊道密度较大的低等级廊道集聚区域对区划调整的影响，以自然或半自然载体为依托的生态廊道归属于生态缓冲区，而以人工设施为载体的生态廊道需根据其建设状态，即分析其属于已建、在建或规划

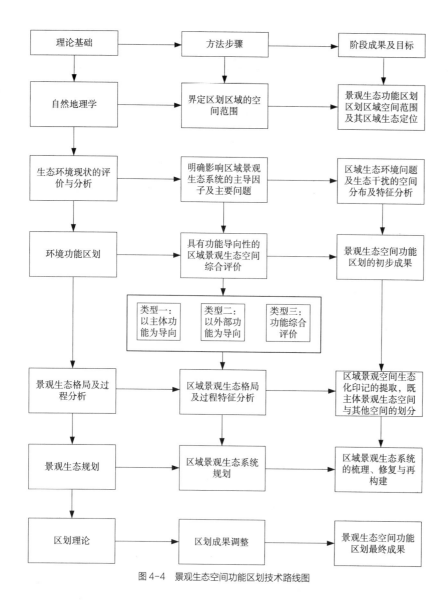

理论基础	方法步骤	阶段成果及目标

| 自然地理学 | 界定区划区域的空间范围 | 景观生态功能区划区划区域空间范围及其区域生态定位 |

| 生态环境现状的评价与分析 | 明确影响区域景观生态系统的主导因子及主要问题 | 区域生态环境问题及生态干扰的空间分布及特征分析 |

| 环境功能区划 | 具有功能导向性的区域景观生态空间综合评价 | 景观生态空间功能区划的初步成果 |

| | 类型一：以主体功能为导向　类型二：以外部功能为导向　类型三：功能综合评价 | |

| 景观生态格局及过程分析 | 区域景观生态格局及过程特征分析 | 区域景观空间生态化印记的提取，既主体景观生态空间与其他空间的划分 |

| 景观生态规划 | 区域景观生态系统规划 | 区域景观生态系统的梳理、修复与再构建 |

| 区划理论 | 区划成果调整 | 景观生态空间功能区划最终成果 |

图4-4　景观生态空间功能区划技术路线图

状态，来明确相应的区划属性，因此这类廊道即可能属于生态缓冲区，也可归属于生态修复区。

b. 战略性景观生态功能空间：这一类型的空间多为景观生态质量较高的自然本底区域，是一个地区发展的生态基础，因此归属于生态保育区。

c. 生态战略节点：这一类型的景观生态空间与高等级廊道相连，同时具有一定的空间规模，因此会对区划边界产生明显的影响。其区划属性需根据其所属廊道区划属性确定，不与道路廊道相交的生态战略点属于生态缓冲区，其他则属于生态修复区。

d. 一般性景观生态节点及生态斑块：对其中具有一定规模的、毗邻区划边界的此类空间，可将其归并到生态保育区，而新增的此类空间则需归并至生态修复区。

对非毗邻区划边界的此类空间，如其分布斑块密度较大，可将其整体单独划为生态修复区。

　　e. 生态桥：因其属于竖向人工设施，平面规模较小，因此对区划的影响不加考虑。

　　f. 人居环境建设区域：该区域归属于生态协调区，其规划的重点在于协调其与周边景观生态空间的相互关系。

5　景观生态空间功能区划中的空间管制

5.1　传统空间管制规划对于景观生态空间的不适应

　　在快速城镇化的背景下，城乡建设用地加速扩展，很多景观生态空间与中心城区的空间关联越来越紧密，在生态保护与发展建设之间的矛盾也越来越尖锐。一方面，景观生态空间急切需要通过空间管制规划来缓解保护与建设之间的矛盾；另一方面，传统的空间管制规划无法有效地达到这一目标。两者之间形成了需求与目标的明显错位，并具体表现在以下几个方面：首先，现有的空间管制规划缺乏生态环境保护的视角。禁建、限建和适建的管制标准，难以有效地对应水库、风景名胜区和森林公园等不同类型的景观生态空间，缺乏对景观生态空间的实际指导意义。其次，景观生态空间的空间管制分区具有较多的模糊空间。例如休闲度假区和重大基础设施走廊在禁建区和限建区的划定上比较模糊，农村居民点在适建区和限建区划分上较难界定，诸多类似问题颇多争议。第三，空间管制规划缺乏具体、明确和实施性强的管制要求。例如对禁建区、限建区的管制要求，难以确定具体的量化指标，使得空间管制流于形式，缺乏实效。第四，空间管制规划的社会影响有限且实施效果不明。景观生态空间的发展难以脱离环境保护、土地利用、产业发展等多个部分的合作努力，但当前的政策影响仅限于规划管理系统内部，难以实现多部门的政策对接和协调。因此，传统的空间管制规划已经无法满足快速城镇化背景下景观生态空间的发展需求，必须有效借鉴其他学科，尤其是生态学的理论和工具加以创新完善。

5.2　景观生态空间功能区划中的空间管制转型

　　景观生态空间的空间管制研究必须坚持从空间规划为本向生态要素为本的转型，从封闭性内容体系向开放性内容体系的转型，从单纯的管制思维向管制与引导协调思维的转型，从基于空间的管制向基于管理的管制的转型，从粗放型管制向精细型管制的转型。

5.2.1 从空间规划为本向生态要素为本的转型

传统的空间管制规划以城乡规划的空间方案为基础，其着眼点在于城乡建设用地的布局。而在景观生态空间，城乡建设用地的比例大幅减少，由农田、林地、水域等构成的生态基质成为空间的主体。空间管制规划的视角也需要由此从以空间规划为本转向以生态要素为本。

为了准确地找到景观生态空间中最重要的生态要素，必须认识到"景观生态空间"之所以敏感是因为受到外部影响因素的干扰。因此要考虑到景观生态空间"被敏感"的关键要素，弄清"生态敏感"是由什么引起的以及是如何"被敏感"的，才能对景观生态空间进行针对性的空间管制引导。

生态网络格局的分析即有效地体现了这一生态要素分析的思路。生态网络格局是通过对生态系统中物质和能量流动结构的模拟，对复杂生态系统结构及过程进行网络化提炼形成的一系列的生态网络研究、构建和评价方法。生态网络格局的研究发展至今，已经形成了区域生态功能空间网络化构建的基本方法。从某种意义上说，生态网络格局其实就是一类基于生态型要素的空间管制方法，而这一类生态型管制要素的对象即是对重点节点空间、廊道的识别、修复和补充。

因此，景观生态空间的空间管制规划的基础是区域的生态网络格局分析，通过这一分析寻找到关键性的生态节点空间和生态廊道，成为空间管制规划的核心生态要素。

5.2.2 从封闭性内容体系向开放性内容体系的转型

空间管制规划之所以缺乏有效的外部影响力，根源在于自身管制内容的封闭性，缺乏与其他专业规划的整合。景观生态空间的空间管制尤其需要汲取生态、环保等相关专业规划的内容，实现管制内容从封闭性体系向开放性体系的转型。

例如土地利用规划是国土资源部门对城乡空间进行的土地用途安排，其空间区划以农用地、未利用地和建设用地为大类，并以前两者的保护为核心。其中，基本农田保护区是国家通过法定程序加以特定保护的、对耕地及其他优质农用地进行严格管理划定的土地用途区，是事关国家粮食安全的核心政策。此外，诸如自然保留地、一般农田等空间的保护要求，都是景观生态空间的空间管制应当充分重视、有效对接的空间要素。

除此之外，环境保护与利用规划、林地保护与利用规划、旅游发展规划等多种专业规划也应被有效地纳入到空间管制规划之中，使之成为一个开放性、多元化的整合型空间管制体系。

5.2.3 从管制思维向管制与引导协调思维的转型

传统空间管制规划中的禁建、限建和适建区代表了人居建设活动的管制等级，却难以明确其重点，并突显生态环境保护的空间格局。尤其是景观生态空间的空间管制规划，更应体现出生态管制与建设引导的协调。

首先，景观生态空间的空间管制类型可借鉴主体功能区的分类适当调整。国家"十一五"规划纲要中明确提出"将国土空间划分为优化开发、重点开发、限制开发和禁止开发四类主体功能区。"对景观生态空间而言，优化开发与重点开发的区分可以更好地引导建设用地的发展，较"适建区"的表述更为清晰到位。因此，景观生态空间的空间管制规划可据此调整，并进一步区分开发建设和区域发展的差别，将空间管理类型调整为重点发展区、优化发展区、限制建设区和禁止建设区。

其次，大多数景观生态空间在人类活动的影响下，生态功能的稳定性和生产力降低，具备"受害生态系统"（Damaged Eco-system）的特征。空间管制规划正是要将这一"受害生态系统"恢复为"平衡生态系统"，其核心的工作就是对遭到破坏的生态要素进行重点的生态恢复。这一工作是景观生态空间的独特特征，在有需要时更可适当划定重点恢复区，对区域生态恢复过程加以有力引导。

景观生态空间的空间管制规划类型 表 4-2

总体区划	概念界定
重点恢复区	生态功能较为重要、极为敏感或受人为损害较为严重，需要进行重点生态恢复与治理的区域
禁止建设区	具有重要资源、生态、环境和历史文化价值，必须禁止各类与主体功能不相符的建设开发的区域
限制建设区	具有一定的资源、生态、环境和历史文化价值，必须限制各类与主体功能不相符的建设开发的区域
优化建设区	用地条件较为适宜、应在原有基础上稳定规模、优化发展的一般城镇和村庄居民点的规划选址用地
重点发展区	用地条件最为适宜建设的、未来城乡人居环境建设的重点区域

5.2.4 从基于空间的管制向基于管理的管制的转型

由于较少考虑具体的管理需求，传统空间管制规划划定的管制空间往往会出现管制空间与管理权限的错位。景观生态空间的空间管制规划面临更加复杂的管理类型，牵涉更多的专业部门，因此需要充分考虑各部门管理的实际需求，将管制空间与管理权限充分对应，从基于空间的管制向基于管理管制转型。其中所应遵循的原则如下：

（1）管理标准从严化原则：不同部门的空间管制往往具有自身的侧重点。例如林业部门对保障林、经济林区分了严格的管制要求，水务部门对湖泊水体提供了相应的保护标准。景观生态空间的空间管制规划在整合管制类型时，有必要选取其中最严格、最专业的管制要求，最大化地体现景观生态空间以生态环境保护为核心的管制思路。

（2）管制类型一致性原则：管制类型的一致性体现为同一空间管制区内的自然、社会、经济属性的相似性和土地利用结构、方向的一致性，避免出现差异较大的土地利用类型。例如基于生态网络格局选取出的河流生态廊道中包含了水域和陆域两类空间。这两类空间的自然属性不同，难以拟定统一的管制要求。因此，景观生态空间的空间管制可将河流生态廊道界定为河流沿线的陆域空间，将河流纳入水域空间，从而将两者的管制要求有效区分。

（3）管制空间完整性原则：景观生态空间往往具有较为丰富的自然地形，空间的破碎化程度较高。但为了保证空间管制规划具有良好的操作性，管制空间应具有较为完整、合理的空间边界，尽量与自然地形界线保持一致，与行政区划边界保持一致，并且避免将一个完整的图斑分割为多种不同的空间管制区，以利于后续管理的便利。

5.2.5 从粗放型管制要求向精细型管制要求的转型

传统的间管制规划中的管制要求一般较为简略和粗放。景观生态空间由于往往具备"受害生态系统"的特征，对如何通过精细的空间管制要求来实现区域生态环境与人居活动的再平衡具有非常实际的需求，有必要就此拟定更为精细化的、具有针对性和可操作性的管制要求。景观生态空间的空间管制要求可包含以下几个方面：

（1）用途管制：空间管制的首要任务是确定每一类管制空间可以发展和不允许发展的用途。对以生态保护为主的管制空间，用途管制应严格明确进行生态维护或发展对生态环境无污染的功能；对各类允许建设的管制空间，用途管制应明确每一类空间的主导功能和可兼容功能。

（2）容量管制：容量管制主要针对禁止建设和限制建设的各类管制空间，对其中可能存在的建设用地规划划定适量的、可控的容量要求，对原有建设项目不符合容量管制要求的则逐步改造或拆除以满足要求。

（3）设施引导：设施引导主要针对禁止建设和限制建设的各类管制空间，着重于对其中允许配套的少量游步道、游憩场所等设施做出规定，避免设施配建影响了区域的正常生态功能。例如重点河流生态廊道仅允许建设少量的游憩步道，一般河流生态廊道则可以增配少量游憩场所。

（4）发展引导：发展引导主要针对优化发展和重点发展的各类管制空间。这部分空间可通过后续规划进一步控制引导，但空间管制规划依然有必要对其定位功能、设施配套、交通网络、景观风貌提出适当的引导要求，明确优化发展和重点发展的方向。

5.3 景观生态空间功能区划中的空间管制路径

依据上文对于景观生态空间功能区划的基本方法，结合景观生态空间研究的基础理论，得出在景观生态空间功能区划中的空间管制是在基于生态风险评价的路径基础上通过生态安全格局的控制来实现的空间管制规划（图4-5）。

以生态要素和生态安全作为重要约束条件和优化目标的非建设性用地发展导控和空间管制更加注重资源保护与用地布局、生态安全与地方发展的联系，其技术路径强调生态本底、生态过程、生态后果之间的逻辑关联在公共政策制定和管理体系实施中的融合和体现。生态风险评价作为理论模型趋于成熟、应用范围日益广泛的技术方法，能够为非建设性用地的多类型利用和生态环境保护提供科学有效的依据。

生态风险评价（ERA）是伴随着环境管理目标和环境观念的转变而逐渐兴起并得到发展的一个新的研究领域，着重关注化学、物理和生物的胁迫因子可能对生态系统或其组分的有害影响，对科学制定环境管理决策有着重要的意义。目前不同国

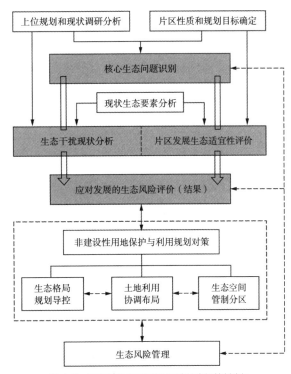

图4-5 景观生态空间功能区划中的空间管制路径

家对于生态风险评价的方法有所不同，最常用的是 1992 年美国环保局（USEPA）颁布的生态风险评价框架，以及在此基础上于 1998 年颁布的生态风险评价导则。它由问题形成、暴露和效应表征分析以及风险表征等核心环节组成，整个评价过程包括风险管理者、风险评价者、利益相关者等参与其中。该方法被多数学者采用，并在此基础上形成各种替代框架（例如 WHO 整合框架、多重行为框架、因果链框架）和扩展框架等，并且适应某一特定问题的分析评价运用。

基于生态风险评价（ERA）的非建设性用地空间管制决策模型强调空间管制要求作为规划的核心成果，而实现这一管制要求的控制体系可以用某一特定发展的生态风险的准入规定实现。通过空间准入等空间管制的技术手段，明确控制意图和控制要素，对地块的用地性质、保护对象、行为类型、活动强度、建设指标和环境要求等进行规定，同时对地块的生态特征和空间布局进行引导，刚性与弹性并存，规定性与引导性相结合，从而实现非建设性用地资源保护的排他性和土地利用的规划控制。该技术路径面向管理，提升规划可操作性，体现了从理想到务实、从单一到多元、从形态到政策的规划转向。

6　案例应用与解读

6.1　烟台市福山区景观生态空间功能区划案例解析

6.1.1　项目背景概述

福山南部地区位于烟台市主城区的西南，规划区总面积约 382km^2。改革开放以来，烟台市城市建设的重心始终集中于沿海一带，多年的发展使得该区域的城市建设空间濒临饱和。烟台市未来的发展急需拓展新的空间，以在满足城镇化一般需求的基础上承接沿海区域的产业转移。在这一局势下，用地储备、生态条件及交通区位等相对优越的福山区就成为烟台市未来城市建设的重点区域。

福山南部地区具有战略性的生态区位条件，其位于烟台市城乡村过渡地带，是烟台市"山—城—海"特色地域格局的衔接地区，在区域生态过程传递及流域生态环境保持方面都具备重要的生态影响。规划区内的双龙潭作为区域生态体系的核心，是烟台市重要的水源地。近年来，福山南部地区工矿业的无序发展及传统农牧业给生态环境带来沉重的负担；气候变化导致区域水量不足，且水质不断下降；农林业发展失衡导致区域内的生境类型单一，生境内部构成的缺失；重要基础设施建设缺乏对生态环境影响的全面考量，对生态格局及生态过程造成了极大的负面影响。综上所述，对福山南部地区的规划面临着生态保护与发展建设的强烈矛盾。

6.1.2 烟台市福山区南部地区景观生态空间功能区划

（1）区划范围的确定

烟台市福山区南部地区景观生态空间功能区划范围的明确主要依据以下内容：

a. 区域整体的生态区位：烟台市生态体系物质循环及能量流动的主要动力来源于西南高、东北低的地势变化。因此，整个规划区生态格局呈现为山地丘陵板块（集中分布于双龙潭补给水系上游及合卢山脉周边区域）、谷地及山前平原板块（双龙潭周边及其东部）和沿海平原板块。相邻板块之间的过渡地带是衔接不同生态构成要素、缓冲构成组分间物质循环与能量流动过程的重要生态空间，特别是山、城缓冲带大部位于区域性河流中段，是保证河流水质和水量的重要区段。本次规划区域正位于山、城缓冲带之上，因此区划范围的边界要至少包含生态缓冲带的宽度。

b. 自然地理单元的完整性：规划区域的地理特征体现为低山丘陵、沿河冲积平原及沿海冲积平原的复合，水环境过程及地质作用对这一特征的塑造具有决定性作用，区划范围需要重点保障水系环境，特别是流域自然地理单元及地形、地貌单元的相对完整。因此规划将区域内清洋河、内夹河及外夹河流域及其周边的山地环境全部纳入到区划范围。

c. 基于行政及规划边界的区划范围调整：规划范围西部及南部的大片低山丘陵是烟台市福山区南部地区水系环境的发源地，对保障整个区域的生态体系健康具有重要意义，规划据此将规划区域纳入到该区域景观生态空间功能区划范围内。

最终确定规划区域范围面积为 $382km^2$，而区划范围面积为 $765km^2$（图 4-6）。

（2）烟台市福山区域南部地区生态干扰及生态环境问题现状分析

a. 生态干扰分析

· 工矿业的无序发展及传统农牧业生产方式给当地生态环境带来沉重的负担。

工矿业的负面影响集中体现为由于双龙潭西侧的山体由于长期矿业开采而导致的山体破坏严重，及随之带来一系列生态环境问题和隐患。而双龙潭周边的农牧业生产方式落后且相对分散，农药化肥及牲畜排泄物对周边水体造成了长期、严重的污染。

· 区域内水资源的水质下降且水量不足

受多方面因素的影响，规划区域内的地表水水量的季节变化较大，且水系的降水补给量呈逐年下降的趋势，同时，地下水的过度开采使得其存储量也呈现一定程度的下降趋势。在水质方面，生态体系中起水质净化功能的生态要素的缺失，日常污水处理的不足及城镇、农牧业污水排量的增加共同导致了规划区域水质的下降。

· 生境类型单一和生境内部构成的缺失催生了一系列生态问题

生境类型的单一主要体现为以樱桃林为主的果林面积比例过大，湿地生境的缺

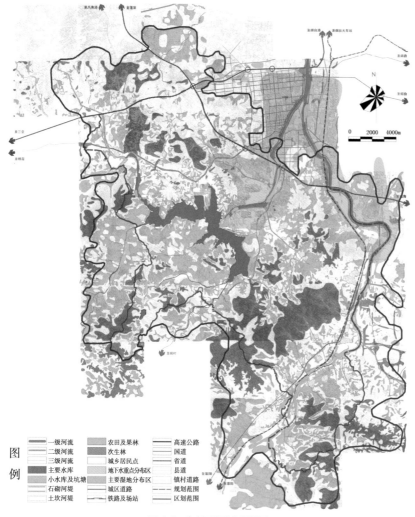

图例

一级河流	农田及果林	高速公路
二级河流	次生林	国道
三级河流	城乡居民点	省道
主要水库	地下水重点分布区	县道
小水库及坑塘	主要湿地分布区	镇村道路
石砌河堤	城区道路	规划范围
土坎河堤	铁路及场站	区划范围

图 4-6　生态要素现状分析图

失和现有次生林中的乔、灌、草搭配不合理。它们共同导致了诸如土壤肥力缺失、土壤板结、水土流失、生物多样性缺失及水质恶化等生态问题。

·重要基础设施对生态格局及生态过程的负面影响较大

大型道路基础设施及水利设施的构建过程缺乏对生态环境及其内部生态过程影响的考虑，进而阻碍了生态过程的运转，割裂了生态空间的连续性和完整性。

最终规划根据上述分析绘制该区域的生态干扰现状分析图。

b. 生态环境问题分析

·城镇生活点源污染

市区规划范围内的污水均纳入城区污水管网，集中到市区套子湾污水处理厂处理后深海排放。且排放点处于水源地下游，部分污水经二级处理后回收利用，集中处理率达到 98.8%。

· 农村生活面源污染

区域内除市区外其他乡镇现状均无污水处理厂，雨污水混排，就近排入河道坑塘。乡镇驻地有少量垃圾箱（桶），乡村垃圾直接倾倒于河流沟渠、道路旁或坑洼地，垃圾污染日趋严重。村镇粪便送入乡镇农田作为农业用肥。

· 工业生产点源污染

所有危险废物全部纳入了监管。城市建筑垃圾统一管理。建筑垃圾绝大部分用于建设回填。特种垃圾实行统一管理，采用焚烧后卫生填埋的方式处理。

· 农业生产面源污染

传统生产种植方式造成化肥农药地膜使用泛滥，土地板结、土壤污染等问题。农村畜牧养殖采用传统方式，产生的农业生产污水对门楼水库水质产生较大影响。

通过对区域生态环境问题及生态干扰的分析，规划对于其中分布较为集中的片区、需要进行生态修复的片区及占据重要生态功能空间的片区进行明确的空间界定，并在后续区划及规划过程以生态修复区的形式加以体现。

（3）烟台市福山区域南部地区景观生态空间的综合评价

根据该项目的实际背景，协调主体功能与外部功能的相互关系，保障综合景观生态功能的正常运转应成为该区的生态功能导向。因此对该区域景观生态空间的综合评价需要构建符合实际需求的景观生态空间功能综合评价指标体系。参考低山丘陵区人居环境相关研究，经过对福山南部地区实地踏勘调查和专家小组讨论，最终确定以下7个生态评价因子以及相应指标（表4-3）。高程：相对高程在0-50m的范围最适宜城镇发展和各项生产活动，50-150m次之，而150m以上区域则不适合各项人居活动。坡度：15度以下最适宜城市建设和农业生产，15-25度其次，25度以上不适宜。坡向：南/西南/东南向最优，东/西/西北其次，北/东北差。水资源：距干流/湖泊2km、2级支流1km、3级支流/坑塘300m范围内水资源充沛，距干流/湖泊2-4km、2级支流1-2km、3级支流/坑塘500m范围内水资源一般，其余地区水资源较为匮乏。林地：适宜性从低到高依次为次生林、农林和非林地。此外，考虑到微气候影响和城市通风，将相对高程50m以下范围的廊道风环境因素纳入评价体系；结合农业生产，将土壤肥力因子亦纳入评价体系。然后通过专家打分法对各级指标进行赋值，利用层次分析法（Analytic Hierarchy Process，AHP)计算各因子权重。最终通过GIS叠层计算技术进行多因子综合评价，对叠加后的成果进行以几何中数为标准的五级划分，并对各个等级的分析结果进行分析和处理：一级区域主要为现状的城镇及村庄建设空间；二级区域为存在建设及开发潜力的空间，因此规划将一级及二级区域合并为生态协调区；三级区域现状主要为农林业生产空间及部分毗邻水系的生态缓冲空间，规划将其定位为生态缓冲区；四级及五级区域多为现状植被覆盖较好、人类活动介入较少的空间，规划将其定位

因子	权重	指标	赋值
高程	0.152	>150m	1
		50m-150m	2
		<50m	5
坡度	0.226	>25 度	1
		15 度	2
		<15 度	5
坡向	0.079	北 / 东北	1
		东 / 西 / 西北	2
		南 / 西南 / 东南	5
水资源	0.249	低（其他区域）	1
		中（距干流 / 湖泊；级支流 1-2km；3 级支流 / 坑塘 300m）	2
		高（距干流 / 湖泊 2km；2 级支流 1km；3 级支流 / 坑塘 300m）	5
林地	0.097	次生林	1
		农林	2
		非林地	2
风环境	0.084	差（背风区、西北 - 东南向河谷）	1
		中（其他区域）	2
		优（宽阔河谷与开敞水面地区、河谷弯道滩涂区）	5
土壤肥力	0.113	低	1
		中	2
		高	5

为生态保育区。此外，根据对该区域生态干扰及生态环境问题分析的成果，规划将部分存在严重生态干扰及污染源集中的区域划并为生态修复区，其空间边界仍然以区域景观生态空间综合评价的分级成果为依据（图 4-7）。

（4）烟台市福山区南部地区生态格局及过程特征分析

a. 以河流水系为主的"水景树"生态骨架

规划区所属的福山区整体生态格局呈现为山水相间的"水景树"模式，整个区域的生态格局自西南向东北方向舒展延伸，格局的主干组成山体及河流大致平行向东北部海岸线推进。水景树生态格局在局部空间的延伸起到了从横向联系主干构成的作用。

b. 以半自然生态核心与多样化生态组成并存的多中心化格局

作为区域生态核心的双龙潭，在生态格局的组成中既是上游生态格局的"汇"又是下游生态格局的"源"，是整个区域生态体系正常运作的半自然中枢。规划区域

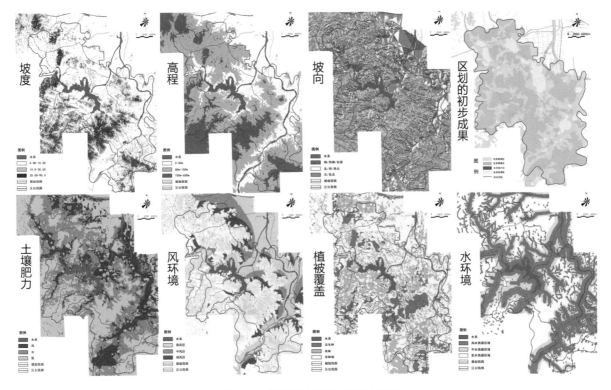

图 4-7　区域景观生态空间综合评价分析图

现有大量的小型水库、坑塘、水渠、林地等生态构成要素，这些要素进一步丰富了整个地区生态格局的组成，使其更加完善和体系化。

在对该区域的景观格局分析的基础上，规划认为高程、坡度及水系环境是其产生的主导因子。为提取其基本的景观格局，规划选取了高程在 50m 以下、坡度小于15 度的河谷及沟谷空间，并结合具体地形及水系进行调整，形成该区域人居活动空间的核心组成——环境廊道。环境廊道周边是以山体及丘陵为主的区域，是整个区域生态体系构建的支撑。生态规划需要将环境廊道的规划结构同此部分进行结合，主要方式为山体缓冲带（坡度在 25 度以下，15-30m 宽的绿化带，25 度以上区域禁止农业生产和建设活动）的设置及廊道（主要为三级廊道）与山体的连接。至此，依据对区域景观生态格局的分析，整个区域的景观空间可划分为环境廊道、缓冲空间及外围的生态本底空间（图 4-8）。

（5）烟台市福山区南部地区景观生态体系规划

a. 生态廊道体系

一级生态廊道：一级河流生态廊道共 6 条，规划单侧宽度 150-200m，具体包括内夹河、外夹河、清洋河、楼底河、黑石河、镇泉山河共六条河流生态廊道。

一级道路生态廊道共 6 条，宽度结合相关上位规划的内容设定为 50-100m，具体

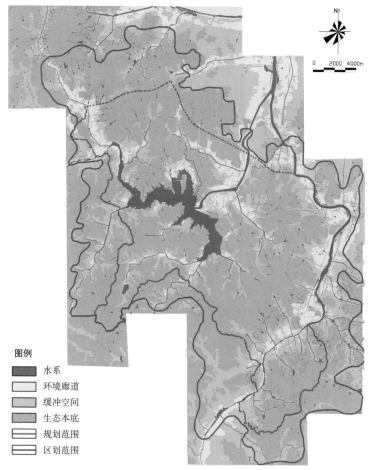

图例
■ 水系
□ 环境廊道
□ 缓冲空间
□ 生态本底
□ 规划范围
□ 区划范围

图 4-8　景观生态格局特征分析

包括现状绕城高速路、规划绕城高速路、沈海高速路、G204 国道、城际铁路、蓝烟铁路共六条道路生态廊道。二级生态廊道：二级河流生态廊道共 33 条，规划单侧宽度 50-100m，主要依托水系为主干河流的主要补给支流，具体包括仉村河、杨家河、义井河、高谷河、巨甲河、两界河等主要支流。二级道路生态廊道单侧宽度为 20-50m。主要依托 S210 省道、S802 省道，中心城区和镇区内的主干路和部分支路、县道及乡镇间道路等低等级道路。其中 S210 与 S802 两条道路廊道单侧宽度为 50m。三级生态廊道以河流生态廊道为主，主要依托的水系类型有河床宽度小于 20m 的支流、人工开凿的灌溉水渠及周期性干涸的山间溪流等，单侧宽度规划为 20-50m，主要集中于内夹河上游两侧、外夹河上游及中游两侧、高谷河两侧和镇泉山河两侧。

　　b. 战略性生态空间

　　以核心山地、丘陵保护区和坑塘及小型水库周边区域为核心，集中分布于现状绕城高速路与规划绕城高速路之间的区域、福山林场所处合卢山余脉、清洋河以南和楼底河以北的低山丘陵地带以及黑石河和镇泉山河上游区域。规划要求利用本土植被群落对战略生态空间内的生境进行修复与构建，对城乡建设区域以外的战略生态空间，即清洋河以南、楼底河以北的低山丘陵地带以及黑石河、镇泉山河上游区域，原则上严格控制和管理各类开发建设活动。绕城高速与绕城快速路之间的区域，福山林场所处合卢山余脉地区在保证生态功能正常运行的前提下允许结合旅游及城镇居民的游憩活动进行适度的开发。

c. 山体缓冲带

规划划定坡度在 25 度以下的 15-30m 宽度范围为山体缓冲带。规划要求以山体缓冲带为界，缓冲带以上的山体禁止进行农牧业生产，全部退耕还林。对于现状为自然植被覆盖的区域，规划要求通过利用本土植被对其进行生境修复和改进，以最大程度地发挥其生态效能。

d. 生态桥选址与建设

生态桥为物种迁徙及其他生态过程的正常运行提供便利条件（生态桥的形式主要为下穿式的箱型涵洞为主，截面尺寸为 1×1m）。规划共 14 处生态桥，以弱化邻近的大型道路基础设施对其垂直方向上生态过程的阻碍作用。

e. 环湖缓冲带

一级缓冲带以湿地为主。其中包括清洋河入水口、楼底河入水口及黑石河－镇泉山河入水口共 3 处一级河口湿地和针对 17 处一般性水口的二级河口湿地集中区。二级缓冲带综合考虑毗邻水体的农田及果林分布、畜牧业集中区域、次生林地及灌木林地覆盖情况，结合地形起伏平缓的面向水体的汇水面（以高程 20m 以下，坡度小于 15 度的区域为主）进行调整补充，划定水岸线外围 200-300m 区域为二级缓冲带。三级缓冲带以二级缓冲带外围高程 60m 以下，面向双龙潭及其补给水体的低山丘陵的山脊线连线为基础的边界依据，结合农林业用地分布情况，划定水体岸线外围 700-1000m 为三级缓冲带边界线。

（6）烟台市福山区南部地区景观生态空间功能区划的调整与整合（图 4-13）

a. 依据区域景观生态格局分析的成果，将生态本底空间的边界与区域景观生态空间综合评价成果中生态保育空间的边界进行调整与整合，将缓冲空间纳入生态缓冲区内。

b. 依据区域景观生态系统规划，对区划成果作以下调整：将一级生态廊道归并如生态缓冲空间；依据战略性生态空间的边界对其与生态保育区重合处的边界进行调整；将山体缓冲带、环湖一级及二级缓冲带纳入生态保育区，将环湖三级缓冲带纳入生态缓冲区。

通过上述调整与整合步骤最终获取烟台福山区南部地区区域景观生态空间的功能区划。

6.2 吉林长白县龙岗景观生态空间功能区划案例解析

6.2.1 区域概况

长白朝鲜族自治县是全国唯一的朝鲜族自治县，位于吉林省东南部、长白山主峰南麓，鸭绿江源头右岸，南与朝鲜隔江相望。依托自身的生态、资源及区位优势，长白县发展定位为国家级边境地区山地生态文明示范区。

本文研究的龙岗重点片区位于吉林省长白县东部岗上地区。规划研究范围以太阳村为中心，南起三南里村，北至逃马沟，西沿十五道沟，东到 S302 省道，面积 223.43km²，主要包括 6 个行政村和 3 个自然村。村落与大片山地、沟谷、河流共通形成了一个完整的生态空间。片区内现状产业类型以传统农业为主，土地利用现状多为林地（66.44%）、耕地（12.87%）和园地（10.32%）等非建设性用地，城乡建设用地仅占总面积的 1.35%。作为环长白山与赴朝旅游之间的战略乡村旅游度假片区，龙岗将以养生度假为主题的乡村旅游服务为新兴主导产业，发展成为以生态山林为资源特点、自然生态环境为主要背景，以养生、度假、观光、游览、休闲、会议、乡村体验和科普教育为主要功能的县级重点生态片区。

一系列重大机遇使该片区的发展在未来充满潜力，但同时也使片区内以优质生态环境为特征的非建设性用地面临产业转型和城镇发展带来的巨大生态压力。因此，有必要重新审视非建设性用地与生态环境以及经济、社会发展间的关系，研究如何在新时期既保护好生态环境，又抓住发展机遇，促进城乡社会、经济、生态全面进步。

6.2.2 生态风险评价

（1）现状生态要素分析

现状生态要素分析是非建设性用地生态干扰现状分析和生态适宜性评价，进而进行生态风险评价的基础。本研究以龙岗重点片区高清遥感影像作为底图，以米为单位，识别各类生态要素，主要包括：城乡建设用地、河道、天然密林斑块、疏林斑块、人工林、农田、荒地、道路。

（2）生态干扰现状分析

龙岗重点片区现有生态干扰活动类型包括城乡建设活动、工业生产、道路与基础设施建、林业砍伐、农业生产、旅游观光活动等，分析针对不同活动承载环境类型（生态要素类型）进行干扰度分级评定。其中，高度干扰赋值 5，较高干扰赋值 4，中度干扰赋值 3，较低干扰赋值 2，低度干扰赋值 1。最终，再根据自然间断点分级法（Jenks）将现状生态干扰分为高度、中度、低度 3 个等级。分析表明，龙岗重点片区生态干扰分布整体较为集中，主要分布于十五道沟河、十七道沟河、十九道沟河流域，以及下二道岗村、东升村、龙岗村、龙泉村、太阳村等城乡建设区域。高度

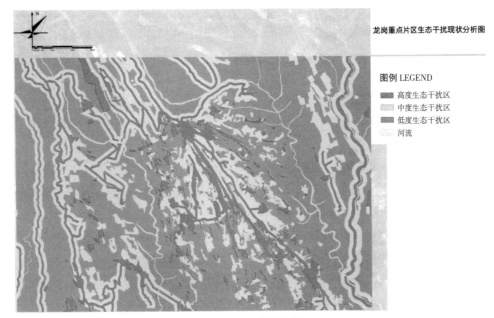

图 4-9　生态干扰现状分析

生态干扰区的分布较为分散，呈散点状分布；中度生态干扰区的分布较广，呈现为从岗上区域向沿河区域渗透的趋势；低度生态干扰区现状多为林地（图 4-9）。

（3）养生度假区生态适宜性评价

研究重点针对龙岗片区规划建设养生度假区进行生态适宜性评价。研究选取的生态适宜性影响因子包括自然环境因素、人文环境因素和旅游资源因素三个方面。其中，自然环境因素方面选取植被覆盖、高程、坡度、坡向、河流距离 5 个适宜性评价因子；人文环境因素方面选取现状土地利用、交通便捷度两个因子；旅游资源因素方面选取村镇吸引力以及人参种植参场距离两个因子。在单因子分析的基础上，规划对各适宜性评价因子进行评价、赋值、及加权叠加，完成龙岗养生度假区建设生态适宜性整体分级（共五级），为该片区的城乡用地结构、养生度假空间布局、规划用地的选择等提供生态导引的依据。其中，生态适宜性一级区域的生态条件非常适宜建设养生度假区的区域，对养生度假区建设的限制程度最低，其现状主要是城乡建设用地、一般农田、过渡采伐的林地等。其他区域从生态适宜性二级到五级，对养生度假区建设的限制程度依次递增，适宜性逐渐减弱（图 4-10）。

（4）应对发展的生态风险评价

现状生态干扰度越低，建设开发该区域的风险就越高；生态适宜性越低，建设开发该区域的风险也越高。将龙岗重点片区生态干扰现状分析与生态适宜性评价结果分别分级赋值进行矩阵叠加分析，得出生态风险评价结果，包括低、较低、中等、较高、高风险区域共 5 级，是片区非建设性用地生态功能分区的重要依据（图 4-11）。

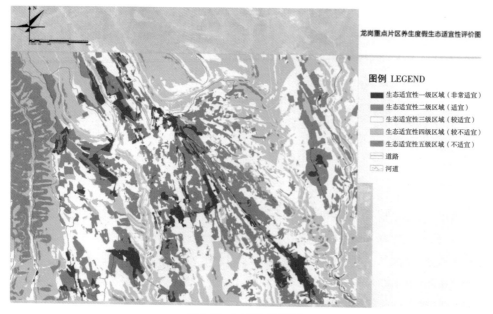

图 4-10　生态适宜性评价图

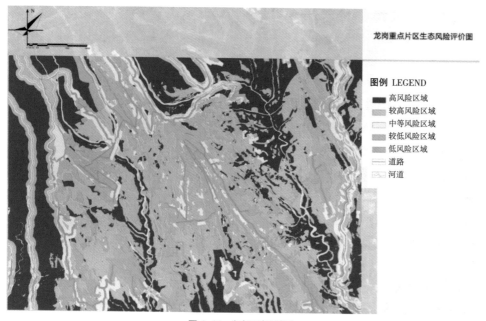

图 4-11　生态风险评价图

6.2.3　基于 ERA 的生态空间管制分区与规划对策

（1）生态格局规划导控

　　基于以上分析评价，龙岗重点片区规划强化片区内部各区域间的生态联系，通过梳理、修复、补充等方法构建"两带、两片、三廊、三极、五点"生态格局，构成要素包括村镇居民点、养生度假区建议建设区域、三个级别的生态廊道、生态战略型斑块、生态战略点及两种生态缓冲区。

（2）生态空间管制分区

为提升生态格局规划导控的可操作性，在生态格局构建与规划导控的基础上，以生态风险评价结果为依据进一步实施生态功能分区和空间管制分区。规划形成重点恢复区、禁止建设区、限制建设区、优化利用区、优化建设区和重点建设区共6种生态空间管制分区类型，并制定相应的土地利用优化策略和空间管制要求。

生态格局构成要素与规划导控一览表   表4-4

要素类型		空间布局与规划导控	面积/km²		占所在要素类型/%	占片区总面积/%	
生态廊道	一级生态廊道	共四条，均是河流廊道，主要依托十五道沟河、十七道沟河、十九道沟河及逃马沟，规划控制廊道宽度为单侧200-300m		32.11	65.26		14.37
	二级生态廊道	依托主要乡道以及与一级河流廊道连接的、沿线良好生境条件的支流，规划控制单侧宽度为100-150m	49.20	10.59	21.52	22.02	4.74
	三级生态廊道	依托季节性支流水系以及部分现状及规划的乡道，规划控制单侧宽度为50-100m		6.50	13.22		2.91
生态战略空间	生态战略型斑块	现状以高植被覆盖率的密林为主的高生态风险区域，具有片区生态战略意义，是保证片区生态安全的核心生态组成，规划禁止任何形式的城乡建设活动，允许林业生产及旅游活动所需小规模配套设施的建设	54.86	49.65	90.50	24.55	22.22
	生态战略点	面积小、分布散乱的高生态风险区域，生态战略意义重大，规划形成踏脚石系统，是片区生态格局完整性的重要组成部分		5.21	9.50		2.33
生态缓冲空间	生态缓冲区 I	主要为林业生产空间和少置散布的农业生产空间，是生态保育区的外层空间，以及连接岗上人居活动集中区域与生态保育区间的通道。规划要求这一区域内只允许少量必要的农林业生产配套服务用地及小规模旅游配套服务设施用地的存在，严格限制大规模城乡建设活动	114.80	65.42	56.98	51.38	29.28
	生态缓冲区 II	以农、林业生产空间相互交错为特点的缓冲空间，是保护生态保育空间的外围屏障，也是岗上人居环境的生态本底。规划改善以农业生产空间为主的生态环境质量，强化该空间对人居环境集中区与生态缓冲区间的联系，为岗上人居环境的建设提供优良的生态基础；允许依据具体生态安全格局规划的要求，根据城乡建设发展的需求，合理有序的利用部分空间进行建设活动		49.38	43.02		22.10
人居活动集中空间	村镇居民点	基于人居环境建设生态分析与评价，规划通过现有及潜在的生态适宜性一级区域的内部生态格局进行具体的规划设计，进一步细化各村镇居民点的位置与规模	4.58	1.07	23.36	2.05	0.48
	养生度假建议建设区域	依托养生度假生态适宜性一级区域，进一步细化养生度假区的建议选址和空间规模。一般依托村镇居民点而建，形成配套		3.51	76.64		1.57
总计		—	223.43		—	100	

其中，重点恢复区是规划范围内生态功能较为重要、极为敏感或受人为损害较为严重，需要进行重点生态恢复与治理的区域；禁止建设区是规划范围内具有重要资源、生态、环境价值，必须禁止各类与主体功能不相符的建设开发的区域；限制建设区是规划范围内具有一定的资源、生态、环境价值，必须限制各类与主体功能不相符的建设开发的区域；优化利用区是指改良现有用地类型，使其融入片区整体生态环境中去的区域；优化建设区是指城乡建设用地范围中用地条件较为适宜、应在原有基础上稳定规模、优化发展的一般村庄居民点的规划选址用地；重点建设区是规划范围内用地条件最为适宜建设的区域，也是未来龙岗重点片区经济发展与产业发展的重点区域。

基于 ERA 的龙岗重点片区生态空间管制分区一览表　　　　表 4-5

生态风险等级	生态功能分区	空间管制分区	土地利用优化策略	空间管制要求
较高风险区域	生态修复区	重点恢复区	农田转为林地	以生态环境的恢复与优化为基本原则，以各类型功能区域的生态特征为主导，原则禁止一切形式的建设和生产活动，并通过生态复育工程恢复区域内良好的生态环境功能
			荒地转为林地	
高风险区域	生态保育区	禁止建设区	重点水系	以保障各功能区域的主体功能为原则，禁止任何与区域主体功能不符的新建、改建和扩建活动。按照国家规定由相关部门批准或核准的、以划拨方式提供国有土地使用权的建设项目，必须服从国家相关法律法规的规定和要求
			一级生态廊道	
			生态战略型斑块	
			重点保护林地	
			基本农田	
中度风险区域	生态缓冲区 II	限制建设区	建设区周边生态缓冲林地	以保障各功能区域的主体功能为原则，原则上禁止集中的城乡建设活动。按照国家规定需要有关部门批准或者核准的建设项目，在控制规模、强度的约束下经审查和论证方可进行
			外围生态缓冲林地	
较低风险区域	生态缓冲区 I	优化利用区	荒地转为农田	以增加土地资源利用率为原则，将现状采伐留下的部分荒地转为农田为居民所优化利用
低风险区域	生态协调区	优化建设区	居民点及道路	通过政策引导和基础设施导向，促进人口、产业和用地向优化发展区的集中，达到合理集聚、设施配套、效益提升的目的
低风险区域	生态协调区	重点建设区	养生度假区	以可持续发展的理念进行养生度假区的重点建设，使龙岗重点片区成为国内一流、国际领先的以中草药产业为主的养生度假示范区

参考文献

[1] 傅伯杰、陈利顶、马克明等，景观生态学原理及应用 [M]，北京：科学出版社，2001.7.

[2] John Lyle. Design for Human Ecosystem：Landscape, Land Use, and Natural Resources [M]，Washington：Island Press, 1999：36-70.

[3] 岳天祥, 叶庆华. 景观连通性模型及其应用 [J]. 地理学报. 2002（01）：67-75.

[4] 蔡佳亮，殷贺，黄艺. 生态功能区划理论研究进展 [J]. 生态学报. 2010（11）：3018-3027.

[5] Fu B J, Chen L D, Liu G H. The objectives, tasks and characteristics of China ecological regionalization. Acta Ecologica Sinica, 1999, 19（5）：591-595.

[6] Hai R T, Wang W X. Eco-environmental assessment, planning and management. Beijing：China Environmental Science Press, 2004.

[7] 许联芳，杨勋林等. 生态承载力研究进展 [J]. 生态环境, 2006（05）：1111-1116.

[8] 俞孔坚. 生物保护的景观生态安全格局 [J]. 生态学报. 1999（19）：8-15.

[9] 周艳妮，尹海伟. 国外绿色基础设施规划的理论与实践 [J]. 城市发展研, 2010（08）：87-92.

[10] 陈传康, 伍光和, 李昌文. 综合自然地理学 [M]. 北京高等教育出版社, 1993.

[11] 叶青. 区域生态功能区划理论、方法与实证研究——以敦煌生态功能保护区为例 [D]. 西北师范大学, 2010.

[12] 蔡玉梅，谢俊奇，赵言文，杨枫. 2000 年以来中国土地利用规划研究综述. 中国土地科学, 2006（06）：56-61.

[13] 朱传耿，仇方道，马晓冬，王振波，李志江，孟召宜，闫庆武. 地域主体功能区划理论与方法的初步研究. 地理科学. 2007（2）：136-141.

[14] 李雯燕，米文宝. 地域主体功能区划研究综述与分析. 经济地理, 2008（3）：357-361.

[15] 朱传耿, 等. 地域主体功能区划理论与方法 [M].

科学出版社, 2007. 18.

[16] 高国力. 我国主体功能区划分及其分类政策初步研究 [J]. 宏观经济研究, 2007（4）：3.

[17] 李正国，王仰麟，张小飞，吴健生. 景观生态区划的理论研究. 地理科学进展. 2006（5）：10-20.

[18] 陈雯，段学军，陈江龙，许刚. 空间开发功能区划的方法. 地理学报. 2004（59）：54-58.

[19] 蔡佳亮，殷贺，黄艺. 生态功能区划理论研究进展. 生态学报, 2010, 30（11）：3019-3027.

[20] 王敏，王云才. 基于生态风险评价的非建设性用地空间管制研究——以吉林长白县龙岗重点片区为例. 专题：1993-2013.

[21] 朱查松，张京祥，罗震东. 城市非建设用地规划主要内容探讨. 现代城市研究, 2010（3）：32-35.

[22] 张玉娴，黄剑. 关于我国空间管制规划体系的若干分析和讨论. 现代城市研究, 2009（1）：27-34.

[23] 韩青，顾朝林，袁晓辉. 城市总体规划与主体功能区规划管制空间研究. 城市规划, 2011（10）：44-50.

[24] 李克强. 关于调整经济结构促进持续发展的几个问题. 求是, 2010（6）.

[25] 陈晨. 试析当前我国空间管制政策的悖论与体系化途径. 国际城市规划, 2009（5）：61-66.

[26] 陈晨，赵民. 对"非城市建设用地"及其规划管控问题的若干探讨. 城市规划学刊, 2011（4）：39-45.

[27] 金继晶，郑伯红. 面向城乡统筹的空间管制规划. 现代城市研究, 2009（2）：29-34.

[28] 汪劲柏，赵民. 论建构统一的国土及城乡空间管理框架——基于对主体功能区划、生态功能区划、空间管制规划的辨析. 城市规划, 2009（12）：40-48.

[29] 艾勇军，肖荣波. 从结构规划走向空间管治——非建设用地规划回顾与展望. 现代城市研究, 2011（7）：64-66.

第五章

生态空间单元法
与
区域景观生态
格局规划

1 生态空间及其特征

生态空间单元的研究是将生态学、人文地理学、景观设计学等学科相结合，突出体现地域性景观的形态、功能及作用机理，期求找到一些规律并应用于风景园林设计中。对不同生态空间的认知是生态空间单元理论得以实施的基础，空间的特色化、地域化保护及设计一体化是风景园林设计面临的问题。为适应这种需求及趋势，风景园林设计在充分吸收生态空间理论及实践研究成果的基础上，从生态空间构成及生态空间组合模式等方面入手，通过利用生态空间单元法，指导风景园林设计的实施。最后本文对整体生态空间单元、核心生态空间单元及生态空间单元基本构成三种典型尺度进行分析讨论。

1.1 景观空间设计方法的地域性建设与转型

在景观趋同的背景下，景观规划设计必须尊重场地的特质，并关注景观和要素或各空间单元相互作用的关系，使生态空间单元组合及其格局要求空间结构必须与周边环境相适应与协调。因此，风景园林设计相对相似、孤立、均一的空间设计须向多样化、地域化、实用化的风景园林设计转变。

生态空间单元作为空间的一部分，具有空间的共性特征，同样也因为生态和风景园林设计要素的认识与加入，使得生态空间单元有着自己的特性与独特发展方式。对于空间来说空间运动、空间意向、空间图式、空间组织、空间结构、关系场和模糊界面等特性是空间研究的突破点（图5-1）。根据这些突破点、风景园林生态设计方法和生态设计的特点，总结得出生态空间单元研究特征点，即为生态空间单元动态变化、形态特征、图式表达、宏中微三个尺度、水平镶嵌和垂直嵌套、抽象结构和界面空间等。通过这些特征点的研究我们可以得到生态空间单元的"表面特征——关系结构"的特征总结，以期为风景园林生态规划设计提供思路。

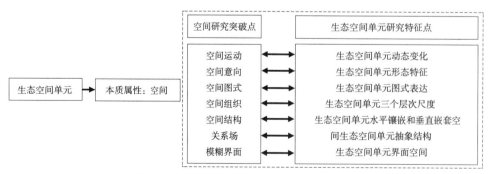

图 5-1　空间与生态空间单元的特征研究的对应关系图

（1）景观空间设计的地域性需求：几千年来，在大自然和人共同作用下形成了丰富多彩的地域性景观空间，是地域整体人文生态系统中文化生态的结晶与精华。随着城市化与工业化的不断深化与发展，地域性景观正在遭受和面临前所未有的冲击和挑战。地域文化的趋同、地域景观的破坏、地域活动的消失使人们不得不重新关注地域景观的形成肌理和总结地域景观的形态特征，关注、重视、认识地域性景观类型，协调当地经济、社会活动等方面需求，建设符合社会发展的景观是景观发展的重要趋势。

（2）景观空间设计方法的转型：长久以来，传统的园林设计方法是从景观的基本要素入手，通过模拟自然山水的方式建造园林。这是探究不同要素之间组合形式的良好方法，但仍缺体系化的总结和概括。在传统思想的影响下，随着景观的快速发展，人们一开始过度地关注园路形态和空间构成，忽略了景观的地域性建设以及空间本身主体性和规律性的作用，近年来人们逐渐关注土地的肌理和地域文化的建设，希望通过不断探索肌理、空间与功能之间的关系，为风景园林建设提供出路。

（3）景观空间设计方法的新特征：近年来随着生态空间被广泛认知，生态空间已由原单纯的自然空间转变成自然与人文合二为一的人文生态空间，生态空间单元的特性也在不断为人们所认知。众所周知，生态空间承载着多种多样的人类活动，同时也承载者着地域发展的活力与生机，而空间的主体性，空间之间的联系，空间形态、规律性、功能以及整体性也在不断被人们探索与总结。通过建设合理的生态空间规划理论，将生态空间规律应用于设计才能最大程度上促进地域性景观的建设和发展。

1.2　生态空间的含义及发展

1.2.1　生态空间含义

生态空间立足于生态学视角，被认为是一切事物发生、发展、存在的基础，是任何生物维持自身生存与繁衍所需要的外部条件。在风景园林设计中的生态空间是用来解释说明人生活的周边环境的肌理状态的，同一时间不同地域及不同时间同一地域的景观具有不同的组成要素、形态及功能等。生态空间在宏观上讲是所有生存空间的集合，可由多个区域生态空间或其下属的生态空间单元所组成。

风景园林设计中的生态空间不仅包括由湿地、湖泊水面、天然草地、水库水面、河流水面、林地等构成的绿色生态空间和由高原荒漠、沙地、荒草地和盐碱地等组成的其他生态空间这些自然要素组成的空间类型，还包括人工制造的景观、建筑等所有满足人们生产、生活、休憩需求的空间。

生态空间单元主要可从以下三种不同角度所界定：生态空间单元空间效应、生态空间单元行为观点、生态空间单元功能特点。生态空间单元空间效应：生态空间是一种生物要素与环境要素相互作用与相互变化的舞台，它在一定程度上表现为一定的空间形态、空间分布现象和空间尺度规律。生态空间单元行为观点强调生态空间单元的空间异质性的动因，通过对动因的探索发现不同的生态空间单元形成的必然结果，为景观地域性特色设计创造条件。生态空间单元的功能特点强调通过空间不同的、特定的肌理的结合，构成了人类及生物可利用的资源，也是形成这些特定功能土地的必然结果。

许多研究者对生态空间理论进行了研究，主要包括空间格局、尺度、镶嵌动态、景观异质性等。现阶段将这些较为成熟的生态空间理论应用于风景园林设计还是缺乏的。

1.2.2　生态空间理论研究

生态空间理论最早源于 Gause 和 Huffaker 对捕食动态的研究。随后，麦克阿瑟和威尔逊的岛屿生物地理学不仅促进了空间生态学的快速发展，并且也激起了一批生物学者对空间生态学空间过程方面的进一步关注。20 世纪初，霍华德《明日田园城市》中虽然没有完善的生态空间理论作为指导，但是其符合生态空间理论的吸纳生态内容，并且在一定意义上佐证了生态空间理论的合理性。麦克哈格的《设计结合自然》中提出了许多生态设计的思路和方法，在一定程度上为景观生态空间的认知与发展提供了条件，但许多学者仍对其理论存在许多的反思和质疑。他们认为麦克哈格的"千层饼模式"只强调垂直自然过程，即发生于景观单元内的生态关系，而忽视了水平生态过程，及发生在景观单元指尖的生态过程。现代景观规划理论强调水平生态过程与景观格局之间的相互关系，研究多个生态系统之间的空间格局及相互之间的生态系统，包括物质流动、物种流动、干扰和扩散等等。现代的景观生态规划模式强调景观空间格局（pattern）对过程（process）的控制和影响，并试图通过格局的改变来维持景观功能流的健康与安全，尤其强调景观格局与水平运动和流（movement and flow）的关系。

1.3　生态空间单元的感念与发展

1.3.1　生态空间单元的概念

现阶段对于空间单元的认识仅限于对空间单元内要素的识别及生态学中相互作用的机制，还未有较多学者对生态空间的设定及其形成形态肌理对风景园林建设及地域性保护有较多研究。

（1）生态空间单元的概念

生态空间单元是景观设计过程中必须认知的景观构成单位，是组成生态空间的中观尺度上的单位，也是景观规划设计中最常使用和研究的尺度类型。生态空间单元广义上是指具有自身生态特点、承载一定生态功能，并与周边空间在功能、构成及形态等方面明显不同且密切联系并存在动态变化过程的生态空间类型。不同类型的生态空间单元之间在构成小空间单元的种类、数目、空间分布及空间连接等方面均存在异同。

（2）生态空间单元的动力机制

生态空间单元具有时间和空间上的动态变化特征。时间上动态变化旨在表现随着时间的不断推移，生态空间单元的功能、形态、大小、结构发生稳定动态的变化过程。在生态空间单元的动态发展过程中，一部分传统空间肌理被赋予新的内涵，而延续维持传统空间肌理的设计中也不同程度上滞留着一些旧的意义。而空间上动态变化旨在表现由于外界因素或空间单元内各部分相互作用竞争的关系导致生态空间单元内发生类型、大小、功能的动态变化过程。这种动态变化有两种形式，一种是动态稳定的变化过程，空间单元的形态、功能等基本不变；另一种是突变过程，空间单元内部各要素及其相互作用关系发生急剧变化，这种变化是不可逆的，在其影响下，该生态空间单元功能也随之改变。通过研究时间和空间上生态空间单元的变化可以发现各空间单元间的相互作用关系及耦合机理（表5-1）。

生态空间单元影响因素 表5-1

影响因素	影响因素的具体内容	外界影响因素与生态空间单元相互作用的关系	产生的结果
自然性影响因素	地质灾害：洪水；飓风；海啸、地震……	对抗关系	地面景观不可逆的破坏与改变生境严重改变，各要素之间相对稳定的存在关系被打破
	自然动态的稳定变化过程：植物群落的演替过程；河岸冲刷过程；雨雪等天气；谷风等的形成	和谐统一	生态空间单元稳定、和谐，具有一定功能和特色的空间场所
社会性影响因素	轻度人为活动：城市适度的建设；梯田；桑基鱼塘；政策法规的建立	协同和谐	在地球环境可承受的一定范围以内，生态空间单元内部性质发生动态且稳定的变化
	重度人为活动：大面积山体开挖、填湖造田、城市高架、硬质化严重	对抗关系	超出了地球环境承受范围，生态空间单元内部要素发生剧烈的变动，空间单元的性质改变

生态空间单元的演变是一个城市延续进化动态过程的表现。研究空间的耦合机理也是为了寻找更好的设计思路和效果。在生态空间单元保护与革新作用过程中，功能 - 多尺度嵌套的互适机制是生态空间单元的主要机制，表现为水平镶嵌与垂直

嵌套两种关系模式。

1.3.2　生态空间单元的复杂性认识

景观设计中的空间异质性是由于在大地景观长期发展过程中非生物环境异质性以及各种人为和非人为的干扰造成的，主要表现为不同生态空间单元在空间分布上的不均匀性及复杂程度，是生态空间单元空间复合的综合表现。空间复合强调生态空间单元之间的连接类型及数量上的特征及空间分布的关系。景观的空间异质性与景观的地域性设计密切相关，其直接反映出该地块的文化背景及应用前景。

（1）生态空间单元的耦合

生态空间单元耦合的实质是生态空间单元的生长过程，是其长期以来相互作用的结果，不是生态空间格局的终极状态，而是动态的过程。生态空间单元的耦合是包含生态空间单元水平镶嵌和垂直嵌套在内的多种相互作用的关系。生态空间单元耦合是指在长期发展的过程中，土地形态在自然因素和人工因素共同作用下，呈现出来相互关联、相互竞争的关系并且在一定方向上存在相互转化的可能性的关系类型。耦合作用强调生态空间单元之间存在的差别，在这种差别下的产生的独特的相互作用关系，以及各种尺度空间单元之间相互转化、相互联系下形成的发展模式。在耦合关系中，不同生态空间单元之间不断经历"稳态——非稳态——新的稳态"的演化过程，从而实现对景观空间的地域化和特色化改造。

（2）生态空间单元的整体性

生态空间单元是一个开放性的复杂巨系统，包含着多种生态元素、相互的作用关系以及作用的影响。对多生态空间单元的单元整体性和每个生态空间单元的自身整体性来说，其研究不能将空间单元进行简单的叠加而作为整体，而是分别研究每个尺度的生态空间单元的特性，演推到不同尺度的生态空间单元的特性，得到由量变到质变的突变结果，最后分别总结不同尺度的稳态特征得到不同尺度设计中的整体性。所以，生态空间单元系统的整体性研究的基础是这个每天与我们相接触并自身可以稳定变化的活动空间存在的条件性，即寻找我们生活的不同尺度的特征，及不同尺度相互转化的条件与可能性，最终得到中观尺度上的生态空间单元整体特征的结果（图5-2）。

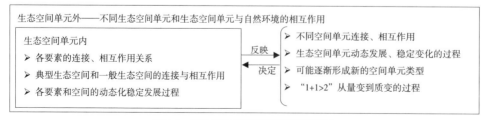

图5-2　生态空间单元与自然环境的相互作用

（3）景观生态空间单元的耦合关系

生态空间单元的建设与发展是统一于区域生态空间的整体的，而整体性、多样性和耦合性是其基本特征，整体性和多样性是通过生态空间单元空间组织而获得统一的。复杂性科学认为组织是关系的关系，研究纯粹的关系是没有意义的。因为只有组织才能将不同的关系组合起来，使部分与整体联系，整体与部分联系，将分散的多样性改造成为完整的形式。所以，生态空间单元的研究实际上是研究生态空间单元的空间组织关系。

复杂性科学认为系统各要素之间的关系是耦合的关系。中南财经政法大学工商管理学院吴勤堂教授认为"耦合是物理学的一个基本概念，是指两个或两个以上的系统或运动方式之间通过各种相互作用而彼此影响以致联合起来的现象，是在各子系统间的良性互动下，相互依赖、相互协调、相互促进的动态关系"。从这个定义，我们看到耦合的概念本身就包含了正态、关系和动态。

区域生态空间的整体性和生态空间单元的多样性统一于生态空间的空间组织关系。而复杂性科学的动态思想认为任何组织的形式不是存在着，而是发生着，是将时间维加到稳态的形式出现。在这种思想的主导下，探究生态空间的命题转化为了研究生态空间单元空间组织及其作用关系的稳态问题，需要探究生态空间单元的水平结构和垂直结构上的相互作用关系及其结果，即耦合是存在于时间和空间两个维度上的（图5-3）。

对于生态空间单元的水平结构和垂直结构上的稳态问题，复杂性科学思想认为结构的形成即是功能耦合系统在负反馈机制作用下的结果。功能耦合系统中只要有生态空间要素或单元之间存在着耦合，就必然包含着信息传递的回路，因而耦合造就了内稳态和维系它的负反馈调节。

生态空间耦合的实质是不同的人类生存空间的生长方式，是动态的发展过程而不是静态的存在状态。耦合不是生态空间的最终存在结果，而是不同生态空间此消彼长、相互作用、相互影响的关系。研究生态空间的耦合关系突出强调生态空间单元属性的区别，并形成良性互动共同生态的和谐状态。研究目的在于突出强调根据生态空间单元的特性设计适合当地居民习惯的空间类型。生态空间单元生长作用主要体现在生态空间单元的水平镶嵌和垂直嵌套的层面上，即体现在平面形态结构及不同尺度的相似与相异水平上。

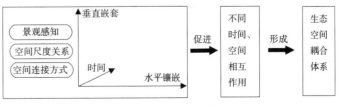

图5-3　耦合体系关系简图

1.3.3 生态空间单元的尺度理论及其研究背景

尺度是指在研究某一物体或现象时所采用的空间或时间单位，同时又可指某一现象或过程在空间和时间上所涉及的范围和发生的频率。前者是从研究者的角度来定义尺度，而后者则是根据所研究的过程或现象的特征来定义尺度。尺度可分为空间尺度和时间尺度。（邬建国，2014 版）生态空间单元的垂直嵌套主要表现为多尺度的景观构建过程，是不同尺度景观之间相互转换与衔接的重要特征，存在在尺度上从量变到质变的过程。尺度推绎是尺度的一个重要特征，尺度推绎是指把某一尺度上所获得的信息和知识扩展到其他尺度上，或者通过在多尺度上的研究而探讨生态学结构和功能跨尺度特征的过程。尺度推绎包括尺度上推（scaling up）和尺度下推（scaling down）。

区域存在空间尺度，不同尺度的空间构成一个自然等级体系。低级区域内的空间结构功能单元在高级区域内会被"抽象"掉，类型相似的众多单元会逐步合并为高级区域中的一个功能单元。根据空间结构尺度理论，在研究区域空间结构重组时，不能没有尺度观念而泛泛而谈，一定要针对相应的区域等级层次。尺度理论有助于在区域空间结构重组研究中准确把握不同尺度所要解决的特殊问题（图 5-4）。尺度是指观察研究对象（物体或过程）的空间分辨度或时间单位。在生态学研究中，空间尺度是指所研究生态系统的面积大小或最小信息单元的空间分辨率水平；时间尺度是其动态变化的时间间隔。景观格局和景观异质性都依时间和空间尺度变化而异，因此在景观空间分析中必须考虑到尺度的制约作用，在一种尺度上通过空间分析所得到的结论不可不经研究地推到另一种尺度上（陈文波等，2002）。空间尺度越大，演化和变动的时间也越长，时间越短。能够察觉明显景观变化的尺度只能是小尺度，大尺度是没有质的变化的。尺度效应表现为：随尺度的增大，景观出现不同类型的最小斑块，最小斑块的面积逐步增大，而景观多样性指数随尺度的增大而减小。景观生态学研究的尺度基本上对应着中尺度范围，即从几平方千米到几百平方千米，从几年到几百年。大尺度主要反映大气候分异，中尺度主要反映地表结构的分异，小尺度主要反映土壤、植被和小气候分异。这种不同尺度分别对应着不同的空间结构分异的本质和规律的思想，特别值得生态空间单元空间结构建设的借鉴。由于存

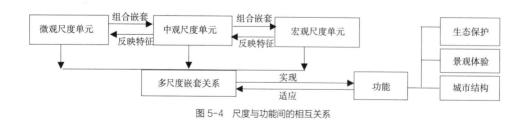

图 5-4 尺度与功能间的相互关系

在多尺度效应，地理要素在空间分布上具有从量变到质变的性质，只有抓住了一定空间尺度上的关键问题，才能使研究深入下去。

1.4 研究步骤

生态空间单元研究分为几个步骤：①空间与生态空间单元特征的对应意义，即通过空间特征与生态特征的结合提炼出生态空间单元的特征方面。②生态空间单元背景内容的解读，即景观设计的地域性设计及生态空间单元发展背景的概述。③生态空间单元的特征解读：生态空间单元最主要的特征为不同尺度上的特征差异与连接关系，即水平镶嵌和垂直嵌套关系。④生态空间单元用于景观规划思想的体系建设。⑤生态空间单元的案例研究——以安徽环南漪湖地区为例。通过这几方面的研究可以把生态空间单元理念落地，进而指导地域性的风景园林建设活动。

2 生态空间单元分类理论

2.1 生态空间单元研究内容的界定

生态空间单元研究有 4 个大的层次方向：第一为探究生态空间内涵，研究通过了解生态空间对于景观建设的重要性对生态空间得以初步了解；第二为生态空间研究，通过分析不同功能、形态及其相关联系和规律，进一步深入分析生态空间单元特性；第三为生态空间规划，通过分析不同空间组织模式，初步形成生态空间规划体系；第四为生态空间规划体系：通过详细的说明风景园林生态空间规划的步骤、层次、重点等，最终形成完整体系（图 5-5 ）。

生态空间单元广义上是指具有自身生态特点、承载一定生态功能并与周边空间在功能、构成及形态等方面存在明显差异且密切联系并存在动态变化过程的生态空间类型。生态空间单元的研究范围主要是景观设计的中尺度范围，在中尺度的大范围内划分三个空间单元特征层次——"生态空间单元基本构成 – 核心生态空间单元 –

图 5-5　围绕空间展开的研究层次关系

整体生态空间单元"，通过分析这三个层次的相互作用关系和关联关系进一步总结景观设计规律。

2.2 生态空间单元分类因素的确定

景观生态系统的空间结构理论中的空间结构是指不同层次水平或者相同层次水平景观生态系统空间上的依次更替和组合，从而显现景观生态系统纵向、横向的镶嵌组合规律的结构。生态空间是风景园林设计的重要内容和研究的基本方向，风景园林是由风景园林要素有机联系组成的复杂系统。从某种意义上来说，生态空间是景观空间重要组成部分，但生态空间更强调景观的相互作用与联系，生态空间单元的主要功能是形成符合场地特色和需求的空间类型。生态空间单元的组合规律及模式很大程度上控制了景观空间的功能及特征，影响着其中物质、能量等各种信息的交流和交换过程。

2.2.1 "生态空间单元基本构成"类型及空间特征

景观五大要素——水、植被、地形、建筑和园路是景观生态空间类型区分的基本标志。这五种要素类型反映了景观生态系统最基本的空间特征，其相互间的组合模式及人们利用方式也是反映地域性特色的重要部分。景观要素的特征在形态、功能和异质性等方面有所区别。

在该尺度下，生态空间单元强调元素复合空间类型的形态、分布方式、组织模式。

2.2.2 "核心生态空间单元"空间特征

核心生态空间单元是指在景观设计的中观尺度上，在每个景观生态空间单元内，最能体现生态空间单元特性或功能的亚生态空间单元类型。核心生态空间单元相对于生态空间单元基本构成类型来说，面积更大、包含的要素类型更多，在更为宏观的尺度上表现出场地特性。共同点在于都可以较好地表现场地特性，区别在于核心生态空间单元由于包含更多的空间类型，更具有异质性，功能和形态也更为复杂，包含部分生态空间单元基本构成类型的特点，但更能表现场地的区域特征。而生态空间单元基本构成类型则更能表现出微观尺度上的场地特征，可以更好地分析认识不同尺度场地特性。

在该尺度下，核心生态空间单元强调空间单元的功能、对整体空间单元的动力作用及与其他核心空间单元空间之间的界面作用。

2.2.3 "整体生态空间单元"空间特征

研究整体生态空间单元强调中尺度景观生态空间单元的特征，是由不同功能或要素类型作用下的综合结果的反映。整体生态空间单元强调不同空间单元之间的连接方向及连接方法，对于空间单元间界面的设计及应用是生态空间单元研究的一大重点。在该尺度下，整体生态空间单元强调空间单元从小到大的组合和相联系模式，不同类型的空间单元之间的组合类型及与周边生态空间单元之间的多级作用模式。

"生态空间单元基本构成——核心生态空间单元——整体生态空间单元"是中尺度生态空间单元研究的三个不同亚尺度，分别有其代表的空间特征和规律。生态空间单元基本构成是连接微观尺度的空间大小类型，而整体生态空间单元是连接宏观尺度区域生态空间的类型。中尺度的生态空间单元虽分为3级小尺度，但都基于中尺度的范围进行划分的，强调形态、功能、界面、空间作用关系等等，但每层的主要作用点及作用类型相异（图5-6）。

相似性是表示不同尺度都是由相同或相似的元素类型，通过相似的方式组合连接在一起，并且具有一定的功能和作用的特性。互推性突出不同尺度之间的尺度属性——即为尺度上推和尺度下推的可能性。多样性主要表现在核心生态空间单元类型、组合方式和功能的多样性方面。稳定性和动态变化性主要用于描述正态生态空间单元或中尺度生态空间单元随时间的变化方面，它们的元素类型、范围、规模以及空间单元的组合模式每时每刻都在动态的变化之中，但是在整体上来说整个系统处于相对稳定状态，依然保持原来的功能和属性。

2.3 生态空间单元的分类体系

2.3.1 "生态空间单元基本构成"分类体系

（1）生态空间单元基本构成的认知框架

生态空间单元基本构成用以描述生态空间的基本组成部分，是形成中观尺度及宏观尺度景观和功能的基本组成部分。其分类体系依靠自然要素和人文要素进行区

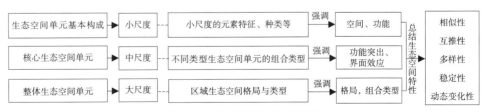

图5-6　生态空间单元三级尺度分析图

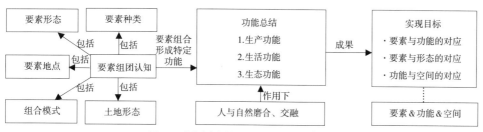

图 5-7 "生态空间单元基本构成"认知体系图

分。自然要素包括植物群落、山体、湖泊、河流等，人文要素包括耕地、园地、鱼塘及其组合模式等。由于"生态空间单元基本构成"尺度主要为我们生活、工作的景观环境，是人们感知最为强烈与真实的空间体，在该尺度下"景观围合形成某一特定功能"的作用被放大，因此在"生态空间单元基本构成"体系中主要强调通过对要素种类、形态等方面的分析，总结不同功能空间的要素类型、空间特点方面的异同点，突出强调功能与要素形态之间的联系。图 5-7 为"生态空间单元基本构成"认知框架。

（2）"生态空间单元基本构成"要素分类解析

① "生态空间单元基本构成"层面空间功能及要素组合模式统计。在"生态空间单元基本构成"层面，要素与功能、空间形成之间的关系是重点，故分别根据自然要素和人文要素的种类、形态、要素地点、组合模式等方面对要素进行认识分析，并总结要素对应的功能，进而得到调蓄水域、缓冲空间、防护林带、生态保育和居住生产等 5 种功能类型（表 5-2）和耕地 - 地形 / 水域组合、道路 - 聚落 / 耕地 / 植被组合、水体 - 植被 / 地形 / 聚落组合的三大类组合类型（表 5-3）。

空间功能统计表　　　　　　　　　　　　　　　　表 5-2

功能类型	含义	形态总结
调蓄水域	具有调节控制水量，保证生态安全的水域类型	"面状 + 线状 + 网状"组合模式
缓冲空间	与两侧生态空间类型不同的条带状或面状生态空间类型	"条带状 + 面状"组合模式
防护林带	具有防风固沙、调节居住环境小气候的树木组团类型	"条带状 + 面状"组合模式
生态保育	在一定程度上具有调节气候、维持水量和环境稳定性的水域或植被带等生态空间类型	"面状 + 条带状 + 网状"组合模式
居住生产	人类创造的，并且提供生产、生活所需要素空间类型	"散点状 + 条带状 + 面状"组合模式

② "生态空间单元基本构成"分类体系。根据自然要素和人文要素的分类标准将要素、类型、要素形态、空间类型、功能及关系进行统计分析（表 5-4）。

要素组合模式统计表 表 5-3

要素组团类型	组合模式	形态	形态功能	典型图示
耕地 - 地形 / 水域组合	拼接型	指状、T 型、交叉状	顺应地势、承接水源，利用土地创造丰富的生产空间	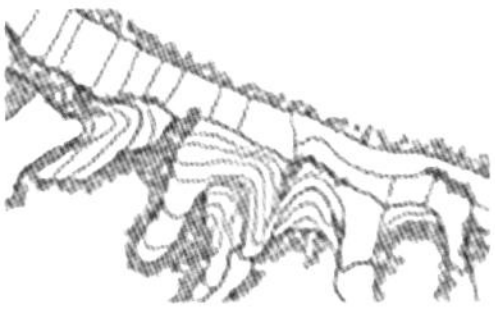
	单体重复型	指纹状重复、梯状重复	顺应地形地势，形成脉络突出，分区明显的耕地类型	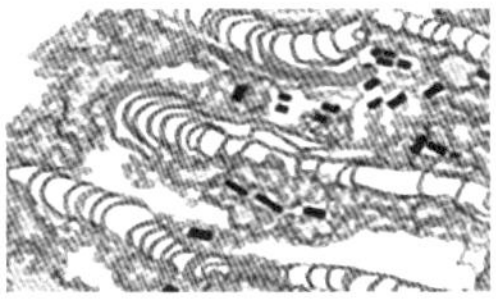
	环绕型	多层环形	有利于包围形成相对闭合的空间类型，保住水分和营养物质，同时利于农民耕种	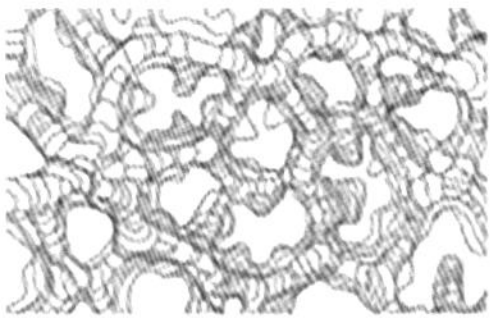
道路 - 聚落 / 耕地 / 植被组合	包夹型	线状	聚落包夹道路有利于人们快速到达目的地，形成较为方便的通行环境	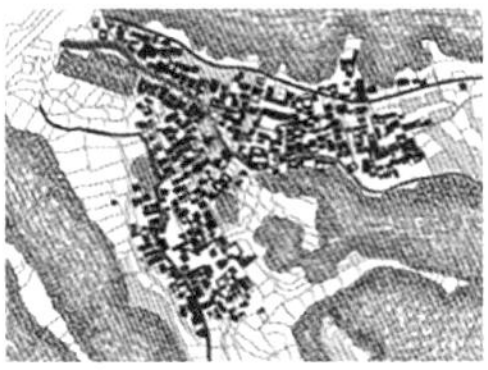
	线性交错型	T 型、线状	道路与耕地形成线性交错状态，有利于人们耕种活动的进行和快速到达目的地，而方块状田地便于耕种和管理	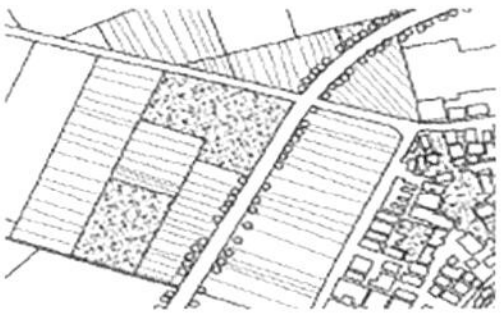
	包夹型、间隔型、交错间隔型	T 型、线状	道路与植被在地形、周围环境的影响下形成间隔型、包夹型等空间关系类型，从而形成丰富多样的道路空间	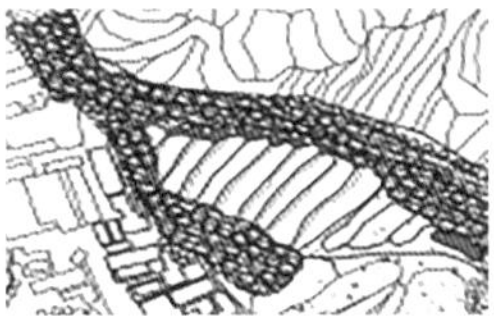
水体 - 植被 / 地形 / 聚落组合	环绕型	面状、环状	植被环绕水体一方面保护水环境，提供相对稳定的小气候，另一方面形成较为舒适的耕种环境和生产环境	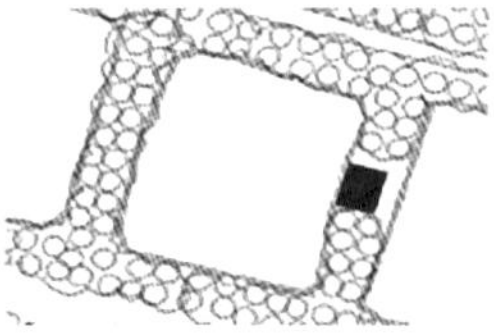
	顺延交融型	线状	水体顺延地形地势进行延伸，形成山水相互依托的环境——水护山、山衬水的景色	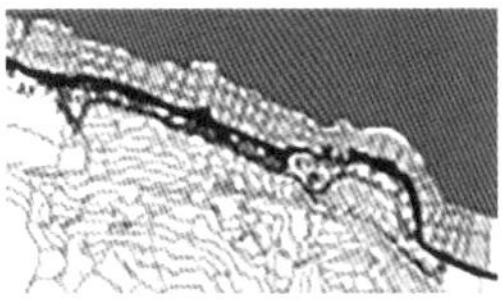
	包夹型	面状、线状	聚落沿水域线性或面状分布，形成以水为中心的生产生活空间，依水而居给人们生产生活提供很大便利	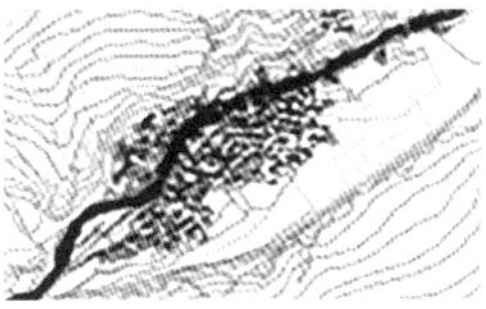

要素类型			要素形态	土地类型	典型图式	空间类型	空间功能	要素 & 功能 & 空间关系
自然要素	植物	抗旱	散点状、条带状	干旱、沙漠		半开敞或封闭空间类型	防护保育功能；生态美化功能	
		抗寒	面状	山地				
		喜湿	条带状、块状	水网				
	山体	丘陵	脊状、条带状	—		半开敞空间类型	各种要素作用基底	
		盆地	条带状					
	水体	湖泊	面状	平地		开敞空间类型	储蓄水资源、生态保育	
		河流	线状、条带状	丘陵、平原				
		水网	网状	平原				
人文要素	人居建筑		散点、条带状、面状	平地、坡地		往往为半开敞空间类型	居住空间	1. 要素是形成空间，并且产生一定功能的基础； 2. 不同要素具有不同的功能；要素形态也会随功能不同而异； 3. 空间是功能实现的必要途径，形成一定空间才能实现一定功能； 4. 功能是最终的成果，是要素组合形成空间，空间产生效果的最终表现
	农田	水田	条带状、环状、网状	平地、坡地		开敞空间类型	生产空间	
		旱田	块状、条带状、环状	平地、坡地				
		鱼塘	多块连接呈面状、树枝型	河湖、农田、基塘等				
	园地	茶园	环状、块状、网状	平地、坡地		开敞空间类型	生产空间	
		果园	条带状、网状	平地、坡地				
	道路		线状	任意地点		开敞或半开敞空间类型	连接性空间	

通过对"生态空间单元基本构成"要素、空间和功能进行统计比较分析，可以得到以下结论：①要素类型是形成某一功能的主要因素，而要素形态是功能加强的表现，关注要素组合形态有利于加强对空间功能的认识；②不同要素类型之间相互依存，在长期的发展过程中形成相对稳定，具有一定特色的空间类型；③相同的要素在不同的地点也会形成不同的形态类型的多样化的空间类型；④不同功能对应不同的形态类型。

（3）"生态空间单元基本构成"的功能。在功能与意义方面，"生态空间单元基本构成"所包含的景观要素组团正是我们日常生活中能感受得到的空间。我们在其中生活、交友、游憩、生产，我们通过双手创造财富，也改变着周围的环境，接受并且感受着大自然给予的恩赐。我们所有的行为活动都可以认为是在这个略为微观的层次中实现的，我们生活的空间正是通过我们最为熟知的要素——植被、水体、道路、建筑、地形通过不同形式的拼接而形成的，多种多样的拼接顺应了不同地点、不同气候环境等的需求，为当地人更好地与自然协同相处创造良好条件。

在空间行为导向方面，认知这一层次的景观有助于帮助我们更好地认识空间与其功能之间的联系，探寻空间要素组成、形态对功能实现的促进作用，为今后风景园林地域性景观的规划设计提供资料和可能性。空间功能的导向性可以引导参与者进行预设的行为活动，而认识空间形态便为我们这一想法提供了可能。

2.3.2 "核心生态空间单元"分类体系

（1）"核心生态空间单元"构建框架

"核心生态空间"是在"生态空间单元基本构成"的基础上，通过将基本结构进行重复、叠加组合形成突出某一种或几种功能的生态空间单元类型，其尺度比"生态空间单元基本构成"大，比"整体生态空间单元"小。该尺度主要为人们轻微俯视的片区景观的尺度，不同功能的空间在人们眼中进行融合与叠加组合，景观的界面效应被放大，主要空间的提取与界面空间的完善与利用成为"核心生态空间单元"尺度中研究的重点，因此在该尺度下，主要突出生态空间的多功能组合与突出以及界面效应。通过将小尺度上的功能进行重组概括，发现多功能下的主要功能特征，及不同尺度下的不同功能的表现形式，接下来通过研究不同小尺度空间的界面关系进而分析不同类型要素组团之间界面特征，为生态空间规划提供思路、创造条件（图5-8）。

（2）"核心生态空间单元"分类构建解析

①"核心生态空间单元"功能分类体系与界面特征分类体系。将"生态空间单元基本构成"体系中的功能类型进行两两组合，形成如下表中的功能组合类型，从中我们可以得到两种不同类型的空间相交形成的界面空间特征和类型，从而得到6

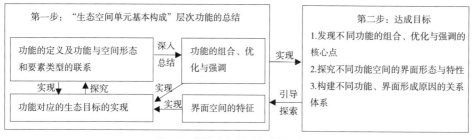

图 5-8 "核心生态空间单元"构建框架

大类功能组合类型和 10 小类功能组合类型。如居住生产与生态保育大类包含 3 小类功能组合空间，为居住生产空间与水域空间、居住生产与林地空间 I 和居住生产与林地空间 II 等等。这些界面空间是空间相交融合的凝结剂，也是人类许多重要活动的场所。"核心生态空间单元"界面通常是由两个或多个相交的不同类型空间单元形成的交接面，是多要素组团式的以线状或线域为主、点状或面域为辅的界面空间类型（表 5-5）。

　　②主体功能的确定方法及界面类型总结体系。"核心生态空间单元"区域主体功能是将地理位置相近或相邻的"生态空间单元基本构成"组进行同类划分，形成功能相对较全与完善的功能区块。在该区块中面积较大或者在区块中起到连接周边小区块或对附近"生态空间单元基本构成"有所联系的作为该"核心生态空间单元"的主要功能类型（图 5-9）。

"核心生态空间单元"功能分类体系与界面特征分类体表　　表 5-5

功能组合类型		界面空间名称	界面特征	界面空间举例
居住生产 & 生态保育	居住生产空间与水域空间	"水·田相契"界面空间	界面主要是水面与陆地形成犬牙交错的形态类型，彼此交融，有退有进——江南地区	江苏
	居住生产与林地空间 I	"房·林平行"界面空间	建筑与树木均为平行于等高线存在，树木为建筑提供了一个良好的遮蔽和防护空间。两者相互依存，建筑和田地受到树木的保护，而树木空间也因建筑和田地的存在而丰富多彩——山地地区	四川
	居住生产与林地空间 II	"房·林相隔"界面空间	树木平行于等高线密集分布，房屋和农田多存在于地势较为缓的地区，形成林地空间与居住生产空间交互隔离的状态，界面较为清晰，界面关系有进有退——高山地区	重庆

功能组合类型		界面空间名称	界面特征	界面空间举例
防护林地 & 居住生产	水边防护与居住生产	"树·岸相平" 界面空间	防护林地与水岸线相平行，形成外包居住生产空间的模式——江南地区、沿海地区	广东
	高山防护与居住生产	"树·田交叉" 界面空间	树团沿山脊线和山谷线延伸，其余部分为田地，农田居住空间与防护林地相互交错，形成多层次的融合的空间类型——山地地区	重庆
调蓄水域 & 居住生产	河道与水田居住生产	"河·田相融相生" 界面空间	河流与水田相互交融，彼此之间没有清晰的分界线，河流储蓄调蓄功能可以寻求水田帮助，而水田的水来源和建设也通过河流来实现	安徽芜湖
	中心湖区与居住生产	"湖·居想离相近" 界面空间	中心湖区周边多有滩涂、湿地存在，不适宜建设房屋和进行旱地农田开发，故房屋和农田都会退湖面建设，处于想离状态，但二者会存在此消彼长、你进我退的共生关系	浙江
调蓄水域 & 防护林地		"水·树相抱" 界面空间	形成湖环绕水，水包围树的关系类型	浙江
调蓄水域 & 生态保育	中心湖区与湿地空间	"多植物融合" 界面空间	形成珍珠串联式的连接模式，其界面是由多种水生、半陆生植物组成，是水域与陆地的过渡地带	浙江
生态保育 & 防护林带	湿地空间与防护林带	"渐消融" 界面空间	从湿地空间到防护林带空间，物种多样性由多变少，湿地植物类型逐渐减少，而防护林带植物类型逐渐增多	浙江

图 5-9　核心功能确定图示

　　界面空间对于"核心生态空间单元"来说是重要组成部分。总结研究不同地区不同功能的界面关系，我们可以得到融合、相接和相离这三大类界面类型，可以知道不同要素之间的界面形态在尺度、要素类型、形态上都有较大差异。这些差异最终表现在空间界面的功能差异等方面（表 5-6）。

<table>
<tr><td colspan="5" align="center">界面类型与功能对应表</td><td align="right">表 5-6</td></tr>
<tr><td colspan="2">界面分类</td><td>连接空间要素类型</td><td>界面功能</td></tr>
<tr><td>融合</td><td>指状相融、凸起</td><td>山体和田地；水体和湿地；水体和农田；陆地和水体等</td><td>产生临界空间</td></tr>
<tr><td>相接</td><td>相对光滑的界面</td><td>道路和农田；支流和农田；山体和支流等</td><td>是事物功能相对分离的标志</td></tr>
<tr><td>相离</td><td>包夹关系但是有相离关系</td><td>道路和聚落；防护树和水体等</td><td>事物之间有一定的关系，但无直接相接关系</td></tr>
</table>

　　（3）"核心生态空间单元"功能。在功能与意义方面，"核心生态空间单元"是承接"生态空间单元基本构成"与"整体生态空间单元"的过渡部分，也是我们分析景观核心功能的重要途径。如果说"生态空间单元基本构成"是我们平日里最能感受到的空间尺度，我们在其中进行多种多样的生活生产活动，"整体生态空间单元"是我们在飞机上俯视我们城市的空间尺度，是能最快的捕捉到城市空间的独特性的空间类型，那么"核心生态空间单元"则是我们综合多种多样的功能，在某一个区块中主要进行的体系化的活动类型。这是忽略某些次要或不重要的活动的结果，能让我们快速把握区域的活动功能类型。在探究区域的重要活动类型的同时，我们发现重要的活动类型与场地边界关系密不可分，许多行为发生在边界区域，而边界又可以将人们引向其他活动区域。故"核心生态空间单元"是生态空间中的不可或缺的一部分，是我们认识不同尺度生态空间的重要组成部分。在空间行为导向方面，"核心生态空间单元"层面强调区域的重点功能的体现和边界环境的探索和利用。在生态空间功能的凸显、界面形态探索的前提下，总结发现人类行为规律对风景园林规划功能区设计和游线、景点布置有很大的帮助。

2.3.3 "整体生态空间单元"分类体系

（1）"整体生态空间单元"认知框架

景观的图示特征主要来源于长久以来自然界不同事物之间的相互作用以及人类行为的影响。其分类体系主要依靠自然因素和人文因素进行区分，自然因素包括高程变化、水文形态特征、地域特征等方面，人文因素包括人类聚居空间（建筑、路网、水系、农田）等等。"整体生态空间单元"尺度是人在低空飞翔状态看到的城市或者景观的特征，在该尺度下人们忽略了众多空间的具体功能以及界面空间特征，更多地强调空间的整体特征，如路网、水域、山体的形态及走势以及大面积要素之间的体量关系及景观格局特征。因此在"整体生态空间单元"分类体系中主要强调空间主体形态和主体元素类型，从大的方向把握整体的格局、元素空间分布形态和元素间关系（图5-10）。

（2）"整体生态空间单元"要素分类解析

①"整体生态空间单元"分类体系。在"整体生态空间单元"层面，由于空间格局的分类分析是该层面设计的重点，故根据要素组团将整体生态空间单元类型进行划分，划分为水域水景类、山地丘陵类、平原网络类和地貌过度类4大类景观类型，以及面状、条带状、块状、脊状、散点状、网络状、交错状等7种要素形态组团类型，和散布型、组合型、延伸型等三种空间格局类型（表5-7、表5-8）。

②"整体生态空间单元"举例描述。通过对不同地区生态空间图进行矢量化分析，突出总结宏观尺度上的格局特征并进行总结，可以得到表5-9和表5-10中的图式解析分析。

通过对"整体生态空间层面"不同要素类型的空间格局进行总结分析可以得到以下结论：①空间格局因要素类型的不同而有较大差别；②空间格局随地域不同、气候条件的不同而呈现出相对地域化的特征；③相同的要素因其形态不同于其他要素相互作用的模式和该要素的功能类型也不同；④在不同空间格局中均有某一主导

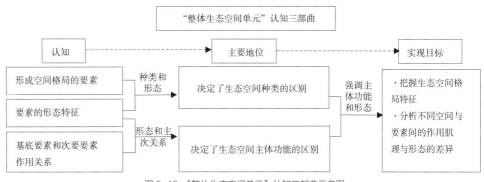

图5-10 "整体生态空间单元"认知三部曲示意图

格局形态	含义	具体分类
散布型	指主要要素组团依据地形、水系等自然条件，呈现随机或规则的散布分布模式	斑块随机散布型
		斑块规则散布型
组合型	指主要要素类型将空间进行划分，生产空间、生活空间、生态空间有规律地分布其间，组成相对稳定格局的模式	格状组合型
		枝状组合型
		环带组合型
延伸型	指水系、路网、农田等具有条带状形态的要素，在要素的发展融合过程中形成的延伸型发展模式，以扩大其影响范围	曲线延伸型
		条带对称延伸型
		辐射延伸型

要素类型与格局形态对应表 表 5-8

类别名称	要素组团类型及分类		要素形态组团类型		对应空间格局形态
水域水景类	自然要素	核心水域	面状	散布型；组合型	以大水面为核心，周边散布些许小水面组合成核心水域类型
		河流分支	延伸式条带状（主体水域向外延伸）	延伸型	直流沿地形等向外延伸
		防护树种	依附式条带状（依附主体水域）	组合型	在水域两侧呈条带状对称分布
		湿地＆滩涂	依附式块状（依附主体水域）	组合型	在水域两侧呈块状分布
	人文要素	人居建筑	散点状	散布型	依据适当场地特征建造
		水田	面状	组合型	在水面面状分布
山地丘陵类	自然要素	山地和丘陵	脊状；条带状	延伸型	形成狭长空间类型
		水景树网络	随机式网络状（依据地形形成随机线条水网）	延伸型	依据地形地势，随机线条分布其中
	人文要素	人居建筑	依附式散点状（依附地形随机分布）	散布型	依附地形，选择不适宜用作农田用地进行建筑建造
		农田（梯田）	条带状（顺应地势）	组合型	顺势开发，与等高线平行
平原网格类	自然要素	水域	规则式网络状	组合型	相对均一的空间类型
		树团	面状	组合型	面状树团组团相对随意、均一
	人文要素	道路	相对规则式网络状	组合型	道路、农田、人居建筑呈网络化相交组合模式
		人居建筑	面状、条带状、散点状	散布型、组合型	大范围上呈面状，局部散点式分布格局
		农田	面状、条带状	组合型	农田与道路、人居建筑等规律性分布组合
地貌过渡类	自然要素	水域和土地	形成自然交界面（滩涂、湿地等）	组合型	湿地、滩涂、水面、陆地分层组合
		山地和平原	形成自然交界面（树团等）	组合型	山地和平原呈面状相交
	人文要素	树林和农田	相互交错型（自然融合）	延伸型	两者相互镶嵌，在逐步融合过程中形成局部犬牙交错、大范围上为自然曲面
		城市和乡村	形成城乡交错融合带（农田、树林等形成）	组合型	形成以城市为中心的环带组合模式

要素、格局类型		自然因素			
自然要素类型		森林、沙漠中的绿洲	梯田、水域等		水域分叉处；山地间空间
空间格局类型	名称	散布型	组合型		延伸型
	特点	由地形地势影响的斑块散布型分布特征	利用自然的地形、水系来划分空间，形成以自然空间为主，人类活动空间为辅散落其间的组合模式		主要突出水域延伸特性，自然环境和人类生活空间也呈延续状态分布展开
	亚类型	斑块随机散布	格状组合型	枝状组合型	曲线延伸型 ‖ 条带对称延伸
举例	地点	青海果洛藏族自治州玛多县	四川泸州合江县	江西宜春丰城市	江西九江武宁县 ‖ 江西赣州于都县
	图片				‖
	图片特征	· 沙漠中的绿洲呈现随机分布状态 · 其形态与自然地形有关	· 梯田呈现格状肌理，生产空间排布在生态空间中 · 形态受地形影响	· 枝状水系划分自然空间，形成较大面积的生活、生产空间 · 形态受地形影响	· 曲状水系蜿蜒延伸 · 形态受地形影响（该类型主要为河谷区或平坦地区） ‖ · 水系、林带、人居带等在水系两边对称分布 · 形态受地形、水系形态及季节性气候影响

要素、格局类型		人文因素			
人文要素类型		农田、小面积水面、聚落空间	农田、聚落空间、鱼塘、路网		水系；路网
空间格局类型	名称	散布型	组合型		延伸型
	类型	基质较为均质，斑块个体均匀散布其间	以某一种功能形式为主，其他生活空间规则的分布其中		以人类居住空间为核心，向外发散各种空间
	亚类	斑块随机散布 ‖ 斑块规则散布	格状组合型	环带组合型	辐射延伸型
举例	地点	江苏省苏州市吴中区 ‖ 四川泸州合江县	安徽亳州涡阳县	江苏镇江句容市	江西赣州于都县
	图片	‖			
	图片特征	· 水体空间与人类居住空间呈现大聚集、小分散格局 · 水面形态受人类与自然作用关系影响 ‖ · 人居空间规则散布在农田肌理中 · 人居空间形态受自然气候、地形及人文的农田形态等方面的影响	· 路网呈现矩形格状，人居空间分布其间 · 形态受地势影响	· 形成人居空间、种植空间环带结构 · 形态受地形和城市发展程度影响	· 以人居空间内聚集为核心，外围逐步辐射出种植空间，并由核心区连接各种辐射带区域 · 形态受地形影响较大，多见山地地形带区

要素类型、空间类型和功能类型，具有相同功能的要素其形态和组团模式有相似之处。

（3）"整体生态空间单元"功能，在空间功能与意义方面，我们再日常生活中可能并未真正感受到整体生态空间单元的魅力，也可能从未真实感受到它默默为我们做出的一些。但当我们坐在飞机上俯视我们生活的城市及其周边的乡村及自然环境的时候我们便能真切感受到那份来自大自然的魅力。我们呼吸的空气、我们身边的一草一花都是这个整体中不可或缺的一部分，是这个系统得以稳定存在、动态变化的基础。上述表格中提到的水域水景类、山地丘陵类、平原网络类和地貌过渡类四大类整体生态空间单元均具有其自身的功能和作用，是形成我们现存生活、生产空间、生态空间和过渡空间的基本组成部分。水域水景类空间在储蓄水资源、调节大气湿度等方面起到重要作用；山地丘陵类是西部地区重要的空间类型，人居活动基本上都集中于此，也因此形成了具有当地特色布局格局和文化特色；平原网络类是东部沿海地区典型的空间类型，水系往往相对规则的分布其中，与道路、人居空间相互影响相互交融，也形成了盛产海鲜类、水稻的格局；地貌过渡类则是不同类型的空间相互交融的交界面空间，空间物种的丰富度很高，具有相对稳定的界面格局，也可以形成不同于界面两侧空间活动类型。

在空间行为导向方面，认识整体生态空间特征有助于认识不同功能下的整体生态空间单元的形态、景观特色及景观要素分布规律，在一定程度上可以帮助我们感叹大自然造物神奇之处、珍惜现在的生态空间，从相对宏观角度认识和把控生态空间的发展趋向，为我们景观的生态化、地域化设计改造提供资料与条件。

2.4 生态空间单元与生态设计

通过对上述三个层次的生态空间进行分别论述，通过强调小尺度——"生态空间单元基本构成"中的功能与要素组团形态的关系，中尺度——"核心生态空间单元"中的不同界面之间的效应，以及大尺度——"整体生态空间单元"中的空间格局模式，强调不同空间中的空间分类、感知和重点的差异性，进而更好地认识不同尺度下的空间特征，进而将空间规律应用于今后的规划设计（表5-11）。

三个主要尺度层面上的场地设计策略 表 5-11

大尺度：整体生态空间单元的设计策略——空间格局和肌理特征	
主要内容	工作范围
·区域形态及土地利用肌理 ·场地的功能与区域的角色定位	·结合片区及场地发展制定相对完整的设计发展框架 ·确定整体的发展结构。如线性、网络等

| 中尺度：核心生态空间单元的设计策略——空间组合、突出和界面 ||
主要内容	工作范围
·片区的角色与定位 ·空间主要肌理与功能 ·界面空间特征	·结合区域整体规划和场地设计，确立主要功能及区域位置 ·确定与大尺度及小尺度的空间尺度和形态方面的呼应 ·不同片区的功能和场地形态不同，有地域建设的指导性和目的性
小尺度：生态空间单元基本构成的设计策略——要素、功能和空间	
主要内容	工作范围
·形态、种类及功能 ·土地功能与空间 ·空间的角色与定位	·结合要素种类、形态对场地空间及功能进行认知与分类 ·确定空间特色及主要设计特征 ·肌理、团与细节设计相呼应与保持开放

3　生态空间单元的水平镶嵌

3.1　水平镶嵌概念及背景

3.1.1　水平镶嵌概念

不同空间单元类型之间的关系是风景园林设计中的重要内容，很好地认识空间结构需要对研究内容进行界定。水平镶嵌是指在生态空间单元体系中，同一层次不同类型的空间单元之间的连接、结构等方面的作用情况。"水平镶嵌"中的"水平"将空间单元相互作用关系的探索限定在了同一层次中，即为系统内部处于同一结构水平上的空间单元。而空间单元之间的关系是并列或者相交关系，是不具有包含关系的。"水平镶嵌"中的"镶嵌"是形容空间单元的结构关系，指在长期人与自然的协调过程中形成的不同功能空间单元之间的作用关系（图 5-11）。虽然空间单元对功能的表达有主次之分，但生态空间之间的连接是平等的、有对称性的。故空间之间的连接结构并不具有主次差别，只是在不断作用的过程中，形成由功能的选择性导致的空间单元对功能表达的主次结构关系。在不同空间单元相互作用连接的时候，应不断协调、整合不同空间功能，形成协同发展的格局。水平镶嵌的界面多为有形的，形成复杂的界面空间结构，也承担着丰富的空间活动。

3.1.2　水平镶嵌国内外研究成果

最初水平镶嵌用于生态群落结构特征的描述，主要应用于生态特征的描述，强调生物群落的平面布局和关系，而在景观规划设计方面仍处于探索阶段。邬建国在《景观生态学——格局、过程、尺度与等级》中提出水平结构是指同一层次上整体

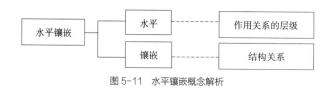

图 5-11　水平镶嵌概念解析

元的数目、特征和相互作用的关系。水平结构的可分解性来自于同一层次上整体元内部及其相互之间作用强度的差异。他尝试用"松散水平耦连"（loose horizontal coupling）来解释水平层面上的作用关系，"松散"意味着"可分解"，而"耦连"意味着"抵制分解"，强调复杂系统的可分解性。王云才尝试将水平特征应用于景观设计中，他在《景观生态规划原理》中提到空间镶嵌格局规划一种是对区域景观斑块、廊道、基质进行空间镶嵌格局的规划设计，另一种是以区域廊道网络体系（主要是水体网络）为骨架，在规划"水景树网络体系"的基础上添加各种功能性空间，在确定功能性空间景观基质的基础上规划斑块的镶嵌格局。

3.2　生态空间单元水平镶嵌的复杂性认识

景观作为动态斑块的镶嵌体，在时间和空间上都表现出高度复杂性，一方面表现为功能空间的多样化，另一方面则强调空间融合形式及融合后的功能表现的复杂性。由于系统的复杂性常常与组分的数量、组分间的关系及观察者有关（邬建国，2014），在生态空间单元体系中即指不同层次空间单元的数量、空间单元关系、格局等方面的影响。其中水平镶嵌体系中主要表现为空间的整体性和耦合关系两方面。

3.2.1　整体性

在景观的不断认识、形成与发展的过程中，景观的认识角度多强调分析性角度和还原性角度。但还原和分析的过程都是对生态空间整体、过程的抽象和切割，都会让整个体系丧失原有的部分关系和属性，缺乏对整体的把握性认识。真正的整体性永远是不完整的，有缝隙和裂痕的。整体的不确定性是因为整体的边界难以划定，一个系统中的整体又是另一个更大系统的一部分。真正的整体应该是含混的，多样的和不定的（赵珂，2007）。金涛认为"整体哲学的大厦建立在如下两个基本前提下：①任何现象都是有条件的，我们将其称为事物的条件性。认识某一现象和它存在的充分必要条件就是广义因果律。②任何一种存在都处于内外不确定干扰的包围中，我们称其为现实世界的不确定背景"。

生态空间单元体系水平镶嵌的整体性是用以描述在长期发展过程中，通过人与自然的不断融合，形成的具有一定功能和空间结构的生活、生产空间，主要表现在生态空间单元的连接、功能组合、功能创造、形态肌理的融合等方面，是空间研究的重要部分。水平镶嵌主要针对每一层次对于空间功能、结构的把握，通过区块的连接、融合与创新形成具有一定功能的空间方式。因此在研究生态空间单元体系水平镶嵌的整体性的时候主要强调两方面的背景因素——形成的条件性和外部的干扰。整体性作为表现空间的功能和形态的重要载体，在空间形成和功能表达过程中起着重要作用（表5-12）。

生态空间单元体系整体性总结表　　　　　　　　　　表5-12

三个不同层次空间单元	形成条件（稳态）	外部干扰（动态变化）	整体性的具体体现	空间模式
整体生态空间单元	·大气、温度、湿度等条件共同作用下形成 ·众多的人在长期活动中与自然不断作用形成	·非规律的自然现象：地震、海啸等 ·无序开发：自然脉络的断裂、火灾	·无灾害化空间一体化 ·生存空间的功能一体化 ·地域连续性 ·环境条件匹配性	·散布型 ·组合型 ·延伸型 ·……
核心生态空间单元	·空间类型的分异 ·空间功能与自然形态的吻合	·空间的无序乱建（功能、地形等不吻合） ·自然灾害的发生	·空间类型的多样化融合 ·空间连接形式多样化融合 ·空间复合形态多样化融合	·居住生产、生态保育、调蓄水域空间组合
生态空间单元基本构成	·功能与形态的相互需求 ·要素对自然现象的适应	·人为破坏 ·自然灾害的发生	·要素、形态、功能的对应 ·要素组合模式的多样化	·散点状；面状；条带状

3.2.2　耦合关系

生态空间单元是一个复杂的耦合体系，是自然背景、人文背景、功能、形态、要素等相互耦合、相互制约共同促进形成的空间类型。水平镶嵌中的耦合关系主要强调界面关系及整体性与稳态之间的关系。只有以生态为主体，以整体化和功能实现为目标，才能真正通过耦合形成富有地域特色的空间单元。生态空间单元耦合的实质是生态空间的生长方式，即不同生态空间之间的作用、结合模式。

3.3　生态空间单元水平镶嵌肌理基本认知

3.3.1　生态空间单元水平镶嵌的认知准则

根据水平镶嵌的复杂性特点，确定了其三大主要的认知原则：①动态化的认知规划准则；②以问题为导向的认知规划准则；③整体化的认知规划准则。规划师可通过这三点准则明确水平镶嵌的认知过程和重点。

（1）动态化的认知规划准则。生态空间单元是景观设计中观尺度下的动态的、开放的、复杂的生态系统，它具有开放性、复杂性、多样性与融合整体性。动态化认知规划准则的确立是针对生态空间的动态发展稳定来说的。在宏观尺度下这是一个稳定的系统，而在中微观尺度下这则是一个动态变化的系统。

（2）以问题为导向的认知规划准则。通过对现在社会中的不同生态空间与自然中的生态空间的对比分析总结，我们可以发现现在生活环境存在地域性消失、生态空间破碎化、空间链接过于随意和不稳定等现象。分析相对良好的生态空间的水平镶嵌模式则有利于帮助我们更好地地生态空间的连接模式和稳态，从而设计更长久发展的生态空间连接、组合模式。

（3）整体化的认知规划准则。生态空间在宏观尺度上看具有整体化发展趋势，整体化思想的建立也更能促进生态空间单元的建立和功能的完善。水平镶嵌强调通过空间的连接和功能的统一，建立建设相对完善的空间单元体系。

3.3.2　生态空间单元水平镶嵌的规划流程

在水平镶嵌的三大原则的指导下，生态空间单元水平镶嵌遵循如下规划过程：通过"整体生态空间单元——核心生态空间单元——生态空间单元基本构成"三个层次对要素、空间功能进行基本分层认知，对生态空间水平镶嵌的条件环境进行分析，确定每个层次水平镶嵌的不同重点内容，对生态空间单元进行优化设计，通过对空间认知、分析到空间重点内容的确定，最后进行空间的优化设计，确立空间整体设计规划的格局。而水平镶嵌则是通过对不同层次之间空间的衔接方面进行把控，以期营造一体化的空间层次结构。

3.3.3　生态空间单元水平镶嵌的方法体系

生态空间单元规划设计是运用复杂性科学哲学思维、整体化思想和生态学理论对人们的生产、生活空间进行重新认识，通过分析总结相对稳定、良好的生态空间类型，对自然、优美的空间进行总结，进而建构出区域地域性建设的蓝图，进而在对生态环境进行最小化扰动的基础上，为居民提供最适宜的聚居环境和生存空间。水平镶嵌可以帮助我们认识、改良与设计不同生态空间单元的种类和连接方式，以寻求适合我国大地发展的空间设计有效模式。而水平镶嵌只是分析的一部分，我们还需垂直嵌套等理论的协助才能更好地理解生态空间单元体系的构建内容（图5-12）。

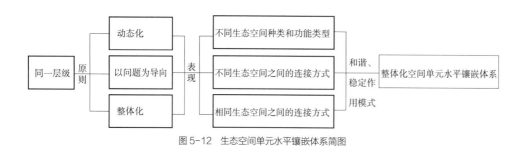

图5-12　生态空间单元水平镶嵌体系简图

4 生态空间单元的垂直嵌套

4.1 垂直嵌套概念及背景

4.1.1 垂直嵌套概念

生态空间单元的垂直嵌套是指在长久的发展过程中，随着自然与人文因素的不断摩擦，逐步形成的景观宏中微不同层次之间在形态、功能、界面连接、要素种类等方面的相似性关系。"垂直嵌套"中的"垂直"是指宏中微、大中小尺度的不同层次之间的关系。"嵌套"是指的不同层次景观之间在特征、连接度等方面的相同与相异关系。我们可以通过嵌套理论利用某一个层次的特征推出另一个或几个层次上的特征，进而指导我们的景观设计实践。因而关于生态空间单元的垂直嵌套理念可以分成两个方面，一是空间尺度的认识、界定与理解，二是对不同层次生态空间单元之间的认识与关联度的认知。

一是对空间尺度的认识、界定与理解，可以整体把握尺度认知对生态空间单元建设的重要意义。空间尺度是指研究的生态空间单元的面积大小，而不同的面积上携带着很多不同的景观功能、使用者、要素形态等信息。在这方面空间尺度主要指之前提及的生态空间单元三个层级——"整体生态空间单元—核心生态空间单元—生态空间单元基本构成"。通过之前的分析我们可知不同层次上的景观主体的功能、表现重点都有所侧重，但在其本质上都是对"人居环境"塑造从宏观到微观的逐渐推进。

二是对不同层次生态空间单元之间的认识与关联度的认知。同一生态空间单元不同尺度之间具有尺度上推和尺度下推的作用，而不同尺度之间的推导方式便是我们研究的重点。尺度上推是指通过总结低层级或小尺度上景观的要素、组成、功能的特点，大致推出高层级或大尺度上的景观功能、形态、人类活动等方面特征的方法。尺度下推与尺度上推相反，是指通过总结归纳大尺度或高层级景观格局的特点，大致推出低层级或小尺度上的景观空间、功能、要素类型特征的方法。

4.1.2 垂直嵌套国内外研究成果

现阶段垂直嵌套理论已有了初步进展。很多学者都对尺度进行了较为深入的研究，并且尝试将尺度理论应用于实践。邬建国在《景观生态学——格局、过程、尺度与等级》中提出垂直结构是指等级系统中的层次数目、特征及其相互作用关系。垂直结构也具有可分解性，是因为不同层次具有不同的过程速率（例如，行为频率、缓冲时间、循环时间或反应时间）。他尝试用"松散垂直耦连"（loose horizontal coupling）来解释垂直层面上的作用关系。"松散"意味着"可分解"，而"耦连"

意味着"抵制分解",强调复杂系统的可分解性。垂直嵌套的界面可能是无形的,而两个相邻层次间的关系是非对称的(如高层次对低层次施以限制,如规定边界条件,而低层次为高层次提供动态机制)。王云才在《景观生态规划原理》中提到尺度分析和尺度效应对于景观生态学有着重要的意义。尺度分析一般是将小尺度上的版块格局经过重新组合在较大尺度上形成空间格局的过程。主动提出景观生态的规划必须在遵循景观整体性的原则下进行,不仅在规划时符合更大尺度景观整体性的特征,同时景观生态规划同样具有规划尺度上的整体性。陈修颖在《区域空间结构重组——理论与实证研究》中谈到了不同尺度上的特性和研究重点不同,尺度分为空间尺度和时间尺度,而景观格局和景观异质性都依时间和空间尺度变化而异,因此景观空间分析中必须考虑到尺度的制约作用。学者大都研究不同尺度上的景观的差异性,但景观在不同尺度之间异同方面的研究仍较少,仍在不断探索过程中。

4.2 生态空间单元垂直嵌套的复杂性认识

由于不同功能、形态、大小的景观在大中小三个层次上的连接关系具有差异性,因此生态空间单元垂直嵌套的复杂性主要体现在不同空间类型的上推和下推的方式的多样性方面。

4.2.1 生态空间单元的协同生长方式

生态空间单元三大层级生长相互支撑、相互依存,他们之间存在相互协同共同发展的模式,系统之间相互依存相互合作的关系,即协同。协同是系统中诸多子系统的相互协调的、合作的或同步的联合作用、集体行为,是系统整体性、相关性的内在表现(赵珂,2007)。子系统通过协同形成宏观尺度上的空间结构、时间结构或功能结构,并形成从小到大,从个体到群体的连接关系(表5-13)。

生态空间单元各层作用及协同生长具体内容 表5-13

空间层次	在"生态空间单元"体系中作用	相互作用
整体生态空间单元	控制和制约	·控制、制约:对"核心生态空间单元"和"生态空间单元基本构成"层面起到控制、制约的作用,在整个体系中处于领导地位
核心生态空间单元	承接和协调	·协调:将"生态空间单元基本构成"层面的元素功能、形态进行进一步总结分析、提炼、总结,形成较为体系化的功能空间类型 ·承接:是"整体生态空间单元"层面格局形成的基础
生态空间单元基本构成	基础和促进	·基础、促进:是"核心生态空间单元"和"整体生态空间单元"形成的基础,并在一定程度上促进了空间功能的实现

4.2.2 生态空间的稳态

在人与大自然的不断融合过程中逐步形成了多种类型的生态空间，而人们生活的空间多处于相对平衡和稳定的状态，事物之间的作用方式和相处模式也相对固定，因此研究生态空间的稳态并将其应用于景观设计中能较好地适应自然的发展变化并能得到较为长久的可持续发展。生态空间单元的垂直嵌套体系是将不同层级的空间单元的功能、连接方式进行分析总结，以期得到生态空间单元纵向生长模式。

4.2.3 尺度上推和尺度下推

尺度推绎（又称尺度转化）是在不同时空尺度或不同组织水平上的信息转绎（King，1991；van Gardingen 等，1998；Wu，1999；Wu 和 Li，2006a，b）。尺度推绎可进一步区分为两种类型：尺度上推（scaling up 或 upscaling）是指将小尺度上的信息转化为大尺度上的结果，而尺度下推（scaling down 或 downscaling）则是指将大尺度上的信息转化为小尺度上的结果（邬建国，2014）。这种能在尺度之间传递的可能为要素种类、空间的形态、空间连接方式、空间组合模式和空间功能等信息。

4.3 生态空间单元垂直嵌套肌理基本认知

4.3.1 生态空间单元垂直嵌套的认知准则

根据垂直嵌套的复杂性特点，确定了三大主要的认知原则：①具可分解性的空间特点；②动态发展特征；③方向性特征，通过这三点准则明确水平镶嵌的认知过程和重点。

（1）具可分解性的空间特点。系统的可分解性是应用等级理论的前提条件，用来"分解"复杂系统的标准常包括过程速率和其他结构和功能上表现出来的边界和表面特征（陈修颖，2005）。即具有可分解性是生态空间单元体系中三大层次之间相互连接、相互作用的前提条件。

（2）动态发展特征。生态空间单元体系一直处于动态发展的过程中，大中小三尺度均表现出相应的动态变化过程，但表现程度不同。稳态从宏观到微观逐步下降，而动态变化程度增加。即宏观层面以稳态为主，动态变化的可视度较小；中观层面动态变化的可视度增加；微观层面随有相对稳定的环境，但要素种类和作用关系常常受外界环境影响而处于变化相对较快、较大的阶段。

（3）方向性特征。一些功能或特征在层级中的重要程度是有方向性的，有些是从宏到微重要程度逐渐减小，有些是逐渐增加，有些不变。如随着尺度的逐渐增加，要素种类的重要性逐渐减小，要素组团形成的空间格局的重要性逐渐增加，而空间功能在每一层中都占据着重要地位，其重要性基本不变（图5-13）。

4.3.2　生态空间单元垂直嵌套的规划流程

在垂直嵌套的三大原则的指导下，生态空间单元垂直嵌套遵循如下规划过程：通过"整体生态空间单元—核心生态空间单元—生态空间单元基本构成"三个层次进行基本分层认知；对不同层次间相同要素组团或功能组团进行功能、形态和连接关系等的总结分析；确定每种要素组团或功能组团的特征点；对生态空间单元进行优化设计。通过对空间认知、分析到空间重点内容的确定，最后进行空间的优化设计，确立空间整体设计规划的格局。而垂直嵌套则是通过对相同要素组团和功能组团在不同层次之间空间的异同点进行把控，以期营造一体化的空间层次结构。

4.3.3　生态空间单元垂直嵌套的方法体系

近年来，学者对垂直嵌套体系有所完善。本研究针对尺度的整体特征及各尺度生态空间单元的联系与区别对生态空间单元进行更为细化的研究。生态空间单元垂直嵌套体系的建立是在复杂性系统的基础上，以空间分解性、动态发展性和方向性为指导原则，运用整体化和动态发展的思想，对人们生活、生产空间特征进行总结归纳。垂直嵌套可以帮助我们设计完善不同层次相同要素空间，最终形成微观细部与宏观整体协调稳定发展的格局（图5-14）。

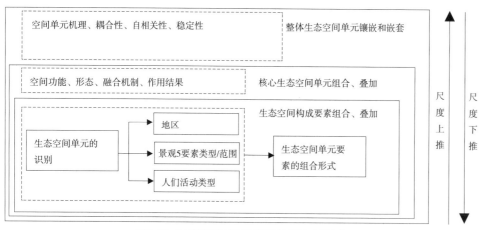

图5-13　生态空间单元体系不同层次的重点表现内容

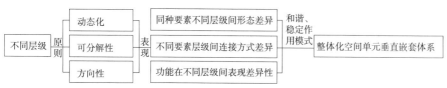

图5-14　生态空间单元水平镶嵌体系简图

5 生态功能区的划分与区域景观格局规划

5.1 生态功能区

5.1.1 生态功能区研究背景

生态功能区划是根据区域生态环境要素、生态环境敏感性和生态服务功能空间分异规律，将区域划分为不同生态功能区的过程。

自然界的各个要素是相互作用、相互影响、密切关联的，而生态系统作为这些要素的综合表现形式，各个系统之间也是相互联系的，当一个系统发生改变时也可能影响到周围系统的运行。此外，生态系统作为一个空间系统而体现在各种尺度上（Bailey，1985；Forman and Godron，1986），他们之间相互镶嵌，互为包含，每一层次都包含着更低层次的组分，并规定或控制着第一级层次的行为。因此，生态系统不仅仅是如过去所定义的一个小的同源区域（如一个林分或一块草地），而且也可以体现在更大的尺度上。在进行生态区划时就必须在充分了解各生态系统间联系的基础上，进行各系统组分间的综合。真正意义上的生态区划方案直到 1976 年才由美国生态学家 Bailey 首次提出。他为了在不同尺度上管理森林、牧场和有关土地，从生态系统的观点出发，对各个组分进行整合，提出了美国生态区域的等级系统，认为区划是按照其空间关系来组分自然单元的过程，并编制了美国生态区域图，引起了很大范围的讨论。生态功能区思想在生态学中应用较广，但在景观设计中的应用较晚。20 世纪中后期我国逐步完善了自然生态系统服务价值计算，以及生态足迹量算，确定保持一定生活水平所需自然生态空间，不同生态区域容量的估算方法，以及实现这种生态维持空间和保持有效容量的障碍。这为现代生态区划提供了新的认识和实施途径。中国同期开展了类似的生态区划：以生态要素区划为基础，发展生态环境综合区划，开展生态地域划分。

5.1.2 传统生态功能区划分方法

生态功能区划是根据区域的分异规律，将区域划分为具有特定功能单元的过程。区域内自然、社会、经济等因子的综合作用决定了一个区域的特定功能，因此生态功能区划首先是对区域内自然、社会、经济等因子分异规律的辨识。生态区划的目的不同，所采用的方法也有很大差异。归纳起来，生态区划的方法可分为基本方法和一般常用方法两类。基本方法为顺序划分法和合并法，一般方法为地理相关法、空间叠置法、主导标志法、景观制图法和定量分析法。

①顺序划分法，又称"自上而下"的区划方法，它是以空间异质性为基础，按区域内差异最小，区域间差异最大的原则，以及区域共轭性划分最高级区域单元，再

依次逐级向下划分。②合并法，又称"自下而上"的区划方法，它是以相似性为基础，开始按相对一致性原则和区域共轭性原则依次向上合并，多用于小范围和区划低级单位的划分。③地理相关法，即运用各种专业地图、文献资料和统计资料对区域各种生态要素之间的关系进行相关分析后进行区划。④空间叠置法，以各个区划要素或各个部门的和综合的区划图为基础，通过空间叠置，以相重合的界限或平均位置作为新区划的界限。⑤主导标志法，通过综合分析确定并选取反映生态环境功能地域分异主导因素的标志或指标，作为划分区域界限的依据。⑥景观制图法，应用景观生态学的原理，编制景观类型图，在此基础上，按照景观类型的分布规律及其组合，在不同尺度上划分景观区域。⑦定量分析法，将数学分析的方法和手段被引入到区划工作中，如主成分分析、聚类分析、相关分析等。

在景观规划中通过对场地的认识、分析进行场地功能的划分，通常使用的是顺序划分法、合并法和地理相关法进行规划范围的生态空间划分。

5.1.3　生态功能区与生态空间单元关系

生态功能区划分过程需要强化生态空间单元体系中每个层次的重点内容，针对形态、功能、格局等方面的优势及特征进行保留和强化，而对破坏格局的内容进行改进。

生态空间单元在某种程度上来说是生态功能区的重要组成部分。生态功能区是人类定义的，用于定义、规划不同功能的地域范围，可以根据生态资产要素、生态承载力要素和生态敏感性要素等进行定义划分。生态空间单元是根据生态要素的形态、面积等特征进行自然和人文场地的划分，强调要素组团的功能性，但又并不是功能区的概念。

在规模上，"核心生态空间单元"尺度层面与生态功能区划分相似，均强调主体区域的功能和功能区之间的连接。在形态上，生态功能区划呈面状形态，而"整体生态空间单元"、"核心生态空间单元"和"生态空间单元基本构成"都有自己形态特征和格局特征。生态功能区划与"核心生态空间单元"形态相似，与其他两个有较大差别。在功能关系和生态作用方面，均与"核心生态空间单元"有较大的吻合性。总体来说，核心生态空间单元尺度层面的划分与生态功能区划分类似，也相对吻合。生态功能区箱单元将相同的和不同的生态空间单元进行组合，扩大原来的功能范围或者形成新的功能区。生态空间单元基本构成层面的定义与划分相当于生态功能区划分的前期分析阶段，为功能区划分提供依据。而整体生态空间单元层面相当于在生态功能区的基础上再进行整体空间的整合，以形成整体化和一致化的空间格局。在某种程度上可以说，生态空间单元体系是生态功能区划的基础和扩展。

5.1.4 生态功能区的特点

由于生态功能区是人为划分的空间区域，总结有 3 个主要特点：①边界 ≠ 界面空间；②人为导向性；③整体空间 & 局部空间。

（1）边界 ≠ 界面空间：功能区边界不一定为自然空间的界面空间，功能区的边界可能是人为划定的能够满足一定功能的空间边界，是以活动类型或功能差异性为标准划分的。

（2）人为导向性：生态功能区的划分以生态空间识别为基础，是对自然空间认识、分类、总结的深入利用，以人类意识为导向，以期满足人们生活、生产需求。

（3）整体空间 & 局部空间：生态功能区设立的目的之一也是整合土地利用，形成较为集中的功能活动空间，这是空间一体化的具体表现，在这相对整体化的空间中包含着许多功能小空间，它们是整体空间的基础和重要组成部分。

5.2 区域景观格局规划

5.2.1 区域景观格局规划的概念与意义

区域景观规划是指在区域的范围内，从区域的角度、区域的基本特征和属性出发，基于规划地域性的整体性、系统性和连续性而进行的景观规划。区域景观规划着眼于在更大范围内，从普遍联系的自然、社会、经济条件出发，研究区域中心与周围的环境的关系以及周围环境条件对其的影响。

景观的格局规划是对区域景观的空间规划。景观格局规划依据区域景观生态功能区规划的要求，对景观资源进行有效配置并完成景观空间结构和布局的安排（王云才，2013）。

5.2.2 区域景观格局规划的理论基础及导向规划

景观生态格局包括景观斑块、廊道、基质的空间镶嵌格局规划，区域土地利用规划以及区域生态网络格局规划等内容。①空间镶嵌格局规划。景观空间镶嵌格局的规划通常有两种规划模式：一是对区域景观斑块、廊道、基质进行空间镶嵌格局的规划模式；二是以区域廊道网络体系为骨架，在规划"水景树网络体系"的基础上，添加各种功能空间，在确定功能型空间景观基质的基础上规划板块的镶嵌格局。②区域土地利用规划。土地利用规划的内容主要包括确定土地利用类型与土地利用方式。③土地利用规划平衡。

在区域景观格局中，由于景观类型、景观过程和景观价值的巨大差异，决定了不同景观空间具有不同的为人类服务的价值功能，在区域可持续发展体系中扮演着不同的功能角色。结合景观空间属性和利用途径，景观空间导向可被划分为绿色景观空间、蓝色景观空间、紫色景观空间、红色景观空间。其中绿色景观空间是在区域景观规划中认定的纯自然景观空间、半自然空间、半农业景观空间和农业景观空间以及镶嵌在这些空间之中的游憩休闲景观空间。蓝色景观空间是区域景观体系中以湖泊、水库、坑塘、河流、泄洪区、湿地等组成的水生态景观空间。紫色景观空间是人类历史文化景观保护区域，主要包括文化遗址、纪念地、战争遗址、灾害废墟等文物覆盖空间，既包括文物本身，也包括相关的场地，同时还包括人类历史文化生活场景以及传统生活技术和产业活动空间。红色景观空间是指区域景观空间体系中城乡建设用地空间，主要包括中心村、乡镇、县城、中等城市、大城市、特大城市以及城市群带构成的城镇体系用地空间。

5.3 生态功能区划分与区域景观格局规划的关系

生态空间单元体系、生态功能区划分和区域景观格局规划三者相互依存、相互促进，在一定程度上保证了区域建设的顺利进行，为建设和谐、稳定的地域景观创造了条件（图5-15，表5-14）。

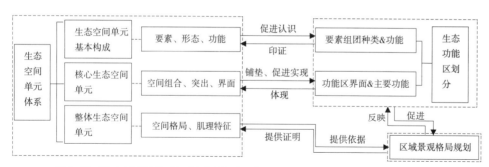

图5-15 "生态空间单元体系"、"生态功能区划分"和"区域景观格局规划"的相互关系和作用

"生态空间单元体系"、"生态功能区划分"和"区域景观格局规划"
的相互关系和作用   表5-14

名称	区域规划中地位、作用	三者之间彼此关系
生态空间单元体系	·是认知、寻求思路、地域性建设的基础和依据 ·为功能区划分及格局规划创造条件	·生态空间单元体系是另两个建立的基础和保障 ·中微观阶段是生态功能区划分的基础；而宏观阶段能保障区域景观格局规划的顺利进行
生态功能区划分	·是为人们提供适宜的功能空间的有效途径	·是生态空间单元体系运用到景观设计中的重要体现 ·促进区域景观格局规划的实施
区域景观格局规划	·是规划的高级层级，控制整体区域的发展方向	·区域景观格局规划在宏观上导控生态功能区划分 ·区域景观格局规划在宏观上承接生态空间单元体系的分析结果

根据上文关于生态空间单元体系、生态功能区及区域景观格局规划的内容，区域景观设计的步骤如图 5-16 所示。可知对于场地背景、生态空间认知是生态空间单元体系形成的基础，生态空间单元是在认知的基础上对要素类型、组团、形态等进行深入总结，并在探索不同尺度生态空间单元关系、形态特征、格局类型的基础上，进行场地的生态功能区划设计和区域生态格局的规划，最终实现具有地域特色和景观一体化的生态空间。

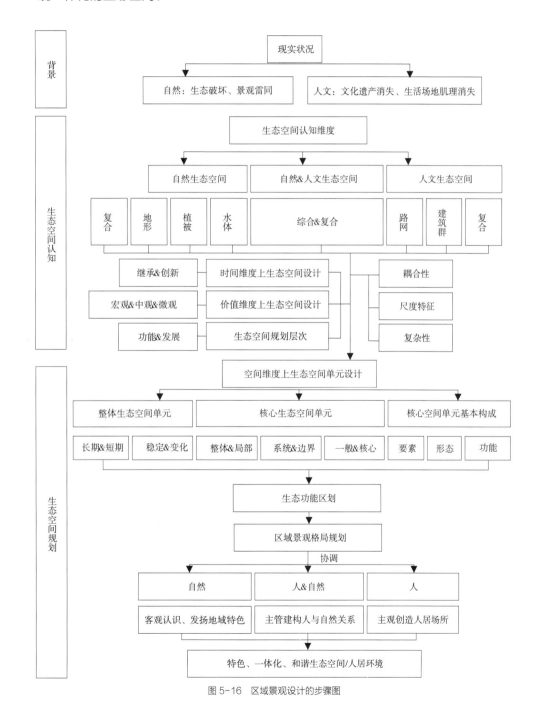

图 5-16 区域景观设计的步骤图

6 案例应用与解读

6.1 安徽环南漪湖地区生态现状及主要问题分析及发展方向

6.1.1 场地概况

环南漪湖片区位于宣城市中心城区东北部。该区域跨宣州、郎溪两区县（图 5-17），总面积约 1483km²，其中重点规划区域面积约 600km²。南漪湖是皖南最大的天然淡水湖泊，也是宣城市重要的生态功能区。湖周分布有 8 万多亩的湿地圩区，外围的陆地地貌丰富，水系形态多样、植被覆盖率较高，整体生态环境优越。南漪湖周边水资源丰富，河流水系众多，以水阳江和南漪湖"一江一湖"为主（图 5-18）。南漪湖的主要入湖河流为郎川河、新郎川河。南漪湖的自然旅游资源极为丰富，环湖周边山水景观优越，如狸桥镇的昆山火山遗迹、神仙洞，水阳镇的垂钓中心，毕桥镇的万亩茶园等，旅游资源开发潜力较大，可为后期生态空间资源划分提供背景资料。

从南漪湖圩区分布及地形地貌图中我们可知，南漪湖周边环境较为复杂，多种不同自然生态空间混杂存在，缺乏体系化和系统化的设计。将场地进行合理的整合便是规划工作的一大挑战。"生态空间单元"体系便能让人们从细小的空间入手，通过不同层次空间的分析和连接，最终将场地进行较为合理的设计，最终达到地域化建设和保护的效果。

6.1.2 场地发展主要问题概述

宣城市整体的产业发展正处于工业化中期阶段，环南漪湖区域工业发展也在呈现逐年上升的趋势，其中机械制造业、加工业、纺织业、水产养殖业数目和类型在不断增加，这给南漪湖地区的发展带来了机遇同样也带来了挑战：①在工业发展方面，

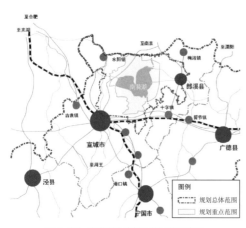

图 5-17 南漪湖在宣城市的区位示意图

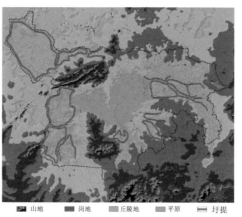

图 5-18 南漪湖圩区分布及地形地貌模拟图

多样的工业带来了巨大的经济发展前景，同时也在吞噬着自然的土地；②在生态保护方面，场地具有多种水产品、茶园农产品以及珍贵的自然遗迹，场地的原生态性、自然性程度较高，但这些地域珍宝也正在遭受工业化和现代化建设带来的危机，一些地区生态环境正面临破碎化、分散化的问题；③在场地整体开发保护方面，缺乏规划思想的建设活动在部分地区已开始，但整体保护开发体系尚未形成；④在场地景观空间连接方面，场地虽然原生性较高，具有优美的环境条件，但部分地区景观由于铁路、高速公路等的建设和开发，导致景观的连接度较低，斑块局部破碎化。

6.1.3　发展方向

优美的自然环境条件和丰富多样的人文资源为南漪湖地区应用生态空间规划设计提供了良好条件，而如何合理利用当地的自然及人文资源进行旅游规划，而又不给当地环境造成破坏则是我们研究的方向。现用"生态空间单元"理论对南漪湖地区生态空间进行整合分类，通过对其空间的认知，确定不同空间的类型与大小，进而通过对场地和项目要素的理解，将不同类型的项目设置到场地中，最终形成"基本环境—空间单元划分—功能区划定—项目设置"四步走战略和场地的地域性特征保留建设。

6.2　环南漪湖地区"生态空间单元"认知体系构建

"生态空间单元"体系立足于地域性景观的营造，以保护南漪湖地区原有的多样化自然生态空间和人文活动模式为目的，在"生态空间单元"各层次特性、分类相互关系及组织方式的认知基础上，通过多样化的自然及人文空间的整合与空间完善及从"生态空间基本构成—核心生态空间单元—整体生态空间单元"的景观体系的建设，创造适宜的生产、生活和生态空间，以实现快速城市发展下的城市优美环境的实现和地域化景观的建设。

6.3　环南漪湖地区"生态空间单元"认知体系的构建方法及步骤

6.3.1　"生态空间单元"体系中"整体生态空间单元"的识别与分类

环南漪湖地区具有丰富的自然要素和人文要素，在"整体生态空间单元"尺度上，我们通过观察场地的地形地貌可以知道场地具有五种典型的生态要素组团，为山地、岗地、丘陵地、平原和中心水域。其中山地集中于场地的东南侧和中心湖区的西北角处，在场地规划中的比例较少；岗地多分布在山地周围，是山地的延续部分，多分布在中心湖区的北侧和南侧，在规划范围内所占比重较小；丘陵地在场地中所占比重较大，中心湖区周边几乎为丘陵地，所占面积最大；平原在丘陵地和山地岗地之间，起到过度地貌类型的作用。下图所示为将场地中自然要素和人文要素进行统计分类及形态总结（表5-15）。

南漪湖地区空间格局类型　　　　表5-15

要素类型		空间格局类型	亚类型	特征描述	要素形态组团类型
自然要素	山地区域	散布型	斑块随机散布型	山体斑块散布场地中	线状、面状
	岗地区域	延伸型	脊状延伸型	沿山脊线向湖体延伸	面状，散点状延伸
	丘陵地区域	组合型	枝状组合型	丘陵地与河流支流以及平原相交相融，交叉存在	面状
	平原区域	延伸型	脊状延伸型	沿山脊线向湖体延伸	面状、指状延伸
	湖泊区域	组合型	核心水域＋枝状组合型	由中心湖泊和枝状河流共同组成	面状、线状、网状
人文要素	遗迹和地文景观	散布型	斑块随机散布型	均匀散布在场地中，不同类型的遗迹与地问景观受地形地貌影响	散点状
	居民点	散布型	斑块随机散布型	分布地点受地形、水系影响较大	散点状、面状

进而确定在宏观尺度上大致确定五种要素类型的形态特征，以宏观控制起到生态保护的作用。

6.3.2　"生态空间单元"体系中"核心生态空间单元"的识别与分类

关注于场地的几种基本功能的总结和界面空间的存在模式，根据"核心生态空间单元"认知体系中的功能组合分类将南漪湖地区功能进行分类，同样可以得到6大组合类型和10小类功能组合类型。这几类功能组合能将场地内基本功能组合较全面地概括，对场地生态功能的理解向有利于风景园林设计中的场地分区及旅游规划设计的方向进行（表5-16）。

南漪湖场地景观功能与界面空间特征表　　　　表5-16

功能组合类型		界面空间名称	界面特征	界面空间举例
居住生产＆生态保育	居住生产空间与水域空间	"水·田相契"界面空间	界面主要是水面与陆地形成犬牙交错的形态类型，彼此交融，有退有进	 郎溪县城
	居住生产与林地空间I	"房·林平行"界面空间	两者相互依存，建筑和田地受到树木的保护，而树木空间也因建筑和田地的存在而丰富多彩	 洪林镇

功能组合类型		界面空间名称	界面特征	界面空间举例
居住生产和生态保育	居住生产与林地空间Ⅱ	"房·林相隔"界面空间	树木平行于等高线密集分布，房屋和农田多存在于地势较为缓的地区，形成林地空间与居住生产空间交互隔离的状态，界面较为清晰，界面关系有进有退	
防护林地和居住生产	水边防护与居住生产	"树·岸相平"界面空间	防护林地与水岸线相平行，形成外包居住生产空间的模式	
	高山防护与居住生产	"树·田交叉"界面空间	树团沿山脊线和山谷线延伸，其余部分为田地，农田居住空间与防护林地相互交错，形成多层次的融合的空间类型	
调蓄水域和居住生产	河道与水田居住生产	"河·田相融相生"界面空间	河流与水田相互交融，彼此之间没有清晰的分界线，河流储蓄调蓄功能可以寻求水田帮助，而水田的水来源和建设也通过河流来实现	
	中心湖区与居住生产	"湖·居想离相近"界面空间	中心湖区周边多有滩涂、湿地存在，不适宜建设房屋和进行旱地农田开发，故房屋和农田都会退湖面建设，处于想离状态，但二者会存在此消彼长、你进我退的共生关系	
调蓄水域和防护林地		"水·树相抱"界面空间	形成树环绕水，水包围树的关系类型	
调蓄水域和生态保育	中心湖区与湿地空间	"多植物融合"界面空间	形成珍珠串联式的连接模式，其界面是由多种水生、半陆生植物组成，是水域与陆地的过渡地带	
生态保育和防护林带	湿地空间与防护林带	"渐消融"界面空间	从湿地空间到防护林带空间，物种多样新由多变少，湿地植物类型逐渐减少，而防护林带植物类型逐渐增多	

对场地几种基本界面类型进行总结，通过总结分析可以得到相融合、相接和相离三种基本的界面类型。界面空间是形成多种多样活动类型的基础，同样也是不同行为活动的区分界面（表5-17）。

南漪湖场地景观界面类型与功能表

表 5-17

界面分类		连接空间要素类型	界面功能
融合	指状相融、凸起	山体和田地；水体和湿地；水体和农田；陆地和水体等	产生临界空间
相接	相对光滑的界面	道路和农田；支流和农田；山体和支流等	是事物功能相对分离的标志
相离	包夹关系但是有相离关系	道路和聚落；防护树和水体等	事物之间有一定的关系，但无直接相接关系

通过界面类型的总结和核心空间单元中组合功能的确定，我们大致上能够较好地认识当地自然条件的特征，在景点设计和游线设计的过程中便可根据场地特性进行优化配置，以最适宜的界面空间、空间关系和要素组团关系创造最适宜的景观体验环境。

6.3.3 "生态空间单元"体系中"生态空间单元基本构成"的识别与分类

依照"生态空间单元基本构成"体系中的要素组合分类可知，南漪湖场地中同样存在3大类要素组团类型——耕地－地形/水域组合、道路－聚落/耕地/植被组合、水体－植被/地形/聚落组合。这三大类要素组团类型形成了空间单元的基本类型，也是整合空间时的基本空间类型（表5-18）。

通过生态空间单元体系的三个层次的认知，即"整体格局认知和定位—空间功能组合与优化的界面空间认知与利用—小尺度景观空间的功能和形态认知"三个方面进行定位分析，从而从三个尺度上对场地进行了把握和认知。

6.4 环南漪湖地区场地功能区划及区域格局规划

6.4.1 "生态空间单元"规划划分

根据之前生态空间单元三个层级的认知与分类，根据不同景观单元的基本组成与特征及其在区域生态格局组成中的地位与作用，提出针对性的规划措施，在落实宏观生态规划的目标的同时，最大限度的保持和体现区域生态体系网络化及圈层分布的特征。在生态整体性方面，强调宏观尺度保留和体现地域特色，中观尺度完善空间单元之间的连接方式，在微观尺度下保证生态的相对稳定性；在地域景观特色方面，强调宏观和中观尺度上体现地域肌理和地域特色，微观尺度通过利用地域特色植物或建设地域特色小空间来体现地域风情；在旅游功能的连接方面，通过水

要素组团类型	组合模式	形态	形态功能	图式
耕地 – 地形 / 水域组合	拼接型	主要为指状	顺应地势、承接水源，利用土地创造丰富的生产空间	
	单体重复型	指纹状重复	顺应地形地势，形成脉络突出，分区明显的耕地类型	
道路 – 聚落 / 耕地 / 植被组合	包夹型	线状	道路呈线状包夹聚落。聚落包夹道路有利于人们快速到达目的地，形成较为方便的通行环境	
	线性交错型	T 型、线状	道路与耕地形成线性交错状态，有利于人们耕种活动的进行和快速到达目的地，而方块状田地便于耕种和管理	
	包夹型	线状、面状	道路两侧被植被环绕，形成包夹的空间形态	
水体 – 植被 / 地形 / 聚落组合	环绕型	线状、面状	水体呈现线状存在于植物群内，植物组团环绕水体而形成环绕型空间类型	
	顺延交融型	线状	水体呈先线状局部面状顺延地形地势而延伸。形成水体和山体相互交融、共同存在的空间类型	
	包夹型	面状、线状	聚落沿水域线性或面状分布，形成以水为中心的生产生活空间，依水而居给人们生产生活提供很大便利	

平镶嵌的作用连接不同生态空间单元，以形成较为完整的空间体系。故根据这些标准和引导，将南漪湖总体范围划分为：核心水域景观单元、调蓄水域景观单元、流域交汇型景观单元、低岗山地景观单元、低岗丘陵景观单元、地貌过渡型景观单元Ⅰ、地貌过渡型景观单元Ⅱ、地貌过渡型景观单元Ⅲ、丘陵水景树网络型景观单元、平原规则网络型景观单元、平原水景树网络型景观单元等 11 种景观单元类型（图 5-19、表 5-19）。

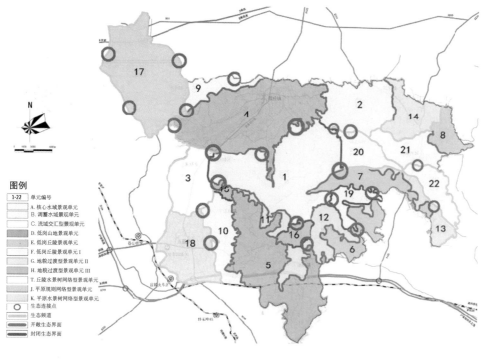

图 5-19　总体范围景观单元分布图

景观单元特征总结表

表 5-19

景观单元	基本组成及特征	在区域生态格局构成中的地位	生态规划重点
1. 核心水域景观单元：以南漪湖核心水域为主的景观单元	主要包含南漪湖核心水体及其周边高程在 13.5m 以下的滩涂、湿地、坑塘、圩区等	区域生态格局构成的核心，是南漪湖流域生态过程的"汇"，同时也是水阳江流域生态过程的"源"之一	1. 水口湿地的规模及布局 2. 南漪湖周边圩区的生态改造 3. 环湖生态缓冲空间的设置 4. 与周边生态空间的生态连接
2. 调蓄水域景观单元：以荡南湖及周边湿地为主的景观单元	丘陵地形、良好的植被覆盖及发达的农田水网为该景观单元内部生态体系的稳定提供了优势条件，而与南漪湖间水闸的修建进一步强化了这一稳定性	在整体格局中处于相对独立的状态，地形变化、地貌特征及与南漪湖的水系连接使其成为区域生态格局中特殊的生态缓冲空间	1. 环湖生态缓冲空间的设置 2. 北部核心生态功能空间的梳理整合及南部农业生产空间网络化格局的构建 3. 强化与南漪湖的一体化大格局
3. 流域交汇型景观单元：朱桥联圩景观单元	以朱桥联圩为核心的平原圩区农业生产景观单元，内部从水利及农业生产的需求出发，形成了近似方格网状的景观肌理	半人工的独立景观生态空间，对区域生态体系主要为负面影响。该景观单元在圩区构建前是战略性的生态空间，随着圩区的构建，该单元内生态空间被压缩带殆尽，同时原本的生态功能也基本消失	1. 人文生态肌理的保持与延续 2. 网络化生态格局的构建 3. 主要对外生态连接点空间的生态化处理，主要通过加大农田林网建设密度及适量扩充涵养坑塘规模的方式实现
4. 低岗山地景观单元：五条龙——长山景观单元	以五条龙——长山为核心的低岗地景观单元，一方面该山脉的存在是南漪湖形成的先决条件之一，另一方面，西南—东北走向的山脉也是单元内降水的分水岭而良好的植被覆盖更使其成为优质的生态空间	该景观单元是区域生态格局的北部屏障，也是区域生态过程的"源"之一。其生态涵养及提供生境的能力在区域内仅次于南漪湖及荡南湖景观单元	1. 明确其作为生态空间的控制与保护界线 2. 通过生态缓冲空间及廊道强化其与南漪湖的一体化生态格局

景观单元	基本组成及特征	在区域生态格局构成中的地位	生态规划重点
5. 低岗山地景观单元：麻姑山景观单元	以麻姑山为核心的景观单元是该片区内的分水岭，东侧降水通过沙河补充南漪湖流域，而西侧通过地表径流补充水阳江流域，良好的植被覆盖更使其成为优质的生态空间	该景观单元是区域生态格局的南部屏障，也是区域生态过程的"源"之一	1. 明确其作为生态空间的控制与保护界线 2. 通过生态缓冲空间及廊道强化其与南漪湖的一体化生态格局
6. 低岗丘陵景观单元 I	主要位于规划区东南地势相对较高的丘陵地形区域，是沙河流域重要的水量含蓄空间	该类型景观单元同麻姑山低岗山地景观单元在区域生态格局组成中的作用基本一致，是区域生态格局的南部屏障组成，但由于其内部穿插有大量的农林业生产空间，生态空间的破碎化程度较高，相应提供生境空间的能力有限	1. 对地势相对较高的核心生态空间进行整合，强化其水土保持及涵养地表径流的功能 2. 对现有水系进行生态化改造，通过廊道的设施及生态空间的连接强化其与周边核心生态空间的联系 3. 依托现有生态空间，利用廊道或踏脚石强化景观单元周边开敞生态界面的构建
7. 低岗丘陵景观单元 II	以福寿岛为核心的低岗丘陵景观单元，是沙河及新郎川河流域重要的水量含蓄空间		
8. 低岗丘陵景观单元 III	以龙须湖水库为核心的低岗丘陵景观单		
9. 地貌过渡型景观单元 I-01	该景观单元内包含卫东联圩及其西南部地形较为平坦的区域	该景观单元是区域生态格局的重要缓冲空间。在圩区构建之前，该景观单元是区域生态格局中的战略性生态空间，一方面其西侧邻接水阳江，另一方面，水阳江的支流从圩田东侧流过，连通石臼湖	1. 以生态缓冲空间的方式强化其余周边山体汇水面的生态连接 2. 通过平行于周边主河道及山脉走势的低等级生态廊道的设置有效滞留地表径流，降低极端气候条件下降水对主干水系调蓄功能的影响 3. 梳理现有田间林网及灌溉沟渠，通过网络化的形式对其进行整合，强化景观单元内部生态空间对净化农业及相关产业生产污水的处理能力
10. 地貌过渡过渡型景观单元 I-02	该景观单元位于麻姑山低岗山地景观单元与平原圩区之间，现状主要为地形稍有起伏的农业生产空间	该景观单元是区域生态格局的一般缓冲空间。该区域受水文变化影响较小，水网密度远小于其西部的圩区	
11. 地貌过渡型景观单元 II-01	包含自武村至四合圩一线的山水过渡区域	该景观单元是区域生态格局的一般缓冲空间。其受水文变化影响较小，生态条件稳定且良好，适宜人类聚居活动	1. 通过环湖及环山生态缓冲空间的设置强化其与"山"、"湖"景观单元的生态联系 2. 在"山"、"湖"景观单元之间通过低等级廊道的设置，在强化"山"、"湖"景观单元间生态联系的同时，完善景观单元内部的格局构建
12. 地貌过渡型景观单元 II-02	主要包含四合圩与团结圩之间的沙河流域	该景观单元是区域生态格局的重要缓冲空间。其空间形态呈现为水景树的网络形态，该空间是控制沙河水泥沙量、保障水质和涵蓄水量的重要生态缓冲空间	
13. 地貌过渡型景观单元 II-03	新郎川河上游南侧与以福寿岛为核心的低岗丘陵景观单元间的过渡区域	该景观单元是区域生态格局的重要缓冲空间。一方面其南侧为地势稍高的丘陵农林业生产空间，另一方面，该景观单元毗邻新浪川河，是其两侧重要的调蓄区域和生态缓冲区域	1. 梳理现有与周边主干河道相交的低等级水系，通过廊道的连接相近水系及补充坑塘的方式，提高景观单元整体的水量调蓄能力 2. 依托现有生态空间，利用踏脚石系统强化景观单元周边开敞生态界面的构建
14. 地貌过渡型景观单元 II-04	主要包含钟桥河上游，荡南湖与龙须湖水库间的丘陵汇水区域。主要包含钟桥河上游，荡南湖与龙须湖水库间的丘陵汇水区域	一方面，钟桥河是郎川河的补给支流，同时也是一条季节性河流，另一方面，该景观单元在空间上相对独立，内部坑塘及植被覆盖较为丰富，且具有网络化特征，整体生态质量及稳定性较高	

景观单元	基本组成及特征	在区域生态格局构成中的地位	生态规划重点
15. 地貌过渡型景观单元 III-01	主要包含双桥河入湖口处的湿地、滩涂及部分圩区	该景观单元是区域生态体系中的重要生态缓冲空间，其上游为主要的农业生产活动空间，该景观单元的存在对于降低农业生产对湖区的负面影响极为重要	通过对现有圩区内部生态空间的网络化整合及部分圩区的生态化改造，整体提升景观单元的生态自净能力
16. 地貌过渡型景观单元 III-02	主要包含沙河入湖口处的湿地、滩涂及部分圩区	该景观单元是区域生态体系中的重要生态缓冲空间，是沙河流域入水口，该空间的存在对于水文环境的调节及泥沙滞留极为重要	
17. 平原规则网络型景观单元——金宝圩景观单元	以金宝圩为主体的半自然景观单元，其景观呈现为明显的规则网络化形态特征	该景观单元是区域生态体系中的一般性组成部分，其在空间上相对独立，整体对于区域生态体系的影响体现为负面的干扰	1. 人文生态肌理的保持与延续 2. 网络化生态格局的构建 3. 主要对外生态连接点空间的生态化处理，主要通过加大农田林网建设密度及适量扩充涵养坑塘规模的方式实现
18. 平原水景树网络型景观单元：五星——双桥联圩景观单元	以五星——双桥联圩为主体的半自然景观单元，其景观呈现为明显的水景树网络化形态特征		
19. 丘陵水景树网络型景观单元：幸福圩景观单元	以幸福圩为主体的半自然景观单元，其景观呈现为明显的水景树网络化形态特征		
20. 丘陵水景树网络型景观单元：第一联合圩景观单元	以第一联合为主体的半自然景观单元，其景观呈现为明显的水景树网络化形态特征		
21. 丘陵水景树网络型景观单元：南丰圩景观单元	以南丰圩为主体的半自然景观单元，其景观呈现为明显的水景树网络化形态特征		
22. 丘陵水景树网络型景观单元：跃进——团结圩景观单元	以跃进——团结圩为主体的半自然景观单元，其景观呈现为明显的水景树网络化形态特征		

　　受水环境及其内在生态过程变化的影响，规划区域的宏观生态区位从一般性的生态节点转变为战略性生态节点。宏观生态区位的转变需要相应的区域生态体系构建支撑。早期包含南漪湖在内的大丹阳湖流域生态安全的保持主要依靠以古丹阳湖为主，以南漪湖为辅的水环境调蓄机制。随着丹阳湖流域通往太湖流域的胥溪断流及圩区建设导致古丹阳湖面积锐减，丹阳湖地区的生态调蓄功能大幅度下降。与此同时，水阳江上游水量的大部分需通过南漪湖进行调蓄。至此，水环境及其内在生态过程的变化就导致环南漪湖区域生态区位的整体转变。生态规划的宏观目标为构建起以保持水环境生态安全为核心的，能够有力支撑战略性生态节点生态定位的生态格局。具体包括在水量方面，最大限度地降低除主要河流外的地表径流对区域水量调蓄的影响。通过景观空间单元的划分和规划，将规划前后进行对比（表5-20）。

景观单元	现状图	规划图	生态规划重点
景观单元 1			1. 水口湿地的规模及布局 2. 南漪湖周边圩区的生态改造 3. 环湖生态缓冲空间的设置 4. 与周边生态空间的生态连接
景观单元 2			1. 环湖生态缓冲空间的设置 2. 北部核心生态功能空间的梳理整合及南部农业生产空间网络化格局的构建 3. 强化与南漪湖的一体化大格局
景观单元 3、18			1. 人文生态肌理的保持与延续 2. 网络化生态格局的构建 3. 主要对外生态连接点空间的生态化处理，主要通过加大农田林网建设密度及适量扩充涵养坑塘规模的方式实现
景观单元 4			1. 明确其作为生态空间的控制与保护界线 2. 通过生态缓冲空间及廊道强化其与南漪湖的一体化生态格局
景观单元 5			1. 明确其作为生态空间的控制与保护界线 2. 通过生态缓冲空间及廊道强化其与南漪湖的一体化生态格局

景观单元	现状图	规划图	生态规划重点
景观单元 7			1. 对地势相对较高的核心生态空间进行整合，强化其水土保持及涵养地表径流的功能 2. 对现有水系进行生态化改造，通过廊道的设施及生态空间的连接强化其与周边核心生态空间的联系 3. 依托现有生态空间，利用廊道或踏脚石强化景观单元周边开敞生态界面的构建
景观单元 8			
景观单元 9			1. 以生态缓冲空间的方式强化其余周边山体汇水面的生态连接。 2. 通过平行于周边主干河道及山脉走势的低等级生态廊道的设置有效滞留地表径流，降低极端气候条件下降水对主干水系调蓄功能的影响 3. 梳理现有田间林网及灌溉沟渠，通过网络化的形式对其进行整合，强化景观单元内部生态空间对净化农业及相关产业生产污水的处理能力
景观单元 10			1. 以生态缓冲空间的方式强化其余周边山体汇水面的生态连接。 2. 通过平行于周边主干河道及山脉走势的低等级生态廊道的设置有效滞留地表径流，降低极端气候条件下降水对主干水系调蓄功能的影响 3. 梳理现有田间林网及灌溉沟渠，通过网络化的形式对其进行整合，强化景观单元内部生态空间对净化农业及相关产业生产污水的处理能力

景观单元	现状图	规划图	生态规划重点
景观单元 11、12			1. 通过环湖及环山生态缓冲空间的设置强化其与"山"、"湖"景观单元的生态联系 2. 在"山"、"湖"景观单元之间通过低等级廊道的设置，在强化"山"、"湖"景观单元间生态联系的同时，完善景观单元内部的格局构建
景观单元 13			1. 通过环湖及环山生态缓冲空间的设置强化其与"山"、"湖"景观单元的生态联系 2. 在"山"、"湖"景观单元之间通过低等级廊道的设置，在强化"山"、"湖"景观单元间生态联系的同时，完善景观单元内部的格局构建
景观单元 14			1. 梳理现有与周边主干河道相交的低等级水系，通过廊道的连接相近水系及补充坑塘的方式，提高景观单元整体的水量调蓄能力 2. 依托现有生态空间，利用踏脚石系统强化景观单元周边开敞生态界面的构建
景观单元 15			1. 梳理现有与周边主干河道相交的低等级水系，通过廊道的连接相近水系及补充坑塘的方式，提高景观单元整体的水量调蓄能力 2. 依托现有生态空间，利用踏脚石系统强化景观单元周边开敞生态界面的构建
景观单元 16			1. 人文生态肌理的保持与延续 2. 网络化生态格局的构建 3. 主要对外生态连接点空间的生态化处理，主要通过加大农田林网建设密度及适量扩充涵养坑塘规模的方式实现

景观单元	现状图	规划图	生态规划重点
景观单元 17			1. 人文生态肌理的保持与延续 2. 网络化生态格局的构建 3. 主要对外生态连接点空间的生态化处理，主要通过加大农田林网建设密度及适量扩充涵养坑塘规模的方式实现
景观单元 19			
景观单元 20、21、22			

6.4.2　生态功能区划的确定

规划将整个区域划分为 6 个生态功能区，分别为水域核心生态功能区、陆域核心生态功能区、生态优化区、生态过渡区、生态协调区、人居建设区。各个生态功能区在空间分布上呈现为以南漪湖湖区为核心的圈层分布特征。随着与湖区空间距离的拉大，生态空间与建设空间在规模及建设强度上呈现为此消彼长的态势（图 5-20）。

（1）水域核心生态功能区空间界定：南漪湖水面高程 ≤ 8.6m 的全部水域及周边因环境保护需求所保留与补充的自然或人工滩涂、湿地等空间。面积界定：水域核心生态功能区的总面积为 140.61km^2，占规划区域总面积的 9.48%，其中综合考虑湖体景观质量与生态环境的协调关系，规划湿地面积比例控制在 10%-15%。管理界定：①水域核心生态功能区内禁止一切形式的渔业生产及养殖作业，对现有的渔业生产作业设施及活动需逐步清理撤出水域核心生态功能区。②对区域内现有的村庄居民点进行有步骤地撤迁，并对撤迁后的空间进行生态修复。③重点对湖口及出水口处进行湿地化处理，在不影响正常水利调蓄功能及充分利用现有湿地滩涂的基础上，以入湖居民点生活污水、农业生产污水及水产养殖污水为对象，设置相应规模的湿地空间。

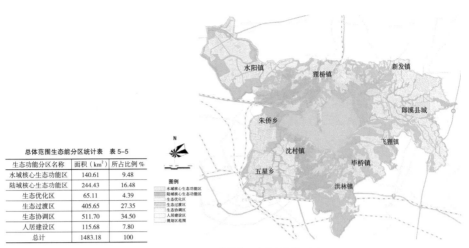

总体范围生态能分区统计表 表5-5		
生态功能分区名称	面积（km²）	所占比例%
水域核心生态功能区	140.61	9.48
陆域核心生态功能区	244.43	16.48
生态优化区	65.11	4.39
生态过渡区	405.65	27.35
生态协调区	511.70	34.50
人居建设区	115.68	7.80
总计	1483.18	100

图 5-20　总体范围生态功能分区图

（2）陆域核心生态功能区空间界定：陆域核心生态功能区的空间界定以区域生态安全格局规划成果为基础，主要包含规划范围内的以水源地、大面积水体湿地及滨湖圩区、集中成片的林地、陡坡地、高地为核心的生态功能空间与以主要河流为依托的一级生态廊道，在空间形态上形成以五条龙山、麻姑山及荡南湖生态功能空间为主体，以环湖圩区、滩涂、湿地、林地等带状生态空间为纽带的环形形态。面积界定：陆域核心生态功能区的总面积为 244.43km²，占规划区域总面积的 16.48%。管理界定：①环南漪湖区域的水产养殖圩区需进行产业的生态化提升，降低或消除水产养殖对湖体的水质污染，同时根据水域核心生态功能区湿地建设需求，对部分圩区进行"退圩还湖"。②将南姥嘴、福寿岛、武村至漠村及环荡南湖周边的水产养殖圩区的功能予以置换，使其成为生态空间或兼具养殖与生态功能于一体的复合空间。在此基础上，将圩区外围陆域 50-100m 的区域划定为生态缓冲带，与改造后的圩区共同组成环湖的带状生态空间。③通过具有水质净化功能的经济型湿地作物的种植、湖底清淤工程活动及景观环境的整体提升，将荡南湖及其与南漪湖连接区域转变为及生态农业、湿地旅游观光、水量调蓄、水质净化等功能于一身的复合型生态功能空间。④对以麻姑山及五条龙山为主体的核心生态功能区，对现有的生态林及公益林进行严格的保护，对经济林进行有计划的科学采伐利用，同时通过生态修复技术对破坏的山体进行生境修复与岩体加固。⑤在陆域核心生态功能区内的居民点应通过逐步撤并与生态改造相互结合的方式，最大程度的降低对环境的负面干扰，同时，除重大道路交通设施、市政公用设施、旅游设施和公园以外，禁止一切形式的新增及扩建建设活动。

（3）生态优化区空间界定：生态优化区是指现状具有较优的生态环境，通过生态规划的方式进行整体生态要素的整合后，能够在不影响自身生态质量的情况下容纳一定规模与强度的人居建设活动的区域。生态优化区位于核心生态功能区与生态过度之间，主要集中于南漪湖南部及北部沿线。面积界定：生态优化区的总面积为 65.11km^2，占规划区总面积的 4.39%，其中规划后的生态空间面积应不低于60%。管理界定：①生态优化区在保障不低于 60% 的生态空间的前提下，需充分考虑内部生态空间之间及其与外部其他生态功能区间的连通性，充分落实生态安全格局中的二级及三级廊道的空间规模，从"质"与"量"的双重角度保障该区域的生态环境质量。②生态优化区内的新增建设用地需遵循整体集中、内部分散的原则，充分考虑与现有生态要素的结合，同时降低对生态环境的负面影响。规划建议新增建设项目的容积率控制在 0.6-0.8，绿地率不小于 40%。③对生态优化区内现有的居民点，严格控制其新建及扩建规模，可结合新型农村社区建设及区域内部新增建设项目的开展适时适量的进行部分居民点的撤并。

（4）生态过渡区空间界定：生态过渡区主要包含生态安全格局中的核心生态功能空间、生态缓冲空间（山体）、二级生态廊道及部分一般性生态功能空间。生态过渡区可以视为规划区域内的战略性储备空间，它的设置一方面通过区划的方式系统整合了规划区域内的破碎生态空间，另一方面也对规划区的建设活动强度加以限定，主要的规模化建设空间多位于生态过渡区外围，生态过渡区内部的建设空间多以低密度建设的模式运行。面积界定：生态过渡区的总面积为 405.65km^2，占规划区总面积的 27.35%。其中规划后的生态空间面积应不低于 80%。管理界定：①生态过渡区禁止大规模的建设活动介入，同时对现有居民点允许适度规模的扩建，鼓励通过"美好乡村"、"生态村庄"等形式的乡村居民点改造。②充分利用与保护生态过渡区内"水绿相间"的生态肌理，推动传统农业、养殖业的生态化转型，降低产业发展对区域生态环境的负面干扰。③对处于农业圩区内部水网密度较高及河流出圩区域的空间，规划严格控制居民点的规模，同时通过加大农田林网密度的方式，对圩区内部的农业生产及居民生活污水进行一定程度的处理。

（5）生态协调区空间界定：生态协调区现状主要为基本农田及部分一般农田所在的各个农业圩区，位于人居建设外围，是协调建设空间与生态空间相互关系的重要区域组成。面积界定：生态协调区的总面积为 511.70km^2，占规划区总面积的34.5%。管理界定：①充分依托现有的水网及田间生产用道路，通过利用经济作物进行立体绿化，构建起网络化的农林绿网。②生态协调区是规划范围内传统聚落分布的典型区域，是代表该地区长期以来和谐人地关系的重要人文景观，规划需从居民点的空间布局及规模、农业生产空间的形态肌理、居民点与周边生态环境的协调关系等方面保护这一重要的原生人文生态景观。③在保障基本农田规模及该地区传统文化景观肌理的基础上，允许以集约的方式新增部分适量建设空间，其具体选址需结合公共服务设施及交通区位等条件综合分析确定。

（6）人居建设区空间界定：人居建设区是指在保障区域生态安全及环境质量的

前提下，适宜于进行大规模集中化人居环境建设的区域。人居建设区在空间分布上处于生态过渡区之外，由生态协调区所环绕，规划从遵循生态优先原则，对人居建设区的划定多基于现有规模化人居建设空间，在此基础上，选择其周边潜在的低生态风险区域作为未来人居建设活动的拓展空间。面积界定：人居建设区的总面积为 115.68km²，占规划区总面积的 7.8%。管理界定：①规划期内的大型新增及扩充建设用地在规模及选址上要控制在人居建设区范围内。②人居建设区的生态建设要充分考虑人居建设区作为整体与外部生态环境的连接，同时以绿地建设的方式保障各个等级生态廊道与生态功能空间的规模。

6.4.3　区域景观格局概念规划

网络化与圈层分布是环南漪湖区域中观生态体系的特征主体。

（1）网络化特征

网络化特征体现为自然分级水系网络与人工农田林网的组合及连接。一方面，规划区域在地形地貌作用下形成了低山岗地、岗地丘陵及平原地区三种类型的地理景观单元，自然分级水系网络通过小流域环境的塑造进一步细分这些地理景观单元。另一方面，农业生产圩区、水产养殖圩区及茶叶、烟草、经济林木的栽植等传统土地利用模式通过对空间的网络化利用进一步强化了不同地理景观单元的空间差异。

规划通过对区域地形地貌特征及传统土地利用模式的空间差异分析，将整个环楠漪湖区域划分为 11 种类型，共 22 个景观单元，借此识别出中观尺度下生态网络构建的基本骨架组成。其具体包含生态廊道、开敞的生态界面、生态连接点的识别。

生态廊道：中观尺度下的生态廊道主要指依托高等级河流形成的带状生态空间，主要包含水阳江生态廊道、裘公河—汪联河—双桥河沈村镇下游区段——双桥联圩东侧干渠生态廊道、新郎川河生态廊道、老郎川河生态廊道、钟桥河生态廊道。开敞的生态界面：多位于地形地貌或景观生态肌理发生变化的区域，是构成区域生态格局骨架的另一种带状生态空间。生态连接点：对于不同景观单元交接及景观单元与生态廊道或开敞生态界面相交的空间而言，保障其生态空间的规模及质量对于中观尺度下生态安全格局的构建至关重要。

（2）圈层分布特征

圈层分布的特征体现为生态空间及建设空间的景观综合指数以南漪湖、五条龙山及麻姑山为核心形成圈层递变的趋势。以规划区域景观生态要素现状为基础，通过对景观要素的景观破碎度及分离度综合指数进行分析评价发现，尽管环南漪湖区域的建设活动长期以来处于严格控制与保护状态，但人居活动的长期介入与侵蚀从外围开始侵入湖区核心空间，导致区域原本相对完整的生态空间出现破碎化趋势，同时这种趋势呈持续向湖区蔓延的态势。片面的全区域保护或建设空间的大量撤并都不符合区域发展的实际要求，因此生态规划期望通过对生态及建设空间的分层特征进行相应的空间界定，立足于现状及规划需求，对不同圈层内部的生态及建设空间进行差异化对待，提高规划成果的可操作性。

6.4.4　总述

圈层结构：不同圈层间的相互生态关系通过衔接界面得以实现

网状结构：不同景观单元间的相互生态关系通过衔接界面及廊道得以实现

图 5-21　南漪湖概念规划图

通过对环南漪湖区域生态体系现状的系统分析，结合针对性的多层次规划定位与目标，规划提出"网络延伸、绿惠全域，圈层分区、时空协同"的生态规划理念，引导整个区域生态规划的编制。网络延伸、绿惠全域：在网络化生态格局构建的基础上，通过依托水生态过程实现以南漪湖为核心的优质生态环境的区域共享。环南漪湖区域受自然及人文因素的双重影响，形成了类型多样、层级分明的复合网络景观空间，网络化的空间形态既是保障以南漪湖为生态极的区域生态格局安全的前提，也是实现南漪湖优质生态环境通过生态过程惠及全域的重要条件（图 5-21）。

圈层分区、时空协同：通过分析发现，人居建设活动对环南漪湖区域的景观格局影响具有明显的分层变化特征。规划据此通过圈层的形式对整个区域进行生态功能区划，在对不同生态功能区的生态空间及建设空间进行详细界定的前提下，同时综合考虑不同规划期内生态及人居建设活动对生态功能区的要求，实现生态功能区划的时空协同。

6.5　案例讨论

6.5.1　关于环南漪湖地区规划

环南漪湖区域的生态要素现状组成主要包含有林地、疏林地、湿地及圩区、水体、农田、居民点及道路等。其中以有林地、疏林地及水域为主的自然空间占全域范围的 42.81%，湿地及圩区、农田等半自然空间占 45.64%，居民点及道路等人工空间占 11.55%。从上述规划内容可以发现：①环南漪湖区域的自然及半自然生态空间在整体格局组成中占据优势地位，为该区域未来的发展及建设提供了良好的生态基础。②水体及农田生态要素作为环南漪湖区域生态要素单类组成的主体，其对环南漪湖区域生态环境质量的保持与提升至关重要。③尽管从数据分析上看，人工空间仅占全域范围的 11.55%，但其空间分布过于零散，这一方面不利于土地的集约利用，另一方面也加剧了人类活动干扰从点状向面状的转变，无形中增加了区域生态建设的成本。通过利用生态空间单元体系、生态功能区规划及区域生态格局规划体系，较为清晰明了地分析了环南漪湖地区的优势和劣势，通过将地域景观特色进行了提炼、总结和利用，建设具有地域特色的生产、生活、游憩空间。

6.5.2 关于生态空间单元体系认识

生态空间单元体系是针对不同地域要素进行划分、认知、总结和规划应用的系统，通过南漪湖生态规划的应用，可知该体系可以帮助我们更好地认识不同尺度上的空间形态和明确形态与功能之间的关系，在一定程度上为地域性景观的建立提供依据。该生态空间体系的建立是一个回归本源生态的一个途径，我们回归本源反思人与自然的接触模式、探索不同类型空间单元的界面关系、找寻不同层次空间之间的异同点、发现自然界和谐的人地关系类型，通过不断总结和归纳，便形成了"生态空间单元体系"，希望通过本体系，我们可以更好地利用和保护自然，营造和谐美好的人地关系。

参考文献

[1] 赵珂. 城乡空间规划的生态耦合理论与方法研究 [D]. 重庆大学，2007.

[2] 张宇星. 城镇生态空间发展与规划理论 [J]. 华中建筑，1995(03)：9-11.

[3] 杨山，陈升. 大城市城乡耦合地域空间演变及其景观格局——以无锡市为例 [J]. 生态学报，2009(12)：6482-6489.

[4] 陶星名. 生态功能区划方法学研究 [D]. 浙江大学，2005.

[5] 王晓博. 生态空间理论在区域规划中的应用研究 [D]. 北京林业大学，2006.

[6] 陈修颖. 区域空间结构重组：理论基础、动力机制及其实现 [J]. 经济地理，2003(04)：445-450.

[7] 王云才，韩丽莹. 景观生态化设计的空间图式语言初探 [A]. 中国风景园林学会. 中国风景园林学会 2011 年会论文集（上册）[C]. 中国风景园林学会，2011：7.

[8] 吕东，王云才. 基于生态圈层结构的区域生态网络规划——以烟台市福山南部地区为例 [A]. 中国风景园林学会. 中国风景园林学会 2014 年会论文集（上册）[C]. 中国风景园林学会：，2014：6.

[9] 王云才，史欣. 传统地域文化景观空间特征及形成机理 [J]. 同济大学学报（社会科学版），2010(01)：31-38.

[10] 王云才，郭娜，彭震伟. 基于湖泊整体保护的区域生态网络格局构建研究——以沈阳卧龙湖生态区保护规划为例 [J]. 中国园林，2013(07)：107-112.

[11] 王云才，吕东. 传统文化景观空间典型网络图式的嵌套特征分析 [J]. 南方建筑，2014(03)：60-66.

[12] 王云才. 景观生态规划原理 [M]. 北京：中国建筑工业出版社，2014.

[13] 邬建国. 景观生态学——格局、过程、尺度与等级（第二版）[M]. 北京：高等教育出版社，2014.

[14] 蔡志昶. 生态城市整体规划与设计 [M]. 南京：东南大学出版社，2014.

[15] 陈纪凯. 适应性城市设计：一种实效的城市设计理论及应用 [M]. 北京：中国建筑工业出版社，2004.

[16] 陈修颖. 区域空间结构重组——理论与实证研究 [M]. 南京：东南大学出版社，2005.

[17] 冯炜. 城市设计概论 [M]. 上海人民美术出版社，2011.

[18] 李钢. 地域性城市设计 [M]. 沈阳：东北大学出版社，2012.

[19] 王金岩. 空间规划体系论——模式解析与框架重构 [M]. 南京：东南大学出版社，2011.

第六章

区域蓝色 /
绿色网络法
与
景观生态格局规划

1 蓝色水系网络规划

1.1 概念

景观格局规划是依据区域景观生态功能区规划的要求，对景观资源进行有效配置并完成景观空间结构和布局的安排。景观生态格局包括景观斑块、廊道、基质的空间镶嵌格局规划、区域土地利用规划以及区域生态网络格局规划等内容。区域水系网络法是区域景观格局规划中空间镶嵌格局规划方法的集中体现。

区域水系网络法是以区域水系空间为基础，在景观生态学等原理的指导下，以生物多样性的保护、自然景观整体性恢复为目的，利用构建树形水系的形式将景观中镶嵌的具有保护价值的资源斑块进行层次化的连接，使之具有生态、美、经济等多种功能的规划方法，是生态网络在空间形态上枝状模式的具体体现，是以纵向维度为主开的空间网络形式，也可以被称为水景树生态格局规划方法。区域水系网络法其概念体系关系（图6-1）。

1.2 概念体系

区域水系网络法的规划要点主要包括水系骨架、界面、缓冲带及其镶嵌体的设计。

水系骨架：指水景树生态格局中，水系所呈现出的树状辐射形态。通常水景树生态格局中，水系呈现出枝状和辐射状结构形态，宛如具有枝、干的树形，故因此得名。

界面：自然界面的准确生态学理解是"生态交错带"（Ecotone），又称生态过渡带和生态脆弱带，是联合国第七届"人与生物圈计划"大会呼吁各国重点研究的"Ecotone"地带。生态交错带是指特定尺度下生态实体之间的过渡带。在林、农、草等不同生态系统之间存在着交错带，即景观界面。这是一个既受两侧生态系统影响，

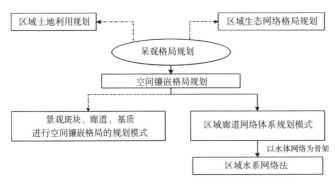

图 6-1 区域水系网络法及其概念体系

又与它们有着明显差异的独立系统，有其自身的结构和功能。生态交错带不是两个生态实体的机械叠加和混合，而是两个相对均质的生态系统相互过渡、耦合而构成的有别于该两种生态系统的转换区域，其显著特征是生境的异质化、界面上的突变性和对比度。相邻的生态系统互相渗透、连接、区分，其内部的环境因子和生物因子发生梯度上的突变，对比度也增大。异质化的空间特征导致了其环境特征的相互融合与分异，形成特有的边缘小气候，对应于特有的环境条件出现边缘生物种或特有种。生态交错带大致分为陆地生态交错带、水－陆生态交错带、海－陆生态交错带和海洋生态交错带四类。在水景树生态格局规划法中，最主要的界面是水－陆生态交错带以及海－陆生态交错带。水－陆生态交错带主要包括内陆水生态系统（湖泊、河流）与陆地生态系统之间的界面，如湖周交错带、河岸交错带、源头水文交错带、地下水与地表水交错带等。海－陆生态交错带是指近岸海洋生态系统与陆地生态系统之间的过渡区，包括部分潮下带、潮间带和潮上带的一部分，与海岸带的范围不尽一致。

缓冲带：河岸植被缓冲带（riparian vegetation bufferstrips）是指河岸两边向岸坡爬升的由树木（乔木）及其他植被组成的缓冲区域。其功能是防止由坡地地表径流、废水排放、地下径流和深层地下水流所带来的养分、沉积物、有机质、杀虫剂及其他污染物进入河溪系统。

镶嵌体：在河流和缓冲带组成的界面划分下形成的半包围、包围区域称为水景树生态格局的镶嵌体。在镶嵌体中可以进行重要的人类活动空间规划（表6-1）。

区域水系网络法的生态规划设计要点 表6-1

设计要点	要素阐释	功能承担者	设计要求
水系骨架	根据动力学因素，水系骨架分为汇聚型、分散型两种	水系	保持水系连续性、完整性
界面	在水景树的框架中，水系体系分割出一系列半包围和包围空间。水景体系的存在将区域生态连接为一个完整过程和格局的同时，也具有自身的完整性和稳定性。在2个被分割的生态空间中，河流从中穿过成为作用于两个空间的重要的景观生态界面	水系、堤岸	完整性、延伸性、自然性、一定宽度的缓冲性
缓冲带	河岸植被缓冲带（riparian vegetation buffer-strips）是指河岸两边向岸坡爬升的由树木（乔木）及其他植被组成的缓冲区域，其功能是防止由坡地地表径流、废水排放、地下径流和深层地下水流所带来的养分、沉积物、有机质、杀虫剂及其他污染物进入河溪系统	乔－灌－草植物组合，土壤	具有一定宽度，具有防止水土流失、减少污染径流进入河流等功能，根据当地水文条件、气候条件、行针对性设计
镶嵌体	水系体系分割的半包围和包围空间都是镶嵌在整个水景树结构中的特殊用地类型，为人类活动提供了必要的相对集中的区域，同时也使人与水的作用达到安全前提下的最大化	居民区、游憩场所、城市防灾设施等	人类活动主要场所，并承担一定的功能

总结而言，区域水系网络法是以区域廊道网络体系（主要是水体网络）为骨架，在规划"水景树网络体系"的基础上，添加各种功能空间，在确定功能型空间景观基质的基础上规划斑块的镶嵌格局。

1.3 水系网络分类

区域水系网络法根据对象的动力学因素不同可以分为汇聚型和分散型两种水景树形态。汇聚型水景树为上游到下游逐级汇聚形成，常见于河流入湖、入江、入海等景观生态格局，较为常见。分散型水景树为反过程水景树，为上游到下游逐级分散的过程（表6-2）。

水景树设计特点及方法　　　　　　　　　　　表6-2

内容		动力学因素	结构类型	水系网络结构	常见案例	网络联系体系特点
水景树	汇聚型	上游到下游逐级汇聚	辐射状枝状	串珠状结构和细胞状结构	河流入湖水景树	纵向显形和横向隐形的生态网络联系体系
	分散型	上游到下游的逐级分流			灌溉渠水景树	

1.4 蓝色空间生态模式及构成

1.4.1 大尺度的区域水系网络构成

完整的水景树空间在区域范围内保持完整的生态过程和格局，通过河流网络实现对区域功能性空间的划分和生态网络的建立（图6-2）。水系骨架包括各级河道、天然湖泊、水库、灌溉渠、水源地（地表、地下水）、溪流、江河入海口、河流交汇口等。界面包括天然河岸、人工堤岸、生态护坡等。缓冲带包括自然式湿地、自然林地、农田、经济林地、园地、人工湿地、生态边坡等。通过界面及缓冲带可以形成自然水系廊道（河流、湖泊、溪流等）、灌溉渠廊道、水源保护地廊道、自然式湿地廊道等。镶嵌体包括城镇规划新区、湿地教育基地、动物保育基地、保育林地、雨洪调蓄点、人工湿地景观等。

1.4.2 城市内部的河流网络系统空间构成

城市中存在的不同等级的河流水系将城市生态形成一个不可分割的整体的同时，也对城市空间进行分割。这种分割奠定了城市中多样化镶嵌状态的土地单元，为城市功能区规划奠定了自然空间格局。该格局既是大地景观的母体，也是城市生态规划必须尊重的基本格局（图6-3）。水系骨架包括各级城市河道、渠道、水库、雨洪排放口、城市水系闸门、市政排水口、城市水系上下游水口（入水、出水口）等。界面包括人工河岸、生态护坡等。缓冲带包括湿地（自然式、人工）、植物隔离带、

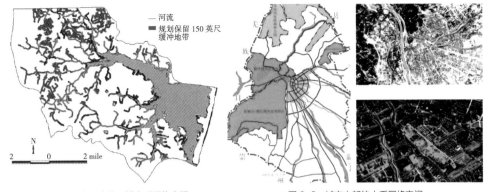

图 6-2 大尺度的区域水系网络空间　　　　　　图 6-3 城市内部的水系网络空间

滨水绿地、滨水草坪、滨水林带、生态边坡、人工浮岛等。通过界面及缓冲带可以形成城市水上交通廊道、市政雨洪防护廊道、滨水风景廊道等。镶嵌体包括规划居民区、城市湿地公园、休憩场所、城市水处理中心等。

1.5　区域蓝色水系网络法的意义及规划目标

1.5.1　意义

区域水系网络法中，作为骨架的区域水系廊道的功能包括生物通道、生物扩散的生态屏障、生物扩散的过滤器、生物栖息地、对廊道周围环境产生影响的生物源。因此，区域水系网络法的规划意义在于，可以打通增强区域水系的生物通道，形成生物扩散的生态屏障，过滤进入水系廊道的污染物质，为区域提供优质的生物栖息地，并对周围环境产生正向的影响。其核心是建立以水系为骨架的蓝线区域性保护空间体系。

1.5.2　规划目标

区域水系网络法的主要规划目标如下：

保护区域水系的完整性和连接性，有利于区域水系的可持续发展；

保护区域水系廊道的自然性和原生性，增强其自然生态功能；

保持区域水系廊道宽度，形成丰富的内部物种，保护廊道物种多样性，扩大廊道生态效应；

形成不同等级和不同作用的生态联系网络，将生态作用扩展到区域的每一个空间，对形成区域景观生态格局具有重要意义；

与区域以外的生态廊道连接为整体，保障更大尺度上的区域景观格局生物过程的完整；

注重区域水系防灾功能，预防洪涝灾害等灾害；

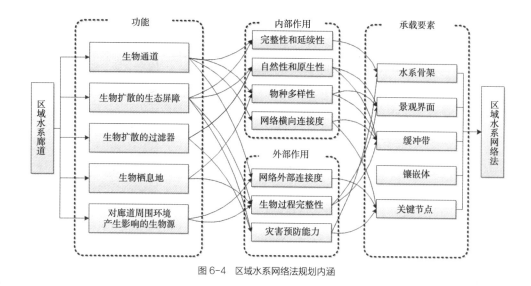

图 6-4　区域水系网络法规划内涵

通过线性延伸将区域水系廊道的生态作用深入区域核心，并利用廊道延伸性，形成更宽的廊道作用带，将生态作用在纵深扩散的同时横向扩散。

综上，根据区域水系网络法的规划意义及目标，总结其内涵如图 6-4 所示。

1.6　蓝色水系网络规划设计要求

水景树的空间生态模式为城市景观生态规划和格局建立提供了全新的模式。水景树空间生态模式要求保护各级水系的连续性和完整性，对不同级别水系设置不同宽度的生态缓冲空间。在城市中生态缓冲空间不仅仅可以提供足够的生态效应，还可以成为重要的公共游憩休闲空间，还是重要的城市防灾避灾空间。

1.6.1　水系连续性和完整性

根据《城市水系规划规范》的要求，规划应保证水系改造应尊重自然、尊重历史，保持现有水系结构的完整性。水系改造不得减少现状水域面积总量和跨排水系统调剂水域面积指标。水系改造应有利于提高城市防洪排涝能力，江河、沟渠的断面和湖泊的形态应保证过水流量和调蓄库容的需要。规划建设新的水体或扩大现有水体的水域面积，应与城市的水资源条件和排涝需求相协调，增加的水域宜优先用于调蓄雨水径流。在资料条件有限时，可按以下要求确定新增加水域的面积（按降雨及水资源情况分类，表 6-3）。

新建连接渠的走向、规模应该首先确定渠道功能，结合经过地区的用地布局，分析每种功能需求，经过综合比较后确定。但其上开口宽不宜小于 20m，正常水深不宜小于 0.5m，有旅游航运功能正常水深不能小于 1m。

城市区位	包含省份	水域面积率（%）
一区城市	湖北、湖南、江西、浙江、福建、广东、广西、海南、上海、江苏、安徽、重庆	8-12
二区城市	—	3-8
三区城市	—	2-5

1.6.2　生态缓冲空间设计

美国林务局建议在小流域建立"3 区"植被缓冲带。紧邻水流岸边的狭长地带为一区，种植本土乔木，并且永远不进行采伐。这个区域的首要目的是：为水流遮荫和降温，巩固流域堤岸以及提供大木质残体和凋落物。紧邻一区向外延伸，建立一个较宽的二区缓冲带。这个区域也要种植本土乔木树种，但可以对他们进行砍伐以增加收入。它的主要目的是移除比较浅的地下水的硝酸盐和酸性物质。紧邻二区建立一个较窄的三区缓冲带。三区应该与等高线平行，主要种植草本植被。三区的首要功能是拦截悬浮的沉淀物、营养物质以及杀虫剂，吸收可溶性养分到植物体内（Welsch，1991）。为了促进植被生长和对悬浮固体的吸附能力，每年应该对三区草本缓冲带进行 2-3 次割除（Dillaha et al.，1989）。另外，与较宽但间断的缓冲带相比，狭长且连续的河岸缓冲带从地下水中移除硝酸盐的能力更强。而这个结论往往被人们所忽视（Weller et al.，1998）。

同时，根据我国《城市水系规划规范》要求，保护规划必须将滨水功能区作为整体进行保护，包括水体、岸线和滨水区，并宜按蓝线、绿线和灰线三个层次进行界定。其三者关系见表 6-4。

1.6.3　生态缓冲空间的多种用途

生态缓冲空间除了其生态功能外，还可承担游憩空间、城市防灾空间等功能。其中游憩空间包括滨水公园、郊野公园、保护区公园等。城市防灾空间主要利用滨水广场设计等。

1.7　水系网络的空间组织与设计思路

区域网络水系法的基本设计思路是以区域水系生态保护为规划的重点，围绕区域水系进行河道的划分，沿河道建设生态缓冲带，并在被河道、缓冲带包围或半包围的地区规划重要的人类活动空间（图 6-5）。

项目	定义	规划要求
蓝线	蓝线是水体控制线	有堤防的水体蓝线为堤防堤顶临水一侧边线，无堤防的水体蓝线为历史最高洪水位或设计最高洪水位时水边线
绿线	绿线为水体周边绿化用地范围线	按照不同滨水功能区保护和利用的需要确定，并符合如下规定：①滨水绿线一般不宜突破现有城市道路；②滨水绿线不宜分割现状滨水的森林、山体和风景区；③ 有堤防的水体滨水绿线为堤防背水一侧堤身或其防护林带边线；④ 无堤防的江河滨水绿线与蓝线的距离必须满足：水源地不小于 300m，生态保护区不小于江河蓝线之间宽度的 50%，滨江公园不小于 50m 并不宜超过 250m，作业区根据作业需要确定；⑤无堤防的湖泊绿线与蓝线的距离必须满足：水源地不小于 300m；生态保护区和风景区绿线与蓝线之间的面积不小于湖泊面积，并不得小于 50m；城市公园绿线与蓝线之间的面积不小于湖泊面积的 50%，并不得小于 30m 和不宜超过 250m；城市广场不得小于 10m 并不宜超过 150m；作业区根据作业需要确定
灰线	灰线为滨水功能区的影响线	根据水体类别和规模确定，并符合如下规定：①滨水灰线一般不宜突破城市主干道；滨江滨湖道路作为城市主干道的，其灰线范围为该主干道离江一侧一个街区；②滨水灰线距滨水绿线的距离不小于一个街区，但不宜超过 500m；③港渠两侧是否控制灰线可根据实际需要确定，滨渠绿线之间的距离小于 50m 的可不控制灰线。 灰线区域的建设必须满足滨水视线、生态交流的总体要求，视线通廊宽度不小于 50m，间距不超过 500m；生态通廊宽度不小于 100m，间距不超过 1000m，生态通廊绿化率不低于 70%，绿化覆盖率不低于 80%

1.7.1　划分水系等级

划分水系等级过程中，将在水系网中位于顶端，上游无进一步分支的河道作为一级河道，将一级河道下第一级河道作为二级河道，以此类推。在规划区不同尺度下可以进行水系划分。例如在大尺度范围下，划分一、二、三级水系及其镶嵌体，而在某一镶嵌体中又存在不同等级的水系，仍然可以在此尺度下进行水系划分并实施规划。水系划分的过程中可以将水系宽度、上下游位置等作为校核划分是否科学的依据。针对不同等级的水系，其缓冲带的宽度也不一致（图 6-6）。

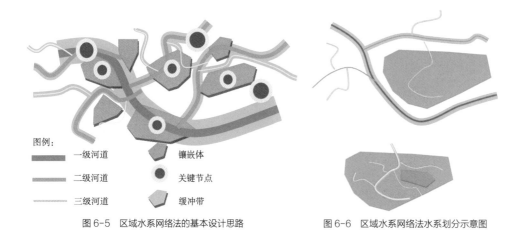

图例：
— 一级河道
— 二级河道
⋯ 三级河道
◆ 镶嵌体
● 关键节点
⬟ 缓冲带

图 6-5　区域水系网络法的基本设计思路　　　图 6-6　区域水系网络法水系划分示意图

1.7.2　缓冲带建设

河岸缓冲带功能的发挥与其宽度有着极为密切的关系。将草本过滤带由 4.3m 增加到 8.6m 可以减少地表径流和沉淀物穿过缓冲带的总量。但在降水强度较大时，比较宽的缓冲带的效果并不明显，这也许是径流流速加快造成的。地表径流中营养物质的消除效果也是随着缓冲带的宽度、污染物的类型和化学结构的不同而有所变化（Schmitt et al., 1999；Abu-Zreig et al., 2003）。Mayer 等（2007）的研究结果表明，河滨缓冲带去除氮化合物的效果与其宽度呈正相关。

美国农业部林务局（USDA—FS）1991 年制定的《河岸植被缓冲带区划标准》规定在 3 区缓冲带中，第 1 个缓冲带的宽度为 4.5 m，第 2 个区域为 18m，第 3 个为 6m（Welsch，1991）。在较大的河流和大江中，为了保护泛洪区，需要对这些区域的宽度进行修正才能使用（Villar et al., 1998）。

目前关于缓冲带的报道中，能有效控制污染物的最小宽度争议较大，有些学者建议为 10m（Castelle et al., 1994），而另外一些学者的试验结果表明 3-5m 宽的缓冲带能够拦截 50%-80% 的污染物（Dillaha et al., 1989；Simmons et al., 1992）。Srivastava 等（1996）和 Schmitt 等（1999）的结论则发现很窄的缓冲带就能移除大部分的污染物，60%-80% 的沉淀物以及与沉淀物吸附在一起的营养物质在缓冲带开始的 7.7m 就被拦截，但可溶性化合物的吸收比例则与宽度成正比。

1.7.3　关键节点

大尺度区域的关键节点主要包括：水系进水（出水）口、水利闸门、湿地（自然式、人工湿地）等。关键节点主要起到控制进入水系的污染物、调蓄水量以及景观功能。城市内部的河流网络系统空间的关键节点主要包括：航道、水系景观公园、湿地（自然式、人工湿地）。

2　绿色基础设施规划

2.1　绿色基础设施的相关概念

2.1.1　基础设施及灰色基础设施

绿色基础设施的概念是从基础设施及灰色基础设施的概念上扩展而形成的。"基础设施"一词最初出现于 1927 年的美国，被使用于密西西比河的大洪水过程中。

根据韦伯斯特（美国著名辞典编纂者）的《新世界词典》，其将基础设施定义为：
"支持结构的或隐含于内部的根本性基础，特别是支撑社区或国家在此基础上持续
下去和发展的基础设备和设施。"基础设施发展迅速且种类繁多（表6-5），其中最
基本的一大类型是市政基础设施（Civic Infrastructure），即灰色基础设施（Grey
Infrastructure）。在传统意义上，此类市政基础设施被定义为："由道路、桥梁、铁
路以及其他确保工业化经济正常运作所必需的公共设施所组成的网络"。然而，在城
市化进程中，科技与社会的进步导致灰色基础设施目标单一化的趋势日益凸显：其
往往是以单一的工程化设计来保证灰色基础设施系统在相对固定的时间段内高效的
执行单一的目标，使用者仅仅考虑它们在技术方面的要求。例如，道路都是以运输
功能为设计导向的；广场都是没有绿化的单一的铺装空间等。这些做法忽视了灰色
基础设施与区域公共空间的结合，忽视了其应具有的审美、生态和社会方面的功能，
严重影响了灰色基础设施对城市的整体贡献。

2.1.2　绿色基础设施

为了与传统的"灰色基础设施"相互区别、合理利用城市开放空间的生态效益，
并且改良其他与环境相关的"基础设施"，"绿色基础设施"的概念应运而生。绿

美国基础设施的历史进程（引自《绿色基础设施——连接景观与社区》）表6-5

年代	增长的主要议题	基础设施的对应解决方法
19世纪中期至晚期	公共健康和福利	卫生设施、医院、公园、学校
	通信	电话
	工业化	规划的社区、企业生活区
	能源	煤炭、石油、天然气、电力
	交通	运河、铁路
20世纪早期	汽车	公路
	食物生产	农作物轮作、农业实践
	通信	公路、电话
20世纪中期	能源	水能及核能
	公害	社区区划和规划
	污染	空气、水、污水处理
	交通	洲际系统、小型民用机场
	大规模通信	电视
20世纪晚期	固体废弃物	垃圾回收
	交通拥堵	大规模运输、可选择的交通方式
	雨洪	暴雨管理、滞留
	信息管理	计算机、互联网

色基础设施（Green Infrastructure，简称 GI）的首个定义出现于 1999 年 8 月的美国。由美国保护基金会（Conservation Fund）和农业部森林管理局（USDA Forest Service）组织相关的政府机构以及专家组成了"绿色基础设施工作小组"（Green Infrastructure Work Group），旨在帮助社区及其合作伙伴将绿色基础设施建设纳入地方、区域和州政府计划和政策体系中。这个工作小组将绿色基础设施定义为国家的自然生命支持系统（nation's natural life support system）：一个由水道、湿地、森林、野生动物栖息地和其他自然区域、绿道、公园和其他保护区域，农场、牧场和森林、荒野和其他维持原生物种、自然生态过程和保护空气和水资源以及提高美国社区和人民生活质量的荒野和开敞空间所组成的相互连接的网络。由此可见，在最初的定义中，绿色基础设施所包含的是天然的，或者人工痕迹较少的、倾向于自然的生态与景观元素。随着绿色基础设施在实践上的不断探索，其相应的概念也日益完善。贝内迪克特（Benedict）和麦克马洪（McMahon）在 2006 年出版的《绿色基础设施》（Green Infrastructure）一书中提出：当 GI 用作名词时，指一个相互联系的绿色空间网络（包括自然区域和特征，公共和私有的保护土地，具有保护价值的生产性土地，和其他受保护的开放空间），该网络因其自身的自然资源价值和对人类的效益而被规划和管制；当 GI 用作形容词时，其描述了一个进程，该进程提出了一个国家、州、区域和地方等规模层次上的系统化的、战略性土地保护方法，鼓励那些对自然和人类有益的土地利用规划和实践。绿色基础设施在不同的应用环境下代表着不同的含义：有些表示城市地区可提供生态效益的绿色植被，有些表示环境友好型的工程化结构（比如暴雨管理或水处理设备）。

2.2　绿色基础设施的层级体系

绿色基础设施的涵盖范围极广，可以将其看做是一个框架化的系统，所以大到跨越国界范围的生态体系网络，小到路旁的一棵植物，都可以成为系统的一部分。

在宏观层级（区域和地区规划层面）上，绿色基础设施形成一个开放的空间网络，支撑与引导其所在区域生态系统中的核心功能。因此可以说，绿色基础设施网络是由城市周边、城市地区之间、社区组团之间，甚至所有空间尺度上的一切自然、半自然和人工的多功能生态单元、相互附和和联系的绿色空间网络。它与我国绿地系统类似，在国外其组成主要组成包括国家公园、风景区、海岸线、主要河流廊道等绿道、水体、大型湿地以及具有绿色基础设施性质的生产性农田和林地等。但宏观层面的绿色基础设施又不可以简单的定义为上述绿色基础设施要素的简单加合，而是从网络综合体的角度，把他们作为一个不可分割的整体统一规划。在这一规模层级上，绿色基础设施的主要作用是从质量上提高该地区的环境整体性，为观赏、游憩和动植物保育的目的提供适当和足够的绿色空间以及多用途的路线和途径。

在微观层级（工程技术集成层面）上，绿色基础设施的主要组成既包括上述宏观层级绿色基础设施所涉及全部要素中应用的技术手段，同时还包括小空间尺度下的公园绿地、中小型水体和溪流、屋顶花园、雨洪系统等。在这一规模层级上，生活品质、场所品质和环境品质的增强是主要目的，因为它们在整个系统中的累积效应很大。

2.3 绿色基础设施的发展

2.3.1 国外发展情况

在国外，绿色基础设施虽然是一个新名词，但不是一个新理念。它的概念产生于 20 世纪 90 年代的美国，其后在西方国家得到长足发展。1990 年代北美学者开始检讨由二战引发的、不受控制的城市增长方式，提出"精明增长"和"增长管理"的概念，以期对土地开发活动进行管治，获取空间增长的综合效益。与之相对的概念"精明保护"，则要求对生态从系统上、整体上、多功能多尺度以及跨行政区层面进行保护。基于精明增长和精明保护的双重目标，绿色基础设施规划应运而生。1999 年，美国可持续发展委员会在报告中强调绿色基础设施是一种能够指导土地利用和经济发展模式往更高效和可持续方向发展的重要战略，从而掀起了美国绿色基础设施规划的热潮。同年，美国组建工作组以帮助把绿色基础设施纳入州、地区和地方的计划和政策之中，并被多个市州采用，如纽约的 PlaNYC 战略，2005 年马里兰编制的绿色基础设施的评价体系等。

继美国之后，绿色基础设施的概念随之传入欧洲特别是西欧。尽管西欧没有出现美国一样的城市向四周大规模蔓延现象，但城市化过程中的生态保护、气候变化以及旧城改造问题比较突出。因此，西欧绿色基础设施更侧重于关注城市内外绿色空间的质量、维持生物多样性、野生动物栖息地之间的多重联系以及绿色基础设施在维护城市景观、提升公众健康、降低城市犯罪等方面的作用，并展开了一系列的规划实践。如 2005 年英国东伦敦地区以社会经济发展和环境重塑为目的的绿色网格规划、2007 英国东北部的堤斯瓦利（Tees Valley）为实现城市中心区经济复兴展开的绿色基础设施战略规划、2008 年英国西北部地区为指导下层次规划而编制的绿色基础设施规划导则等。

国外绿色基础设施规划发展至今，体系已逐渐成熟，虽然仍有如数据收集过于复杂、非重要规划区的保护容易被忽视、资金需求大、对乡村地区关注不足等诸多缺陷，规划实施效果也仍处于不断检验当中，但其规划理论背景的科学性、思想内核的务实性及其规划系统的完整性有助于促进其成为一个融合各类生态和保护规划的政策与实施框架，被众多探索者和实践者所推崇。

2.3.2 国内发展情况

改革开放以来，我国经历了一个快速城市化时期，在经济高速发展的同时生态环境遭到了比较严重的破坏。20 世纪 80 年代生态保护议题开始流行，发展到目前已经逐渐从传统的生态斑块保护向构建生态网络体系发展；从简单的布设绿化隔离带到要求构建从生物多样性保护出发、维持生态系统内在功能的生态基础设施；GIS 等空间分析工具也已广泛运用和普及。应该说，我国关于生态保护的研究范围比较广、内容也比较全面，人们对生态保护的意识也在不断地加强，完全具备了进行系统的绿色基础设施规划和研究的条件。

2.4 绿色基础设施的规划原则

绿色基础的原则是从不断的实践探索中加以总结的。美国的学者将绿色基础设施定位为战略性的保护框架，提出了十条原则：

2.4.1 原则一：连通性是关键

绿色基础设施的连通性存在于自然土地和其他开放空间之间、人类之间，以及各项计划之间。保护生物学家认为，连通性是自然系统功能得以正常运作、野生动植物得以繁荣生长的关键。美国过去大部分的土地保护计划都只是侧重关注那些具有重要自然或文化资源的个体场地保护（如公园、自然保护地、内战战场）。与之不同的是，绿色基础设施更关注于连接各生态组成部分的方法。该方法统筹了公园、保护地、滨水区、湿地和其他绿色空间，对与维护自然系统价值和服务功能至关重要，也能维持野生动植物种群的健康和多样性。绿色基础设施能用于建立土地需求的优先性，从而确保已经存在的受保护土地的连通性。成功的绿色基础设施还对各项工程和不同机构、非政府组织及私人部门人员之间的"连通性"提出要求。

2.4.2 原则二：分析大环境

景观生态学要求在对环境内的一个客体进行单独研究时，必须充分理解并预见自然生态系统和景观变化，其内容涵盖了周边区域的生物和物理因素。

绿色基础设施需要建立在一种整合的、考虑到大环境的景观学方法之上。例如一个国家的保护规划需要考虑到国家的自然资源是如何贡献于、相互作用影响于临近的生态系统。区域内公共公园、野生生物庇护地和其他保护性土地的管理，需要充分思考它们边界外围的环境。这包括两点：一是土地利用性质的变化对其内部资源有怎样的影响；二是怎样在景观尺度上连接其他保护区域和自然资源，从而达到共同目标。

2.4.3 原则三：绿色基础设施应被置于美丽的风景和土地利用规划的理论和实践之中

成功的绿色基础设施行动需要建立在许多原则的基础之上，建立在多领域专家参与的基础之上。保护生物学、景观生态学、城市与区域规划、景观建筑学、地理学和土木工程学，全部为绿色基础设施系统的成功设计和实施作出了贡献。源于各专著的理论、实践和理念帮助形成了生态、文化、社会和实践之间的平衡和综合。

2.4.4 原则四：绿色基础设施应能发挥作为保护和开发框架的功能

绿色基础设施规划可以用于确定土地保护的优先次序，并决定在何地块引导新的增长和开发。通过为保护和开发制订绿色基础设施框架，政府或许能够编制绿色开放空间系统规划，以维持基本的生态功能，并提供相关的生态服务。绿色基础设施也提供了一种建立框架的工具，该工具能引导各种社会资源的发展走向，充分利用已有的设施，创造更合理的土地利用模式。绿色基础设施的规划，使民众和环境机构确信新的增长会发生在具有充分保护地和开敞空间的框架内，给予了他们对开发项目的信心。

2.4.5 原则五：绿色基础设施应该在开发前被规划和保护

将一片区域恢复为自然状态比保护未开发的自然地花费更大。而且，人工湿地和其他生态恢复工程通常容易随着时间的流逝而失效。绿色基础设施的框架必须考虑到景观的生态特征，明确保护关键性的生态中心控制点和未来开发中的连接性。预先确定绿色基础设施，能确保那些已有的开敞空间、高产出的土地被视为基本的自然资源，免受开发破坏。在已经受开发而带来消极影响的地区，绿色基础设施方法能帮助决策者决定在何地块进行绿色空间保护和恢复可以使人类和自然获益。绿色基础设施规划应当设立获准和生态恢复优先权，通过几乎孤立的栖息地岛屿被重新连接起来，从而创造地表恢复发展的可能性。

2.4.6 原则六：绿色基础设施是一项至关重要的公众投资，应该被放到首要位置

绿色基础设施应该采用全面的可利用的经济特权被预先建立。美国的灰色基础设施——包括交通、水利、给水排水、电力、电信和其他基础性城市支持系统——被公开列为首要的财政预算，须承担大量使用所需要的开发和保护费用，以保证各部分充分结合以达到其设计功能。同样，政府应该采用与建立灰色基础设施一样的

方法，去规划、设计并投资绿色基础设施。为了保障绿色基础设施的成功，必须保证有持续的资金注入。在美国，各个州和社区正在使用常规的机制来支付绿色基础设施工程——包括债券、实际不动产转让税、彩票收入、应缴纳的开发费、直接拨款和其他机制。

2.4.7　原则七：绿色基础设施能使自然和人类获益

相互连接的绿色基础设施系统能使人类、野生动植物、生态系统获益。为保护绿色基础设施而制订的战略性土地利用决策，减少了对灰色基础设施的需求，从而将社会资源及资金投入其他需求。绿色基础设施还降低了洪水、火灾、泥石流和其他自然灾害的发生频率。规避人类居住地减免自然灾害的第一步是确定灾害高风险区域。在绿色基础设施的框架下，可以指定出风险地图——标明与自然灾害相关的地域，判断建设用地的级别。当绿色基础设施规划与执行过程相结合的时候，风险地图能够保障土地得到合理的、最佳方式的利用，并且指导开发活动远离洪泛区与自然灾害高发区。事实上，全球存在大量的因为缺少考虑周边环境而给建成区带来危险的案例，洪泛区的建设早已证实了这种开发的弊端。为了避免 1993 年沿密西西比河与密苏里河的灾难性洪水类似的灾难，美国土壤保护署花费 2500 万美元购买了易被洪水淹没的农场，并将它们恢复为自然状态，使洪泛区发挥其正常的自然功能。

2.4.8　原则八：绿色基础设施尊重土地所有者和其他投资人的需求和期望

美国的绿色基础设施所需的土地并不全在公共所有权之下。私有土地，特别是生产性的农场和森林也能够在任何绿色空间系统中扮演重要的角色。成功的绿色基础设施工作要求考虑来自各方投资者的观点，包括公众的、私人的，以及非营利组织的。平衡各方利益和尊重各方权益是绿色基础设施规划及实施的基础。有些地方私人所有权的强烈意识可能会与保护景观、引导开发及保护田园生活方式的社区意愿发生冲突。引导土地所有者理解绿色空间如何增加邻近土地开发价值、进而将他们发展成为绿色基础设施的活跃支持者，这是成功的关键。

2.4.9　原则九：绿色基础设施需要与社区内外的各种项目协调

成功的绿色基础设施要求把参与各种保护行动的人们和工程计划联系在一起，弥合保护行动和其他规划间的空缺。考虑到绿色基础设施与精明增长相关，在保护关键农业区和其他生产性土地的时候，它也能帮助政府和社区为发展提供有用和有利的框架。绿色基础设施为许多项目提供了机会，甚至直接成就了许多项目，包括：洪水消减规划、河流及水资源管理、环境教育、历史文化遗产、户外休闲、绿道和绿带、城市复兴及棕地开发。

2.4.10 原则十：绿色基础设施要求长期的允诺

一个绿色基础设施规划和网络设计理应被认为是"活着的"文件，需要被修改和阶段性的更新，与区域、城市的增长和变革相适应。这就要求在行动初期就充分考虑到管理的问题，考虑到同今后将要建立的各种要素之间的恢复和连续等方面的问题。在美国，签署通过具有法律效应的文件以及推动建立来自政府机构、非营利性组织、私人、民众组成的联合管理组织，这两者往往形成了保障绿色基础设施行动的法律与管理保障。

2.5　宏观层级：绿色基础设施网络的规划方法

2.5.1　绿色基础设施网络的构成

作为生态网络的一部分，绿色基础设施网络的构成参照了生态网络构成中的斑块 – 廊道 – 基质理论，最初规划的绿色基础设施网络是一个由核心区、廊道和场地构成的系统。

核心区（又称网络中心）（hubs）。其在绿色基础设施网络中的作用是野生动植物的主要栖息地，同时也是整个大系统中动植物、人类和生态过程的"源"和"汇"。其规模和形式会根据绿色基础设施网络的不同情况产生多种变化，主要包括：大型预留地和保护地（如国家野生动植物庇护地）；大型公有土地（如能提供资源和自然休闲价值的国有森林）；私有的生产性土地（如农田、农场）；区域公园和保护地；社区公园和绿色空间等。

廊道（又称连接廊道）（links）是连接各种以面状形式存在区域的线状纽带。廊道的概念是相对于其所在的绿色基础设施网络而存在的，其在内部也可能出现局部、小区域的中断，但并不影响其维持关键生物过程和野生生物种群的健康、多样性等重要的作用。绿色基础设施的廊道主要包括生态走廊、水岸线、绿道、交通道路等。

绿色基础设施网络系统还包括场地（sites）。场地比中心控制点要小，并且相对独立，不一定会与整体的网络或者区域保护系统相连，但其作为绿色基础设施的一部分，仍旧对生态、社会具有重要贡献。

相较于生态网络不同的是，绿色基础设施网络中还包含了人文因素与经济因素，例如休闲场地、保护性历史文化场地及经济收益的农田场地等。它把人类的生存生活的需求作为主体价值，协调保护与开发，具有一定的价值取向。更重要的是它能兼顾各方利益，在多利益主体参与的情况下，强调环境与经济目标的叠合，就规划的价值和目标达成一致，进而指导土地利用。

除上述三种基本要素外，组成绿色基础设施网络的要素还包括：踏脚石（stepping stones），当廊道不得不被打断时，这是用来保证空间连通性的一种小而密集的栖息地斑块；缓冲区（buffers），这是一种特定的自然地域或空地，用于尽可能减少邻近地区对于目标地或者具体策略选择地产生的影响；恢复区（restoration zones），这是绿色基础设施的生态效益正在发挥作用的表现区域，一般情况下人为干扰力在这个区域表现的较弱。

2.5.2 绿色基础设施网络的规划模式

基础模式（美国模式）。由美国创立的绿色基础设施基础模式包括上述组成绿色基础设施网络最重要的三元素，即核心区、廊道和场地（图 6-7、图 6-9）。

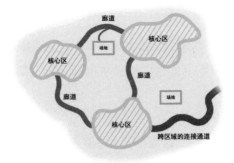

图 6-7 绿色基础设施基础模型

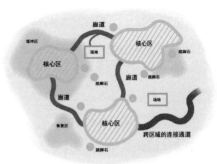

图 6-8 绿色基础设施生物 ECO 网络模式

■1903 年 OLmsted 公园规划 ■当前公园 　　〜绿色交通廊道 ■生物栖息地 ■现有公园 　　■公园和社区空间 　城市中心 ■水体

1903 年：
预计城市人口规模达到 50 万。
通过单一的连接公园和林荫道，
为居民提供景观审美、游憩休闲需求。

2025 年：
预计城市人口规模达到 64.2 万。
完成近期重点项目，初步搭建多功能
整合的生态网络系统。

2100 年：
预计城市人口规模达到 100 万。
网络系统成熟完整，更加生态、
整合、多功能。

图 6-9 西雅图绿色基础设施规划模式（Olmeted）

扩展模式——生物 ECO 网络模式（欧洲模式）。此种模式是在欧洲传统的野生动物保护和资源保护的方法与绿色基础设施的概念相结合的衍生模式，此种模式不同于单纯的保护野生动物据点，它将范围扩大到栖息地保护和为物种的扩散聚集提供廊道和踏脚石。典型的欧洲生态网络主要由四种元素组成：核心区（hubs），包括关键的栖息地，必须确保对它们的保护。廊道和踏脚石（links&stepping stones），分散或集聚的存在于核心区之间，减少斑块间的孤立性，增进自然系统之间的连接性。缓冲区（buffers），用于保护网络不受外界潜在影响，例如污染物或者垃圾等。恢复区（restoration zone），自然恢复区应设置与核心区相连或接近核心区，将网络扩大到一个最适宜的规模（图 6-8、图 6-10）。

2.5.3　绿色基础设施网络的规划流程

目前绿色基础设施网络规划所采取的模式主要参照美国的方法——利用数据分析模型来构建绿色基础设施网络。此种方法相对其他方法较为成熟，以 20 世纪 90 年代的佛罗里达州和马里兰州绿色基础设施网络规划为典型参考，其主要的规划流程如下所示（图 6-11）。

（1）制定网络设计的目标

制定网络体系构建的目标，首先确定需要保护的各类景观生态要素，包括制定目标和选择包含在体系的自然和人工要素；其次，根据已有的上位规划、结合总体规划的利益主体，制定保护目标。明确而具体的保护目标是取得预期结果的关键。

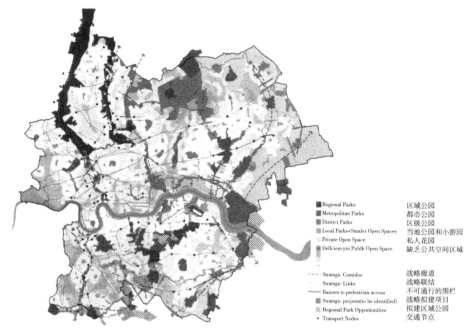

图 6-10　东伦敦绿色基础设施网络规划

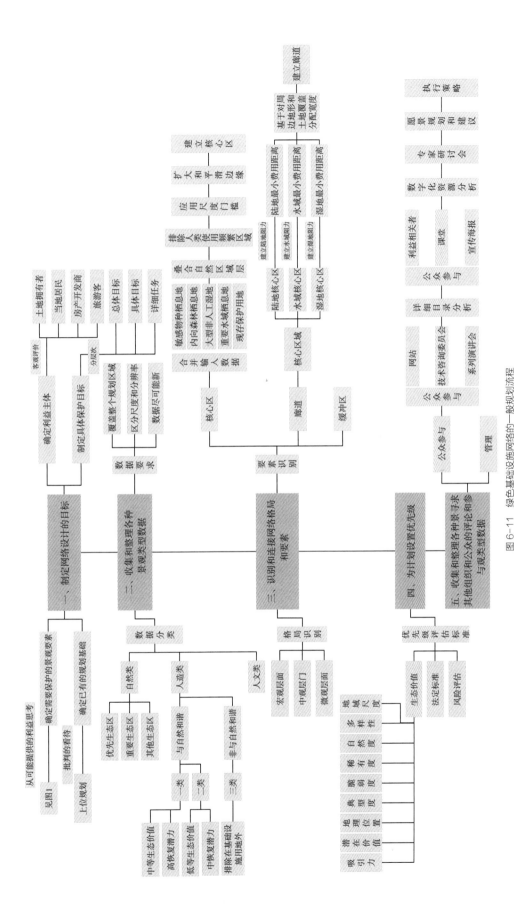

图6-11　绿色基础设施网络的一般规划流程

体系构建的目标因绿色基础设施服务对象而异，通常可从总体目标、具体目标、详细人物三个层次出发，根据不同规划阶段上生态因素的关键诉求点出发。为确定对于生态系统有重要价值的要素，须明确以下 5 个问题：自然资源的价值，现有地块如何适宜进入上层叠加系统，开放空间在乡村和已开发区域的重要生态意义，协调地方、区域规划的重要性，野生动植物保护需求。

（2）收集和整理各种景观类型数据

识别研究区域中的生态类型，收集、处理各种生态类型的数据和发掘生态类型的特色，确定哪些资源属性应包含在体系中，通常以多样性、典型性、自然性、稀有性、脆弱性、潜在价值、内在诉求等来衡量生态类型的保护价值。对数据的基本要求通常有三方面：①数据信息要尽可能覆盖整个规划区域。因为数据的缺口会导致规划核心要素变得难以抉择和规划流程复杂化，拖延总体进程。②数据需要按照适当的类型和尺度范围来收集，否则会导致一些不必要的数据参加计算，导致计算时间和难度的增加。③数据要及时更新，不准确的数据信息同样会导致进度的减缓，并且需要重复的野外调研或其他形式来弥补。数据的类型通常可以分为自然、人造、人文三类加以区别。

（3）识别和连接网络要素和格局

识别和连接体系要素，划分网络中心和连接廊道。完成数据属性收集和生态类型的分类后，接下来是识别和连接绿色基础设施体系要素。通过选择具有生态价值的大型区域作为网络中心和连接廊道将整体景观连接，构成网络体系。绿色基础设施体系可以利用 GIS 技术或其他手段的空间数据多层叠加法完成，最好是两者兼用。

从 GI 规划框架可知，GI 规划中最重要和核心的步骤是分析并确定 GI 的要素和格局，即解决要素的实质构成与相互关系。核心区与廊道这两大最重要的构建因素主要分别包括以下几大类（表 6-6）：

从绿色基础设施网络规划所依据的理论和方法基础来看，识别和构建 GI 模型主要有以下几种方法：①基于垂直生态过程的叠加分析方法。基于垂直生态过程的"适宜性"分析方法，源自麦克哈格的人类生态规划理论，强调景观单元内地质—土壤—水温—植被—动物与人类活动及土地利用之间的垂直过程和联系，用"千层饼"式的叠加技术可以很好地实现。鲍曼从美国保护基金资助的 44 个 GI 案例的归纳发现，近一半的项目仅采用 GIS 的图层显示各要素地图来分析确定整个受保护的 GI，还有另外数量相当的案例采用 GIS 图层进行叠加和定量分析。可见，基于"垂直"生态过程的要素叠加是确定 GI 适宜性的最基础的方法。无论在采用简单模型或复杂模型的 GI 规划中，绝大多数情况下"枢纽"或"中心"是由这种方法确定的。②基于水平生态过程的空间分析方法。基于水平生态过程的空间分析方

类型	景观资源		作用
核心区	城郊结合部	森林山地	城市重要的自然景观资源，为多种动植物提供生境，使得独特和濒危物种得到保护，建立适当的"链接"扩大核心保护区外围缓冲区面积，营造稳定的生境环境
		生产农田	农田是区域景观的重要组成部分，应对高产农田加以保护和利用。通过农民的自主创业来激发自下而上的工业化和城市化动力
	城市建成区	城市景观	将城市发展融入区域整体生态系统，维护和保护自然山水的连续性和完整性，GI 的规划发挥自然的免费服务功能
廊道	铁路与公路		利用废弃铁路、公路和游憩道"链结"重要的核心区，实现城乡统筹
	河流与绿道		城市河道水系网络是绿色基础设施的重要组成部分，"链接"河道沿岸多个"网络中心"见缝插绿，改善人类生存环境并提升城市品质与竞争力
	风景游憩道		倡导建立全国范围内的自行车与休闲游憩道，让城市居民更多贴近自然

法得益于景观生态学和 GIS 在景观规划中的应用。应用最为广泛的是 GIS 的"最小费用距离"模型。它同时考虑了景观的地理学信息和生物体的行为特征，往往被作为建设廊道的依据。首先在确定"枢纽"的"中心"作为"源"，然后进行廊道适宜性分析，根据土地覆盖、水系、滨水区域宽度、水生种群条件、是否有道路、坡度以及土地管理等因素确定对动植物水平运动的"阻力"，建立阻力面，再运用 GIS 的"最小费用"模型计算从"中心"到各"枢纽"的最小费用路径，最后根据其周边地形和土地覆盖来确定廊道的宽度，绝大多数情况下廊道是由这种方法确定的（图 6-12）。③基于图论的分析方法。图论和网络分析是建立和分析景观连接性的有效工具，由此 GI 可简化为图论意义下的网络，包含一系列节点和一系列连接。将该模型运用到景观生态学时，一个节点一般表示一个栖息地斑块，而各个连接则表示物种的扩散。网络可分为分枝网络和环形网络两种，可以衍生出不同复杂度和连接性的图式，参照这些网络图式有助于构建现实的生态网络。④形态学空间格局

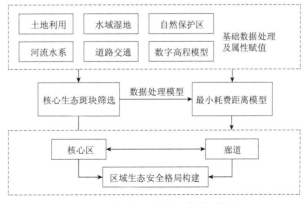

图 6-12 基于水平生态过程的空间分析法

分析方法。形态学空间格局分析（morphological spatial pattern analysis，简称 MSPA）通过把任何尺度和类型的二进制的图像分为互不重叠的七类来分析其组成成分的几何学特征和连接性，因此也可用于构建 GI 网络。可采用土地覆盖变化数据，将其重新分类后提取林地和湿地作为"前景"，其他地类作为"背景"；接着通过一系列图像处理技术，将"前景"分成互不重叠的七类（表 6-7）：其中"中心"就相当于 GI 的"核心区"，"桥"就相当于 GI 的"廊道"，最后依据 MSPA 的"中心"和"桥"构建 GI 网络。

形态学空间格局分析中各类别的定义 表 6-7

1 中心	被前景像素环绕、与背景的距离大于边界宽度的前景像素群
2 桥	连接两个或多个不相连中心的前景像素群
3 环	将中心与自身相连的前景像素群
4 分支	从某个中心延伸出来，但未连接到另一中心的前景像素群
5 边缘	组成前景和背景之间转换区的像素群
6 孔	在前景区域的内部构成前景和背景转换区的像素群
7 岛	不包含中心的前景像素群，唯一未被连接的种类

总之，四种方法各有优劣（表 6-8）：垂直叠加的方法虽然相对粗略，但在小场地或对 GI 要求不精确的情况更加方便、简洁；基于水平生态过程的分析方法比较复杂，对数据要求高，但特别适用于强调生物多样性保护、有较详细的物种调查数据，或强调其他水平生态过程的情况；图论和网络分析比较抽象，对功能性连接考虑不足，但有助于定量评价连接度，可以便捷的评估规划方案的效果，结合重力模型可以选择优先保护的地区；形态学方法未考虑功能连接性或具体的生态过程，但对几何连接性的评估非常准确细致，对数据要求少，分析便捷，是其他方法的有效补充。

四种识别 GI 要素与格局的方法比较 表 6-8

	基于垂直生态过程的叠加方法	基于水平生态过程的空间分析方法	基于图论的分析方法	基于形态学的空间格局分析方法
理论基础	传统生态学	景观生态学	图论、网络分析	几何形态学
空间结构	点—线—面的叠加	点—线—面构成的网络	网络拓扑结构：节点及其连接	中心、桥、环、分支、边缘、孔、岛
连接的含义	廊道适宜性	最小阻力路径	连接指数大、成本比低	几何空间的相邻关系
连接的类型	结构性连接为主	结构性连接和功能性连接	结构性连接为主	结构型连接
数据基础	各种自然地理信息，数据量要求较多	各种自然地理信息、物种行为特征等，数据量要求最多	各种自然地理信息，数据量要求较少	土地覆盖。数据量要求最少

事实上，上述方法互为补充，常常可以混合起来使用，比如先采用"最小费用距离"模型确定潜在廊道，再根据网络连接度比选方案；或者将垂直叠加方法和水平生态过程分析相结合；将各种方法构建的 GI 加以对照借鉴等。

（4）为计划设置优先级

为保护行动设定优先区。根据网络中心、连接廊道等绿色基础设施网络构成因素在不同地形区域内具有特定的地质学和气候特征，确定生态学参数，并通过生态价值、法定标准和开发风险等评估排序。

在评估各要素的生态学价值和开发风险时，同样要考虑到尺度的问题，例如在不同规划范围内野生动物的生存能力问题。通常的做法是使规划核心要素尽可能地容纳区域内所有野生生物群路、栖息地以及不同的土壤等级类型，以保障绝大多数物种的生态安全。

虽然不同地域间的绿色基础设施网络规划模式不尽相同，但均有一定的遵循原则，例如现行存在的住区绿色基础设施规划相关标准，是由欧盟国家提出的《绿色基础设施规划标准》（Accessible Natural Greenspace Standard Plus）。此标准是在原有英国《自然英格兰可进入自然绿地标准》的基础上进行的修改和补充而成的，其核心内容有：居住地距离不超过 300m，至少有一块面积不小于 2hm^2 的自然绿地；每 1000 人口至少提供面积不小于 2hm^2 的自然绿地；离居住地 2km 以内至少有 20hm^2 的可进入自然绿地；离居住地 5km 以内至少有 100hm^2 的可进入自然绿地；离居住地 10km 以内至少有 500hm^2 的可进入自然绿地；近邻的绿地需要互相连接。

（5）寻求其他组织和公众的评论和参与

这个步骤对绿色基础设施能否成功实施十分关键，也是当前绿色基础设施规划相对薄弱的环节。地方建设管理机构、房地产商、旅游行业人士、社会大众最好都能参与整个过程并形成良好的评价回馈机制。

2.6 微观层级：绿色基础设施的分类

2.6.1 按发展历程分类

绿色基础设施的发展历程，遵循着人类与自然之间的亲和——对立——亲和的关系规律而分成三大类：类型 1 与类型 2 为传统类型，其分类标准是该项绿色基础设施是否借助于人工形成。而在此之上形成的新类型，则是现代技术介入的成果，使得原本不可肆意开发的原生性绿色基础设施融合了可持续的元素，为环境健康和人类发展都带来了极大的益处（图 6-13）。

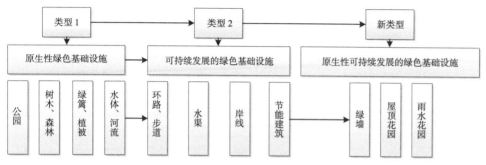

图 6-13 按发展历程分类的绿色基础设施

2.6.2 按功能分类

绿色基础设施的概念包括了生态和文化的两重属性。传统意义上的绿色基础设施是生态型绿色基础设施,按其功能主要可以归类为水体绿色基础设施、交通绿色基础设施、废弃物绿色基础设施、弃置地绿色基础设施和经济生产绿地绿色基础设施、防护绿地绿色基础设施六大类。其规划目标主要是成为支持城市生命系统、提出保障城市生态安全的保护方法和措施。而随着科技的不断创新和发展,人们对精神层面的需求开始扩展,甚至凌驾于物质需求之上,文化型绿色基础设施便应运而生。文化型绿色基础设施又因为城乡地域的固有区别而分为城市文化型、村镇文化型、综合文化型三个子类,其中比较具有代表意义的分别为城市公园绿色基础设施、农业游憩园绿色基础设施和滨水游憩带绿色基础设施(图 6-14)。

在日常的环境问题处理中,绿色基础设施的使用类型往往是相互交叉的,因为在同一地块中往往会遇到不同类别的、待解决的环境问题(表 6-9)。

(1)水体绿色基础设施

世界许多城市的产生和发展都与其周边的城市河流息息相关。并且随着城市的发展,河流在城市中发挥的功能也在不断地发生着变化:在城市产生的初期,河流为城市居民生活提供洁净的水源,是城市的商业核心和主要的交通运输手段;随着城市规模的不断扩大和工业的发展,城市污染加剧,河流成为最直接的城市污水排放通道,致使河水遭到严重污染,河流的其他综合功能逐渐丧失;当城市排污基础设施逐渐完善以后,许多城市河流又逐渐被混凝土包裹起来成为工程化的城市排洪通道。

所以水利方面的基础设施由灰色转向绿色,是迫在眉睫的任务。根据水利绿色基础设施所执行的不同职责,又可将其分为河道及防洪基础设施、雨水管理基础设施和湿地系统三个主要方向(图 6-15)。

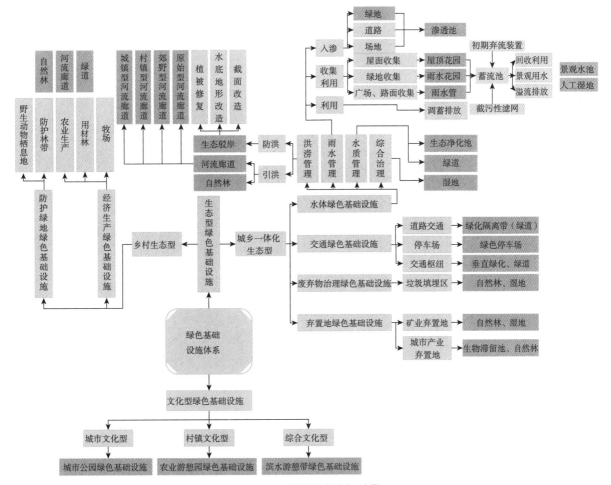

图 6-14　绿色基础设施分类示意图

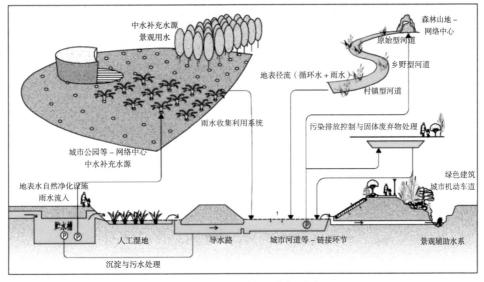

图 6-15　水体绿色基础设施应用集成

分类		主要解决问题	控制要素	控制强度	解决方法
水体	雨水	补给地下水	水质、水量、水流速度、雨水口位置	弱	渗透池（沟）
		水土保持		中	自然林
		暴雨排洪		强	蓄洪池
		地表汇水		中	屋顶花园
					雨水花园
	地表水	补给地下水	水体类型、驳岸类型、防洪标准、水质、水量、水流速度、沿岸用地性质、植被情况	弱	渗透池（沟）
		水土保持		中	自然林
		地表排洪		强	蓄洪池
		防洪		强	生态驳岸
		回收利用		弱	雨水花园
		建立生态走廊		中	绿道系统
	综合水体	水体污染治理	水体类型、驳岸类型、防洪标准、水质、水量、水流速度、沿岸用地性质、植被、雨水口位置	中	湿地
					生态净化池
		水土流失治理		中	湿地
					自然林
		调蓄防洪治理		强	湿地
					自然林
		循环利用		弱	湿地
					生态净化池
交通	交通枢纽	环境污染	车流量、道路断面、绿化带类型、空气质量、污染物类型	中	垂直绿化
					绿道系统
	道路	物种生态隔离	车流量、道路断面、绿化带类型、空气质量	中	绿化隔离带（绿道）
	停车场	物种生态隔离	容量、植被类型	中	绿色停车场
废弃物治理	生活废弃物	污染隔离	污染类型、有害物质种类、排放源头、周边用地性质	强	自然林
					生态净化池
					绿道系统
					湿地
		垃圾降解		中	自然林
					绿道系统
	工业废弃物	重金属元素治理	污染类型、有害物质种类，排放源头、周边用地性质	强	自然林
					绿道系统
					湿地
		土壤修复		中	自然林
					绿道系统
					湿地
	农业废弃物	处理利用		弱	自然林

分类		主要解决问题	控制要素	控制强度	解决方法
弃置地	矿业弃置地	残留有害物质治理	植被结构、污染物种类、生物多样性现状、环境连通度、周边用地性质	强	生物滞留池
					自然林
					湿地
	城市产业弃置地	植被修复生物多样性保护		中	生物滞留池
					自然林
经济生产绿地	田地	防止水土流失	植被类型，土壤类型，土壤修复能力，雨水量	中	绿道系统
					自然林
					生物滞留池
		保持生物多样性		中	绿道系统
					自然林
					生物滞留池
	用材林	防止水土流失	植被类型，土壤类型，土壤修复能力，雨水量	中	绿道系统、自然林
		保持生物多样性		中	绿道系统、自然林
	牧场	防止水土流失	植被类型，土壤类型，土壤修复能力，雨水量	中	绿道系统、自然林
		保持生物多样性		中	绿道系统、自然林、湿地
防护绿地	防护林带	防止水土流失	植被类型，土壤类型，土壤修复能力，雨水量	弱	绿道系统、自然林、湿地
		保持生物多样性		弱	绿道系统、自然林、湿地
	野生动物栖息地	保持生物多样性	植被类型，动物类型，土壤类型，雨水量	弱	绿道系统、自然林、湿地

1）河道及防洪绿色基础设施

生态驳岸。驳岸是城市滨水区连接水域和陆域的交界线，为自然形成和人工形成的建筑物或护坡，其主要功能是防止陆地被淹和阻止河岸崩塌。而生态驳岸是指恢复后的自然河岸或具有自然河岸"可渗透性"的人工驳岸，是对生态系统的认知和保证生物多样性的延续，而采取的以生态为基础、安全为导向的工程方法，来减少对河流自然环境的破坏。驳岸是物质、能源、生物体交流的主要途径，可以充分保证河岸与河流水体之间的水分交换和调节功能，同时具有一定抗洪强度。主要包括两个要素：一是满足防洪抗冲标准要求，构建能透水、透气、生长植物的生态平台；二是满足生态驳岸要求，建立良性的河道驳岸系统，由高大乔木、低矮灌木、花草、鱼巢、水草、动物沿滩地、驳岸坡脚及近岸水体组成驳岸立体生态体系。

河流廊道。由于河流的空间与时间尺度可以分为不同的量级，其空间尺度变化从 1mm 到 100km，时间尺度从不足 1 天到 1 万年以上。作为绿色基础设施的河流廊道应针对流域、整体河段和局部河段、栖息地的不同生态环境与特点，进行对宏观、中观、微观三层次进行科学和有侧重的景观规划，保证绿色基础设施体系的整体科学与可持续性（表 6-10）。

规划分类	空间尺度	生命周期	绿色基础设施规划重点	城市河道规划目标
宏观层面——流域	长度大于25 km	生命循环小于20年——群落与物种	确定优先保护要素、建立绿色基础设施优先保护政策	指定区域、地点和路线战略性资源——天然资源与文化资源鉴别
中观层面——城市河道	长度大于1.5km，流域面积大于25 km²	生命循环1-8年——物种与群落	1. 对提高地区整体环境质量的潜在要素进行鉴别，倡议重点地段，进行跨行政整体保护策略 2. 预留足够的绿色空间，满足游憩，市容美化和保护功能；联系必要的游憩路线与道路，使绿色、灰色基础设施一体化发展	①河道水系网络在城市布局与形态特征；②城市特色营建，河道分区与分段规划；③优先保护与重点开发区规划（注重实质空间与心理意向）；④基于多系统整合的区域性开敞空间网络系统建立
微观层面——具体河段	长度小于1.5km，流域面积小于5km²	生命循环数日到数年——物种	考虑如何整体联系，把当地的福利融入更高地区效益	①恢复、保护、提升现有的河道自然形态与生境结构；②预留足够的绿空间，满足游憩，市容美化和保护功能
微观层面——栖息地	5倍于河道平滩宽度的长度	生命阶段数小时到数日——个体	为绿色基础设施规划提供一定程度的灵活性，处理可能出现的各种不可预见的机会与问题	①上位规划的落与实施，包括坐标定位、基本尺度的确定、基本平面的布局；②专项规划设计导则

2）雨水管理绿色基础设施

雨水管理基础设施提供了一种解决城市雨水问题新的理念和方法，与传统的依赖管网的"灰色基础设施"相比，不仅投资和维护成本低，还能为城市水环境提供更为有效的保障，与景观规划设计等专业紧密结合。除有效控制雨水径流外，雨水管理基础设施还有助于净化空气、减少能源需求、缓解城市热岛效应、增强固碳作用等，能为居民提供具有美学和生态功能的自然景观，产生一系列的环境效益、经济效益和社会效益。

屋顶花园是指在建筑物的顶面种植植物和草坪（图6-16）。根据相关科学实验数据表明，根据不同的土壤厚度和降雨强度，一定规模的绿色屋顶能够吸收 15%-90% 的降水。绿色屋顶的出现对于雨水收集、管理具有积极的意义。在一定情况下，绿色屋顶甚至可以有效减少雨水带来的潜在污染。同时，绿色屋顶也能够明显减少建筑的能耗。

渗透池指的是底部可以缓慢渗透雨水至地底下的一种结构装置。其主要作用是渗透，因此要求有较好的渗透性土壤，包括砾石层，土壤层，植物层。雨水通过土壤缓慢吸收进入池的底部。渗透池可以布置在任何透水地（面如庭院或其他的领域），收集来自屋顶、庭院以及各种不透水地面的雨水。其主要作用在于储存、净化、渗透雨水，能减少雨水径流率和污染物，回补地下水，可以改善局部场地的生态环境，

轻型屋顶花园　Intensive Roof Garden　　　重型屋顶花园　Extensive Roof Garden

植物层 Vegetation layer
土层 Substrate
蓄排水毡 Drainge & filtration fell 排水层和过滤层 Drainage and filtration
分离层 Separation rootproof
植物根阻拦卷材 vegetation roof resistance membrance
保温层 Thermal insulation
隔气层 Vapor barrier
基层 Substructure

植物层 Vegetation layer
土层 Substrate
分离层 Separation rootproof
植物根阻拦卷材 vegetation roof resistance membrance
保温层 Thermal insulation
隔气层 Vapor barrier
基层 Substructure

轻型屋顶花园　　　　　　　　　　　　重型屋顶花园

图 6-16　不同类型的屋顶花园

减少排入城市管网的雨洪量等。洼地或称下凹式绿地是指天然或人工形成的具有渗透性的自然土壤地面低洼地。它的特点在于涵养和处理降水所带来的地表径流。洼地具备了传统的暴雨管理设施所没有很多优点，如：移除污染物、造价与维护成本较低、减弱地表水峰流、促进地表水过滤等。雨水花园其实是一种人造低地，在城市或私人住宅景观中应用较为多。它的作用在于提升水质，涵养雨水与及时减少强降水的影响。通过一定的景观设计手法及渗透材料的运用，雨水花园能收集和储存雨水，从而形成一个"生物保留区域"。区域内的雨水能够被过滤并被土壤缓慢地吸收。由于雨水花园能涵养雨水，所以市政水管道设施可以相应地减少。雨水花园也能够为更多的野生动物的提供栖居环境。雨水花园的另外一个优点在于相对于维护费用较低，相对于传统景观形式而言更符合生态文明中的节约原则（表6-11）。

不同类型雨水管理绿色基础设施的效益比较　　　　　　　表 6-11

		屋顶花园	渗透池	洼地	雨水花园	植物群落
环境功能	减少水处理需要	●	●	●	●	●
	提高水质	●	●	●	●	●
	减少灰色基础设施需要	●	●	●	●	●
	增加水循环利用	○	○	○	◎	◎
	增加地表水补给	○	○	◎	◎	◎
	改善城市热岛效应	●		◎	●	◎
	提高城市美感	●	○	●	●	●
经济功能	降低能源消耗	●	◎	◎	●	◎
	发展城市农业	○	○	○	◎	◎
	降低基础设施投资和运行费用	○	◎	◎	◎	◎
社会功能	提供居民休闲娱乐场所	◎	○	○	●	●
	增强社区凝聚力	◎	○	○	◎	●
	提高绿地率及绿化覆盖率	●	○	○	◎	●

●有效益　◎一般效益　○无效益

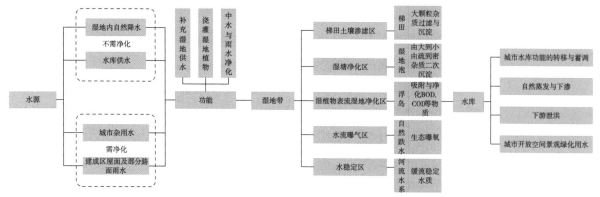

图 6-17 湿地应用流程图

3）湿地系统

美国早在 1980 年代就制定了保护自然湿地的一系列法规。被科学家认定的重要湿地，即便是不改变其湿地基本属性的利用也被禁止。湿地，特别是珍贵的城市湿地并不仅仅局限在一条河流、一片湖泊的治理，而是从生态角度出发，将水体、堤岸、滩地、湿地、植被、生物等作为一个整体的生态系统，统一规划设计，恢复这些自然因素的内在联系，最终实现水域的生态恢复、洪泛控制、水质自净、生物繁衍和人类休闲娱乐的综合目的。近年来，湿地一直是景观规划设计界关注的理论热点，并有相当数量的湿地公园被建设使用。其应用流程如图 6-17 所示。

（2）交通绿色基础设施

绿道（greenways）是一些有着自然的土地、植物和水景的开敞空间性质的通道。这些受到管理的土地和水景，用于保护自然资源，提升其价值。沿着道路的溪岸，能够提供更多的吸收雨水的界面，减少市政排水设施的压力。绿道中的树木减缓了水流，在地表流水进入溪流和排水管之前净化了水质。绿道还为人们旅游和健身提供场地。绿道应用模式图如图 6-18 所示。

生态停车场，顾名思义，就是以生态理念指导的，对环境恶性影响降低到最小，符合生态安全要求，同时满足城市使用、安全、卫生、景观等方面的要求，功能完善、环境健康、景观优美的现代停车场。它是为了适应城市建设和交通发展需要，防止

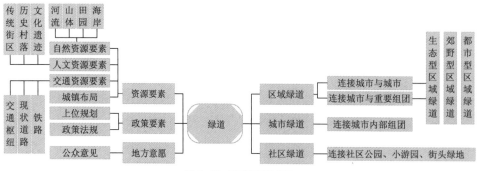

图 6-18 绿道应用模式图

和减少停车场的不良环境影响和景观破坏的产物。生态型停车场应该使用方便、经济合理并符合城市交通现代化管理，符合城市环境保护的要求，维护城市自身景观及特色。它是完全异于传统停车场的停车设施、场所，从小的单个停车场的建设来帮助解决城市大的交通和环境问题。功能目的上，生态型停车场较传统型停车场是兼顾人的休闲使用、商业使用或者其他行为需求的城市场地；外在表现上，生态型停车场将成为特殊的"城市绿地"，通过绿化和其他工程性建设成为城市美化大军中的一分子；环境方面，停车场自身满足光、热、水、气、风等自然因子的良性循环或引导，是一个生态的、将污染最小化的城市建设工程，同时也尽量对城市小环境小气候进行改良。

（3）废弃物整治绿色基础设施

城市是一个有生命的系统，存在着复杂的城市新陈代谢过程——从周围环境中引入水、能源和物质原料，向周围土地、空气和水中排放废物。为了满足城市在生产、生活等方面的需要，大量的物质和能源被输入城市，经过生产和消耗转化后，以城市污水、垃圾、空气污染物等城市代谢废物的形式输送出来。这些废弃物多数以垃圾填埋场的形式、具一定规模地聚集出现，可将垃圾填埋场分为三类：第一类为惰性废弃物填埋场，主要用来处理建筑垃圾等无机垃圾，该类填埋场比较稳定，对周围环境影响较少；第二类为生活垃圾填埋场，会产生垃圾渗滤液、填埋气体、异味等，对周围的环境有较大的影响；第三类为危险废物填埋厂，主要用来处理各种危险废物，如有毒化学元素、重金属化学元素等，对周围环境影响最大（图 10-9）。所以，废弃物整治绿色基础设施的人工控制强度会随周边环境受威胁的程度增加而增强。

绿色基础设施在城市废物净化处理以及综合环境治理等方面可以发挥重要的作用，能够通过引导自然在城市空气净化、水净化、固体废弃物和土壤中有毒物质消化等方面的生态功能，提升现有城市废物处理基础设施的功能，消除其对周围环境产生的影响，维持城市健康和可持续发展。同时，城市废物管理景观基础设施不单纯是城市废弃物的处理设施，也可以使城市居民亲身感受处理、降解的过程，发挥显著的科普教育功能，并有能力使其同时成具有休闲功能的城市公共空间。

（4）弃置地绿色基础设施

综合学界提出的对弃置地的不同定义，本书提出的弃置地的概念为：无论是在乡村还是城市中，由于以前的农业、工业或者城市建设等非自然方式的不当使用或规划变动所导致的用地荒废，并且不经治理就无法再次利用的土地。主要包括废弃矿区、采石场、停用的工厂、商业建筑、工程废弃地、废弃运输场地等。弃置地的特征在于：这种用地或多或少的存在一定程度的污染与环境问题，而造成污染的原因和污染的类型都是多种多样的。污染包括对土壤、地表水、地下水以及其他影响周边动植物生长的环境物质污染，而污染物的类型则多以有害的化学物质和重金属为主。所以可以依据不同的产业类型将弃置地划分为矿业弃置地、城市产业弃置地、废弃处理场地三大类别。针对三种不同弃置地环境问题而设立的绿色基础设施类型也相应有所不同（图6-19）：

矿业弃置地是人为破坏最为严重的一种弃置地，受采矿活动的剧烈扰动，采矿区地表土破坏严重，植被无法正常生长，并且土壤中还含有多种工业化学物质及重金属元素。这类弃置地大多离城市或乡镇居民点较远，绿色基础设施以治理土壤和水源中残留有害物质为主，以便将来可以再次使用。相应采取的绿色基础设施手段为生物滞留池、植物群落、湿地等人为干预较少的类型。

城市产业弃置地是在城市发展中因工业或者商业迁移或改建而遗留下来的弃置地。这类弃置地的污染相对较小，且大多处于城市发展地带，因此对其恢复更新不仅在环境功能上，更在经济与社会功能上具有十分重要的意义。城市产业废弃地的绿色基础设施的建设目标导向是建立一个人工的生态系统，将城市产业废弃地与景观游憩相结合，形成复合型的城市公共空间。

（5）经济生产及防护绿地绿色基础设施

农业生产是一个城市中最重要的基础设施组成部分，为城市居民生活提过了基

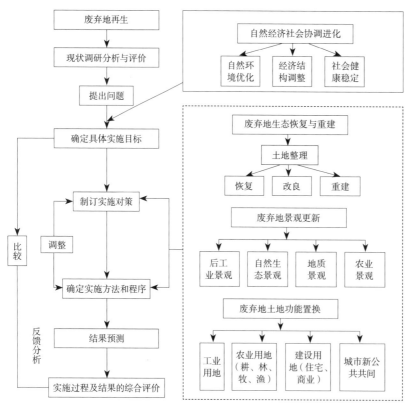

图6-19 废弃地规划流程

本的生存保障。但现代城市目前也存在着一定的农业生产和粮食安全问题。首先，随着城市的不断发展，城市人口规模不断扩张，对食物的需求将不断地增大。21世纪，全世界的城市人口数量将达到总人口数的一半以上，将产生至少26个人口数目在1000万以上的特大型城市。而这些城市每天都需要消耗约6000吨的食物来维持城市人口的正常生存。但是，城市自身的食物生产能力严重不足，大部分食物都需要依靠城市外围区域的输入，具有非常明显的城市食物缺口，并且会越来越大，城市将面临愈发沉重的食物供应压力。其次，在城市的扩张过程中，大量的城市农田被用来进行城市建设，农业生产距离城市的距离越来越远，农产品的运输距离不断增加，使得城市农业生产的附加成本不断的增多。另外，随着城市居民生活水平的不断提高，对农业产品的品质和安全要求也逐渐提升，许多城市居民已经有意愿和能力亲自参与农业的生产，获得更加新鲜、健康和环保的农业产品。城市一直以来被称作是食物的荒漠，但实际上，城市具有进行农业生产的潜力，尤其是对于保鲜期短、易腐烂的蔬菜、瓜果等农业产品。

景观与城市农业生产相结合，通过对城市经济、生态和社会系统的重新调整，提出了城市农业景观基础设施这一新的发展模式。这与传统农业和城市观光农业等都存在着明显的区别。在空间上，结合景观的实践，利用城市的闲置和未充分利用的土地（包括屋顶、阳台、路旁空地、城市郊区等），或者与城市公共绿地空间（包括社区绿地、庭院、城市公园等）进行结合，开展城市农业生产。它注重与城市的经济和生态系统进行有机的结合，包括将城市居民或组织作为主要的农业生产者，强调城市物质循环，用城市收集雨水、净化再生水和有机物生活垃圾堆肥进行城市农业生产，将城市生产和消费整合起来，注重农业生产的同时发挥综合生态改善功能，同时赋予更多综合的社会功能，用来强化社区内部联系，作为公共活动空间等。

3 案例应用与解读

3.1 绿色海绵系统——以沈阳卧龙湖为例

3.1.1 现状分析及问题

卧龙湖位于沈阳市北部的康平县境内，辽吉蒙三省交界处。该湖紧邻康平县城，距离沈阳市区120km。因县城快速扩展，农村村镇快速发展，工业园区占地迅猛，在快速城市化过程中暴露出一些典型的生态破坏问题，使规划区内生态环境严重受损。其中最为典型的就是以卧龙湖为中心的水资源系统遭到较大的影响。

3.1.2　构建思路与方案

立足于解决卧龙湖地区水源和水质问题，在区域生态格局研究的基础上，通过多功能复合的区域廊道网络与水收集系统、城镇乡村绿色海绵空间综合体与水质净化系统规划，耦合共生构建卧龙湖生态保护区"绿色海绵"绿色基础设施网络，实现快速城市化和工业化过程中卧龙湖生态保护区的雨洪调蓄与生态系统健康发展。

3.1.3　规划要点

（1）网络构成识别

与区域生态格局高度统一的廊道网络系统。廊道网络系统是绿色基础设施网络中"海绵体"的"连接器"和水资源传输系统。多种类型和多个等级的廊道相互耦合共生成具有较高连接度的廊道网络，耦合共生可以替代单一功能廊道，发展复合型廊道，有效增加廊道宽度和丰富生境类型，提升廊道功能，有效增加系统安全度，降低系统风险。廊道构成的基本类型依托当地的高速公路、省道、县乡道路、高压走廊、河流及其支流、溪流、灌渠、引水渠、生态边沟、绿篱、农田林带、防护林等构成。

绿色海绵与空间综合体。在卧龙湖生态保护区内，绿色海绵的空间综合体主要包括以城镇街区为单元的绿色海绵综合体和以农村分散坑塘为单元的绿色海绵综合体两个大类。绿色海绵综合体广泛生长在廊道网络系统中，成为不同尺度和不同类型的"汇"和"源"，是绿色海绵体的"储水器"和"净化器"。污水在海绵体中经过二级生物处理实现水质净化，并通过海绵体的吐纳过程实现雨洪的调蓄功能。卧龙湖生态保护区城镇绿色海绵综合体依托城镇的绿地生态空间实现，农村地区依托大大小小池塘和水坑成为海绵体恢复与重建的重要切入点。主要包括池塘、水坑、取土坑、漫滩，洼地、蓄水林地、灌木丛、雨洪公园等基本类型。同时在"储水器"和各种廊道连接区域规划设计坑塘湿地、河滩湿地、水库湿地、水口湿地等中心型综合体，进行水质净化强化处理体系。

（2）网络共生：区域生态格局与廊道网络规划

生态战略空间、生态的"源""汇"和廊道体系成为卧龙湖区域生态安全格局的重要构成，其中以"水"为核心的"生态廊道"设计将步行游憩道路网络、车行道路网络、雨水收集网络及梳理修复后的廊道网络相结合，构成一个集生态保护、雨水涵养收集和休闲游憩于一体的生态廊道网络（图6-16）。整个网络体系根据依托载体的等级、廊道的宽度及功能侧重分为三级廊道。图中所示一级廊道包括A1、A2、A3三种类型；二级廊道包括B1、B2、D1、D2、D3五种类型；三级廊道包括C1、C2两类；其他类型廊道包括E1、E2两种（表6-12）。

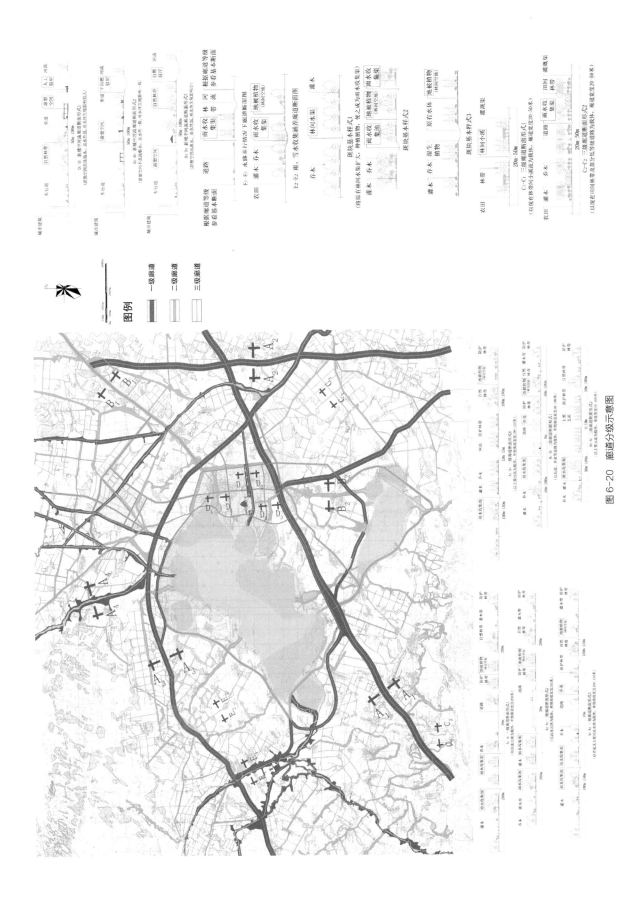

图 6-20 廊道分级示意图

廊道级别	廊道类型与名称	廊道宽度	廊道单侧构成	廊道功能
一级廊道	A1：高速公路型廊道	单侧宽度200m	高速公路、高速公路防护林带、雨水收集沟渠及池塘、生物栖息及迁徙廊道、外围生态缓冲空间、上跨式生态桥的设置	降低高速公路对周边城镇建设的噪声及粉尘污染；完善区域雨水收集系统组成；为生物提供迁徙廊道及栖息环境；强化廊道与外围生态空间的联系，保障区域生态建设一体化进程；弱化高速道路对南北向生态过程（水循环及物种迁徙）的阻力
	A2：高速公路型廊道	单侧宽度200m	高速公路、高速公路防护林带、雨水收集沟渠及池塘、生物栖息及迁徙廊道、外围生态缓冲空间、下穿式生态桥的设置、高速公路	与A1类生态廊道不同在于，此类生态廊道远离城镇建设区域，且平行于主要生态过程方向，同时道路建设位置处于分水岭区域，因此其对城镇环境、水循环及物种迁徙的影响较弱，除具备A1廊道的基本功能外，通过设置一定数量的下穿式生态桥，满足中小型哺乳动物的迁徙活动需求
	A3：省道型廊道	单侧宽度100-150m	省道、游步道、雨水收集沟渠及池塘、生态缓冲空间、生物栖息及迁徙廊道	结合步行交通系统为城镇居民生活及保护区旅游发展提供带状休憩空间；完善区域雨水收集系统组成；通过生态缓冲空间的设置一方面降低旅游活动对生物栖息的影响，另一方面强化廊道与生态体系其他要素之间的联系；为物种迁徙及栖息提供条件
	A4：河流型廊道	单侧宽度100-150m	主干河流、雨水收集沟渠及池塘、生态缓冲空间、生物栖息及迁徙廊道	完善区域雨水收集系统组成；为物种迁徙及栖息提供条件；通过生态缓冲空间的设置强化生态体系要素间的联系，同时降低农业生产、农村生活污染对水质的影响
二级廊道	B1：县乡道路型廊道	单侧宽度50-100m	县乡道路、游步道、雨水收集沟渠及池塘、生态缓冲空间、生物栖息及迁徙廊道	结合步行交通系统为城镇居民生活及保护区旅游发展提供带状休憩空间；完善区域雨水收集系统组成；降低道路对周边城镇建设的噪音及粉尘污染；通过生态缓冲空间的设置一方面降低旅游活动对生物栖息的影响，另一方面强化廊道与生态体系其他要素之间的联系；为物种迁徙及栖息提供条件
	B2：支流型河流廊道	单侧宽度50-100m	支流河流、雨水收集沟渠及池塘、生态缓冲空间、生物栖息及迁徙廊道	完善区域雨水收集系统组成、为物种迁徙及栖息提供条件；通过生态缓冲空间的设置强化生态体系要素间的联系，同时降低农业生产、农村生活污染对水质的影响；通过这一级别廊道是设置调蓄该地区的水量变化，保证干流水质及水量的正常水平
	D1：城市游憩亲水型河流廊道	单侧宽度50-100m	城市内部河流、道路、道路防护林带、休憩空间	结合道路及河流间的带状空间为市民提供良好的休憩观光环境；降低城镇内部的地表径流对于河流水质的污染；在满足以上基本功能的基础上，根据不同的河流驳岸设置，将毗邻河流的生态缓冲空间分为三种类型：①满足亲水游憩的纯粹景观化空间；②兼顾湿地生境营造与景观游憩功能的半自然生态缓冲空间；③纯自然的生态缓冲空间，主要由自然的湿地生境构成，满足小型物种生存的需求，丰富城镇生物多样性
	D2：城市半自然型河流廊道	单侧宽度50-100m	城市内部河流、道路、道路防护林带、休憩空间、半自然生态缓冲空间	
	D3：城市自然型河流廊道	单侧宽度50-100m	城市内部河流、道路、道路防护林带、休憩空间、生态缓冲空间	

廊道级别	廊道类型与名称	廊道宽度	廊道单侧构成	廊道功能
三级廊道	C1：溪流型林水组合廊道	单侧宽度20-50m	溪流、雨水收集渠及池塘、外围林带	完善区域雨水收集系统组成；为物种迁徙及栖息提供条件；降低农业生产、农村生活污染对水质的影响；通过这一级别廊道是设置调蓄该地区的水量变化，保证干流水质及水量的正常水平；防风固沙，降低强风对土壤的侵蚀
	C2：田间林路结合型廊道	单侧宽度20-50m	田间林路、雨水收集渠及池塘、外围林带	完善区域雨水收集系统组成；为物种迁徙及栖息提供条件；防风固沙，降低强风对土壤的侵蚀
其他廊道	E1：水路并行廊道	根据实际条件设定	林带、雨水收集渠及池塘	强化相邻廊道间的生态联系；完善区域雨水收集系统组成；为物种迁徙及栖息提供条件
	E2：雨雪水收集涵养林带型廊道	根据实际条件设定	现状低地及坑塘、外围林带	完善区域雨水收集系统组成；为物种迁徙及栖息提供条件

（3）水网收集系统规划

雨（雪）水收集坑与规划区内收集网络的建立。在卧龙湖生态区内，依托自然和人工的灌木及杂木林带及坑塘，根据地面高差设置雨（雪）水收集坑渠（图6-21），将雨水和开春的融雪水收集地表径流汇水入坑，避免丰水期湖区水量激增。一部分集水通过渗透进入地下水，旱时对湖区水体进行有效补充。通过雨水收集

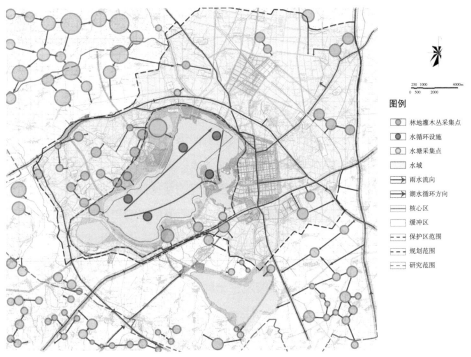

图6-21 雨（雪）水收集坑渠规划图

坑的设置，因地制宜地加强周边水系对湖区的水体调蓄功能，增加湖区水系网络的汇水功能。

引水工程和水网的连通。湖区现建有引辽济湖的引水工程，由于西辽河自身水源季节性不足，引辽济湖的引水工程在枯水季作用不明显，因此将卧龙湖及其南侧的三台子水库连接，加强对五四干渠补水工程的利用。

（4）"绿色海绵"水质净化系统规划

区域水质净化机制：多元的水质处理系统。在雨（雪）水收集网络的基础上，完善自然水质净化机制，提高水体自净能力。结合坑塘及其周围灌木、杂木林带，形成自然式湿地，建设适当的人工湿地，形成水系周围的"绿色海绵"缓冲带，综合利用生态技术，构建卧龙湖地区水质净化的多远系统（图6-22）。①农村面源污染与居民点污染源的控制。卧龙湖的主要污水来源于康平县城日排污水量为1.37万吨（2007年），以生活污水为主 COD153mg/L 和卧龙湖周边大量农村居民点的生活污水，建立塔式生态滤池和污水处理厂。规划后禁止县城排污（康平县城建设污水处理厂达到一级 A 处理标准，COD ≤ 50mg/L），针对农村面源和点源污染，利用多级生态网络系统中"绿色篱笆""绿色海绵"系统对水体进行多级多元净化。对污染源集中的村庄采用塔式生态滤池与"绿色海绵"结合，污水处理排放标准一级 B 标准，COD ≤ 60mg/L。②自然与人工湿地结合的强化处理系统。以上经网络系统处理但未完全达到国家级自然保护区水质标准（COD ≤ 20mg/L）的水源，进入湖区前经过湖区自然 - 人工湿地强化处理。据湿地水质处理能力的基本面积 50hm² 的标准，规划水口湿地面积总计约 500hm²。规划设计将水口湿地分为三个整体湿地群落，北部以东马莲河水口湿地及引辽济湖干渠水口湿地为核心的湿地群，南部以五四干渠水口湿地和规划干渠水口湿地为核心的水口湿地群，西南侧以西马莲河水口湿地为核心的湿地群。湿地群的构建将分散的点状湿地连接成面状，便于发挥湿地群的规模效应。十七个水口处湿地（图6-23）对于进出卧龙湖水域的水体进行一定程度的净化，为整个湖区的水质提供保障，同时巩固并加强了各个水系的联系，且这些湿地也作为自然生态景观丰富了该区域的景观内涵。③湖区水体循环与自净功能。在环湖绿化中，限制东北 - 西南向的绿化高度，利用长年风向，建设自然风道，推动湖体表面水的流动，带动底层水域表层水的对流。同时在湖体体内建设风能驱动的底层水流动设施。通过新增河道增强卧龙湖地区的水系联动。通过水系分析，规划新增内湖水面以及三条河道，将水体引入滨湖生态城。内湖将成为卧龙湖外湖与滨湖生态城的重要过渡及生态屏障，三条河道将成为居民亲水活动的主要场所。规划在卧龙湖东南新增河道与三台子水库连通，以加强湖区水体的循环。新增的河道与原有的河道形成水系网路，增强了卧龙湖地区水系联动、自净功能（图6-24）。

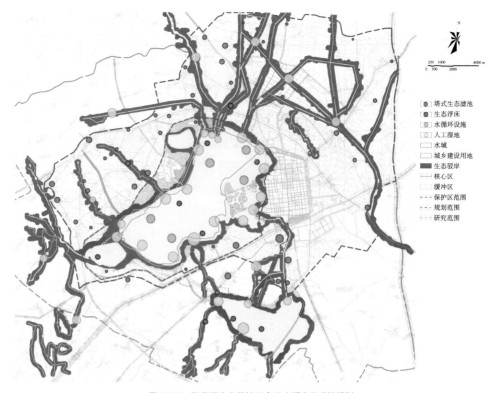

图 6-22 卧龙湖生态保护区多元水质净化系统规划

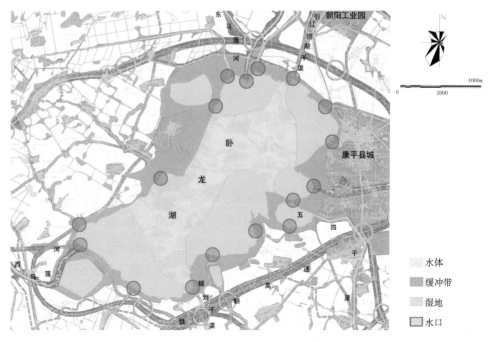

图 6-23 卧龙湖湖区主要水口及水口湿地规划

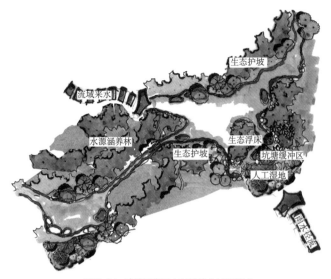

图 6-24　支流及湖区入口坑塘水处理模式

（5）空间综合体："绿色海绵"与再生水资源中心

以城镇街区为单元的绿色海绵综合体。在城镇建设中，以城镇街区为单元，对街区中的单体建筑及附属绿地、广场（场地）、公园、居住区、道路五种基本单元以绿地为核心建立五种不同类型的雨水收集模式，以街区内的绿地系统和廊道连接系统为纽带将五种模式进行"街区"集合，形成城镇雨水收集与利用的空间综合体单元，最终将各个单元耦合在城镇绿色基础设施网络上，形成城乡一体化的雨洪收集与水质处理系统（图 6-25）。

农村居民点坑塘利用与建设。规划针对原有无序排放的农村居民点污水、农村居民点雨水建立农村生活污水收集管网以及雨水收集沟渠系统，通过生物滤池等生态处理技术进行一级处理，利用居民点坑塘建立潜流人工湿地对排水进行二级处理，并通过表面流人工湿地、自然式湿地、生态护坡、生态护岸、生态浮床及浮岛等组合生态技术（图 6-26）。

农田坑塘利用与建设。规划针对原有无序排放的农田雨水径流、农业生产废水，畜牧业养殖废水等面源污染，建立农田沟渠系统进行收集，通过潜流人工湿地、表面流人工湿地等生态处理技术进行一级处理，利用农田坑塘建立表面流人工湿地对排水进行二级处理，并通过自然式湿地、生态护坡、生态护岸、生态浮床及浮岛等组合生态技术对农田坑塘设立缓冲区，对农业生产面源污染加强处理。同时，农田雨水径流通过坑塘收集进行蓄水，流域干旱期可以对流域水量进行补充，从而补充下游水源保护地水量（图 6-27）。

卧龙湖生态保护区"绿色海绵"绿色基础设施网络的规划是在快速城镇化地区结合自然环境特征进行的一个尝试。在绿色基础设施规划的"水问题"解决方案中，

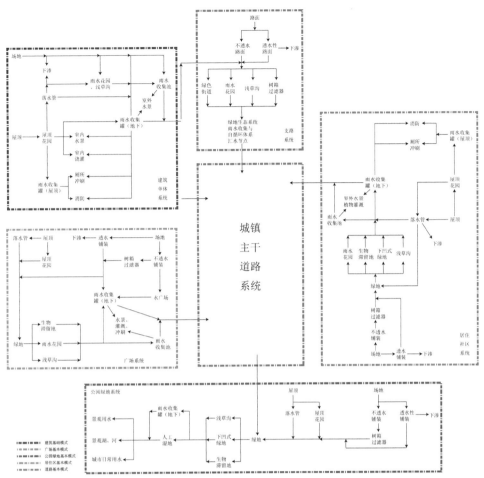

图 6-25 以城镇街区为单元的雨水收集综合体

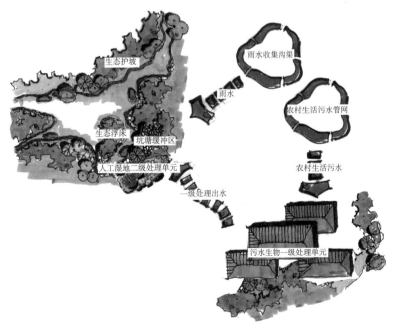

图 6-26 居民点坑塘绿色海绵与水处理模式

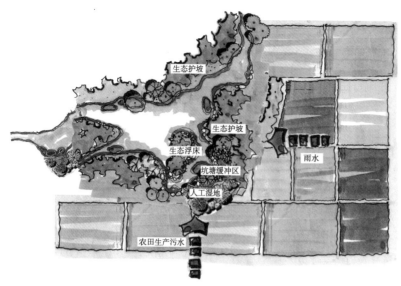

图 6-27　农田坑塘绿色海绵与水处理模式

立足区域整体，系统化和网络化解决方案成为打破卧龙湖生态保护区"孤立"保护体系的重要途径。在此过程中，廊道建设、海绵体建设的共同点是强调雨水收集、传输和净化过程的生态雨洪调蓄技术的应用，通过人工湿地、自然式雨水收集系统、生态驳岸及浮岛等技术的选取，形成"绿色海绵"生态雨洪调蓄的技术保障，通过改善雨水调节与储存功能，达到区域内水质自净功能、水力循环功能，有利于快速城市化地区水源储蓄、生态修复、水土保持和生态网络构建。

3.2　绿色篱笆系统——以吉林长白县为例

3.2.1　现状分析及问题

吉林省长白朝鲜族自治县位居东北边陲的中朝交界之处，总面积 2509.66km^2，是鸭绿江河谷廊道上的重要节点。生态空间特征以扇形水系为生态体系骨架，生态体系呈垂直分层变化。长白生态空间根据地形特征及生态用地特征可归纳为一下几种：沟谷型农林生态空间、岗上型人居环境缓冲生态空间（农林、住区绿地）、沿江型复合生态空间（河流、湿地、农林、公园绿地）、生态保育空间（高覆盖率高品质林地）。

（1）环境问题呈多样化、分散化，缺乏环境保护设施体系的依托框架

长白生态环境是生态旅游形象及人居环境的重要保障，然而由于长白县地形地貌特征、农林业生产和工业生产等，造成长白县生态空间的主要环境问题有：水土流失、农业生产面源污染、农村生活点源污染、工业污染等。而长白县环境问题呈现多样化、分散化，长白县环境保护设施体系的构建需要以线串点，网络化分布，选择何种依托框架是有效构建长白县环境设施体系的必要保障。

（2）生态空间呈面状破碎化，线状脆弱化，缺乏体系化的野生动植物迁徙廊道

长白县属于长白山区，丰富的野生动植物类型是其生态资源及旅游的基本，保证野生动植物生存和迁徙的生态空间必不可少。虽然生态空间面积大，类型多样，但由于长白县建设用地极其分散，农业开垦无序等导致面状生态空间破碎化，且作为长白生态骨架的扇形水系污染较严重，水系及道路周边绿化缺乏等导致线状生态空间脆弱化，使得长白县缺乏体系化的野生动植物迁徙廊道。针对不同的生态空间类型和问题选择不同生态廊道规划方法，是完善和构建长白县体系化野生动植物迁徙廊道的有效保障。

（3）农林业面源污染严重，抗灾御灾能力差，农林业生态安全及经济效益缺乏保障

长白县是一个农林业大县，县域内普遍种植大豆、玉米等粮食作物及人参等中小药材，以红松果林、山核桃林等特色经济林，农林业生产及初步加工是目前农业人口的主要收入来源。但一方面由于农林业生产面积大，严重的农林业面源污染影响长白的生态安全；另一方面由于农业生产基础条件薄弱，较低的抗灾御灾能力使得长白农林业经济效益没有保障。选择何种有效的农业面源污染源头控制技术及可操作性强，农民接受度较高的经济效益提高手段，是长白县农林业生态安全及经济效益的基本保障。

3.2.2 构建思路——以问题为导向的绿篱系统构建

有效解决长白县生态空间的环境问题——绿篱为网，关键生态技术为节点可将绿篱作为环境保护设施体系的核心依托框架，绿篱为网，并与不同生态技术相结合，针对性地有效解决长白县生态空间的各类环境问题（表6-13）。

不同环境问题的生态应对技术　　　　　　　　　　　表6-13

环境问题	主要生态技术
水土流失	绿色篱笆、绿色海绵
农林业面源污染	绿色篱笆、绿色海绵、人工湿地
生活点源污染	污水处理装置、绿色海绵、人工湿地
工业点源污染	污水处理装置、绿色海绵、人工湿地
沿鸭绿江带状污染	人工湿地、生态驳岸、秸秆污染处理点

保证野生动植物体系化的迁徙廊道——连续性、生物多样性。欧洲目前基于人文生态环境的保护与恢复，比较注重篱笆的景观效益、野生动植物的迁徙，可借鉴欧洲关于绿篱网络的连接性、尺度、物种多样性三方面研究内容，结合长白县生态廊道实际建设情况构建绿篱（表6-14）。

定义及应用	内容	要求
长度在 20m 以上，宽度在 5 米以下的乔木或灌木带[8]　目前主要应用分布在欧洲城镇、乡村景观中	完整性 / 连续性	间隙总量小于 10%
		间隙宽度小于 5m
		灌木篱近地面的冠幅小于 0.5m
	尺度	高度 1m 以上
		宽度 1m 以上，5m 以下
		横切面积 3m² 以上
	物种多样性	非本土草本植物（不超过 10%）
		非本土木本植物（不超过 10%）

保证农林业生态安全并提高经济效益——合理的植物选择及栽植技术。我国是将篱笆作为坡耕地综合治理措施，注重防护水土流失及农作物产量的提高，可参照我国坡耕地植物篱植物选择与栽植技术两方面研究内容，针对产白县农林业实际情况构建绿篱（表 6-15）。

中国坡耕地植物篱构建要求及分类　　　　　　　表 6-15

定义及应用	内容	要求
沿坡面等高线密植木本植物、灌木及灌草结合的植物篱带，带间种植农作物或经济作物[9]　目前，主要应用在坡耕地环境治理中	植物选择	生态持续（控制土壤侵蚀、改良土壤物理性质、补充土壤养分）
		经济持续（植物篱本身有产品产出，并能促进带间作物的生长与产量的提高）
		社会持续（农民能够接受运用）
	栽植技术	乔木、灌木或草本单行、双行或多行种植
		带间距：最大带间距不应超出细沟侵蚀产生的临界坡长，最小带间距不影响正常耕作
		带内间距：依据品种的生物学特性确定栽植密度，乔灌木株距和行距各不相同
		高度：根据带间农作物生产特性需求
篱笆类型	特征	主要解决问题
沟谷型绿色篱笆	集中分布在沟谷型农林生态空间中，坡度较大	水土流失、农林业生产污染，提高农林业经济效益，提供野生动植物迁徙廊道
岗上型绿色篱笆	集中分布在岗上人居环境缓冲生态空间，坡度较小	水土流失、生活及农林业生产污染，提高人居环境质量
沿江型绿色篱笆	分布在鸭绿江岸边即沿江型复合生态空间内，坡度较小	工业、农业及城镇生活污染，打造鸭绿江景观生态廊道

3.2.3 绿色篱笆的分类规划设计

（1）沟谷型绿色篱笆设计

针对水土流失、农林业污染问题，在构成要素选择上阻隔型篱笆、连接型篱笆、连接型小生境、绿色海绵以及丁字坝五大生态技术。针对经济效益和生态廊道问题，在构建要求上以防治水土流失为基本，选用经济型篱为主并兼顾篱笆的连接性和多样性，主要从种植方式、植物选择、带宽度、带间距、株距、高度及间隙百分比方面提出要求（图6-28-图6-30；表6-16、表6-17）。

（2）岗上型绿色篱笆设计

针对水土流失、农林业污染、生活污染问题，在构成要素选择上隔型篱笆、连接型篱笆、连接型小生境和绿色海绵四大生态技术。针对经济效益和景观效益问题，在构建要求上以防治水土流失为基本，选用经济型或景观型篱笆，主要从种植方式、植物选择、带宽度、带间距、株距、高度方面提出要求（图6-31-图6-33；表6-18、表6-19）。

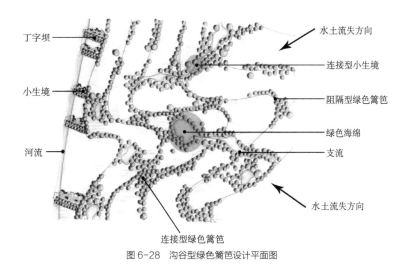

图6-28　沟谷型绿色篱笆设计平面图

沟谷型绿色篱笆要素表　　　　　　　　　　　　　　　　　表6-16

类型	说明
阻隔型篱笆	沿着河流及等高线方向，阻挡垂直向的水土流失的林带为主
连接型篱笆	沿道路、水系等设置的林带为主，串联阻隔型篱笆，形成篱笆网络
连接型小生境	在部分连接处设置多类型乔灌草结合的小生境，丰富多样性，并起到阶段性集水、缓冲功能
绿色海绵	主要利用坑塘设置，利用人工湿地、生态浮床等技术处理污染，并起到雨洪缓冲和调蓄的功效
丁字坝	沿河设置的"丁"字形人工坝，以一定的角度斜插入河流中，小范围内改变水流流向，与绿色篱笆结合，创造小生境，达到改善水质的效果

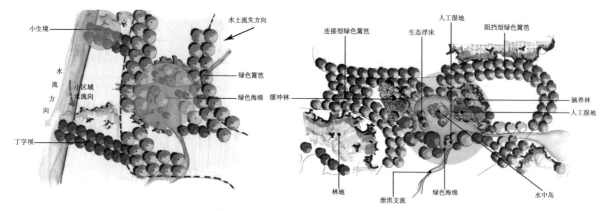

图 6-29 丁字坝及绿色海绵详细设计平面图

图 6-30 沟谷型绿色篱笆构建示意图 [规划前（左）、规划后（右）]

沟谷型绿色篱笆构建要求

表 6-17

名称	类型选用	应用范围	种植方式	植物选择	技术指标（单位：m）				
					带宽度	带间距	株距	高度	间隙
沟谷型绿色篱笆	经济型乔木篱	坡度 ≤ 15°，主要种植大豆、中小药材的农用地	单行种植	红松臭椿、核桃、桑树、山杏、怪柳、侧柏等	1-5	4-10	1.5-2.0	冠幅高度 ≥ 1	≤ 10%
	经济型灌木篱	坡度 ≤ 25°，主要种植玉米、大豆或红松、核桃等农林用地	双行品字形种植	紫穗槐、花椒、沙棘、胡枝子、柠条、榛子等	1-3	2-6	0.1-0.2	≤ 1	
	草篱	坡度 ≥ 25°	密植	草木樨、苜蓿、苏丹草、羊草等	0.5	≤ 3	0.05-0.1	≤ 1	

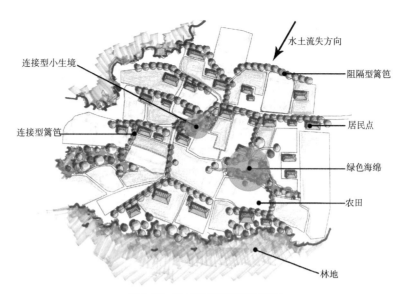

图 6-31 岗上型绿色篱笆设计平面图

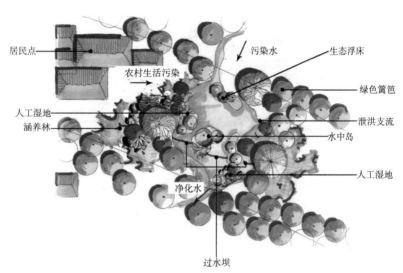

图 6-32 绿色海绵详细设计平面图

岗上型绿色篱笆要素表　　　　　　　　　　　　　表 6-18

要素类型	要素简述	要素作用
阻隔型绿色篱笆	依据地形变化设置成倒 V 字形，垂直于水土流失方向	阻挡垂直向的水土流失，倒 V 字形篱笆可以起到分流作用，减缓水土流失对居民点的压力，同时减少泥石流灾害
连接型绿色篱笆	沿道路、水系、农田等设置的篱笆，用于连接阻隔型篱笆	串联起阻隔型篱笆，形成篱笆网络，同时也承担一定的保水固土功能
连接型小生境	在适当的连接处设置的树种类型多样，乔灌草混合的小生境	起到阶段性的集水、缓冲功能，丰富篱笆节点的小生境，防止由于物种单一引发的生态不稳定
绿色海绵	与坑塘、河流、林地等结合设置的污染处理及雨洪调蓄体系	主要用于处理农村生活及农业生产的污染物，还起到雨洪调蓄的作用，同时起到连接和创造小生境作用

岗上型绿色篱笆构建要素　　　　　　表 6-19

名称	类型选用	应用范围	种植方式	植物选择	技术指标（单位：m）			
					带宽度	带间距	株距	高度
岗上型绿色篱笆	经济型、景观型乔木篱	坡度≤15°，主要种植大豆、中小药材的农用地以及居民点内部绿化空间	单行种植	垂柳、银杏、桑树、刺槐、杜仲、白榆、五角枫等	1-5	4-10	1.5-2.0	冠幅高度≥1
	经济型、景观型灌木篱	坡度≤25°，主要种植玉米、大豆或红松、核桃等农林用地及居民点内部绿化空间	双行品字形种植	紫穗槐、花椒、沙棘、胡枝子、柠条、榛子等	1-3	2-6	0.1-0.2	—
	草篱	坡度≥25°	密植	草木樨、苜蓿、苏丹草、羊草等	0.5	≤3	0.05-0.1	—

图 6-33　岗上型绿色篱笆构建示意图（规划前（左）、规划后（右））

（3）沿江型绿色篱笆设计

　　针对工业、农业及城镇生活污染问题，在构成要素选择阻隔型篱笆、连接型篱笆、秸秆污染处理点和人工湿地四大生态技术。针对鸭绿江景观生态廊道方面，在构建要求上保证篱笆的连接性、多样性及景观性，选用经济型或景观型篱笆，主要从种植方式、植物选择、宽度、长度、间隙百分比方面提出要求（表 6-20、表 6-21，图 6-34、图 6-35）。

沿江型绿色篱笆要素表　　　　　　表 6-20

要素类型	要素简述	要素作用
阻隔型绿色篱笆	平行于鸭绿江沿农田及水渠边缘设置	阻挡垂直向的水土流失，通过层层阻隔保水固土，同时对于周边农田污染起到缓冲和吸收污染作用
连接型绿色篱笆	沿道路、水系、农田等设置的篱笆，用于连接阻隔型篱笆	串联起阻隔型篱笆，形成篱笆网络，同时也承担缓冲及吸收农田污染的功能
秸秆污染处理点	位于水渠及河流交点处，吸收进入水系的化肥等农业面源污染	将秸秆压碎至于渗透性容器中，河流经过时，秸秆吸附大量的污染物，同时流出净化的水
人工湿地	在上游河流汇进鸭绿江的水口及沿岸设置	湿地系统吸附上游河流汇集的污染，减轻对鸭绿江的巨大污染压力

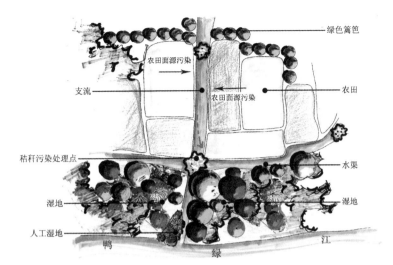

图 6-34　沿江型绿色篱笆平面示意图

图 6-35　沿江型绿色篱笆构建示意图（规划前（左）、规划后（右））

沿江型绿色篱笆构建要求　　　　　　　　　　　　　　　　表 6-21

名称	类型选用	应用范围	种植方式	植物选择	技术指标（单位：m）		
					宽度	长度	间隙
沟谷型绿色篱笆	经济型、景观型乔灌草结合绿篱	坡度 ≤ 15°，农田及其他生态空间	乔灌草结合种植	乔木：红松、杨柳、水杉、山杏、怪柳、侧柏等；灌木：紫穗槐、花椒、沙棘、胡枝子、柠条、榛子等；草本：草木樨、苜蓿、苏丹草、羊草、冰草等	1-5	≥ 20	间隙量 ≤ 10%，间隙宽度 ≤ 5

（4）绿色篱笆系统效益评估

生态效益评估：降低地表径流 50%-70%；增加土壤有机质、全氮、全磷等养分 15% 以上；过滤 70%-90% 的面源污染物；吸收 60%-90% 的居民生活点源污染和工业生产点源污染；作为野生动植物的生态廊道。经济效益评估：提高带间粮食产量 10%-25%，绿篱枝叶作为饲料、薪柴和绿肥等，提高产出与投资[10、11]。景观效益评估：形成长白特有的农业景观；形成鸭绿江黄金景观廊道；提高居民生活舒适度与美化度。

参考文献

[1] 石平，付艳华，吕安才，魏欣茹.植物修复技术在城市工业废弃地中的应用研究[J].北方园艺，2013（04）：76-80.

[2] 刘晖，徐鼎，李莉华，童世伟.西北大中城市绿色基础设施之生境营造途径[J].中国园林，2013（03）：11-15.

[3] 董芦笛，樊亚妮，刘加平.绿色基础设施的传统智慧：气候适宜性传统聚落环境空间单元模式分析[J].中国园林，2013（03）：27-30.

[4] 徐本鑫.论我国城市绿地系统规划制度的完善——基于绿色基础设施理论的思考[J].北京交通大学学报（社会科学版），2013（02）：15-20.

[5] 邱瑶，常青，王静.基于MSPA的城市绿色基础设施网络规划——以深圳市为例[J].中国园林，2013（05）：104-108.

[6] 王云才，崔莹，彭震伟.快速城市化地区"绿色海绵"雨洪调蓄与水处理系统规划研究以辽宁康平卧龙湖生态保护区为例[J].风景园林，2013（02）：60-67.

[7] 吕东，王云才，彭震伟.基于适宜性评价的快速城市化地区生态网络格局规划以吉林长白朝鲜族自治县为例[J].风景园林，2013（02）：54-59.

[8] 刘家琳，李雄.东伦敦绿网引导下的开放空间的保护与再生[J].风景园林，2013（03）：90-96.

[9] 沈清基.《加拿大城市绿色基础设施导则》评价及讨论[J].城市规划学刊，2005（05）：102-107.

[10] 查尔斯·A·弗林克，孙帅.迈阿密河绿道一条工业河流的绿色基础设施[J].风景园林，2009（03）：20-25.

[11] 张红卫，夏海山，魏民.运用绿色基础设施理论，指导"绿色城市"建设[J].中国园林，2009（09）：28-30.

[12] 艾伦·巴伯，谢军芳，薛晓飞，赵彩君.绿色基础设施：管理的挑战[J].中国园林，2009（09）：36-40.

[13] 张云路，苏怡，刘家琳，鲍沁星，张晓辰.绿色的避风港——作为绿色基础设施的防风避风廊道[J].中国园林，2009（12）：37-39+35-36.

[14] 苏同向，王浩，费文军.基于绿色基础设施理论的城市绿地系统规划——以河北省玉田县为例[J].中国园林，2011（01）：93-96.

[15] 车生泉.城市绿色基础设施与雨洪调控[J].风景园林，2011（05）：157.

[16] 杨锐，王丽蓉.雨水花园：雨水利用的景观策略[J].城市问题，2011（12）：51-55.

[17] 仇保兴.建设绿色基础设施，迈向生态文明时代——走有中国特色的健康城镇化之路[J].中国园林，2010（07）：1-9.

[18] 张磊，张靖，季洁.农村绿色基础设施研究之二——农村生活污水处理设施规划与建设[J].建筑与文化，2010（08）：104-106.

[19] 玛格丽特·利文斯顿，大卫·迈尔斯，许婵.水系绿道对绿色基础设施的贡献美国亚利桑那州和马里兰州的两个案例比较研究[J].风景园林，2010（06）：26-29.

[20] 刘佳.基于建构绿色基础设施维度的城市河道景观规划研究[D].合肥工业大学，2010.

[21] 宋英伟.城市景观水体生境改善技术与机理研究[D].华东师范大学，2009.

[22] 李倞.现代城市景观基础设施的设计思想和实践研究[D].北京林业大学，2011.

[23] 朱澍.基于绿色基础设施的广佛地区城镇发展概念规划初步研究[D].华南理工大学，2011.

[24] 任刚.景观生态设计的技术解析[D].哈尔滨工业大学，2010.

[25] 周雯.基于生态基础设施的台州市"蓝色空间"格局与功能研究[D].浙江大学，2012.

[26] 张玲玲.新城市雨水管理的景观设计研究[D].湖北工业大学，2012.

[27] 刘娟娟，李保峰，南茜·若，宁云飞.构建城市的生命支撑系统——西雅图城市绿色基础设施案例研究[J].中国园林，2012（03）：116-120.

[28] 蒋文伟，孙鹏．绿色基础设施理论研究——以慈溪市绿地系统规划为例 [J]. 北京林业大学学报（社会科学版），2012（02）：54-59.

[29] 翟俊．协同共生：从市政的灰色基础设施、生态的绿色基础设施到一体化的景观基础设施 [J]. 规划师，2012（09）：71-74.

[30] 许贝斯．基于绿色基础设施理论的武汉市水系空间规划研究 [D]. 华中科技大学，2012.

[31] 张晓鹃．社区尺度的绿色基础设施的近自然设计方法研究 [D]. 华中科技大学，2012.

[32] 汤晶颖．生态技术与资源节约型社会的构建 [D]. 武汉科技大学，2007.

[33] 徐科．交通基础设施项目后评价研究 [D]. 重庆大学，2007.

[34] 张钢．雨水花园设计研究 [D]. 北京林业大学，2010.

[35] 赵艳纳．高速公路路域生态景观恢复技术研究 [D]. 长安大学，2009.

[36] 张志勇．可持续发展框架下生态技术创新的经济学研究 [D]. 吉林大学，2007.

[37] 尹丹宁．区域生态环境规划技术方法的研究 [D]. 东北师范大学，2006.

[38] 潘春明．生态技术在城市绿地中的应用研究 [D]. 同济大学，2008.

[39] （美）马克·A·贝内迪克特著．黄丽玲译 [M]. 北京：中国建筑工业出版社，2010.

[40] T Weber, A Sloan, J Wolf. Maryland's Green Infrastructure Assessment: Development of a comprehensive approach to land conservation[J]. Landscape & Urban Planning, 2006, 77：94-110.

[41] Dilfaha T A.Reneau R B.Mostaghimi S Vegetative filter strips for agricultural nonpoint zourcepollution control 1989）.

[42] Weller D E.Jordan T E.Correll D L Heuristic models for material discharge from landscapes withriparian buffers. 1998（4）.

[43] Schmitt T J.Desskey M G.Hoagland K D Filter strip performance and processes for differentvegetation, widths, and contaminants 1999.

[44] Abu-Zreig M.Rudra R P.Whiteley H R Phosphorus removal in vegetated filter strips. 2003.

第七章

区域环境廊道法
与
景观生态格局规划

1 环境廊道的概念与背景

1.1 环境廊道的概念

环境廊道（Environmental Corridor）概念最早由威斯康星州立大学的菲利普·刘易斯教授提出。环境廊道的概念有别于一般意义上的绿色生态廊道、动物迁徙走廊等廊道形式。虽然环境廊道的出发点也是在维护生态平衡的基础上，最大限度地营造人－地和谐的人居环境，虽然环境廊道区域内也讲求保有一定的生物多样性和相当量的人文－生态视觉景观多样性，但环境廊道内部囊括的更多的是产业经济高度发展区、人类活动密集区、城镇群和社会发展基础设施等要素。

1.2 环境廊道规划的时代背景

景观规划实践从关注后工业时代的人文生态空间以及它们所面临的危机开始，重新描述了当今世界开发建设所涉及的学科顺序和处理手段。其中区域规划是当今城市发展中的基本应对手段，是城市人文生态空间发展建设的基础工作。无论是从城市风貌、乡镇街区，还是自然郊野方面都高度重视人文生态景观的整体性与和谐性的规划与设计，景观不再是一种单纯的美学欣赏对象和填补城市空间的辅助艺术，景观规划成为人文与生态、自然与产业的重要连接手段。通过区域景观规划与设计这个过程载体，当今的人文生态景观将有可能获得延展与新生。例如生态基础设施的建设、绿地系统网络化建设、空间环境廊道法的应用都能为庞大繁杂的整体人文生态系统的可持续性发展提供有力的支撑。因此，区域环境规划的目标和意义是为当今人类平衡人地关系提供新的世界观和方法论。

发展中国家正在沿着西方的后工业轨迹经历一个城市经济持续增长、工业化和城市化规模空前、房地产开发和基础设施建设高速发展的时期。在这样的时代背景下，城市发展需要综合多学科交叉的理论理想来指导。区域景观规划与设计正重温了景观学的真正使命：景观不再只是花园，景观不只是街头艺术，景观是一门综合型应用学科，是大地和城市的肌理，是城人文生态的基础风貌，是一种人文发展的生态延续。因此，维护区域性土地利用的安全性和科学性，凸显区域性的精彩地方性特征是区域景观规划与设计方法的基本原则。

区域环境廊道规划法能为土地利用、规划设计、城市发展和生态修复提供系统性的灵活指导。该方法注重考虑环境问题，如：人口激增、土壤侵蚀、资源枯竭、城市扩张和大地景观衰败等。同时，区域环境廊道法在理解人－地关系的基础上协调人类扩张，决定可建设区域等。区域环境廊道规划法被认为是用饱含健全土地和社会伦理的多学科语言诠释现存资源状况并提供给大众以选择，譬如人类生命支撑系统的保护与修复、增进人居质量、维护场所精神、尊重自然多样性和文化多样性、选择有益的区域人文生态环境可持续发展措施、以信息化渠道、政策导向、可持续设计和学术活动来表达群众对于区域发展的态度。

2 环境廊道规划的目标与职能

2.1 经济－生态发展可持续性目标

全球正经历着生态危机。工业化和城镇化发展、粗放的土地利用方式和经济增长方式造成了地域性的环境污染、生态失衡、资源枯竭等环境问题。对于发展中国家而言能否解决资源发掘和可持续发展的问题，关系到国家稳定和谐。国土、区域和地方整体人文生态系统的可持续发展是环境廊道规划的主要目标和价值观（图7-1）。

2.2 人文生态可持续发展职能

环境廊道在诸多方面发挥着重要的区域人文生态可持续发展职能：

（1）生态环境可持续保护功能。环境廊道能够通过连通城镇、限制经济基础设施的无序延伸，达到适当隔离自然生态环境与城镇人文生态环境的效果，降低廊道外部自然生态环境被人类城镇空间切割、包围而产生的破碎化和孤岛化。

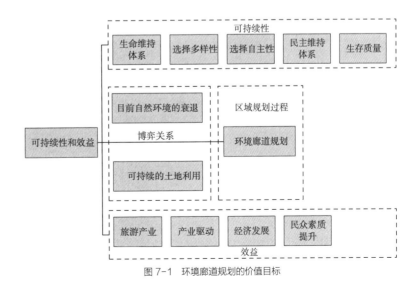

图 7-1 环境廊道规划的价值目标

（2）区域经济社会发展与旅游休闲功能。环境廊道满足人类经济和社会发展体现在休闲游憩、经济发展、历史文化等方面。特别是在城市中，环境廊道在地方性尺度上更重视以休闲游憩路线组成的历史文化－自然环境旅游产业，达到唤醒人们的环境意识。休闲游憩路线和遗产资源旅游路线一般与国土尺度宏观环境廊道相契合，强调自然、美学、安全和体验。这有利于改善环境景观质量从而增加区域旅游收入，带动整个地区的商业繁荣。例如美国俄亥俄州 Warren 县的迈阿密环境游道每年可为地方财政带来近 500 万美元的旅游和商业收入（Flinketal.，2001）。环境廊道在环境教育和历史文化遗存保护方面的意义很早就受到重视（欧阳志云等，2004；Hellmund etal，2006）。美国威斯康星州环境遗产风景道（Wisconsin Heritage Trails）的实践引导了一条文化和历史资源沿自然或生态廊道分布的人文生态路线，并提供了休闲游憩的机会（P.Lewis，1964）。

3 环境廊道的识别

环境廊道有别于生态廊道、绿道和交通廊道。环境廊道是集自然、人居和社会经济于一体的人居环境密集发展的廊道。Ahem（1995）对一般意义上的环境廊道的定义如下：经过规划、建设和管理的多用途线性土地利用形式，其须具有线性空间形态、连接性、生态－文化－社会－美学的综合性功能、发展可持续性 4 类主要特征。

环境廊道内部一般为经济与社会密集发展的区域，环境廊道外部一般为自然生态、原生境健康生长衍化的区域，环境廊道内外部区域的分界线，我们可以认为是环境廊道的边界。以上这些要素共同勾勒出需要遏制经济开发和城镇化扩张的区域。要维持环境廊道外部自然环境要素的原真性、生态环境效益可持续性、提升环境廊道品质和廊道内外部区域的游憩吸引力，规划师和决策者就必须将其与国民经济和社会发展规划、城市总体规划、土地利用规划，物种生境保护规划相结合。

在规划操作层面，为更好鉴别和归纳环境廊道，一般会将环境廊道区分为国土宏观尺度环境廊道、区域尺度环境廊道和地方性尺度环境廊道，以上 3 类环境廊道虽然有比例尺度上的差别，但都具有相同的要素识别特征。掌握现状廊道内部的资源分布和资源存量，以便规划师和分析师做出未来环境廊道空间的风险预判。所需要调研和收集的基础资料信息有：生态基地因子、人文－生态景观资源因子、交通因子、土地利用及权属因子、经济社会发展状况和规划要求（表7-1）。

识别内容	项目	类型	种类
资源状况与未来风险	生态基底	地形地貌	坡度
			高程
			山体
		河流水系	河流
			湖泊
			湿地
		植被覆盖	种群分布
			虫害抗病
		动物信息	种群分布
			食物链状况
		气象信息	极端气候
			一般气候
	人文－生态景观资源	自然景观	森林公园
			自然保护区
			水源保护区
			地质公园
			郊野公园
			农业观光园
			旅游度假区
			风景名胜区
			城市公园绿地
		人文景观	遗址公园
			文物古迹
			历史街区
			古村落
	交通情况	公路网络	
		城市交通	
发展情况与未来风险	土地利用与权属	土地利用	
		土地权属	环境廊道沿线土地权属
	经济社会	经济发展	
		人口分布	
		城镇分布	
		游憩需求	
		旅游需求	
	规划要求	城镇发展	
		空间结构	
		绿地系统	
		生态廊道	

4 环境廊道规划

4.1 环境廊道规划的程序

景观规划设计的范围和领域十分广泛，综合前面讲到的环廊道的鉴别、环境廊道的功能和环境廊道的价值目标，可得出以下广义的环境廊道规划程序（图 7-2）。环境廊道的辨析与分类是廊道规划的首要问题（Hess et al.，2001）。而区域内的可用资源（资金、技术）、生态环境特征、公众观念的理解都是确定廊道规划不同功能侧重面的基础。信息调查和基础资料汇编的工作主要可以从人的环境感知、历

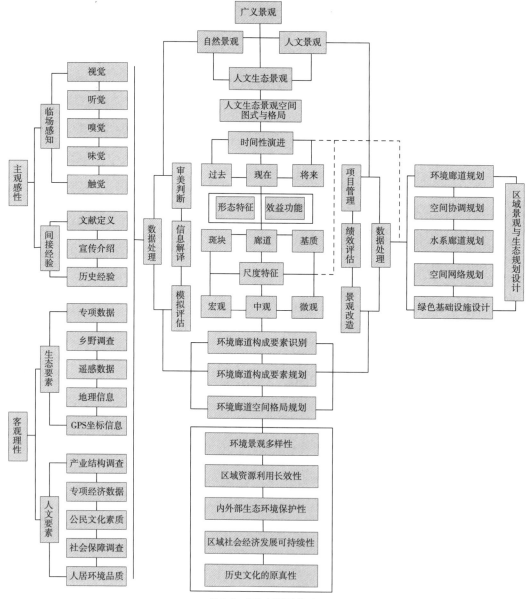

图 7-2　环境廊道规划概念

史文献和计算机技术手段着手。广义的景观规划在环境廊道规划的范畴内，属于区域景观及景观生态格局规划层面。作为其中的一项专类规划内容，环境廊道规划从20世纪60年代前单纯的游憩廊道与景观廊道规划，转向多目标的人文生态环境发展廊道设计，包括廊道内自然及人文景观资源利用与保存、野生动物生境保护、廊道内部区域城镇群发展规模管制、公众环保意识的启蒙教育、城市发展的结构形态和城市基础设施功能的建设模式的规划等（Seams，1995；Walmsley，1995）。环境廊道规划在区域环境管理和发展规划中的战略意义逐渐受到重视（Ahem，1995）。

4.2　环境廊道规划内容及方法

环境廊道规划的难度体现在工作量和多学科的专业性，为此组建一个跨学科的综合规划团队也是规划成功的保障。规划团队成员需要具备的学科知识背景有：建筑学、城市规划与设计学、景观学、生态学、艺术学、统计学、历史人文学、地理科学和社会学等。

环境廊道规划的核心内容分为：基础资料汇编、景观资源调查、景观资源空间图式分析、重点景观资源保护规划、环境廊道城镇人口发展规划、游憩及公共开放空间规划、城市规划设计共计7大类。景观资源种类调查、景观资源空间图式分析和重点景观资源保护规划在整合环境廊道规划核心内容中所占比重最大。

4.2.1　基础资料汇编

该部分所需汇编整理的资料内容有：①规划设计相关的国家标准；②规划设计相关的行业标准；③规划设计相关的法令条文；④地方史料；⑤访谈资料；⑥调查问卷；⑦重要景观实景影像；⑧各类测绘图等。

4.2.2　景观资源调查

景观资源调查工作是决定环境廊道规划合理与否的重要环节。调查的资源对象分为自然景观资源与历史人文景观资源两大类。景观资源调查的重点内容有：①景观资源种类调查；②景观资源数量调查；③景观资源生态敏感性与脆弱性分析；④景观资源地方性与优势性判定；⑤特色景观资源的专项定性与定量。环境廊道的自然及人文景观资源调查必须由历史资料、实时信息的综合完成。景观资源调查的资源信息获取有4种途径：访谈及问卷、文字史料、航拍及3S影像信息、实地勘探（即田野调查）。其中，航拍影像图、卫星影像图及地理信息数字化资料直接决定景观资源调查工作的成败。

4.2.3 景观资源空间图式（Spatial Pattern）分析

该部分内容是对景观资源空间形态的二次加工，是一个化繁为简的抽象化过程。根据影像信息与规划范围，确定景观资源空间图式分析的用图比例（Scale），以GPS坐标和各资源专业分类为基准，确定主要资源的分布范围和边界，以计算机矢量制图技术绘制景观资源空间图式。景观资源空间图式的矢量抽象化表达中可通过肌理填充方式和图标标识方式进行。结合基础资料汇编和景观资源调查的扎实工作，甚至有望通过模拟规划区域内景观资源空间图式的历史状态，综合权衡资源现状、人文扰动、自然扰动因子及其权重，演算出景观资源未来的总量和空间图式的几种状况。

4.2.4 景观资源保护、人口发展、游憩规划及城市规划设计

景观资源保护尤其要保护具有地方特色的优势景观资源。对于优势自然景观资源要进行保育，需分析特色自然景观资源的生态敏感性，将自然景观资源生态脆弱度分为五个等级：①濒危；②极脆弱；③脆弱；④一般；⑤良好。力争在规划中将①、②、③级生态脆弱度的自然资源纳入生态核心保护区，将④级生态脆弱度的自然资源纳入生态缓冲区，通过限制区域人口（包括人口生态迁移），限制基础设施建设和社会经济活动规模，对区域自然资源实行保育。对于历史遗存及历史人文景观资源，需分析资源的特色性和珍稀性，将其分为三个等级：①珍稀；②较珍稀；③普通。针对分级情况，可进行历史遗存及历史人文景观资源的存量保护工作和修缮性保护工作。

环境廊道规划中的景观资源保护及人口发展规划实质是协调人类生活方式和景观资源的空间关系，重点在于规划合理的土地利用方式，设计土地流转、土地分类和土地利用三个方面。核心景观资源尤其需要梳理其所在范围的土地利用方式、人口规模和基础设施开发建设规模，须避免出现"先开发，后整治"和"先破坏后修复"的土地资源利用方式。在协调经济利益和生态效益方面，对于在处于生态保护性私有土地回收和建设用地禁建向流转的情况，地方政府须给予居民和企业以生态转移支付、绿色信贷等方面的财政补助和优惠政策。规划层面根据核心景观资源数量划分环境廊道规划的禁止建设区（生态核心区）和生态缓冲区，评估资源生态敏感性和脆弱性，计算景观资源的生态承载力，得出城镇建设开发强度和人口规模。对于现状超标的城镇，建议政府实行人口生态战略转移。

游憩及公共开放空间规划是空间形态规划设计也是产业规划设计，重点是加强区域内的人口经济流动和提倡对于优势景观资源的旅游产业性利用方式。以"全景保护为主，部分利用为辅"的规划实施原则，将具有地方性的特色景观资源作为旅

游吸引物，扩大以旅游为支撑的服务业在区域经济中的比重，使环境廊道规划实施获得保障。城市规划设计在环境廊道规划体系中主要涉及：城市规模、城市空间开发结构、城市经济与社会发展总量、城市产业结构规划、城镇群整体发展空间形态等方面。区别于一般城乡规划追求城市化速率和产业增长率，环境廊道规划中的城市规划设计强调空间合理、城乡分工、产业绿色转型、人口控量三个方面。

环境廊道规划是立足当下的规划，更是着眼未来的可持续规划。所以规划和执行过程中的公众参与、监督和决策将对区域环境廊道规划的成功与否起到至关重要的作用。调查区域内的经济、自然、历史人文资源，也就是所谓的厘清区域资源特征和保有量，是环境廊道识别、选线和规划的中间环节，对于区域内现有的居民生活方式、资源利用模式和经济社会发展模式进行分析评估，对这些方式对于资源环境的适宜性也须予以评价，在此基础上最终进行廊道的选线（图 7-3）。规划方案的通过与实施须经公示并接受大众评判。

上文提到环境廊道规划属于区域规划，或者说是区域规划的专项规划内容之一。区域规划体系包括：城市总体规划、城乡规划、城乡经济和社会发展规划等法定规划内容。我国出台的《城乡规划法》和城市规划国家标准就是对这些规划内容的效力进行法律保护和约束。环境廊道规划在尺度上分为国土级环境廊道规划、区域性环境廊道规划和地方性环境廊道规划三类，环境廊道规划体系包括：省域环境廊道网络总体规划、城市环境廊道总体规划、片区环境廊道控制性详细规划和片区环境廊道修建性详细规划。环境廊道规划体系与上位的区域规划体系的对位关系如下下图所示（图 7-4）。

环境廊道规划与上位规划进行对接后才能够进行具体的规划程序。上位规划为环境廊道规划提供法定规划依据、规划范围、技术支持和资料信息。图 7-5 中的环境廊道调查分析中，除去廊道规划者自行能够收集到的资料外，部分经济、环境发展资料信息需要向区域规划部门索取和共享。环境廊道规划的目标定位有其自身的价值观——人文生态环境可持续发展，但是近远期的规划目标和规划实施细则还是必须与城乡规划、经济和社会发展总体规划的大方向一致。廊道规划"落地"后的建设指引也应分类进行，分类一般按照资源分类和空间分区进行划分。

4.3　环境廊道规划的三种尺度

区域内百年的工业化、十几年的城镇化导致经济社会发展的粗放方式一时得不到矫正。发展中国家既定的高速城镇化、现代化目标的实现，未能及时与区域规划相协调，导致开发无序、发展过度，资源浪费等情况的出现，最终影响该区域未来的健康可持续发展。其最直接的影响是环境恶化问题，它制约着地区的长久发展进程。

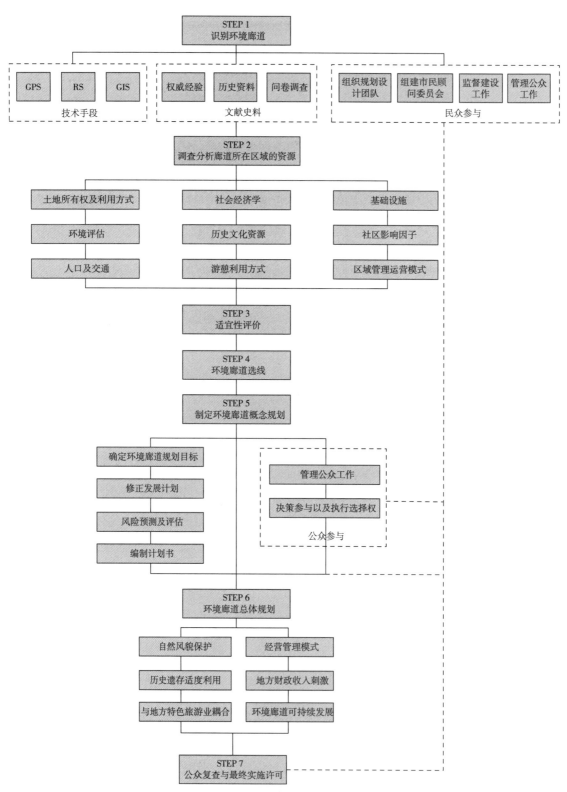

图 7-3 环境廊道规划一般程序

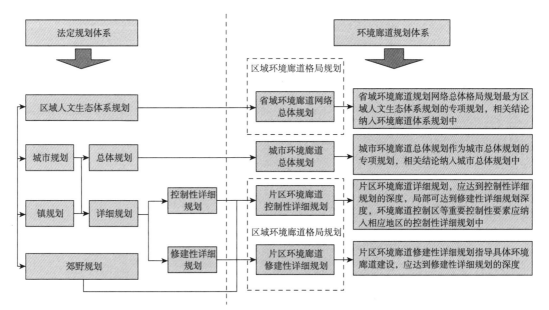

图 7-4　环境廊道规划体系与区域规划体系的对位关系

对于环境廊道规划必须意承笔先，以正确的土地伦理和环境责任意识作为先驱，把土地利用和区域经济社会发展作为可持续规划设计的着力点。面对已经发展或者正在发展的区域环境，需要正确处理城际的产业功能关系、城际物质流的速度与路线、退化景观与城乡城镇化发展的关系等重要内容。不同尺度的环境廊道规划涉及的规划考虑因素和规划内容的侧重不同。本文探讨的区域环境廊道规划主要涉及：全国尺度环境廊道、区域尺度环境廊道、地方尺度环境廊道（图 7-6）。

　　全国尺度环境廊道规划的目标是对于廊道范围内的土地保护性利用和集约性利用，在不征用廊道外围土地的情况下，进行土地在分配。因此，全国尺度环境廊道规划的研究主体是大、中、小城市及其形成的城市群在国土领域的分布，研究客体是全图性的矿业资源分布、水体湿地分布、土地权属、历史遗存分布和地形地理情况等。为了减少廊道内城市发展对于廊道外围自然环境资源的影响，规划提倡将城市群相互连接。连接要规避自然生态空间的生态关键点和自然资源丰富的地带。城市群内部的小城镇也要保持自然郊野特色，承担部分城镇居民的游憩需求，在文化旅游中换气他们的环保意识，而不是让居民到廊道外过度进行游憩活动。该尺度环境廊道规划的原则是限制城市群进一步扩展为特大城市群，将孤立的中小城市纳入到现有的城市群廊道发展体系（图 7-7）。

　　区域尺度环境廊道规划主要面临的问题是区域自然资源的枯竭，主要需要解决的问题是：恢复造损害的景观资源，保护现有的景观资源。如此，为资源的适度利用和地区发展的持久性做基础铺垫。克里斯多夫·亚历山大（Christopher Alexander）在他的著作《图式语言》（A Pattern Language）中强调：所有的资

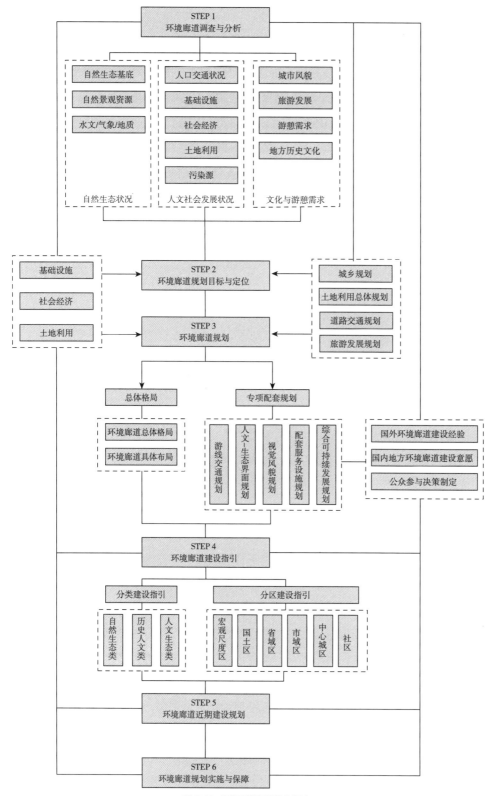

图 7-5　环境廊道规划具体程序

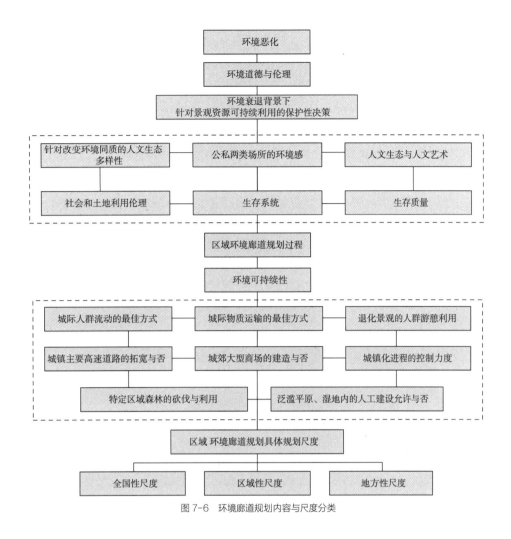

图 7-6　环境廊道规划内容与尺度分类

源格局都是相互关联、彼此支撑的，大尺度的资源分布格局中含有各种小的资源分布格局。人民不应孤立地创造事物，而应该把建立该事物与修复其周围和内部的事物相结合，同时进行。如此，事物之间会更具协调性和整体感。

区域尺度的环境廊道规划更具现实意义。它强调细分自然资源、历史人文资源和经济资源，并了解这些资源的历史形成原因和分布肌理，在此基础上利用"千层饼"的信息处理方法综合资源的空间分布模式，确定区域内的资源关键点，对区域人文生态空间发展的短期效益和长期效益进行评估与预测，组织利益团体、规划专业团体经营讨论，选择一种各方普遍认同的可持续发展规划方案。最关键的是，该尺度的环境廊道规划具体指导了环境廊道外围非破坏性土地利用的具体实施办法，强调保护并强化廊道外围资源环境的原真性，同时也讲求环境廊道内部经济体的发展可持续性（图 7-8）。

地方尺度环境廊道规划是区域尺度环境廊道规划的下位延伸。区域廊道规划为地方性廊道规划提供资料依据，地方性廊道规划为区域廊道规划贡献具体规划案例

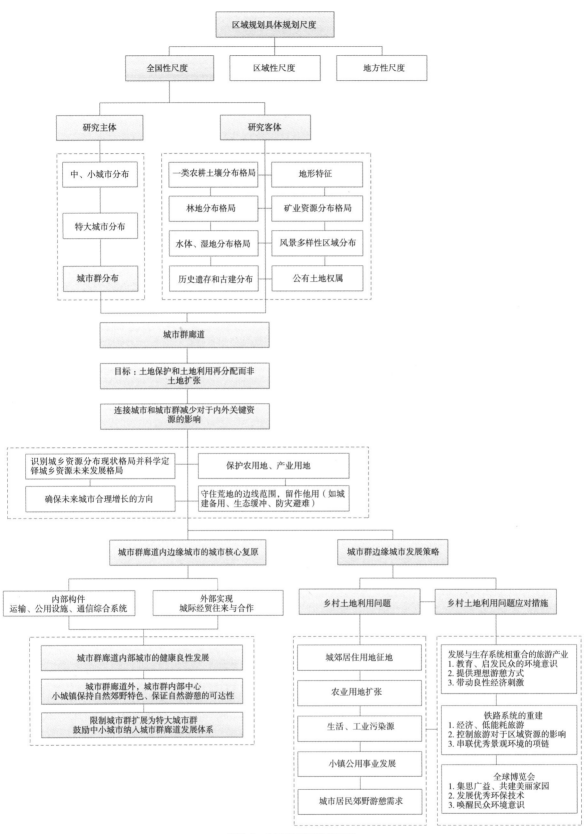

图 7-7　全国尺度环境廊道规划

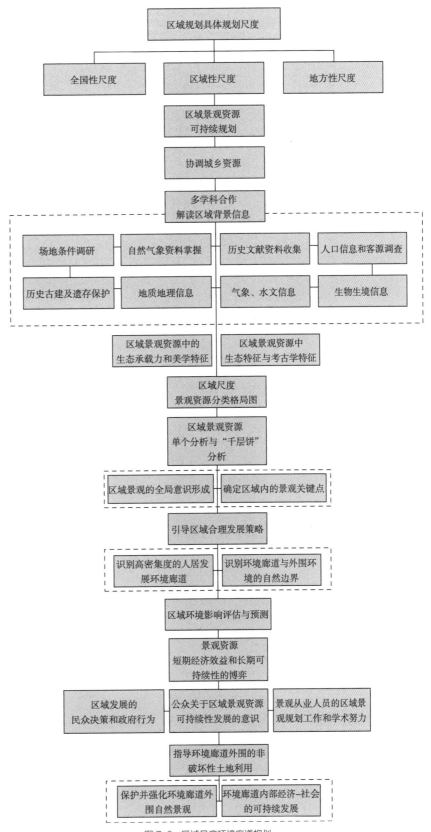

图 7-8　区域尺度环境廊道规划

和实施经验。地方性环境廊道规划的视野主要在于城市发展和扩张方式。它面临的挑战是当下地方上城镇的产业分配紊乱、城镇空间无需扩张等情况引发的各类城市病和自然环境恶化顽疾。地方尺度环境廊道规划的主要工作方向是调查：城市交通建设模式、城市综合基础设施建设模式、通信网络建设模式。以上三类建设模式被认为是城市要扩张的主要方向，即道路、基础设计和通信线的空间分布就是未来城镇扩张的空间分布。此外，地方尺度环境廊道的更有现实意义的规划内容就是确定重要资源分布区域的核心区、边界带和缓冲带，在这些区域内规定禁止设置通信、交通、基础设施，从而达到保护资源和划定资源和环境廊道界线的目的（图7-9）。

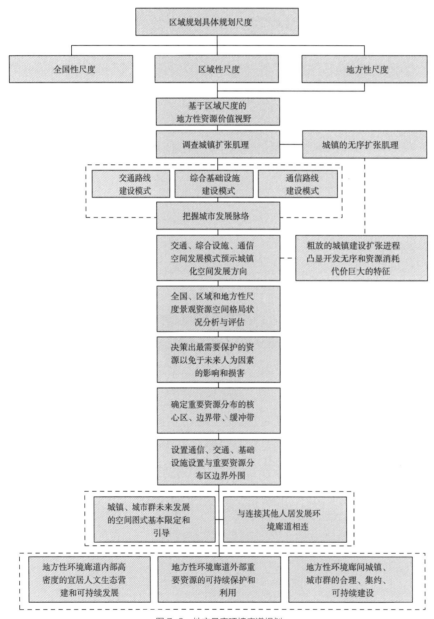

图 7-9　地方尺度环境廊道规划

5 案例应用与解读

5.1 案例一：山东省烟台市福山区南部地区环境廊道规划

5.1.1 福山地区发展动力

福山南部地区位于烟台市主城区的西南，围绕着烟台市重要的水源地双龙潭（门楼水库），用地范围北至沈海高速公路，东北以绕城高速公路为界，西、南、东南均以福山区行政边界为界，总用地面积约为 382 km²。南部地区共辖东厅 1 个街道办事处，门楼、回里、张格庄、高疃 4 个建制镇，共包括 154 个行政村，总户籍人口约为 13.1 万人（图 7-10）。

（1）资源优势

南部地区具备丰富的自然资源。区内有合卢山、狮子山、巫山、青龙山等 25 座主要山体，山景、山石资源丰富。南部地区双龙潭、泉井、湖泊等水体水量丰富，且水质较好。双龙潭总库容 2.02 亿 m³，兴利库容 1.264 亿 m³，控制流域面积 1077km²，是一座大型综合性水库。区内矿产资源种类丰富，包括铜矿、锌矿、锰矿等金属资源，水泥、石灰石、大理岩、花岗岩等非金属资源。林木资源丰富，各类林业用地面积共计约 86km²，占南部地区总面积的 22.5%。区内旅游资源类型较为齐全。境内集山、崖、石、洞、湾、泉、河、潭、古寺、水库、古树、遗址、

图 7-10 烟台市福山区南部地区环境廊道规划范围

古墓为一体，具有较高的综合旅游开发利用价值和潜力。此外，"鲁菜之乡"和"书法之乡"的文化底蕴也成为地区重要的特色旅游资源。

（2）生态优势

南部地区具有战略性的生态区位条件及良好的生态环境。其位于烟台市城市与乡村地区的过渡地带，是烟台市总体的"山－城－海"地域特色格局的衔接地区。尽管本地区的生态体系目前面临着一些问题，但就其整体结构及组成而言，南部地区及周边的生态格局清晰且体系且相对完整，无明显缺陷，为今后的生态格局构建奠定了良好的基础。

区内的双龙潭是烟台市现有最重要的地表水水源地，也是总体规划确定的门楼水库、老岚水库、高陵水库、高格庄水库和龙泉水库未来五个城市水源地中规模最大的水源地，水体环境及水质状况良好。

（3）产业优势

南部地区的第一产业以大樱桃、蔬菜、草莓等特色农业生产为主。并且在第一产业的带动下，以旅游和物流为主的第三产业正在蓬勃发展。南部地区气候温和，土质肥沃，适宜小麦、玉米、蔬菜、水果等作物生长，并且林地与牧草地分布较广，使得第一产业成为南部地区的传统和优势产业。以大樱桃、草莓的采摘为传统特色，是该地区最重要的旅游业品牌之一。"中国大樱桃之乡"已经成为重要的城市名片。

（4）交通优势

南部地区东距烟台火车站、烟台港 10km，东南紧邻莱山机场，西北距规划中的潮水机场 20km，以及正在建设中的烟台港八角港区等区域交通设施为南部地区提供了良好的区域交通条件。

现有公路设施包括沈海高速公路、绕城高速公路、G204、S802、S210 及福山汽车客运站等，为南部地区提供了快捷便利的公路运输条件。现已开通的蓝烟铁路，以及正在建设的黄烟铁路和青烟威荣城际铁路，大大加强了福山区特别是南部地区的对外联系。

5.1.2　目标与发展定位

规划将福山区南部地区的发展目标确定为建设国家级的水源地生态文明示范区。规划首要保障的是地区生态安全，结合考虑水源地保护与利用的双重要求，实现经济收益的区域平衡，在水源地生态保护的前提下，实现地区生态人居发展模式，达到城乡社会经济全面发展的创新试验区建设的目的。规划对南部地区的功能的四大定位为：

（1）烟台市域首要的水源涵养地与生态战略空间

福山区南部地区内的双龙潭（即门楼水库），与老岚水库、高陵水库、高格庄水库、龙泉水库在未来共同构成烟台市中心城区的五个水源地，其中双龙潭规模最大。南部地区，特别是双龙潭周边地区的生态质量优劣，直接关系着福山区乃至烟台全市的生态安全格局。因此，从城市饮用水安全和水源地保护整体战略出发，南部地区承载着重要的水源涵养的功能，并且在城市整体生态格局中举足轻重。

（2）山东半岛地区重要的休闲度假目的地

福山区南部地区具有丰富的旅游资源，同时具备深厚的文化底蕴。"中国大樱桃之乡""鲁菜之乡""书法之乡"三大名片为南部地区旅游发展提供了得天独厚的优势条件。而山东半岛传统的优势旅游项目主要集中在自然风景旅游、度假疗养旅游。南部地区集自然风光与人文特色为一体，其主打的休闲度假旅游将在一定程度上丰富山东半岛旅游产业门类，未来可以打造成为山东半岛重要的休闲度假目的地。

（3）福山区以生态农业和现代服务业为主导的产业升级引擎

受城市生态保护的宏观要求，结合福山区目前发展的大樱桃、蔬菜、草莓等特色农业，以及依靠特色农业发展起来的旅游、商贸等第三产业，未来南部地区主导产业的发展趋势为生态农业、观光农业等与旅游业相结合的产业，并且随着地区整体产业升级调整，逐步换代升级成为高技术、高附加值的现代服务业。作为烟台市重要的水源保护地和大樱桃生产基地，南部地区将被打造成为福山区以生态农业和现代服务业为主导的产业升级引擎。

（4）烟台市域的低碳宜居生态新城

烟台市生态文明示范区建设提出的生态农业区、绿色工业区、低碳宜居区、科教文化区以及生态涵养区五大功能分区中，南部地区被划入低碳宜居区的核心空间。因此，利用市级低碳宜居试点的建设机遇，结合本地的休闲度假旅游业和生态农业发展，未来南部地区的核心区域将有条件建设成为烟台市域的低碳宜居生态新城。

5.1.3　生态功能分区

（1）生态保育区：主要由现状植被覆盖良好的次生林地、双龙潭及其水源保护区域组成(水源地周边 1000-2000m 范围)。在此基础上，剔除工农业强度干扰区域，并结合地形及坡度因素，规划选取朝向双龙潭的山坡面作为生态保育区的一部分。

（2）生态修复区：对以重度生态干扰区域为主的区域进行生态修复，主要以山体、植被修复与水土保持建设为主。该区域主要集中于双龙潭西侧及楼底河的张格庄镇区段两侧。

（3）生态防护区：主要分布于清样河下游、内夹河上游、外夹河楚塘村至回里镇区段和黑石河两侧 500-1000m 的范围内，部分河段根据地形、地貌进行调整。

（4）生态协调区：主要为河川谷底、山前平原及沿河平原地区的城镇区域，需要协调城镇建设与生态保护的关系，通过梳理生态肌理使城镇建设与生态环境融为一体（图 7-11）。

5.1.4 生态安全格局规划

规划建设以一核、两带，两楔、三轴，五片、多点构成生态安全格局，在此基础上，结合上游的水景树网络结构和下游传统生态网络单元共同组成区域生态安全格局体系（图 7-12）。

（1）一核：以双龙潭为核心的生态绿核与其外围的多层生态缓冲带。

（2）两带：一条是由合卢山脉与西磁山脉余脉构成的低山、丘陵生态缓冲带，另一条为规划绕城高速与现绕城高速间的环城生态缓冲带，主要由核心低山、丘陵保护区，一般性生态斑块及不同等级廊道组成。

（3）两楔：以植物覆盖较好的次生林为基础的生态绿楔。

（4）三轴：同三高速生福山区段生态绿轴、外夹河生态绿轴和内夹河—双龙潭—黑石水库生态绿轴。

（5）五片：五片生态城镇建设区域，分别是门楼—仉村片区、陌堂片区、回里片区、张格庄片区和高疃片区。

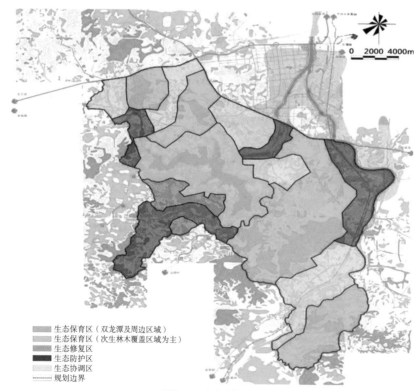

图 7-11　生态功能分区

图 7-12　生态安全格局规划图

（6）多点：具备战略性生态功能的生态节点，包括夹河岛生态节点、双龙潭周边各重要水口处的生态节点、黑石水库生态节点、规划老栾水库出水口处生态节点等。

5.1.5　环境廊道规划

（1）环境廊道的识别

环境廊道是保证区域生态安全的核心。在选取高程在 50m 以下、坡度小于15 度的区域的基础上，结合具体地形及水系进行调整，形成规划区域生态构成的核心内容——环境廊道。生态规划核心结构的构建主要集中于环境廊道内部。环境廊道的确定为生态体系规划提供了基本的空间依据，环境廊道周边区域作为区域生态体系的支撑需要突出其生态机能，控制开发建设活动的开展。而环境廊道自身作为城镇发展建设和生态保护的共生空间，需要通过生态体系的构建进行重点协调（图 7-13、图 7-14）。

（2）环境廊道的对外生态连接

环境廊道周边以山体及丘陵为主的区域，是整个区域生态体系构建的支撑。在生态规划中，需要将环境廊道的规划结构同此部分进行结合，主要方式为山体缓冲带（坡度在 25 度以下 15-30m 宽的绿化带，25 度以上区域禁止农业生产和建设活动）的设置及廊道（主要为三级廊道）与山体的连接（图 7-15）。

一级生态廊道
二级生态廊道
三级生态廊道
环境廊道
生态斑块
一级缓冲带
二级缓冲带
三级缓冲带
山体缓冲带

生态桥
核心山体、丘峻保护区
一级河流
二级河流
三级河流
主要水库
县小型水库
城乡建设用地
规划边界

图 7-13　生态廊道与环境廊道规划图

图 7-14　环境廊道识别与规划图

图 7-15 一、二级生态廊道规划图

■ 生态廊道体系构建

1）河流生态廊道

按河流宽度、流量及生态重要性将河流分为三个等级构建河流生态廊道。

一级河流生态廊道：单侧廊道宽度 150-200m，其内部构成主要包括沿河湿生林、自然林、防护林等林带。靠近河流处种植大冠幅乔木，可以减少水分蒸发；林带中开挖雨水收集池，可以收集雨水和地表径流，涵养林带。此类型廊道具体包括内夹河河流生态廊道、外夹河河流生态廊道、清样河河流生态廊道、楼底河河流生态廊道、黑石河河流生态廊道、镇泉山河河流生态廊道（图 7-16-a）。

二级河流生态廊道：单侧廊道设计宽度 50-100m，其主要构成包括沿河湿生林、缓冲带。因地处低山丘陵区，二级河流两侧多为缓坡。结合地形，缓冲带内开挖多条涵水沟，可起到逐次缓冲地表径流，保持水土的作用。缓冲带内植物结合现状植被（果林，或次生林等）进行植物配置，可逐步恢复山坡植物种类多样性。此类型廊道依托河流具体包括仉村河、杨家河、义井河、高谷河巨甲河、两界河等 33 条主要支流。其中义井河、仉村河与杨家河河流生态廊道的规划考虑到未来城镇建设的需要，在具体的设计中需结合城镇居民的游憩活动综合考虑，将高谷河作为清洋河重要的补给支流，未来周边集中规划了大面积的工业用地，因此需重点满足（图 7-16-b）

其生态防护功能的需要。其他二级河流廊道的规划设计需要优先考虑满足生态功能的需求，在此前提下结合实际需求适度开发与利用。

廊道断面标示释义：

A：河流廊道

A1-A1：一级河流廊道 A2-A2：二级河流廊道 A3-A3：三级河流廊道

B：道路廊道 B1-B1：一级道路廊道（高速公路）B2-B2：一级道路廊道（铁路）

B3-B3：二级道路廊道（镇区内）B4-B4：二级道路廊道（镇区外）B6-B5：环湖道路廊道

C：穿越果林的廊道 C1-C1：穿越果林的河流廊道 C2-C2：穿越果林的河流廊道

D：环境廊道与山体过渡带 D1-D1：与果林过渡带 D2-D2：与次生林过渡带

三级河流生态廊道：主要集中于内夹河上游两侧、外夹河上游及中游两侧、高谷河两侧和镇泉山河两侧，其单侧宽度规划为 20-50m。主要依托水系类型有河床宽度小于 20 m 的支流、人工开凿的灌溉水渠及周期性干涸的山间溪流等。这些水系是区域水量补给的重要来源，通过结合周边坑塘湿地进行三级生态廊道的构建，降低这些水系内水量的蒸发，提高周边植被对水分的涵养并形成小型湿地生境，从生态廊道网络的最末端开始保证水体的水质及水量（图 7-16-c）。

2）道路生态廊道

一级道路生态廊道（以高速公路为依托）：单侧廊道宽度 50-100m，其中主要构成包括道路防护林、自然林、廊道外侧防护林等林带。道路两侧开挖雨水收集渠，可汇集道路雨水径流，净化水质。林带中开挖雨水收集池，可收集雨水和地表径流，涵养林带。靠近雨水收集池种植大冠幅乔木，可减少水分蒸发（图 7-16-d）。

一级道路生态廊道（以铁路为依托）：铁路两侧设计灌木构成的铁路防护带，此外，廊道宽度和设计要素与以高速公路为依托的一级道路生态廊道设计一致。一级道路生态廊道的具体内容包括绕城高速生态廊道、绕城快速路生态廊道、沈海高速生态廊道、G204 生态廊道、城际铁路生态廊道、蓝烟铁路生态廊道共 6 条一级道路廊道（图 7-16-e）。

二级道路生态廊道（镇区内）：单侧廊道宽度 20-50m，其中主要包括小型游憩空间（或游步道）以及自然林带。道路两侧开挖雨水收集渠，可汇集道路雨水径流，净化水质。林带中开挖雨水收集池，可收集雨水和地表径流，涵养林带。靠近雨水收集池种植大冠幅乔木，可减少水分蒸发。中心城区及镇区内的二级道路生态廊道是保障生态网络完整性和体系化的重要组成部分，同时也是实现生态城镇建设的重要生态空间，因此规划设计中需要综合考虑生态服务与休闲游憩功能的协调（图 7-16-f）。

二级道路廊道（镇区外）：单侧廊道宽度 20-50m，主要包括自然林带和防护林带，其他设计要素与镇区内廊道设计一致，主要依托 S210、S802，县道及乡镇间道路等低等级道路。其中 S210 与 S802 两条道路分别位于双龙潭南北两侧，在区域生态体系构建中是联系绕城高速生态廊道与绕城快速路生态廊道的重要结构组成。因此规划要求其单侧廊道宽度为 50m，以保障满足生态功能的对廊道宽度的需求（图 7-16-g）。

环湖道路廊道：单侧廊道宽度 100-150m，从湖区到环湖道路之间的生态构成依此为湿地、湿生防护林、自然林，环湖道外侧依此包括自然林，廊道防护林，最外侧与山林、农田或果林衔接。环湖道路只允许步行、自行车及电瓶车等交通类型的存在。此外，道路两侧设置有雨水收集渠，而湿生防护林中可结合游憩活动的需要设置观景步道（图 7-16-h）。

3）穿越果林的生态廊道

穿越果林的河流生态廊道：单侧缓冲带宽度 10-20m，乔木、灌木、地被植物立体配置，林带中开挖雨水收集池，收集雨水和地表径流，以涵养水分。果林与缓冲带之间以及果林内部开挖涵水沟，汇集果林内部地表径流，防止其渗入河流污染水质，此外涵水沟结合杂草、秸秆堆积，依靠微生物分解有机物及有毒物质，同时可为土壤提供肥力（图 7-16-i）。

穿越果林的道路生态廊道：道路两侧开挖雨水收集渠，汇集道路雨水径流。廊道宽度及要素组成与前者一致（图 7-16-j）。

4）环境廊道与山体缓冲带的衔接

环境廊道外侧为果林：山体缓冲带宽度 16-30m，保留现有果林，缓冲带内植物结合现状果林等进行植物配置，丰富植物种类多样性；结合地形，缓冲带内开挖多条涵水沟，起到逐次缓冲地表径流，保持水土的作用；果林内部开挖涵水沟，汇集果林内部水分，此外涵水沟结合杂草、秸秆堆积，依靠微生物分解有机物及有毒物质，提高土壤肥力（图 7-16-k）。

环境廊道外侧为次生林：缓冲带宽度 16-30m，依托现有植物群落，补种当地植物种类，构建乔、灌、草搭配合理的生境；山体缓冲带内开挖多条涵水沟，起到逐次缓冲地表径流，保持水土的作用（图 7-16-l）。

■ 生态桥的选址与建设

由于现状及规划西北—东南向道路对于区域生态结构造成一定的分割，因此，规划通过生态桥的设置，为物种迁徙及其他生态过程的正常运行提供便利条件（生态桥的形式主要为下穿式的箱型涵洞，截面尺寸为 1m×1m）。规划区内的主要生态桥集中于沈海高速、内夹河、外夹河及蓝烟铁路周边，具体位于和平村以东、绕城快速路与沈海高速立交处，西罗村西侧近沈海高速处，高疃镇区所在地南侧近清

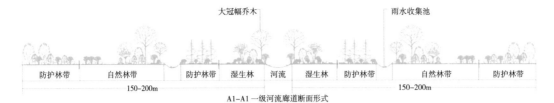

A1-A1 一级河流廊道断面形式

图 7-16-a

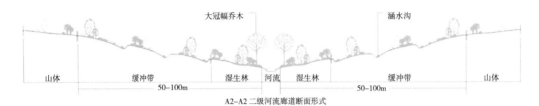

A2-A2 二级河流廊道断面形式

图 7-16-b

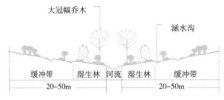

A3-A3 三级河流廊道断面形式

图 7-16-c

B1-B1 一级道路廊道断面形式（高速公路）

图 7-16-d

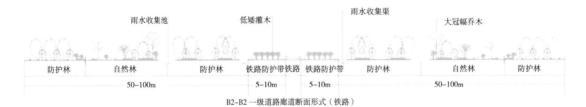

B2-B2 一级道路廊道断面形式（铁路）

图 7-16-e

B3-B3 镇区内二级道路廊道断面形式

图 7-16-f

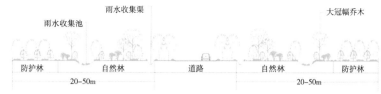

B4-B4 镇区外二级道路廊道断面形式

图 7-16-g

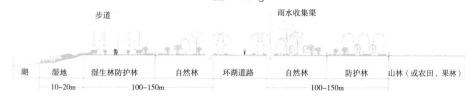

B5-B5 环湖路廊道断面形式

图 7-16-h

C1-C1 穿越果林的河流廊道断面形式

图 7-16-i

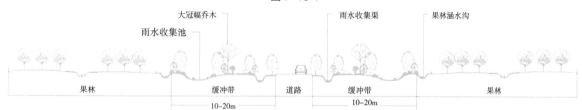

C2-C2 穿越果林的道路廊道断面形式

图 7-16-j

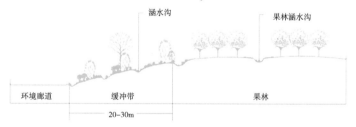

D1-D1 环境廊道与果林过渡带断面形式

图 7-16-k

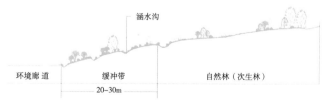

D2-D2 环境廊道与次生林过渡带断面形式

图 7-16-l

洋河处，崇义村以西近内夹河处，东道平村东侧近外夹河处，刘家庄村以北近蓝烟铁路线处。此外在绕城高速路及绕城快速路沿线另规划 8 处生态桥，以弱化邻近的大型道路基础设施对其垂直方向上生态过程的阻碍作用。

■ 山体缓冲带规划

规划划定坡度在 25 度以下的 15-30m 宽度范围为山体缓冲带。山体缓冲带的设置一方面可以起到联系环境廊道与周边生态要素的作用，另一方面可以减缓高坡度地区地表径流的流速，保持高坡度地区的水土。此外，缓冲带的设置也在一定程度上划定出受外界干扰较低的区域，有利于生物多样性的保护。规划要求以山体缓冲带为界，缓冲带上部山体被禁止进行农牧业生产，全部退耕还林。对于现状为自然植被覆盖的区域，规划要求通过利用本土植被对其进行生境修复和改进，以最大程度地发挥其生态效能。

■ 环湖缓冲带规划

一级缓冲带：以湿地为主。其中包括清洋河入水口、楼底河入水口及黑石河——镇泉山河入水口共三处一级河口湿地和针对 17 处一般性水口的二级河口湿地集中区。二级缓冲带：综合考虑毗邻水体的农田及果林分布、畜牧业集中区域、次生林地及灌木林地覆盖情况，结合地形起伏平缓的面向水体的汇水面（以高程20m 以下，坡度小于 15 度的区域为主），并在此基础上进行调整补充，划定水岸线外围 200-300m 区域为二级缓冲带。三级缓冲带：以二级缓冲带外围高程60m 以下，面向双龙潭及其补给水体的低山丘陵的山脊线连线为基础的边界依据，结合农林业用地分布情况，划定水体岸线外围 700-1000m 为三级缓冲带边界线（图 7-17）。

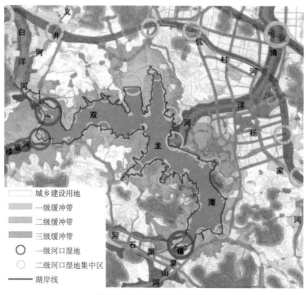

图 7-17　环湖缓冲带规划

5.2 案例二：伊利诺伊州环境廊道规划

5.2.1 重叠分析法与环境廊道规划

伊利诺伊州环境廊道规划的最首要的任务是解读和判别州域层面的整体景观特质。

规划师通过卫星定位技术、遥感影像和航拍等技术手段观测得出，伊利诺伊州的高速路网和全州域村镇景观空间格局的联系并不明显。规划在同一比例的地图上布设资源分布格局并运用重叠法分析资源分布格局。分析所涉及的主要资源种类包括：湿地系统、地形、森林、传统民居（19世纪的农舍）和历史遗存（美洲土著的坟冢）等（图7-18）。运用"千层饼式"重叠分析法将上述景观要素同时设置在同一景观图底中，将增强人们对于景观整体价值的判断。"千层饼"重叠分析法让相邻资源空间格局的重叠更为明显。

三张图展示了水系和重要地形如何叠加形成基本的线性廊道。伊利诺伊州在其冰川地带的河谷中很少有陡峭的地形，也少有湿地，环境廊道的格局非常单一。

5.2.2 伊利诺伊州游憩和开放空间规划

由伊利诺伊州立大学，菲利普·刘易斯教授主持的 Embarras 和 Wabash 河谷区域规划课题为伊利诺伊州游憩与开放空间规划甚至全美其他地区的经济和社会发展规划提供了经验。规划要求伊利诺伊州住房委员会批复拨款，支持州内

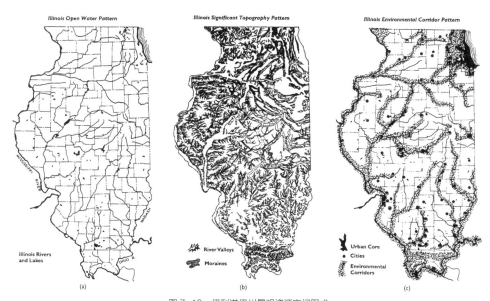

图7-18 伊利诺伊州景观资源空间图式
（a）水系空间图式；（b）地形空间图式；（c）环境廊道空间图式

各类资源分布的记录工作。课题研究的经费使规划师有机会在更广尺度上观察一个区域。

过去旅游业的无序发展造成伊利诺伊州自然景观的迅速变化。这些变化对州内整体人文生态系统的稳定性和多样性造成威胁。如果缺乏对于自然景观的有效保护，本地区民和地方旅游业将蒙受巨大损失。

伊利诺伊州游憩和开放空间规划的目标是为伊利诺伊州选择发展方向，把人对自然的影响降到最低，同时保护州内的整体人文生态系统，保持生命质量、场所精神等。伊利诺伊州规划内容除了包括区域规划、游憩规划的土地价值调查外，还确定了之前研究结果——1. 鉴别和保护景观特质，2. 将地方性区域规划应用于更大的区域环境。

规划收集了来自伊利诺伊州地质调查局、水资源调查局、伊利诺伊大学考古部门、大学和州土地科学专家的资源信息，并准备标明主要土地资源的数据图。土地资源的空间分布格局图叠加后能形成线性的"环境廊道"，"环境廊道"富含了伊利诺伊州的景观多样性。

森林资源：前人关于1812年的林木空间分布格局的调查被刘易斯团队用于对比今昔伊利诺伊州的林木覆盖空间图式。截止至1969年，共有约2000家伐木场在以平坦草原为主要地貌的伊利诺伊州内运营。仅有的天然林因山地陡峭、地形复杂、湿度过高等因素而得以苟存。截止至1961年，州内平坦地形的分界线外的天然林木已悉数被人类砍伐（图7-19）。

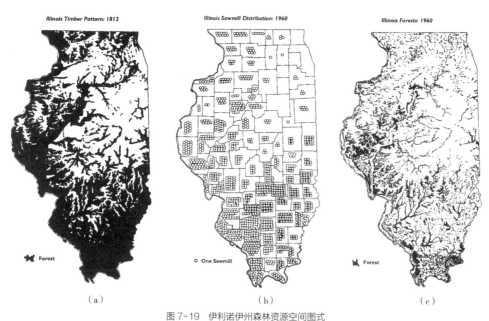

图7-19　伊利诺伊州森林资源空间图式
（a）1812年州域森林覆盖情况；（b）1960年州域木场分布格局；（c）1960年州域森林覆盖情况

5.2.3　伊利诺伊州州域人文历史遗迹

规划工作与大学考学学家一起展开，刘易斯团队鉴别并在州域地图上标注了2000处考古学遗迹。值得注意的是，这些遗迹无一例外地分布在河道附近。因为河道是欧洲殖民者和美洲土著的首选运输廊道，这就决定了考古遗迹的位置。美洲先民把早期家园沿河而建造，以便于农耕和贸易，同时也是方便他们在时常肆虐的草原大火中逃生（图 7-20）。

5.2.4　伊利诺伊州州域优势景观资源

在识别集中在线性环境廊道上的优质资源后，规划师向州政法建议哪些区域发展不当，哪些区域需要优先保护（图 7-21）。遭受人口增长、技术革新、城镇化、工业化、水系梯级开凿、水库泄洪、新建运输系统等因素影响的自然景观资源是州域环境廊道规划的重点，更详细的研究必须围绕这些优质自然资源及其影响因子展开。

5.2.5　伊利诺伊州景观特质

基于对伊利诺伊州景观资源的调研，州域总体规划理念逐渐清晰。规划团队将整个伊利诺伊州划分为 7 个不同的景观特质区域，如此才能够对州内特殊景观的评价分级。对于特质景观内部的大尺度特殊区域的解读也得到了发展，用以绘制和解读特殊区域内资源价值更为详细的图纸（图 7-22）。每种景观特质体现了当地的色

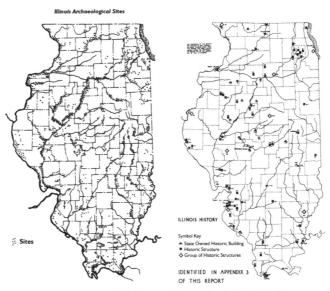

图例；▲州级历史古建筑、■历史构筑物、◇历史构筑物群

图 7-20　伊利诺伊州人文历史遗迹资源空间图式

（左）考古学遗址分布格局、（右）历史遗迹和古建筑分布格局

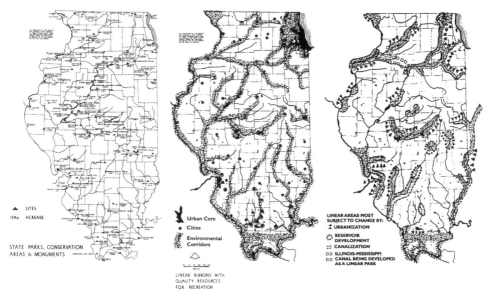

图例：◄城镇化、■水库兴建、一水系梯级开凿、□伊利诺伊 – 密西西比运河（正被建为带状公园）

图 7-21　伊利诺伊州优势景观资源的空间图式

（左）公园、保护区和历史遗迹的空间图式；（中）线性环境廊道空间图式；（右）环境廊道的主要威胁因素

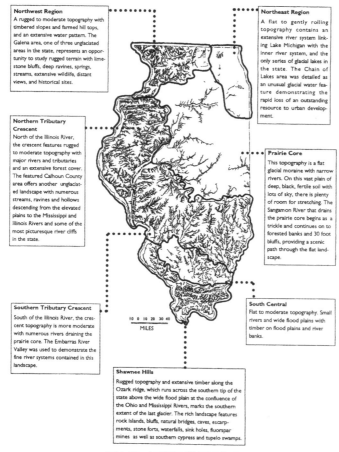

图 7-22　伊利诺伊州的景观特质

彩、材质、格局和空间质量，这些因子使得每种景观特质都变得独一无二。因此，有关伊利诺伊州发展的任何规划都应细致保护其中多变的景观特质。设计师在成功捕捉到每种景观特质的品质后就能够把伊利诺伊州未来的发展和区域品质有机统一。当某一区域的独特景观得到尊重和理解，人们对于该地就会产生特殊的拥有感，并且想要保护它。设计师可以用与公众交流所得的现成信息解读景观特质，这种交流可以成为共同合作保护景观的有效机制，而非一味地开发和毁坏景观。①西北区域：地势从崎岖到平坦，山坡上长满树木，山顶被用作农业养殖，区域内有大量的水系分布。Galena 区是伊利诺伊州内三处不冻结区域之一，让设计师有机会通过片岩断崖、峡谷、山泉、溪流、野生动植物、远景和历史遗迹来研究该地区域地形的特质。②北部月牙湾支流：在伊利诺伊河北端，覆盖着的森林、从崎岖到平缓的地势、河道的主流和支流构成了现在的月牙湾。在卡尔霍恩郡也有另一处常年不遭冰雪封冻的景观，这里有相当水量的溪流、峡谷和山洞。这些地貌从高地平原向密西西比州、伊利诺伊河和州内其他秀美的河谷断崖逐层下降。③东北区域：该区域地势有平坦转而平缓起伏，其中含有将密歇根湖与内部水系和独有的冰川时期的基础湖相连的巨大线性水系。这种"湖群项链"目前正在衍变为资源遭受城镇化发展带来的破坏的冰川湖特征。④大草原核心区：该区为冰川海洋地质，地表有狭长的河流。该地区的平原广袤无垠，土壤层厚实，为棕黑土且土壤肥沃。滋养大草原核心区的桑加蒙河走向由小细流变为森林河流最终由 9m 高的断下飞流直下，构成了平原景观的风景路径。⑤南部月牙湾支流：位于伊利诺伊河的南端，此地的月牙湾地形更为平缓，有数条大河流向大草原核心区。Embarras 河谷是高质量河流景观的代表。⑥肖尼丘陵：在这里，崎岖的地形和茂密的森林包围着欧扎克岭，欧扎克岭贯穿伊利诺伊州的西北角，在密西西比河与俄亥俄州的交汇冲积平原的上游。这里具有南部范围内的常年冰川地貌，景观资源十分丰富，如：岩石岛屿、断崖、山岭、山洞、陡坡、地洞、古城堡、瀑布、萤石矿藏、南部柏林和蓝果树沼泽等等。⑦南部中心区：该地地势平坦，中心区内有小河、广阔的冲积平原，河岸与冲积平原上，植被覆盖浓密。

各类资源及其组合构成了每一区域内的景观特质。人们很容易区分沙漠景观与热带雨林景观，或是山地景观与平原大草原景观。每种案例中，区域内的自然资源和人文资源都有特殊的结合方式，从而产生独到的景观特质。有些特质显而易见，有些则讳莫如深。正是这些不明显的区别和逐级渐变形成了具有美学和精神价值的自然景观，形成了精妙复杂的自然生态系统。

在伊利诺伊州规划案例中，规划团队将水系、地形、森林的空间格局叠加，让它们的关系更明确。冲抵平原山坡景观上的树枝状水系格局因几个世纪的水流冲蚀而形成，绝大部分未遭砍伐的森林也分布在水系周边。在水系、森林构成的廊道外围，农业生产、城镇化和交通运输的空间格局也有着各自的特征。契合区域环境特质的建筑风格和建筑材料的运用应该受到推崇，与区域景观特质相悖的常规制式建造手法应当遭到批评。区域内每种景观遗产都值得通过与其气质相吻合的建筑得到衬托和强化。

5.3 案例三：威斯康星州环境廊道规划

威斯康星州是几个邻州的集中旅游目的地。人口增加、城镇化推进、旅游接待量的攀升让州内的自然环境饱受压力。州政府制定了尽可能满足更多人的旅游机会的旅游发展目标，因而忽略了发掘利用区域自然的美学特征。大力建造人工设施。1960 年，威斯康星州州长 Gaylord Nelson 组织开展了威斯康星州旅游综合规划项目。规划明晰了州内传统户外旅游资源的优势遗产，预判了中西部百万人口对旅游资源造成的潜在影响。Nelson 立法将每包香烟的售价提高 1 美分的税收，从而获税 5 千万用于购买土地，保护州内旅游产业赖以生存的重要自然与文化资源。该项赋税获得批准。因为伊利诺伊州游憩和开放空间规划的成功，Nelson 委派刘易斯教授负责威斯康星州游憩和开放空间规划的资源规划。规划观测、记录、解读了一系列让威斯康星成为旅游大州的景观资源。

5.3.1 威斯康星州景观资源调查法

城镇化的土地利用方式大多急功近利。虽然城市居民喜欢拥挤的人群、绚烂的灯光、鳞次栉比的店铺、纷繁的娱乐活动，但越来越多市民青睐户外休闲活动。如：自驾游、远足、游泳、野营灯，都让游客有机会体验自然之美。游客和商人开始为了旅游和开发旅游而利用起这些户外体验机会。1961 年 Nelson 州长在资源发展立法听证会上陈述道："我们每个人都能回忆起一处最喜爱的野餐地，现在这些地方早已被房屋、养殖场和铁路取代。有大马哈鱼的溪流没有了，宁静的湖泊四周围满了私人土地，湖面到处是机动船。"

①实地勘测、航拍及走访：景观资源调查工作最早起初始于对岩石郡（Rock County，威斯康星州南部城镇）的研究。伊利诺伊州景观资源调查技术体系能有效地用于威斯康星州北部的景观资源调研中。规划团队亲自驾车在威斯康星州北部的公路调研，深深地被此地的景观多样性吸引。他们不确定简单的水系、湿地、陡峭地形的调查是否能够反映威斯康星州的全部资源现状（图 7-23）。规划者采访了当地居民，通过访谈录音和调查问卷回收工作，梳理出当地人最珍视景观资源种类并记录在案。

②图标标记：结果这些受访者列出了 220 种特殊的自然和景观特征，范围涉

及历史遗存、沼泽、瀑布、野生动植物及其生境等。在一张图上表达220种不同资源并让每种资源单独表现是很困难的。为此规划团队邀请艺术家每种景观资源单独设计图标。每种资源都用简明易懂的图标表示，在一张底图上用过图标抽象记录了威斯康星州各类景观资源的空间格局，对进一步推进规划工作十分有效（图7-24、图7-25）。

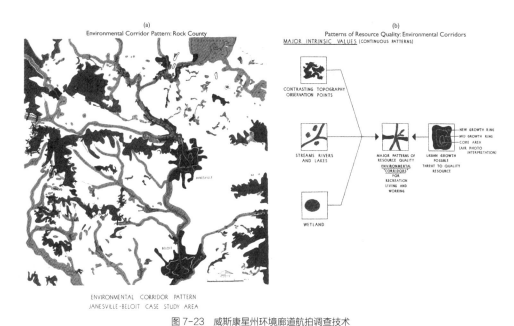

图 7-23　威斯康星州环境廊道航拍调查技术
（a）岩石郡环境廊道空间图式；（b）岩石郡环境廊道景观资源的基本空间图式（景观资源空间图式的连续性是其核心价值）

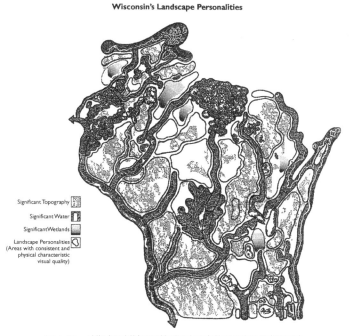

图 7-24　威斯康星州域景观特质及主要自然景观资源的空间图式

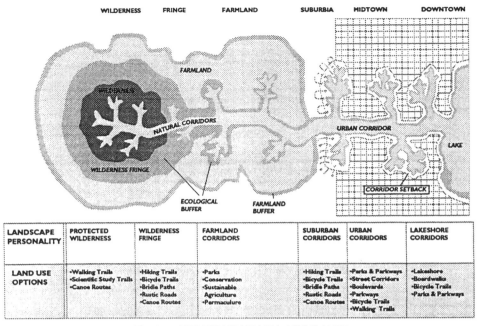

LANDSCAPE PERSONALITY	PROTECTED WILDERNESS	WILDERNESS FRINGE	FARMLAND CORRIDORS		SUBURBAN CORRIDORS	URBAN CORRIDORS	LAKESHORE CORRIDORS
LAND USE OPTIONS	•Walking Trails •Scientific Study Trails •Canoe Routes	•Hiking Trails •Bicycle Trails •Bridle Paths •Rustic Roads •Canoe Routes	•Parks •Conservation •Sustainable Agriculture •Permaculure		•Hiking Trails •Bicycle Trails •Bridle Paths •Rustic Roads •Canoe Routes	•Parks & Parkways •Street Corridors •Boulevards •Parkways •Bicycle Trails •Walking Trails	•Lakeshore •Boardwalks •Bicycle Trails •Parks & Parkways

图 7-25 威斯康星州乡村廊道向城市廊道的转变过程

③遥感影像图分析：资源在环境廊道内部簇拥成群，是具有多样性的景观节点。规划团队开发的"资源图标"不仅为公众接受，也唤起了他们的景观多样性保护意识。洛基城规划的初步研究之后，团队就开始了全州的景观资源调查。美国国会环保中心最早购买并使用美国国家地质勘探局的遥感卫星图。它的比例精度在国家交通运输局的要求下被放大到了 1：600（m），卫星图也被转换成透明胶卷，打印出的蓝线图很快就能用于分析威斯康星州内各郡的景观资源格局。

④民众听证会：威斯康星大学安排了规划团队与各郡政要及民众的见面会，组织、筛选了每个郡的与会人选。包括长途货运司机、城际邮递员、高中历史教师和生物教师等在内的每个人都阐述了各自对当地景观资源的理解，为规划团队完成全州资源调查并绘制各郡的资源底图奠定了坚实的基础。

5.3.2　环境廊道规划

环境廊道是一种需要特别保护的资源空间格局，它们对区域景观多样性至关重要。物种多样性是生物可持续生存的关键，美学多样性是文化可持续演化的关键。因为 85%-90% 的多样性存在于环境廊道中，规划师要鉴别州内的最具多样性的景观，需调查四种主要资源类型：水系、湿地、地形和林地。含水层补给区和水流方向需要单独鉴别，这些区域往往是重要生态系统的分布轨迹。其他重要的系统也有各自的分布区域，诸如沙漠、大草原、森林等，也需特别保护。物种保护必须结合它们的生境和本土生态系统。鉴别环境廊道除了多样性理由，还有其他重要的理由。

第一、水是生命之源。地表水往往由湿地植被系统包围，这种空间格局有利于水体过滤污染物。水系和湿地植被为野生动植物提供了重要生境。

第二、湿地系统外围也往往被由水河风几百万年的蚀刻形成的陡峭地形包围。如果陡峭地形遭到破坏，地形上的土壤会侵蚀陡坡继而滑入湿地和河道中，改变地貌和整个区域生态系统结构。

环境廊道、一级农田、地下水涵养层、湿地、森林、大草原、沙漠以及中西部以外的城市中的特殊植物类型共同组成了限制开发的区域特征。而环境廊道边界的外围也包含了其他得到良好设计的人工景观。从城市到国家的、从城到乡的环境廊道正在为资源永续利用与城市健康发展提供成功典型。检测、规划外部廊道系统中的自然与文化资源并合理利用可能继续为我们的后代享用。明白发展的限制性因素，才可能进行细致的土地利用规划。土地利用规划所需的资源基础调查和概念性景观资源调查相比，需要更多的工作量。土地资源基础调查应当先着眼两个区域：

①城镇化区域和有大型商业、居住区、工业区的郊区；

②与公园、道路、水库、学校、机场和其他公共基础设施相邻的区域。

上述两种区域都需要对其功能定位和未来发展进行特别控制。环境廊道规划应用中，廊道内部的资源需得到详细地调查，找到抗人为干扰性差的脆弱生态系统，在它们消失前采取抢救性保护措施。此外，多样的空间格局、资源多样性关键点（拥有高密度优质景观资源的小区域）也是廊道内土地资源基础调查工作的重点。调查所获信息有助于规划者对自然观光道、景观高速公路的选线和设计，有助于规划者在利用多样性景观资源区域的同时规避和保护生态脆弱、资源多样性低的区域。廊道内土地资源基础调查工作有助于解决区内居民以下几点困境：

①区内多少自然资源需要保护？

②需要地方政府投入多大的保护成本？

③房地产评估规则、税法和其他项目如何影响地方自然资源？

④如何权衡区经济社会发展与森林、湿地和水系保护的利益？

⑤地方上的水土流失情况到底有多严重？怎么得到缓解？

⑥矿业、农业和环保的会如何发生冲突？如何将冲突降至最低？

⑦地方性自然文化资源是否被评估其价值？怎样能保护它们？城镇居民具有保护自然文化的意识？

⑧土地利用的改变能够保护自然人文资源吗？什么是有效的保护措施？

5.3.3　廊道边缘人类分布格局的规划

"廊道边缘"指环境廊道与周边区域的过渡性带状区域。要保护廊道以及让人活动范围沿着廊道边缘发展，地方财政需给予该区域长期充足的建设引导性财政支持。廊道本身的品质是吸引城镇发展的首选之地（图7-26）。在山顶建木制房屋居住区、人工驳岸占据滨河自然岸线等未得到规划的开发行为会降低环境廊道的品质，也为子孙后代恢复环境廊道造成高昂代价。与其先破坏后补救，不如立刻采取限制措施：通过科学的规划缓冲区，制定社会和经济发展指导方针，制定政策法律，招募"廊道保护项目"志愿者，引入非政府性质的公益组织来保护环境廊道。

土地利用方针：以全国土地分类标准和全国土地利用规划规范为规划执行依据，树立环境廊道保护性土地利用的成功典型，指导其他区域的环境廊道保护工作。综合规划实施的经验，细化土地利用规划规范、土地保护法及相关法令，以深化城市结构（Urban fabric）和乡村景观基质（Rural landscape matrix）。

景观特征保护方针：调查区域景观资源，分析该区域自然景观资源与他区域自然景观资源的异同，重点厘清本区域自然景观资源的个性，作为资源保护和环境廊道规划的工作基础。在规划中，分析特色自然景观资源的生态敏感性，将自然景观资源生态脆弱度分为五个等级：①濒危；②极脆弱；③脆弱；④一般；⑤良好。力争在规划中将①、②、③级生态脆弱度的自然资源纳入生态核心保护区，将④级生

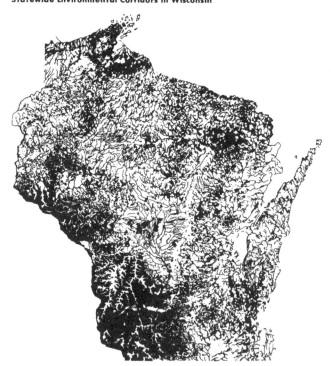

Statewide Environmental Corridors in Wisconsin

图7-26　威斯康辛州环境廊道

图解：在威斯康星旅游规划中，气象和冰川的侵蚀作用刻画出了一条贯穿全州的线性空间，这就是威斯康星州的环境廊道。在威斯康星州的内陆地区，广袤的农田和向北延伸的森林已然壮美，但唯有溪谷、断崖、山岭、水系、湿地和滨河沙地才真正实现了整个威斯康星州环境廊道的贯通。从大环境考虑，环境廊道有开发公共游憩娱乐空间的潜质。规划廊道时，应该从全国版图上识别宏观环境廊道，把该廊道作为开发旅游和环境规划的依据，作为提高公民环境保护意识的依据。

态脆弱度的自然资源纳入生态缓冲区，通过限制区域人口（包括人口生态迁移），限制基础设施建设和社会经济活动规模，对区域自然资源实行保育。

5.3.4 环形城市与环境廊道规划

环形城市（Circle City）的概念源自菲利普刘易斯规划团队对于美国夜景卫星图的解读。夜景卫星图中灯火密集的地方就是城镇化发展的集中之地。美国全国有23处大型的灯火集中之地。这种方法可用于深入研究城市中的各种区域，知晓哪些地方正在城镇化，哪些地方的人口相对较少。虽然每个区域的特征各不相同，但是不同区域内比邻的城市、乡镇最终在全国范围内勾勒出一条蔚为壮观的城市分布格局。自然 - 人文资源分布格局是指导区域发展的决定性因素，有助于识别人口密度分布格局，在区域规划中把这些因素综合考虑，能够产生对关键性资源格局的损害降至最低的效果。

环形城市（Circle City）是一个宏观的概念，是美国中西部区域的城市集群，也是之前提到的全国 23 个城市群格局的第四大城市群。环形城市不是 Jean Gottman 在 1961 年描述的均等人口密度的"特大城市群"（Megalopolis），而是"呈不规则环状的城市群"。环形城市的环内部和环外围较少有城镇化区域和乡村分布。区域城镇化的环形城市的范围从芝加哥到密尔沃基，上至福克斯河谷（ Fox River Valley），穿过威斯康星州到明尼苏达的双子城（ Twin's City ），下至红杉河（ Cedar River ）穿入爱荷华州的中北部，并贯穿伊利诺伊州的北部再回来芝加哥（图 7-27）。环形城市与干旱区域联系紧密，大部分区域都都在威斯康星州的

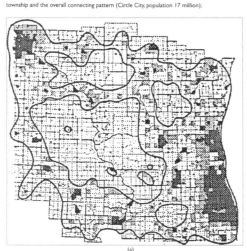
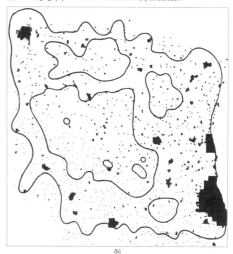

图 7-27 "环形城市"的空间图式

（a）"环形城市"中的主要城市，反映出城镇人口密度和城市间整体连接的分布格局（"环形城市"的人口为 1700 万）；
（b）环形城市群串联了众多高人口密度的聚集区

西南部。大平原地区蕴含许多优质的自然、人文资源，是与环形城市同等规模的开放空间。它的作用好比纽约市曼哈顿岛的中央公园。从高度城镇化地区分化出的无冰碛地区吸收了环形城市未来的旅游需求。新的全国土地分类标准和全国土地利用规划规范，把无冰碛地区看做生物圈保护区，能让城市群环境廊道得到更好的保护，并保证其合理发展。

城市群的环境廊道能够抑制环形城市的不断扩张。环形廊道的发展需要考虑人口、消费、环境保护、不可再生资源替代和资源再分配的问题，最重要的就是"城市动脉"——交通运输、综合基础设施和通行设施的选址规划。进行区域内居民的讨论和意见征集是地方达到发展目标的起点。美国中西部人有着这样的深刻观念：日常生活即生存质量。他们珍惜一切自然资源，这对发展规划方案的定位有重大意义。人类聚居使得该地出现了人居空间格局：农田、城镇、交通路线、以及一切现代文明的要素。在城镇化地区的公园、博物馆、海滨和旅游区一起构成了郊区的郊野体验活动，带给人们身心愉悦的同时，让他们相信人地和谐是生命质量的本质。

参考文献

[1] Christopher Alexander. A Pattern Language[M]. New York：Oxford University Press，1977.

[2] Philip H. Lewis. Tomorrow By Design：A Regional Design Process for Sustainability[M]. New York：John Wiley & Sons，1995.

[3] Gary Korb. Environmental Corridors：Lifelines of the Natural Resource Base[R]. Regional Planning Fact Sheet Series，University of Wisconsin-Extension and SEWRPC，1990.

[4] Forman R T T，Godron M. Landscape Ecology[M]. New York：Wiley，1986：121-155.

[5] 李开然. 绿道网络的生态廊道功能及其规划原则 [J]. 中国园林，2010（3）：24-27.

[6] 瞿奇，王云才. 基于环境廊道的快速城市化地区生态网络格局规划：以烟台福山南部地区为例 [C]. 中国风景园林学会 2013 年会论文集（上册），2013.

[7] 王云才，刘悦来. 城市景观生态网络规划的空间模式应用探讨 [J]. 长江流域资源与环境，2009（09）：819-824.

第八章

区域空间协调法
与
景观生态格局规划

1 背景与目标

1.1 空间协调的背景

空间协调要处理的根本关系是人际空间物质利益关系和人地空间关系。辩证地看待人 – 地关系，就不难发现人对于自然环境资源的追求和依赖贯穿于人类文明的始终。人类的生产方式至今呈现了采摘狩猎 – 农耕畜牧 – 工业生产 – 电子信息四个阶段。21 世纪的国际社会正处在后工业化时代和信息化时代交替的时期。随着人口、技术的发展，每一时期生产方式都对该时期的自然环境造成破坏，因此人类需要探索新的生存方式。经济地理学者认为，区域空间特征和自然资源决定了该区域人类社会的发展规模和存在时期。从历史地理学看待中国社会的发展，也不难发现区域空间特征和资源在空间区域政治、经济上的重大影响。古中国的中原文明和西北文明强大持久是因该时期其所在区域的自然资源环境支撑，千百年后的政治经济重心逐步南移也是因为该区域的自然资源消耗的加剧。空间协调与人地 – 人际间重复性竞合关系互为因果。当代中国的人口基数和建设技术对土地和自然生态造成的改造速度之快、强度之高举世瞩目。解决中国一切发展问题之关键在于人口与用地协调问题，在于解决人类物质需求无限性和生态空间承载力有限性的矛盾。空间协调规划同时面临着发展机遇期和风险挑战。

1.2 空间协调的目标

粗放的经济增长方式和土地利用方式，使区域人文生态空间面临突出问题。人口高密集度城区正面临产业结构转型、土地余量紧张、生态环境衰退、社会公用事业资源短缺等方面的压力。城郊地区也面临城区人口分流、公共设施升级、工业企业迁入、保障城区农粮生产、周末型旅游服务的压力。①区域功能同质。如果相邻区域空间有相近的自然条件和文化历史，在缺乏统筹协调的情况下，区域空间功能发展将趋于同质，致使区域空间发展中竞争远大于协作。②城镇扩张无序。城乡建设发展以功能全面和高速城镇化为目标。受自然条件的限制，用地资源紧张且缺乏合理的空间协调。③自然生态衰退。近年来随着城乡人文生态空间密集区内工业化与城镇化的发展，区域发展与生态环境保护的矛盾逐渐突出。④城乡二元结构明显。我国城镇空间内呈现人多地少的局面，土地利用紧张。为了改善城镇居民的生活质量和实现产业结构转型，工业生产空间逐步向郊区和乡村外扩。乡村经济发展水平低下，产业消化能力差。总体上，城乡依旧呈现出经济、福利层面的二元结构。区域空间协调规划的目标就是加强与经济社会发展、主体功能区建设、国土资源利用、生态环境保护、基础设施建设等规划的衔接，推动与各地区经济社会发展总体规划、城市规划、土地利用规划等的"多规合一"进程，重点协调规划区域内、外部的生态、生活、生产，三大空间，实现区域发展的健康可持续。

2 区域空间规划与空间协调

2.1 区域空间规划

2008 年 4 月公布的《全国主体功能区规划（2008—2020）（讨论稿）》初步提出了"以国民经济与社会发展总体规划为统领，以主体功能区规划为基础，以城市规划、土地利用规划和其他专项规划为支撑"的"四规"关系的提法。国民经济和社会发展规划、主体功能区规划、城乡总体规划，土地利用总体规划是全国范围内，学术界和业界公认的"四规"（图 8-1）。

在中国，广义上的空间规划包括：主体功能区规划、国民经济和社会发展总体规划、人口规划、区域规划、城市规划、土地利用规划、环境保护规划、生态建设规划、旅游规划、流域综合规划、水资源综合规划、海洋功能区划、海域使用规划、粮食生产规划、交通规划、防灾减灾规划等。上述规划均隶属于空间规划体系。上述规划中除了城市规划以外，其他规划均可理解为空间整治规划。同时，2009 年实施生效的《城乡规划法》是调整城市规划法律体系的基本法。《城乡规划法》第五

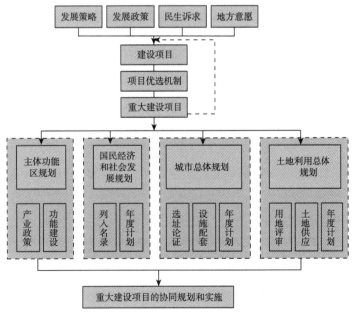

图 8-1 "四规"重大建设项目协调意向图

条规定：城市总体规划以及镇、乡、村的规划编制应当依据国民经济与社会发展规划，并与土地利用总体规划相衔接。

我国涉及空间规划的法律法规有：《城乡规划法》《土地管理法》《城市规划编制办法》《城市总体规划审查工作规则》以及各省级城市规划条例等。值得注意的是，中国仍旧缺乏涉及空间协调规划的法律法规，如：《区域规划法》《国土规划法》等。

一些地方政府和规划从业人员对于区域城镇群的"四规"解读与国土区域的"四规"不同。他们对于"四规"的采用取决于区域的发展定位和区域面积。譬如：成渝区域经济体内的直辖市——重庆市，提出在区县层面进行国民经济与社会发展规划、土地利用总体规划、城乡规划和生态与环境保护规划的"四规叠合"工作。

2.2 主体功能区规划

主体功能区规划应针对不同的功能区建设确定发展重点。各自功能区的项目选择要符合各自功能区的功能定位。①产业政策主体功能区规划确定的主体功能分区主要包括优化开发区、重点开发、限制开发区和禁止开发区等。优化开发区应推进"退二进三"，优化选择现代服务业、总部经济和都市型工业等产业类型；重点开发区应积极引入重大产业项目，重点选择先进制造业、高新技术产业和生产性服务业等产业类型，应加大基础设施投入力度；限制开发区应结合产业梯度转移趋势，淘汰和迁移高污染、高能耗产业，鼓励发展生态农业；禁止开发区严禁与其功能定位不符的产业开发。②主体功能区规划的区域功能建设，应将产业政策引导下的各类重大建设项目列入。如针对城市发展新区，应优先推进道路、交通类的基础设施建设项目，应加快产业基地建设，应培育装备制造业、高新技术产业和生产性服务业等的发展，具体列举产业政策指引下的具体建设项目，以具体的建设项目促进功能区主导功能的形成。在着力研究重大项目建设的政策导向、规划布局、推进时序、投资资金、协同推进、风险评估等关键性问题基础上，将确定下来的重大建设项目列入国民经济和社会发展的五年规划中，明确重大项目分批分类建设时序，合理推进重大项目建设。

2.3 城乡总体规划

对于重大建设项目要推进行政许可工作；对于规划实施过程中新引进的建设项目，应强化选址论证，明确最适宜选址。①强化规划选址论证重大项目与规划是一种相互关联、相互制约、相互协调的关系。需从地形、区位、市场和建设成本等方面论证建设项目选址，做好建设项目与城市总体规划的协调。②完善设施配套。对于确定的重点建设项目，要通过规划进行研究论证，完善建设项目的周边设施配套，如交通等基础设施配套、公共服务设施配套、商业服务设施配套等，以完备的设施配套为重大建设项目建设提供优良的外部环境。③年度计划安排应与重大建设项目年度实施计划相策应，明确各建设项目的用地规划许可计划时序安排（要许可批准），针对每个项目的具体情况制定推进方案。对于时间紧、任务重、效益好的重大建设项目，要开辟绿色通道。

2.4 土地利用总体规划

土地利用总体规划应加强建设项目用地的前置用地预审工作，应对线形工程的用地进行规划调整，应强化土地利用年度计划工作。同样与重大建设项目年度实施计划相策应，制订重大建设项目的土地利用年度计划，优先保证重大建设项目的新增建设用地指标、建设占用农用地和占用耕地的安排，要提前进行重大建设项目的建设用地项目呈报说明书、农用地转用方案、补充耕地方案和征用土地方案"一书三方案"设计工作（表8-1）。

基于重大建设项目的"四规"协调内容与方法　　　　　表8-1

	明晰产业政策		强化功能建设
主体功能区规划	以各功能区的主导功能定位为依据，对产业发展策略和重点建设项目进行确定和安排		在主体功能区各自的"区域功能建设"中，应将产业政策引导下的各类重大建设项目列入，以具体建设项目促进对应的功能区建设
	将重大项目列入名录		制定年度实施计划
国民经济与社会发展规划	将确定的重大项目列入建设项目名录，进入到一定城市发展周期内建设项目的安排中		应迅速制定重大建设项目年度实施计划，根据国家扩大投资的重点领域。加快推进与城市发展目标一致的重大建设项目，促进投资结构调整和经济发展方式的转变
	强化规划选址论证	完善设施配套	安排年度计划
城乡总体规划	做好项目与城市总体规划的协调衔接，从地形、区位等方面强化建设项目的选址论证，从宏观上考虑项目总体布局，微观上考虑项目的具体实施	通过规划进行研究，论证，完善建设项目的交通基础设施、公共服务、商业设施等配套、以完备的设施配套为重大建设项目提供优良的外部环境	应与重大建设项目年度实施计划相策应，明确各建设项目的用地规划许可计划时序安排，针对每个项目具体情况制定推进方案
	建设项目用地预审前置	保障土地供应	土地利用年度计划
土地利用总体规划	联动发展改革部门和城乡规划部门，对建设项目进行预先的用地预审工作，减少后续反复调整程序、提高行政效率	在明确重点建设项目基础上，通过积极争取国家指标安排、自筹指标等方式、建立重大建设项目的土地供应保障制度、确保相关土地供应	与重大建设项目年度实施计划相策应，制定重大建设项目的土地利用年度计划，优先保证重大建设项目的新增建设用地指标、建设占用农用地和占用耕地的安排

3 空间规划与协调

3.1 多规合一的发展趋势

土地利用规划是区域空间协调规划的核心。市场经济体制改变了原有的土地利用性质。现行的土地利用规划及管理体系与经济社会发展不相适应，粗放的土地利用方式，建设用地存量亏空，一味地将城市外围耕地征用为城市发展建设用地等情况导致了城乡自然资源的衰退，危及区域人居环境质量和经济社会的健康发展。

区域中生态空间环境、经济空间环境和人居空间环境范围的划分依据是当前区域空间协调规划的重大课题。目前的"四规"体系中，对于生态、生产、生活空间的划分存在明显的差异和分歧。原因在于每项空间规划编制的执行部门不同，所代表的利益群体不同（表 8-2）。"本位思想"是阻碍区域间和区域内部各类土地利用协调的主因。

我国主要空间规划编制依据、主管部门和审批比较　　　　表 8-2

规划名称	国民经济和社会发展规划纲要	主体功能区规划	城乡规划	土地利用总体规划	生态功能区规划
法定依据	宪法	行政文件	城乡规划法	土地管理法	行政文件
主管部门	发展与改革部门	发展与改革部门	城乡规划主管部门	土地资源管理部门	环境保护部门
审批机关	本级人大	上级政府	上级政府	上级政府	上级政府
实施力度	指导性	政策性	约束性	强制性	约束性
实施计划	年度计划		近期建设规划年度实施计划	年度计划	
规划年限	五年		约二十年	十到十五年	
类别	经济社会综合规划	空间战略性、基础性规划	空间综合规划	空间专项规划	空间专项规划

3.2 主体功能区与国土区域的空间协调

国土区域的空间协调主要集中在宏观战略方针的制定和空间管控政策的制定上。主体功能区规划是国土区域空间协调的主要工作内容和依据。国务院提出："全国主体功能区规划是战略性、基础性、约束性的规划，是国民经济和社会发展总体规划、人口规划、区域规划、城市规划、土地利用规划、环境保护规划、生态建设规划、流域综合规划、水资源综合规划、海洋功能区划、海域使用规划、粮食生产规划、交通规划、防灾减灾规划等在空间开发和布局上的基本依据。"全国主体功能区规划要根据不同区域的资源环境承载能力、现有开发强度和发展潜力，统筹谋划人口分布、经济布局、国土利用和城镇化格局，确定不同区域的主体功能，并据此明确开发方向，完善开发政策，控制开发强度，规范开发秩序，逐步形成人口、经济、资源环境相协调的国土空间开发格局。

中国国土区域可分为"四大片区"，即东部地区、西部地区、中部地区和东北部地区。《中共中央关于制定国民经济和社会发展第十二个五年规划的建议》中有关四大片区协调发展战略的具体内容为：积极推进西部大开发，振兴东北地区等老工业基地，促进中部地区崛起，鼓励东部地区率先发展，继续发挥各个地区的优势和积极性，通过健全市场机制、合作机制、互助机制、扶持机制，逐步扭转区域发展差距拉大的趋势，形成东中西相互促进、优势互补、共同发展的新格局。转变经济发展方式的"五个坚持"措施涉及面如下：统筹城镇化进程中的城乡发展一体化、区域发展协同化、公共服务均等化。坚持农业主体地位、建设高新农业产业，做到反哺农业；三产协调与出口、投资、内需协调并进。鼓励高科技信息工业和创新产业，节能减排、减少资源消耗。实施主体功能区战略。按照全国经济合理布局的要求，规范开发秩序，控制开发强度，形成高效、协调、可持续的国土空间开发格局。

中国"十二五"规划纲要中明确提出"根据资源环境承载能力、现有开发密度和发展潜力，统筹考虑未来人口分布、经济布局、国土利用和城镇化格局，将国土空间划分为优化开发、重点开发、限制开发和禁止开发四类主体功能区。"这一分类标准区分了城乡空间保护和开发的不同重心，尤其是将原先的"适建区"细分为优化开发区和重点开发区。对人口密集、开发强度偏高、资源环境负荷过重的部分城市化地区要优化开发。对资源环境承载能力较强、集聚人口和经济条件较好的城市化地区要重点开发。对影响全局生态安全的重点生态功能区要限制大规模、高强度的工业化城镇化开发。对依法设立的各级各类自然文化资源保护区和其他需要特殊保护的区域要禁止开发。

限制开发区和禁止开发区的协调规划是 2020 年实现全国主体功能区基本格局的重点。

制开发区：限制进行大规模高强度工业化、城镇化开发的重点生态功能区。国家重点生态功能区包括大小兴安岭森林生态功能区等 25 个地区，总面积约386 万 km²，占全国陆地国土面积的 40.2%。国家重点生态功能区分为水源涵养型、水土保持型、防风固沙型和生物多样性维护型四种类型（表 8-3）。并明确上述四种生态功能分区的生态指标和生态服务功能目标，因势利导地提出构建国家重点生态功能区内部环境友好型产业的总体目标（表 8-4）。

禁止开发：禁止进行工业化、城镇化开发的重点生态功能区。国家禁止开发区域共 1443 处，总面积约 120 万 km²，占全国陆地国土面积的 12.5%。禁止开发区域基本有国家级自然保护区、世界文化自然遗产、国家级风景名胜区、国家森

类型	区域	生态威胁
水源涵养型	1. 大小兴安岭森林生态功能区	原始森林受到较严重的破坏，出现不同程度的生态退化
	2. 长白山森林生态功能区	森林破坏导致环境改变，威胁多种动植物物种的生存
	3. 阿尔泰山地森林草原生态功能区	草原超载过牧，草场植被受到严重破坏
	4. 三江源草原草甸湿地生态功能区	草原退化、湖泊萎缩、鼠害严重，生态系统功能受到严重破坏
	5. 若尔盖草原湿地生态功能区	湿地疏干垦殖和过度放牧导致草原退化、沼泽萎缩、水位下降
	6. 南黄河重要水源补给生态功能区	草原退化沙化严重，森林和湿地面积锐减，水土流失加剧，生态环境恶化
	7. 祁连山冰川与水源涵养生态功能区	草原退化严重，生态环境恶化，冰川萎缩
	8. 南岭山地森林及生物多样性生态功能区	原始森林植被破坏严重，滑坡、山洪等灾害时有发生
水土保持型	1. 黄土高原丘陵沟壑水土保持生态功能区	坡面土壤侵蚀和沟道侵蚀严重，侵蚀产沙易淤积河道、水库
	2. 大别山水土保持生态功能区	山地生态系统退化，水土流失加剧，加大了中下游洪涝灾害发生率
	3. 桂黔滇喀斯特石漠化防治生态功能区	生态系统退化问题突出，植被覆盖率低，石漠化面积加大
	4. 三峡库区水土保持生态功能区	森林植被破坏严重，水土保持功能减弱，土壤侵蚀量和入库泥沙量增大
防风固沙型	1. 塔里木河荒漠化防治生态功能区	水资源过度利用，生态系统退化明显，胡杨木等天然植被退化严重，绿色走廊受到威胁
	2. 阿尔金草原荒漠化防治生态功能区	鼠害肆虐，土地荒漠化加速，珍稀动植物的生存受到威胁
	3. 呼伦贝尔草原草甸生态功能区	草原过度开发造成草场沙化严重，鼠虫害频发
	4. 科尔沁草原生态功能区	草场退化、盐渍化和土壤贫瘠化严重，为我国北方沙尘暴的主要沙源地
	5. 浑善达克沙漠化防治生态功能区	土地沙化严重，干旱缺水，对华北地区生态安全构成威胁
	6. 阴山北麓草原生态功能区	草原退化严重，为沙尘暴的主要沙源地，对华北地区生态安全构成威胁
生物多样性维护型	1. 川滇森林及生物多样性生态功能区	山地生态环境问题突出，草原超载过牧，生物多样性受到威胁
	2. 秦巴生物多样性生态功能区	水土流失和地质灾害问题突出，生物多样性受到威胁
	3. 藏西北羌塘高原荒漠生态功能区	土地沙化面积扩大，病虫害和融洞滑塌等灾害增多，生物多样性受到威胁
	4. 藏东南高原边缘森林生态功能区	天然植被仍处于原始状态
	5. 三江平原湿地生态功能区	湿地面积减小和破碎化，面源污染严重，生物多样性受到威胁
	6. 武陵山区生物多样性及水土保持生态功能区	土壤侵蚀较严重，地质灾害较多，生物多样性受到威胁
	7. 海南岛中部山区热带雨林生态功能区	由于过度开发，雨林面积大幅减少，生物多样性受到威胁

国家重点生态功能区类型	水质	空气质量	其他生态服务功能目标	环境友好型产业结构目标	目标实施保障
水源涵养型	I 类	一级	1. 草原面积扩大 2. 森林覆盖面积扩大 3. 森林储积量增加 4. 野生动植物种恢复增加	1. 发展绿色服务业 2. 提升人均地区生产总值 3. 生态移民、人口总量下降 4. 公共服务水平提高	1. 退耕还林 2. 退牧还草 3. 保护天然林草 4. 围栏封育 5. 限制放牧、采矿、开荒、开垦草原 6. 综合治理江河上游流域 7. 拓宽农民增收渠道
水土保持型	II 类	二级			1. 节水灌溉 2. 雨水集蓄利用 3. 限制陡坡垦殖 4. 限制超载过牧 5. 小流域封山禁牧 6. 矿山环境整治修复 7. 拓宽农民增收渠道
防风固沙型	II 类	二级			1. 禁牧休牧 2. 退耕还林 3. 退牧还草 4. 保护沙区河流湿地 5. 封禁沙尘源区、沙尘暴频发区
生物多样性维护型	I 类	一级			1. 禁止滥捕滥采野生动植物 2. 良性利用生物资源 3. 严防生物入侵 4. 保育生境

林公园、国家地质公园 5 种基本类型。未来设立的上述 5 种国家禁止开发区域基本类型自动纳入国家禁止开发区域名录并参照各自对应的规划及管理依据，严格执行相应的保护措施和管理办法（表 8-5）。

3.3　资源流动与国土区域空间协调规划

3.3.1　资源流动特点

正确地理解资源在经济社会活动中的资源代谢过程，并准确估算维持区域经济正常运行所需要的资源量，将有助于提高区域内的资源自给能力，降低经济对外依赖性，控制环境污染。"资源流动"（ResourcesFlows）是空间协调规划的研究重点之一。资源具有动态特征。资源流动发生在产业、消费链、区域之间，包括在区域间资源优势的作用下发生的空间流动（横向流动），以及"资源→加工→消费→废弃→再利用"的供应链条上发生的形态、功能、价值的改变（纵向流动）。资源流动具有以下特征：

类型	规划及管理依据	规划及管理方法
国家级自然保护区	1.《中华人民共和国自然保护区条例》国发 [1994]167 号	1. 划分核心区、缓冲区、实验区。 2. 按核心区、缓冲区、实验区顺序转移人口。做到核心区无人，缓冲、实验区人口大幅减少。 3. 人口和农业规模须控制在确保保护区主体功能的范围内。 4. 基础设施建设不得穿越核心区，避免穿越缓冲区
世界文化自然遗产	1.《保护世界文化和自然遗产公约》UNESCO 世界遗产委员会 .1972.11 2.《实施世界遗产公约操作指南》UNESCO 保护世界文化与自然遗产的政府间委员会 .2007.12	1. 保护文化自然遗产的原真性。 2. 保持文化自然遗产的完整性
国家级风景名胜区	1.《风景名胜区条例》国发 [2006]474 号	1. 严保景区自然环境。 2. 严控人工景观建设规模。 3. 禁止无关的生产建设活动。 4. 基建须符合规划，拆除违规设施。 5. 旅游规模符合生态环境容量
国家森林公园	1.《中华人民共和国森林法》全国人大常委 .1984.9 2.《中华人民共和国森林法实施条例》国发 [2000]278 号 3.《中华人民共和国野生植物保护条例》国发 [1997]204 号 4.《森林公园管理办法》中华人民共和国林业部令 [1994]3 号 5.《国家级森林公园管理办法》国家林业局 [2011]27 号	1. 禁止无关的生产建设活动。 2. 禁止采石、取土、开矿、放牧等活动。 3. 根据环境容量控制旅游规模。 4. 严格保护林地
国家地质公园	《世界地质公园网络工作指南和标准》UNESCO.2007	1. 禁止无关的生产建设活动。 2. 禁止采石、取土、开矿、放牧等活动。 3. 禁止未经批准的标本和化石采集

（1）集聚与扩散

区域内、区域间的资源流动会与区域经济发展所处的阶段相适应。经济发展到一定阶段的，产业结构、政府政策较完善的区域，能吸引资源向该区域集聚。随着资源的不断流入，该资源在该区域的边际效益递减。当其平均效益低于其他区域时，资源又会向其他区域扩散流动。

（2）趋利性

市场经济促使资源被合理分配。资源在区域间形成了较大价格差异时，它会从价格较低区域流向价格较高区域。此外，同种资源在不同区域之间的不同收益也会导致资源的流动。就算是在区域内部，资源在不同行业、产业、企业之间的收益情况也是不尽相同的，市场经济规律也会带动资源向收益较高的行业、产业企业流动。

（3）就近原则

资源受信息传递和流动成本的影响，会优先流向最近区域。

（4）组合结构合理化

各资源必须在数量和质量上形成一定的组合，在数量上按照比例投入，在质量上相互协调，逐步形成较为合理的组合结构，才能有效地促进区域社会、经济和生态的相对可持续。

3.3.2 资源的环状流动模式

资源的流动模式主要包括单线程流动模式、树状流动模式、环状流动模式和网络状流动模式。

环状流动模式按照资源种类变化与否可以分为两类。一种是资源种类基本上不发生变化，只是在过程中会有所损耗，因此，在其数量上会发生变化。另一种是各环节资源在不断变化。这种方式虽然从形式上看是一个环状，但是其中的资源在不断地发生着物理、化学变化，因此，资源种类也在不断变化。流回到起始环节的资源不再是原始资源，而是一种新类别的资源。由于资源在流动过程中会有工艺性消耗和非工艺性消耗，因此，从数量上看，再次流入起始环节的资源远低于初始流出的数量。第一种环状流动方式中，资源种类基本不变，因此，需要不断地进行资源补充。其过程损耗越低越好，这样补充量越低，说明循环利用效率越高。在第二种环状流动方式中，流回量与初始量差额越大，其流动方式越合理，因为都用在了转化为其他更有效资源的过程中。

网状流动模式特点是每个相关环节都参与到资源的流入、流出活动中，环节之间在这种资源流动活动过程中产生了一定的联系，从而形成网络型资源流动结构。网状流动模式涵盖并综合了上述三种流动模式，能促进资源的优化协调、层级利用和循环利用。资源的网状流动模式如图8-4所示。

3.4 资源协调与区域空间协调规划

我国处于经济快速发展的社会主义初级阶段，经济的发展主要依靠制造业，具有极强的资源依赖性。我国各类资源的单位GDP消耗接近世界平均水平的2倍，这直接爆发出诸如：人均资源短缺、资源组合结构不合理、资源开发利用不合理、资源流动不合理、区域间和区域内各部门间对资源的恶性竞争等问题，直接关系到整个国土区域的发展可持续性。

资源协调工作有广泛性特征：①资源的广泛性。资源由狭义的货币、石油、建材等，扩展为包括可见和虚拟的生产要素。②协调对象的广泛性，包括整体人文生态系统。③协调驱动力的广泛性。由社会需求拓展为自然—社会二元驱动力，追求资源开发利用与社会、经济、生态协调。

公平（Equity）、效率（Efficiency）与生态（Ecology）逐渐成为国土区域人文生态空间资源协调的价值目标。社会对于国土区域空间协调规划成果的评价指标可表述为公式。

$$Sati = \max\sum_{i-1}^{3} \lambda_i \times E_i$$

式中：Sati 是指一个国家或区域的整体满意度；

E_i 是指一个国家或区域各单一目标的满意度；

λ_i 是指不同目标的相应权重。

资源协调工作需以资源流动机制为基础，以水资源为例，水资源流动包括：开发、输送、利用、处理、再利用、排放 6 大环节。水资源涉及复数的产业用途，关系到多个用水主体。界定水资源系统的边界、组成和层次，明确影响水资源协调的各类因素，如：用水主体、用水方式、水资源流动层次结构等，是该类资源协调的重要工作。本文运用系统动力学仿真的基本方法，对生活、生产、生态层面的水资源利用系统因果结构图进行了简单模拟（图 8-2）。

从图 8-2 中可大致了解区域水资源系统的结构、影响因素之间的关系，体现出一些主要反馈回路：

1）缺水程度→人口增长量→生活需水量→总需水量→缺水程度（－）

2）可供水量→农业供水量→农业供水保证率→农业用水量→农业产值增长率→农业产值增加量→农业产值→水利投资→可供水量（＋）

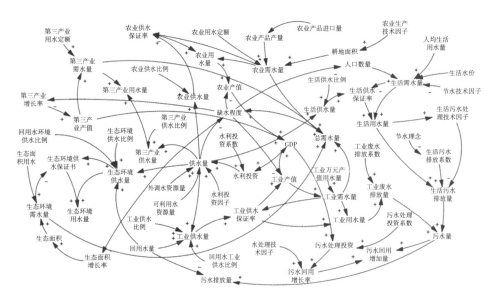

图 8-2　区域广义水资源系统结构图

3）缺水程度→工业产值增加量→工业产值→水利投资→可供水量→缺水程度（＋）

4）可供水量→缺水程度→第三产业增加量→第三产业产值→GDP→水利投资→可供水量（＋）

5）生态面积增加量→生态面积→生态环境需水量→总需水量→缺水程度→生态面积增加量（－）

（"＋"标志正反馈，"－"标志负反馈）

可见，通过"缺水程度"、"可供水量"、"生态面积增加量"等主要变量以及其他一些辅助变量将生活、生产（包括农业、工业和服务业）、生态等五个用水子系统耦合联接了起来，共同构成区域水资源流动系统。各系统、变量之间所具有的相互制约、协调发展的耦合关系，成为把握各类资源协调的基础。

3.5 国土区域生态空间协调指标

国土区域空间的经济系统承载了生态环境系统和社会经济系统的二元结构特征。区域规划与生态规划意义上的生态空间分析、评价与协调，涉及以下指标：

①人均生态面积：用于衡量区域人均拥有生态空间的特征。

人均生态面积＝生态面积／区域总人口（m²/人）

②侵蚀模数：用于衡量区域水土流失情况。

侵蚀模数＝水土流失量／水土流失面积（万 m³/km²）

③人均 COD 排放量：用于衡量区域污染物质排放人均情况。

人均 COD 排放量＝COD 排放量／区域总人口（t/人）

④态环境指数 EI（Ecological Environment Index）

2006 年 5 月 1 日，国家环保总局发布了《生态环境状况评价技术规范》行业标准，指出生态环境指数 EI 是指反映被评价区域生态环境质量状况的一系列指数的综合，其中主要指标及权重见表 8-6。

①生物丰度指数 Bio

指通过单位面积上不同生态系统类型在生物物种数量上的差异，间接地反映被评价区域内生物丰度的丰贫程度。

生物丰度指数＝Abio×（0.5× 森林面积 +0.3× 水域面积 +0.15× 草地面积 +0.05× 其他面积）/ 区域面积

式中：Abio，生物丰度指数的归一化系数。

②植被覆盖指数 Veg

指被评价区域内林地、草地、农田、建设用地和未利用地五种类型的面积占被评价区域面积的比重，用于反映被评价区域植被覆盖的程度。

植被覆盖指数 =Aveg×（0.5× 林地面积 +0.3× 草地面积 +0.2× 农田面积）/ 区域面积

式中：Aveg，植被覆盖指数的归一化系数。

③水网密度指数 Riv

是指被评价区域内河流总长度、水域面积和水资源量占被评价区域面积的比重，用于反映被评价区域水的丰富程度。

水网密度指数 =Ariv× 河流长度 / 区域面积 +Alak× 湖库（近海）面积 / 区域面积 +Ares× 水资源量 / 区域面积

式中：Ariv，河流长度的归一化系数；Alak，湖库面积的归一化系数；Ares，水资源量的归一化系数。计算值大于 100 时，一律按 100 计算。

④土地退化指数 Ero

指被评价区域内风蚀、水蚀、重力侵蚀、冻融侵蚀和工程侵蚀的面积占被评价区域面积的比重，用于反映被评价区域内土地退化程度。

土地退化指数 =Aero×（0.05× 轻度侵蚀面积 +0.25× 中度侵蚀面积 +0.7× 重度侵蚀面积）/ 区域面积

式中：Aero，土地退化指数的归一化系数。

⑤污染负荷指数 Pol

反映区域或某环境要素对污染物的负载程度。

污染负荷指数 =（ASO2×0.4×SO_2 排放量 +Asol×0.2× 固废排放量）/ 区域面积 +ACOD×0.4×COD 排放量 / 区域年均降雨量

式中：ASO_2，SO_2 的归一化系数；Asol，固体废物的归一化系数；ACOD，COD 的归一化系数。

各项评价指标权重 表 8-6

指标	生物丰度指数 Bio	植被覆盖指数 Veg	水网密度指数 Riv	土地退化指数 Ero	污染负荷指数 Pol
权重	0.25	0.2	0.2	0.2	0.15

EI=0.25× 生物丰度指数 Bio+0.2× 植被覆盖指数 Veg+0.2× 水网密度指数 Riv+0.2× 土地退化指数 Ero+0.15× 污染负荷指数 Pol

根据生态环境状况指数，将生态环境分为五级，即优、良、一般、较差和差。规定 EI ≥ 75，生态环境质量方为优（表 8-7）。

级别	优	良	一般	较差	差
EI 指数	EI ≥ 75	55 ≤ EI < 75	35 ≤ EI < 55	20 ≤ EI < 35	EI < 20
状态	植被覆盖度高，生物多样性丰富，生态系统稳定，最适合人类生存	植被覆盖度较高，生物多样性较丰富，基本适合人类生存	植被覆盖度中等，生物多样性一般水平，较适合人类生存，但有不适人类生存的制约性因子出现	植被覆盖较差，严重干旱少雨，物种较少，存在着明显限制人类生存的因素	条件较恶劣，人类生存环境恶劣

3.6　国家重点生态功能区转移支付与环境质量考核指标集群

涉及全国限制开发区和禁止开发区的国家重点生态功能区中，中央及地方政府相关财政在均衡性转移支付项下，需秉持①公平公正，公开透明；②重点突出，分类处理；③注重激励，强化约束，三项原则，设立国家重点生态功能区转移支付补助。省（区、市）国家重点生态功能区转移支付应补助数 = ∑该省（区、市）纳入转移支付范围的市县政府标准财政收支缺口 × 补助系数 + 纳入转移支付范围的市县政府生态环境保护特殊支出 + 禁止开发区补助 + 省级引导性补助。

国家环境保护部监测司 2011 年出台的《国家重点生态功能区县域生态保护考核评价实施方案》给出的考核评价指标体系对于从县域层面考评各生态功能区的环境质量有重要意义。上述指标体系可用于国家主体功能区的限制开发区域和禁止开发区域空间协调规划的前期数据资料汇编分析和后期协调效果评估中（表 8-8）。

4　区域城市群空间的协调

4.1　国外城市群的理论与实践

德国经济地理学家克里斯泰勒（W. Christaller, 1933）提出的"中心地理论"，最早从经济学、城市地理学和商业地理学角度对于城市空间扩展规律展开探讨，开始划分城市区域，分级研究区域空间效能。该观点认为中心地城市范围早已超越了其行政区界，提供中心地功能的城市及区域须获得能满足其内部人口生存的支持才能维持中心地经济和空间功能的稳定。将相邻中心地的功能辐射范围重叠，再划分该重叠区域便形成六边形区域空间网络架构。在区域空间协调规划中，按照中心地理论可合理地布局区域的公共服务设施和其他经济和社会职能。德国在这方面的研究成果颇丰。

一级指标	二级指标	三级指标	提供部门
自然生态指标	林地面积（km²）	有林地面积（km²）	林业
	林地覆盖率（%）	灌木林地面积（km²）	
		其他林地面积（km²）	
	草地面积（km²）	高覆盖度草地面积（km²）	农业、畜牧业
	草地覆盖率（%）	中覆盖度草地面积（km²）	
		低覆盖度草地面积（km²）	
	水域湿地面积（km²）	河流水面面积（km²）	水利、林业
	水域湿地覆盖率（%）	湖库面积（km²）	
		滩涂湿地面积（km²）	
		沼泽面积（km²）	
	耕地面积（km²）	水田面积（km²）	农业
	耕地比例（%）	旱地（km²）	
	坡度≥15°度耕地面积比	坡度≥15°度耕地面积（km²）	
	建设用地面积（km²）	城镇建设用地面积（km²）	国土、城建
	建设用地比例（%）	农村居民用地面积（km²）	
		其他建设用地面积（km²）	
	非利用土地面积（km²）	沙漠面积（km²）	国土
	非利用土地面积比例（%）	戈壁面积（km²）	
		裸地面积（km²）	
		盐碱地面积（km²）	
环境状况指标	二氧化硫排放强度（kg/km²）	二氧化硫（SO₂）排放量（kg）	环保（须出具监测报告）
	化学需氧量排放强度（kg/km²）	化学需氧量（COD）排放量（kg）	
	固废排放强度（kg/km²）	固体废物排放量（kg）	
	工业污染源监测频次（次）	—	
	工业污染源监测达标频次（次）	—	
	污水集中处理设施监测频次（次）	—	
	污水集中处理设施达标监测频次（次）	—	
	污染源排放达标率（%）	—	
	Ⅲ类或优于Ⅲ类水质达标率（%）	—	
	优良以上空气质量达标率（%）	—	
其他调查指标	城镇污水集中处理率（%）	—	城市建设
	土壤侵蚀（或水土流失）面积（包括水蚀、风蚀或冻融侵蚀）（km²）	—	水利

"城市群理论"奠基人，美籍法国地理学家吉恩·戈特曼（Jean Gottmann）在其 1961 年出版的著作《大都市带：美国都市化的东北部海岸》中已明确世界级城市群应具备以下的条件：

①区域内城市密集。

②拥有一个或几个国际性城市，如美国东北部城市群的纽约、大湖城市群的芝加哥，日本太平洋沿岸城市群的东京、大阪，英格兰城市群的伦敦，西欧城市群的巴黎等。

③多个都市区连绵，相互之间有较明确的分工和密切的社会经济联系，共同组成一个有机的整体。

④拥有一个或几个国际贸易中转大港（如纽约港、横滨港、神户港、伦敦港、鹿特丹港、上海港）、国际航空港及信息港作为城市群对外联系的枢纽，同时区域内拥有由高速公路、高速铁路等现代化交通设施组成的发达、便捷的交通网络。这一交通网络是城市群内外巨大规模社会经济联系的支撑系统。

⑤总体规模大，城镇人口至少达到 2500 万人。

⑥是国家经济的核心区域。

1999 年，欧盟编制完成的《欧盟空间发展前景框架》（简称为 ESDP），通过欧洲城际网络的建立，城市间的各类资源实现良性互动。德国柏林和勃兰登堡地区规划跨越了两个州，从初始非正式的区域统一政府委员会的负责直至最终实现了联合空间规划署的建立与有效运作。亚洲的韩国釜山规划案例中体现了合作规划的思路，为解决跨行政区界问题探索出一条独特的途径。

国内外学者认为城市群是在一定地域范围内城市、镇的集中与集聚，是城市化发展过程中的一种空间表现形式。其表现形式为城市圈、城市带、大都市区、都市连绵区。中心城市是城镇群的主体和灵魂，在城市群区域经济发展中的作用。

①聚集作用：因区位、服务、交通和信息等优势，区域中心城市能促使区域内的诸多生产要素向其集中，如：资源、资金、人才、信息、产业等。

②辐射作用：指中心城市凭借经济实力、科技水平、人才资源等优势，带动城镇群内其他城市经济社会的发展。城市群聚集程度越高，辐射作用就越强。辐射作用通过技术转让、产业转移、资本输出、信息传播等形式实现。

③指挥中心：区域中心城市在发展过程中聚集了大量的生产要素。这使其对其他地区发挥了具有导向意义的"孵化器功能"。这种功能不仅可以影响城市群体内和区域内科学技术的发展方向，而且可以从横向方向决定经济发展的内容和质量，甚至加速整个区域的科技进步。

④调节中枢：区域中心城市是一个生产集中、分工明确、行业和部门比较齐全的社会化大生产基地，在区域内等级位次高。能量最强的中心城市，利用社会化大生产基地的优势，运用社会再生产系统，通过市场机制、信息传递，联系成本低等方面来控制、协调、监督经济的运行，使其具有了产品供销、交通运输等综合性功能，从而使其具有了调解经济结构的功能。区域经济发展的服务中心城市聚集了很多企

业，随之而来的是市场的形成，为企业商品展览、企业间经济信息的互通等建立了交易平台，减低了交易成本。这种交易平台还为企业提供所需的资金、技术、人才。区域中心城市市域范围越大，交易成本越低廉，就为区际要素流动和交换降低了成本，扩大了流动和交换的可能性。

4.2 我国城市群的理论与实践

2012 年发布的《2010 中国城市群发展报告》(中国科学院地理科学与资源研究所发布) 指出，目前中国正在形成 23 个城市群。其中，长江三角洲城市群已跻身于国际公认的 6 大世界级城市群。世界已形成五大城市群，分别为：美国东北部大西洋沿岸城市群、北美五大湖城市群、日本太平洋沿岸城市群、英国城市群和欧洲西部城市群。

区域城镇群空间协调是国土区域规划的执行层面。区域城镇层面的空间协调规划目标在于完善城市化布局和形态，在于按照统筹规划、合理布局、完善功能、以大带小的原则，遵循城市发展客观规律，以大城市为依托，以中小城市为重点，逐步形成辐射作用大的城市群，促进大中小城市和小城镇协调发展，科学规划城市群内各城市功能定位和产业布局，缓解特大城市中心城区压力，强化中小城市产业功能，增强小城镇公共服务和居住功能，推进大中小城市交通、通信、供电、供排水等基础设施一体化建设和网络化发展。

区域城镇空间协调规划也面临诸多困境。地方政府在区域发展的决策指挥中存在本位主义、恶性竞争等现象。本位思想是阻碍区域内部城镇空间的资源、信息、经济、公共服务协调的最主要因素。它致使城镇建设中的竞争大于合作，政府干预大于市场选择。每个城市在制定各自的辖区范围内的"四规"时都试图发展所有产业用地类型，甚至在资源匮乏的区域大力发展粗放工业，大肆申报和审批毫无生命力的国家级产业园、省部级产业园。生产空间协调发展规划的失败，致使区域建设用地使用粗放浪费，城市建设用地赤字，城市建设备用地保有量亏空。生活空间中发掘出的地产商业，似乎成为地区经济社会发展的"救命稻草"。但是该性质的土地利用在解决一定的国民消费刚需后，就产生了供大于求的局面，更加剧了城镇密集区的土地利用紊乱和地方财政资金链的断裂。

区域空间协调规划是公认的区域协调发展的有效工具，曾以不同形式在中国也多次开展摸索。在改革开放初期的 20 世纪 80 年代中期，长江三角地区曾尝试建立"大上海经济区"，终以失败告终。原因是在计划经济体制影响下，政府企望用行政之手构建跨行政区域的都市圈，消除区域壁垒，优化区域分工。在市场经济初步形成的 1995 年，广东省建委主持完成《珠江三角洲经济区城市群规划》。该区域城镇空间协调的规划处于当时国内领先水平。该规划的精神可概括为：一个整体——形成分工协作、资源共享、社会公平的人文生态空间模本。1999年，浙江省建设厅提出了"浙江省城镇群规划编制导则"，主要目的就是解决省内城镇密集区域发展中存在的建设用地紧张、基础设施重复投资、城镇功能不强、生态环境恶化等问题。2004年，11省区政府首脑昨联合签署《泛珠三角区域合作框架协议》。协议提出要加快构建区域综合交通网络、西电东送、产业互补工程建设。泛珠三角区域包括福建、江西、湖南、广东、广西、海南、四川、贵州、云南九个省区和香港、澳门两个特别行政区（简称"9＋2"）。2006年，云南省实施"滇中复兴3+1战略"，即要把以昆明为重点的滇中地区的滇中四城——昆明、玉溪、楚雄、曲靖发展成为全省经济的核心区和对内对外开放的中心。2010年1月，国务院正式批复《皖江城市带承接产业转移示范区规划》，安徽沿江城市带承接产业转移示范区建设纳入国家发展战略。该规划是迄今全国唯一以产业转移为主题的区域发展规划，是促进区域协调发展的重大举措，为推进安徽参与泛长三角区域发展分工，探索中西部地区承接产业转移新模式。

纵观上述列举的区域空间协调合作案例，在此处涉及确定区域城镇空间协调中的边界确定的概念。从现有规划格局看，地方政府之间的合作意识日渐萌生，合作效果凸显，由行政区划决定的规划空间的范围日显陈旧。从全球经济发展演变的格局来看，地方政治已成为制定发展战略的焦点。资本的转移和流动，使中央政府越来越不可能组织和协调特定的生产和再生产，只能由地方政府指挥和协调。地方政府与跨国资本的谈判技巧，及其创造条件以适应经济全球化的能力，已成为塑造城市区域形象和在国际城市体系中定位的关键因素。适时根据区域城镇群空间内部与外部的自然环境、产业环境、人居环境发展状况，通过协作确定新的规划范围是才是未来该层面空间协调规划的时务。

局部的空间协调先例有，"长三角交通一卡通试行"、"泛珠三家区域西电东送"。2014年4月交通运输部编制出台了《城市公共交通IC卡技术规范（试行）》，全面启动公共交通一卡通互联互通工作，争取到2020年实现全国交通一卡通。另外，大型自然生态空间的保护工作也非一个区域的城镇生态保护规划力所能及的，需跨省市多城镇群合作才有望取得效果。

区域城镇群的空间协调规划的核心内容如下：经济与社会发展规划（社会经济发展目标、产业空间布局、重点项目）、城乡总体规划（城镇村建设用地规模及空间布局、城镇空间结构、适建区、限建区和禁建区的划定）、土地利用总体规划（耕地保有量和基本农田保有量及其空间布局、建设用地量）、生态环境保护规划（环境功能区划、节能减排指标、生态环境建设、资源利用协调规划、跨界环境污染整治、区域性防灾减灾规划等）。

5 城乡区域空间的协调

整个空间规划体系的国土、城镇群、城乡三个层面是按照区域面积由大到小划分的。宏观战略协调规划的制定机制是自上而下的，但在具体执行实施协调规划时，是自下而上的关系。因此，城乡区域空间协调规划是国土区域规划、区域城市群空间规划的具体着力点。

整体人文生态系统（Total Human Ecosystem，Zev Naveh，1994）是景观生态学中的用以描述人地协调共生模式的科学术语，其科学性体现在其非人本主义，也非环境主义的人与自然协调的理论基础中。人文生态空间是整体人文生态系统的物质空间载体，广义上可将其理解为三类空间：生态空间、生活空间和生产空间（表8-9）。将上述三类空间与中心城区、城郊和乡村三类城乡圈层空间融合，形成对于城乡区域人文生态空间格局演进的一般认识（表8-10）。根据国土区域层面和城市群层面的上位规划和发展战略定位，城乡区域的规划协调须认知空间经济重要性和空间生态重要性的辩证关系，在协调和建设中协调各类空间的开发规模、性质和强度（表8-11）。

城乡区域人文生态空间的协调发展追求生态要素、资本、劳动力、物质、信息等社会经济要素在城乡空间的双向流动与优化配置。城乡空间协调规划在开发管制层面上需关注：在城乡经济与社会发展规划中主要有空间开发强度、性质、规模，在城乡总体规划中主要有空间开发强度、性质、规模、方向，在城乡土地利用总体规划中主要有空间开发强度、规模，在城乡生态环境保护规划中主要有生态空间开发性质、强度。

5.1.1 空间开发管制与城乡区域空间协调规划

在城市空间开发管制中，要合理划定城市"三区四线"，合理确定城市规模、开发边界、开发强度和保护性空间，加强道路红线和建筑红线对建设项目的定位控制，统筹规划城市空间功能布局，设定不同功能区的容积率、绿化率、地面渗透率等规范性要求，建立健全城市地下空间开发利用协调机制，统筹规划市区、城郊和周边乡村发展（表8-12）。

5.1.2 土地利用与城乡区域空间协调规划

土地利用规划是区域空间协调的核心，因此，土地利用适宜性评价必然是土地利用规划的前提。土地利用规划落实在工作层面上，主要包括了：明晰土地权属、土地利用性质、土地利用规模、土地利用强度、土地利用空间格局。

在土地利用规划与协调工作执行之前，必须对区域内的土地性质进行分类。现行

	一级分类	二级分类	三级分类
区域空间土地利用协调	生态空间	经开发生态空间	风景名胜区
			郊野公园
			森林公园
			植物园
		未经开发生态空间	自然保留地
			水系
			水源涵养用地
			环城生态缓冲林地
			湿地
			林地
			山川
	生活空间	居住空间	居住用地
			公共基础设施用地
		商业空间	商业用地
		文化旅游空间	休闲度假区
			休闲购物区
			名胜古迹旅游区
		居住 - 商业空间	商 - 住 - 娱综合体
			大型卖场
	生产空间	农业生产空间	基本农田保护区
			一般农田
			农场
			经济林地
		牧业、养殖业生产空间	自然畜牧业用地
			城郊禽畜养殖场
			海涂围海垦殖
			大棚水产养殖
		工业生产空间	工矿用地
			水利设施用地
		农业 - 养殖 - 工业空间	农副产品加工区
			工业化集约养殖区
			现代化蔬果产销区

城乡区域人文生态空间格局　　表 8-10

		城乡区域人文生态空间构成范围		
		中心城区	城郊	乡村
人文生态空间构成要素	生态空间	●○○	●●○	●●●
	生活空间	●●○	●●○	●●○
	生产空间	●●●	●●○	●○○

注：●○○：最小值。●●○：中间值。●●●：最大值。

生态与经济重要性指数的矩阵组合与目标引导　　　表 8-11

		生态重要性指数		
		低	中	高
经济重要性指数	高	少限制、高强度的开发建设，以经济增长为主	有条件、中等强度的开发，依据具体情况而定经济增长和生态保护组合	有条件、中等强度的开发，依据具体情况而定经济增长和生态保护组合
	中	少限制、高强度的开发建设，可依据具体状况作为预留，以经济增长为主	有条件、中等强度的开发，依据具体情况而定经济增长和生态保护组合	有条件的保护，限制性、低强度的开发，以生态保护为主，经济增长为辅
	低	依需求而定，某些地区近期以生态保护为主，远期可能转换为经济增长为主	有条件的保护，限制性、低强度的开发，以生态保护为主，经济增长为辅	绝对保护，以生态保护为主

来　源：Institut fur Raumordnung and Entwicklungsplanung Universitat Stuttgart，Chinese Academy of Sciences，South East Resources Environment Comprehensive Research Centre，Sustainable Development by Integrated Land Use Planning（SILUP），IREUS-SCHRIFTENREIHEBAND 22，2001，15-16.

城乡规划中的"三区四线"空间　　　表 8-12

三区四线	二级空间名称	三级空间名称	空间管制要求
三区	禁建区	基本农田、行洪河道、水源地一级保护区、风景名胜区核心区、自然保护区核心区和缓冲区、森林湿地公园生态保育区和恢复重建区、地址公园核心区、道路红线、区域性市政走廊用地、城市绿地、地质灾害易发区、矿产采空区、文物保护单位保护范围	禁止城市建设开发
	限建区	水源地二级保护区、地下水防护区、风景名胜区非核心区、自然保护区非核心区和缓冲区、森林公园非生态保育区、湿地公园非保育区和恢复重建区、地质公园非核心区、海陆交界生态敏感区和灾害易发区、文物保护单位建设控制区、文物地下埋藏区、机场噪声控制区、市政走廊预留和道路红线外控制区、矿场采空区外围、地质灾害低易发区、蓄滞洪区、行洪河道外围一定范围	限制城市建设开发
	适建区	划定的城市建设用地区域	合理协调生产用地、生活用地额生态用地，确定开发时序、开发模式和开发强度
四线	绿线	划定的城市各类绿地范围控制线	制定保护要求和控制指标
	蓝线	划定的江、河、湖、水库、渠和湿地等城市地表水体保护和控制地域界线	制定保护要求和控制指标
	紫线	划定的国家历史文化名城内的历史文化街区和省、自治区、直辖市人民政府公布的历史文化街区的保护范围界线。以及城市历史文化街区外径县级以上人民政府公布的历史建筑的保护范围界线	制定保护要求和控制指标
	黄线	划定的城市基础设施用地的控制界线	制定保护要求和控制指标

的土地分类标准众多。2001年，国土资源部部采用城乡统一的《全国土地分类》（过渡期间适用）实施方案，将全部土地分为3大类、15中类、71小类。规划部门为体现《中华人民共和国城乡规划法》的精神，采用住房与城乡建设部于2012年1月正式实施的《城市用地分类与规划建设用地标准》（GB50137—2011），将市域内城乡用地共分为2大类、8中类、17小类，将城市建设用地分为8大类、35中类、44小类。林业部门、农业部门均按照自身管理的要求，界定林地、耕地等，使地类含义和基础数据存在较大差异。城市总体规划和土地利用总体规划中的土地性质分类矛盾最突出。

关于土地分类标准不一的情况，国务院展开的第二次全国土地调查的相关做法值得借鉴。2013年12月30日公布的第二次全国土地调查主要成果显示。二次全国土地调查是新中国成立以来首次采用统一的土地利用分类国家标准，首次采用政府统一组织、地方实地调查、国家掌控质量的组织模式，首次采用覆盖全国遥感影像的调查底图，实现了图、数、实地一致。其中：统一采用了2007年8月由国家质量监督检验检疫总局和国家标准化管理委员会联合发布的《土地利用现状分类》国家标准（GB/T 21010—2007）。《土地利用现状分类》国家标准采用一级、二级两个层次的分类体系，共分12个一级类、57个二级类。其中一级类包括：耕地、园地、林地、草地、商服用地、工矿仓储用地、住宅用地、公共管理与公共服务用地、特殊用地、交通运输用地、水域及水利设施用地、其他土地（表8-13）。

《土地利用现状分类》（城市产业发展建设用地部分相关）　　　　表8-13

一级分类	含义	二级分类	含义
05 商服用地	指主要用于商业、服务业的土地	051 批发零售用地	指主要用于商品批发、零售的用地。包括商场、商店、超市、各类批发（零售）市场，加油站等附属的小型仓库、车间、工厂等用地
		052 住宿餐饮用地	指主要用于提供住宿、餐饮服务的用地。包括宾馆、酒店、饭店、旅馆、招待所、度假村、餐厅、酒吧等
		053 商务金融用地	指企业、服务业等办公用地以及经营性的办公场所用地。包括写字楼、商业性办公场胃所、金融活动场所和企业厂区外独立的办公场所等用地
		054 其他商服用地	指上述用地以外的其他商业、服务业用地。包括洗车场、洗染店、废旧物资回收站、维修网点、照相馆、理发美容店、洗浴场所等用地
06 工矿仓储用地	指工业生产及直接为工业生产服务的附属设施用地	061 工业用地	指工业生产及直接为工业生产服务的附属设施用地
		062 采矿用地	指采矿、采石、采砂（沙）场，盐田，砖瓦窑等地面生产用地及尾矿堆放地
		063 仓储用地	指用于物资储备、中转的场所用地
07 住宅用地	指主要用于人们生活居住的房基地及其附属设施的用地	071 城镇住宅用地	指城镇用于生活居住的各类房屋用地及其附属设施用地。包括普通住宅、公寓、别墅房基地及其附等用地
		072 农村宅基地	指农村用于生活居住的宅基地

为理解自然效益土地、经济效益土地和社会效益土地，需将城乡区域人文生态空间中的生态空间、生产空间和生活空间与其——对应。一般的土地性质划分标准，均适用于上述空间大类中的空间特征和资源特性描述。基于生态－生产－生活性质的，城乡区域空间内的土地利用协调与区域城镇群空间协调一样，可分为内、外两极。城市建成区和城市中心空间密集区的空间功能矛盾和空间优化挑战是内向土地利用协调规划的工作重心，城郊和乡村的耕地－林地－城镇化建设用地的矛盾则是外向土地利用协调规划的另一工作重心。回顾1949年以来我国城乡区域空间规划的历史，可总结出我国政府在不同时期根据发展现实和目标，对于区域土地利用协调的不同把握：

①中华人民共和国建立初期，是公有制经济占主体的经济体制。中央政府的宏观调控政策高度渗透全国各级区域空间的发展层面。为了集中生产力量发展工业并规避风险，我国照搬了苏联的举国工业产能发展模式，提升工业地位，割裂了生产空间中工业与农业的关系，直接导致了城市中心的工业高度发达和农村的农业合作高度推广的局面，同时催生出户籍制度，直接导致了城乡各领域的二元格局。在这一时期，保护生态空间一刻都没有被提到议程上来。这一时期的城乡空间规划是全国一盘棋的孤岛式空间规划，每个城市的规划思路和规划模式都一样，就不存在需要协作一说。

②改革开放初期，市场经济体制得以推行，市场调控的效率得到普遍承认。城市中心的工业专制和产能过剩使得工业生产土地利用衰败，商业服务业在城中心区域迅速崛起，工业产业外移、与耕地竞争。城乡二元发展格局进一步强化。这一时期的空间矛盾主要是旧的行政规划体制与新经济体引导的市场化的土地利用不相适应的矛盾。人口膨胀和人口分布集中化使得生活空间和生态空间同时遭受前一时期不曾有的压力。

③21世纪以来，是新型工业化和信息化两腿一起迈步的时代。全球的和平发展、全球区域经济一体化为中国城乡区域土地利用协调规划提供了很多优秀的国际模板。全球性的生态危机和能源危机，刺激着各国的地方政府对于各自区域的空间规划做出改变。这种改变来自于规划观念和执政观念上。从上至下强调"五个文明"并重、强调"四规合一"、强调协调与发展，从根本上呈现想要破除城乡二元格局、促成城乡区域融合发展的良好态势。尽管本位规划使得单一城市的城乡区域规划总想各自为政，缺乏与他城市的优势互补。但是在该单一城市的城乡区域规划中已经明显展示出内、外双向的土地利用空间格局优化在调整和区与区之间的空间资源协调互补的分工层级。

目前中国各地方的城乡区域土地利用的矛盾依旧突出。现有土地利用过程中却存在着大量浪费现象，主要表现为以下三点：①开发区用地浪费、闲置依旧严重。例如，长三角地区共有国家级开发区 12 个，省市级开发区不下百个。已建开发区用地粗放现象相当普遍。②房地产业无序开发侵占大量农业土地资源。③城镇化发展强调城市扩张，忽视内部土地利用空间格局的优化。

对此的对策措施有：①通过常驻人口规模预测，确定空间土地利用性质。从经济发展、用地适宜性与人口规模的关系入手，预测常住人口的规划目标。②根据资源环境承载力分析，确定空间土地利用开发强度。该项内容与主体功能区划的目标一致，即根据资源环境承载能力、现有开发强度、发展潜力及耕地保护的需要，确定适建区、限建区和禁建区，并从空间管制的角度，划分优化开发、重点开发、限制开发和禁止开发四种分区管制类型，规范空间开发强度。③根据集约节约土地的要求，确定空间土地利用开发规模。根据对社会经济发展的科学预期，合理确定城镇建设空间规模和农村建设用地规模，包括中心城区、小城镇、新建农村新型社区、农村集中村落、散居点等规模。在保护耕地的背景下，建设用地供给与需求矛盾异常突出。为解决这一矛盾，规划提出在集中城镇化模式下，根据城镇化步伐转变土地调控模式，从只控制城镇建设用地向同时控制城镇建设用地与农村建设用地转变。在不减少耕地的情况下，将城镇建设用地的增长与农村建设用地的减少挂钩起来，即通过合法有序的土地整理和土地流转，挖掘建设用地的潜力。④根据空间优化的原则，确定空间土地开发的方向和性质。通过确定科学合理的城乡体系和空间结构，通过节约集约开发、城乡一体开发、布局结构调整等实现空间的优化。空间开发性质要符合开发强度的要求，统筹落实城乡建设、基础设施廊道、公共服务设施等各类用地空间，使空间布局协调一致。

5.1.3 城乡区域空间协调指标

城乡互动发展的综合水平的分析评价指标是反映城乡发展趋势、制定城乡发展优化对策的基础。深入研究《国家新型城镇化规划（2014—2020 年）》的各项指标，根据城乡互动发展的内涵，遵循系统性与层次性相结合原则、空间性与时间性相统一原则，拟定将空间关联水平、经济关联水平、社会文化关联水平、城乡协调发展水平、公共服务水平和生态文明建设水平作为评价城乡互动发展水平的一级指标。选取城市化水平、小城镇密度、城市建成区密度等 36 个二级指标，构建一套旨在全面衡量我国省域城乡协调发展水平的综合评价指标体系（表 8-14）。

一级指标	二级指标	指标含义 / 计算方法
空间关联水平	城市化水平（%）	（总人口 - 乡村人口）/ 总人口 ×100%
	常住人口城镇化率（%）	常住人口 / 总人口 ×100%
	户籍人口城镇化率（%）	户籍人口 / 总人口 ×100%
	小城镇密度（个 / 万 km^2）	区域城市数 / 区域土地面积
	城市建成区密度（km^2/ 万 km^2）	城市建成区面积 / 区域土地面积
	铁路网密度（km/ 万 km^2）	区域铁路运营里程 / 区域土地面积
	公路网密度（km/ 万 km^2）	区域公路运营里程 / 区域土地面积
	邮路网密度（km/ 万 km^2）	区域邮政线路长度 / 区域土地面积
经济关联水平	GDP 非农比重（%）	非农 GDP/ GDP×100%
	社会劳动力非农比重（%）	社会劳动力非农人员 / 全社会劳动力 ×100%
	乡村从业人员非农比重（%）	乡村从业人员中从事非农业人数 / 乡村从业人员 ×100%
	经济外向度（%）	（进出口总值 /GDP90.5 + 外商直接投资 /GDP90.5）×100%
社会文化关联水平	人口文化素质	万人中大专以上文化程度人口数 / 万人中文盲半文盲人口数
	农民工子女受义务教育比例（%）	受义务教育人数 / 总人数 ×100%
	常住人口基本养老保险覆盖率（%）	享受基本养老保险常住人口 / 常住人口 ×100%
	常住人口基本医疗保险覆盖率（%）	享受基本医疗保险常住人口 / 常住人口 ×100%
	常住人口保障性住房覆盖率（%）	享受保障性住房常住人口 / 常住人口 ×100%
	人均教育事业经费（元 / 人）	教育事业经费 / 区域总人口
	人均卫生事业经费（元 / 人）	卫生事业经费 / 区域总人口
城乡协调发展水平	城乡恩格尔系数对比指数	城市恩格尔系数 / 农村恩格尔系数
	基尼系数	1.067-20.22（I/A）-0.89LnA，A 表示人均 GDP
	区域二元结构指数	$\sqrt{\dfrac{区域 - 产产值比重 \times 区域 - 产劳动力比重}{区域非 - 产产值比重 \times 区域 - 产劳动力比重}}$
	财政支农相对比重（%）	区域财政支农比重 / 区域一产产值比重
	城乡消费水平对比指数	城市居民消费水平 / 农村居民消费水平
	城乡收入水平对比指数	城镇居民家庭平均每人全年可支配收入 / 农村居民家庭平均每人全年纯收入
公共服务水平	百万以上人口城市公共交通占机动化出行比例（%）	以轨道交通或快速公交系统（BRT）为骨干、城市公共汽（电）车为主体，建成以"公共汽（电）车 + 自行车 + 步行"为主体，多种交通方式有效衔接的城市综合交通体系
	城镇公共供水普及率（%）	公共供水覆盖区域面积 / 市政水网覆盖面积 ×100%
	城市污水处理率（%）	处理污水量 / 污水排放总量 ×100%
	城市生活垃圾无害化处理率（%）	垃圾无害化处理量 / 生活垃圾总量 ×100%
	城市社区综合服务设施覆盖率（%）	社区综合服务设施覆盖面积 / 总面积 ×100%

一级指标	二级指标	指标含义 / 计算方法
生态文明建设水平	人均公园绿地面积（m²/人）	公园绿地面积 / 总人口
	绿地率（%）	绿地面积 / 总面积 ×100%
	人均城市建设用地（m²）	城市建设用地面积 / 总人口
	城镇可再生能源消费比重（%）	可再生能源消费量 / 能源消费总量
	绿色建筑占新建建筑比重（%）	绿色建筑数 / 新建建筑数 ×100%，绿色建面积 / 新建建筑总面积 ×100%
	城市空气质量达标比例（%）	空气质量达标天数 /365×100%

6 案例应用与解读

6.1 长白县县域生态安全格局规划

6.1.1 生态安全格局要素构成

人居活动集中区：依据宏观及中观人居环境建设生态敏感性分析的成果，规划通过对现有及潜在的生态适宜性一级区域的内部及外部生态格局进行具体的规划设计，进一步细化适宜于人居环境建设的空间规模（表8-15）。

一级生态廊道：一级生态廊道共十条，其中河流生态廊道七条，主要依托七道沟河、八道沟河、八盘北沟河、十三道沟河、十五道沟河、十九道沟河级鸭绿江干流，规划廊道宽度为单侧300-500m。依托规划高速公路及铁路的部分区段构建连接生态安全格局局部横向结构的一级道路生态廊道共三条，规划廊道单侧宽度200-300m。

二级生态廊道：依托省道及与一级河流连接的、沿线具备良好生境条件的河流构建二级生态廊道，规划单侧宽度150-200m。三级生态廊道：依托季节性支流水系、部分现状及规划的县道构建三级生态廊道，规划单侧宽度为50-100m。

生态缓冲区Ⅰ：现状生态缓冲区Ⅰ内主要为林业产集空间，其中散布少量农业生产空间。这一区域是生态保育区的外层空间，也是连接岗上人居活动集中区域与生态保育区间的通道。从生态建设导引的角度出发，规划要求这一区域内只允许少量必要的农林业生产配套服务用地及小规模旅游配套服务设施用地的存在，严格限制大规模城乡建设活动。

生态缓冲区Ⅱ：现状生态缓冲区Ⅱ是以农、林业生产空间相互交错为特点的缓冲空间。是保护生态保育空间的外围屏障，也是岗上人居环境的生态本底。规划通过对该区域的生态建设引导，改善以农业生产空间为主的生态环境质量，强化该空

类型	面积（km²）	占所在大类 %	占规划区 %	廊道平均宽度（km）	廊道长度（km）
一级廊道	283.40	38.95	11.29	0.8	354.25
二级廊道	265.97	36.55	10.60	0.5	531.95
三级廊道	178.32	24.50	7.11	0.15	1188.77
廊道合计	727.69	100.00	29.00	-	2074.97
生态功能空间Ⅰ	778.96	63.09	31.04	-	-
生态功能空间Ⅱ	198.76	16.10	7.92	-	-
生态功能空间Ⅲ	257.00	20.81	10.24	-	-
生态功能空间合计	1234.73	100.00	49.20	-	-
生态缓冲空间Ⅰ	182.04	41.44	7.25	-	-
生态缓冲空间Ⅱ	257.28	58.56	10.25	-	-
生态缓冲空间小计	439.31	100.00	17.50	-	-
人居活动集中区	82.02	-	3.27	-	-
规划区	2509.66	-	100.00	-	-

间对人居环境集中区与生态缓冲区Ⅰ间的联系，为岗上人居环境的建设提供优良的生态基础。同时该区域内允许依据具体生态安全格局规划的要求，根据城乡建设发展的需求，合理有序的利用部分空间进行建设活动。

　　生态功能空间Ⅰ：具体指战略性生态功能空间，是保证区域生态安全的核心生态组成。其间禁止任何形式的城乡建设活动，允许林业生产及旅游活动所需小规模配套设施的建设。

　　生态功能空间Ⅱ：由于人居活动导致高度破碎化的林地生境斑块。生态建设通过这些空间的保护及生境群落的修复，强化其生态功能。

　　生态功能空间Ⅲ：连接岗上与岗下的片状生态功能空间。现状以高品相的林地为主，生态建设要求其间严格限制大规模的城乡建设活动，保证空间的完整与连续。

6.1.2　生态安全格局空间结构

　　长白县域生态安全格局呈现为一极、两带、两片、五廊、八点的结构。一极：位于长白县北部海拔 1200 m 以上的区域，包括长白山南部自然保护区和鸭绿江上游自然保护区的大部分空间，其生态要素以高品相林区为主，是整个长白县生态体系的源和基础。两带：①生态缓冲带：位于岗上生态协调片区与生态极之间的生态缓冲带。②沿江生态协调带：主要由鸭绿江生态廊道、岗上与岗下之前的生态缓冲带、沿江分布的适宜于人居建设的空间三部分组成。两片：位于岗上人居活动相对集中的两大生态协调片区。五廊：依托长白县内的五条主要鸭绿江支流形成的河流生态廊道。八点：以八道沟镇、新房子镇、宝泉山镇及其北部、十三道沟乡、十四道沟镇、长白镇镇区、原龙岗乡为核心的人居活动集中空间，是生态协调空间的核心组成。

6.1.3　生态安全格局空间布局

长白县域生态安全格局构建目标：强化"岗下"与"岗上"区域间的生态联系，通过梳理、修复、补充的方法构建起长白县域结构清晰，层次明确的生态安全格局。这一格局的要素组成包含人居活动集中区、三个级别的生态廊道、两种生态缓冲区及三种生态功能空间。

6.2　产业空间与生态空间协调布局规划

6.2.1　总体布局与空间结构

根据白山市地域经济的整体布局和长白县的地理特征、发展水平、政治经济环境及环境承载力，根据"轴向延展、核心带动、分级配置、片区布局"的原则进行"落地"，形成长白县均衡、集中、优化的产业空间布局，具体归纳为"两核、两心、七区、多点"的总体空间结构。

"两核"是长白县第二、第三产业发展的高等级中心，主要承担国际综合商贸服务和进出口加工、物流功能。第一处核心是以规划长白县城为综合服务核心，并将长白进出口产业园（北区）、长白进出口产业园（东区）、长白综合保税区、果园村朝鲜族民俗旅游园纳入共同产业发展核心，从而聚集城镇规模，发挥综合聚集效应。长白县城的产业核心主要承担国际金融信息、国际商贸物流、国际会展、旅游服务、宜居生活服务等综合服务功能，以及矿产加工、农副产品加工、生物医药、林木制品加工、能源等工业的发展（图8-3）。第二处核心是以规划八道沟进出口加工园区一期和二期共同作为工业发展核心，包括八道沟镇沿江工业区、葫芦套物流区及岗上产业物流区。作为长白县对朝进出口加工贸易的核心基地和工业发展先导区（图8-4），该核心主要承担矿产（硅藻土、玄武岩、铜矿、有色金属等）、能源、木材等加工产业、配套物流及口岸贸易功能。

"两心"是长白县第二、第三产业发展的次级中心，主要承担起轻工业产品加工、旅游开发与服务等功能。第一处次级中心是以十二道沟镇轻工农副产品加工园区为中心，是十二道沟镇、宝泉山镇等城镇次区域加工中心，主要承担起农副产品加工、林木制品加工、中药材初加工以及小型商贸物流的功能（图8-5）。第二处次级中心是以望天鹅旅游服务园区和十四道沟轻工农副产品加工园区作为共同发展中心，结合旅游资源的开发以及地方农林产品的供给，进行农副产品和旅游产品的加工制造（图8-6）。

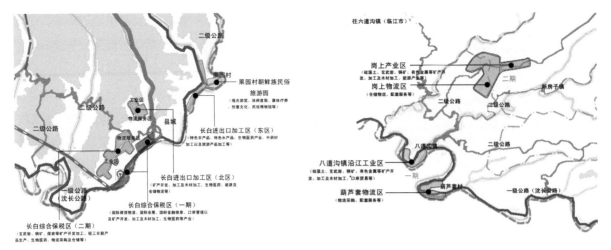

图 8-3　县城综合产业基地规划图

图 8-4　八道沟进出口加工园区规划图

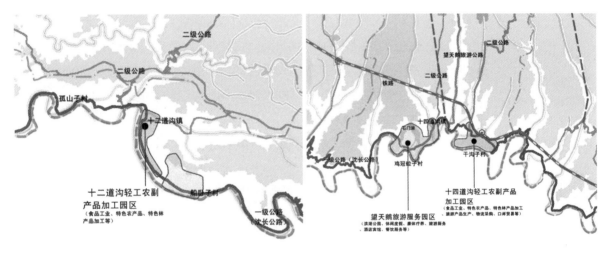

图 8-5　十二道沟轻工产业基地规划图

图 8-6　十四道沟轻工产业基地规划图

6.2.2　功能分区与用地协调规划

根据长白县地理特征、发展水平、政策突发因素、环境承载力、旅游景区等因素,长白县的产业发展片区被规划划分为五大片区,分别为国际商贸旅游综合服务区、西部进出口加工区、长白原生旅游区、特色农业示范、生态保障区。

国际商贸旅游综合服务区是由县城综合商贸服务、经济开发园区（长白进出口产业园（北区）、长白进出口产业园（东区）、长白综合保税区、果园村朝鲜族民俗旅游园）组成的综合片区。作为全面推进长白县对朝合作、联动发展的核心片区和县域的经济产业重心,国际商贸旅游综合服务区应提升综合服务功能和产业集聚效应,重点推进面向中朝两国双辐射面的金融、物流采购、加工制造、生产服务、商贸展示以及文化休闲、旅游商贸等生产及生活性服务业发展。县城综合商贸服务区依托长白县城，发展面向县域的宜居生活、商贸流通、文化休闲等的生活性服务业和对外互市贸易、金融服务和旅游服务产业，发挥综合集聚效应。长白综合保税区和长白进出口产业园（北区），按照"统一规划、滚动开发、保税先行"的原则，重点发展面向朝鲜的物流采购、生产服务、边境贸易和的加工制造等产业。其中综合保税区一期以物流、边贸、配套服务等服务业为主、加工为辅，二期用地和长白进出口产业园（北区）重点发展"两头在外"的加工业务，并以矿产开发生产、轻工农副产品加工、生物医药产业为园区主要发展方向。长白进出口产业园（东区）依托原有医药工业、农副产品加工基础，建设特色农产品深加工基地和生物医药基地，重点发展特色农产品、特色水产品、生物医药产业和人参产业以及旅游产品加工。果园村朝鲜族民俗旅游园，重点承担旅游服务的功能，努力打造成为囊括观光游览、休闲度假、康体疗养、创意文化在内的全方位、多内容的长白特色旅游服务点，丰富以长白玉、长白山珍、绿色食品、天然饮料、朝鲜族服饰和土特产品为主的系列旅游商品，继续举办好长白朝鲜族民俗文化旅游节。

进出口加工区包括八道沟镇和新房子镇的大部分用地。这一区域依托八道沟和新房子镇储量丰富的硅藻土资源、有色金属资源、十三道沟西岗村的玄武岩、煤炭资源、惠山的铜矿资源，以及八道沟的口岸优势，加快矿产资源的开采和输运，重点打造面向中朝两国、双辐射面的进出口加工基地，并以矿产加工、能源、木材加工、配套物流和口岸贸易为主要功能。

特色农业示范区分为东部特色农业示范区和西部特色农业示范区。西部特色农业示范区包括十二道沟镇、宝泉山镇及十四道沟的大部分地区；东部特色农业示范区包括规划长白镇全域（含现状马鹿沟镇和金华乡）及十四道沟的部分地区。两个示范区农业特色优势明显，宝泉山镇是中药材种植大镇；十二道沟镇拥有葡萄、蓝莓、食用菌等特色农业资源；长白镇是全县蔬菜生产和供应基地。未来这两个示范区应重点依托现有农业生产基地、加工基地带动现代农业发展，发挥示范区聚集作用，引导更多农业龙头企业进驻园区，促进农业国际化、产业化、集约化经营。此外，片区可结合毗邻长白县城、旅游景区和高速公路出口的区位优势，大力发展观光农业、休闲农业。规划西部特色农业示范区重点发展中药材、特色瓜果和林果、食用菌，加快发展绿色养殖业、特色畜牧业，并推动相关农产品加工，观光休闲农业的发展；东部特色农业示范区重点发展人参等中药材种植、大棚蔬菜种植，发展壮大特色生物、食品加工业和观光休闲农业，并共同建设东北现代农业基地和绿色有机食品基地。

生态保障区主要是位于海拔1200m以上的地区，位于县域北部。规划加强生态建设和环境保护，保护生物多样性，建立生态屏障区。

长白原生旅游区主要依附于十四道沟镇镇区、鸡冠砬子村、干沟子村、望天鹅景区、长白山旅游景区，打造中朝长白山跨境旅游合作区。规划建议按照"大旅游、大产业、大市场、大发展"的总体要求，依托望天鹅旅游景区、长白山景区自然生态资源以及及对朝跨境旅游优势，不断完善景区旅游配套服务设施，建设成为集朝鲜民俗文化、森林公园、冰雪体验、边境旅游、生态休闲、健康疗养等于一体的满足大众体验观光和中高端群体休闲需求的综合性旅游度假胜地，扩大景区在省域乃至全国的知名度和影响力，融入省域精品旅游线路。该区以旅游接待及服务为基础，发展度假疗养、文化创意、旅游产品加工、农副产品加工等延伸产业，促进板块旅游经济的整体发展。

参考文献

[1] 李丽.不同区域产业结构投融资环境的影响与评价指标体系构建[J].现代财经，2009（6）：72-75.

[2] 谭敏.成渝城镇密集区空间集约发展综合协调论[D].重庆：重庆大学，2011.

[3] 韩青.空间规划协调理论研究综述[J].城市问题，2010（4）：29-30.

[4] 陈梅芳.福建省区域空间协调发展研究[D].福建：华侨大学，2011.

[5] 杨保军.我国区域协调发展的困境及出路[J].城市规划，2004（10）.

[6] 吴唯佳.奔向协调发展的柏林与勃兰登堡地区[J].国外城市规划，2001（5）.

[7] 黄俪.国外大都市区治理模式[M].南京：东南大学出版社，2003.

[8] 泛珠三角区域合作框架协议[Z].2004-06-03

[9] 全国主体功能区规划（2008—2020）（讨论稿）[Z].2008-04.

[10] 吕东，王云才，彭震伟.基于适宜性评价的快速城市化地区生态网络格局规划：以吉林长白朝鲜族自治县为例[J].风景园林，2013（2）.

[11] 国务院关于印发全国主体功能区规划的通知.国发（2010）46号，2010-12-21.

[12] 土地利用现状分类GB/T21010-2007[M].北京：中国标准出版社，2007.

[13] 陈百明，周小萍.土地资源学[M].北京：北京师范大学出版社，2008.

[14] 段娟，文余源.我国省域城乡互动发展水平的综合评价[J].统计观察，2007（3）:67.

[15] 中共中央，国务院.国家新型城镇化规划（2014—2020年）[M].北京：人民出版社，2014.

[16] 方创琳，等.2010中国城市群发展报告[M].北京：科学出版社，2011.

[17] 中国城市发展报告编委会.中国城市发展报告（2012）[M].北京：中国城市出版社，2013.

[18] Jean Gottmann. Megalopolis : The Urbanized Northeastern Seaboard of the United States[M]. New York : The Twentieth Century Fund, 1961.

[19] Jean Gottmann, Robert A. Harper. Since Megalopolis : The Urban Writings of Jean Gottman[M]. Baltimore : Johns Hopkins University Press, 1989.

[20] 关于印发《国家重点生态功能区转移支付办法》的通知.财预（2011）428号，2011-07-19.

[21] 关于发布《全国生态功能区划》的公告.环发（2008）35号，2008-07-18.

[22] 2012年国家重点生态功能区县域生态环境质量考核工作实施方案.环境保护部监测司，2012-01.

[23] 关于做好2012年国家重点生态功能区县域生态环境质量考核工作的通知.环办[2012]16号，2012-01-09.

[24] 国家重点生态功能区县域生态环境质量考核办法.环发[2011]18号，2011-02-17.

第九章

区域网络法
与
景观生态格局规划

1 区域网络法的构成与功能

1.1 区域网络法的概念与特征

区域生态网络是以区域绿色开放空间为基础，在景观生态学等原理的指导下，以生物多样性的保护、自然景观整体性恢复为目的，利用绿地廊道的形式将景观中镶嵌的具有保护价值的资源斑块进行有机的连接，具有生态、美、经济等多种功能的网络体系。区域网络具有系统性、连通性、多功能、开放性、可持续等属性特征。

1.1.1 系统特征

系统性。生态网络的系统性，首先表现在绿色通道网络本身形成一个互相作用的整体；其次，各类型网络具有相互联结性。它与周围的景观连接，和周边土地的利用方式之间有着深刻的相互影响，形成丰富各异的生境自然连接体，促进绿色网络生态景观结构的多样性和稳定性。

连通性。生态网络中的各生态景观要素在空间结构上具有一定的联系，同时可以通过斑块大小、形状、同类斑块之间的距离、廊道和网络单元的大小等指标测定生态系统的结构特征，可以反映出生态网络的连通性程度。

多功能。生态网络应超越娱乐和美化的传统观点，考虑减少污染、保护野生生物、防洪、改善水质、户外教育、社区凝聚、当地交通以及其他城市基础设施的需求，将生态多样性和主题特色性结合，改变传统园林以视觉观赏为主的环境修饰和美化景观的方法，采取多样性和多元化方式，构筑多功能和多用途的绿色空间。

开放性。生态网络代表了一种具有特殊形态和综合功能的绿地形式，这种绿地形式的意义体现在其对公众无条件的空间开放性。体现在：绿色通道周围没有围墙或者其他方式的封闭围合，并且服务对象是社会公众而非为少数人。开放空间在观赏之余让人们休息和日常使用，有机组织城市空间和人的行为。

可持续。生态网络主要组成要素为绿色植被，而绿色植被本身的可持续性是稳定且无法估量的。规划需要将生态网络建设长期地在城乡建设中贯彻并且落实下去。它协调了自然保护和经济发展的关系，绿色通道不仅保护了自然，而且是资源合理利用和保护，实现可持续发展的基础。

1.1.2 结构特征：构成多样、数量优先、层次整合

构成多样。生态网络功能的发挥与其构成要素有着重要关系。生态网络的构成可以分为物种、生境两个层次。生态网络不仅应该有乡土物种，而且通常应该具有

层次丰富的群落结构。除此之外，在生态网络边界区域应该包括尽可能多的环境梯度类型，并与其相邻的生物栖息相连。

数量优先。生态网络的构建有利于生态系统中物质流、能量流的运动和维持。多一条生态廊道就会减少一分被景观和物质、能量流截流和分割的风险。生态廊道是从各种生态流及过程的考虑出发的，通常认为增加廊道数目可以减少生态流被截留和分割的概率。在满足基本功能要求的基础上，生态廊道和相交生态节点的数目通常被认为越多越好。

层次整合。通过空间结构的三个层次将城镇绿地生态网络中的节点和廊道有机整合，形成合理、优美的城乡生态空间格局。第一层次：山脉廊道、防护林廊道等连接城市和周边地区的主要生态斑块构成区域大网络，有效控制城市蔓延；第二层次：城乡道路廊道和河流廊道连接城区内外孤立的生态斑块，把城郊良好的自然环境渗透进城区，促进城区与自然的交流，形成城乡生态一体化；第三层次：城内生态景观廊道连通分散的公园绿地，缓解城市污染，美化城市环境。

1.2 网络构成

1.2.1 节点

节点是网络形成的关键环节，主要指外向空间聚集的焦点或者某些特征的集中点。如果节点是生态网络向外扩张的源头，则形成向外爆破状的景观生态网络形态特征；反之则形成向内部结点收拢的内收式生态网络特征。生态节点是中心保护地、外围保护地、缓冲区的总称，是在生态网络中保护野生动植物的源与汇，是生态网络构成并发挥生态功能的基础，同时也是生态网络规划的主要内容。在景观生态学的角度，我们将在一定前提下，将有一定生态重要性的斑块称为节点。节点空间是绿色空间的重要载体，主要包括：中心保护区、外围保护区和缓冲区。中心保护区是指区域内具有生态保护价值的较大的绿地斑块；外围保护区是指中心保护地周围具有生态保护价值的较小绿地斑块；缓冲区是指位于保护地外围区域，起过滤外来影响作用的绿地斑块。

1.2.2 廊道

在景观规划中，生态廊道（ecological corridor）是指一种具有自然景观修复、保护生物多样性、过滤污染物、防止水土流失、防风固沙、调控洪水等生态服务功能的廊道类型，主要由植被、水体等生态性结构要素构成，和"绿色廊道"（green corridor）表示的是同一个概念。生态廊道有两种基本空间形式：直接相连的线性绿地和间接相连的生物跳岛。生态廊道主要提供生态节点间的生态或环境联系。其形式不局限于线性连接，对于不同的研究区域呈现出不同的规模。根据目前的研究，生态廊道主要分为线性廊道（Linear Corridor）、踏脚石廊道（Step-stone Corridor）、风景廊道（Landscape Corridor）。其中线性廊道包括防护林带、河流和灌木篱墙等；踏脚石廊道主要由生物物种在需求庇护或捕食等其他活动的迁徙过程中所经历的一系列小的栖息地斑块组成；以各种形式连接的风景基质则构成了风景廊道，支持生物个体在栖息地斑块间活动。其具体表现形式有：从空间结构来看，绿地生态廊道是由纵横交错的景观绿带和绿色节点有机构建起来的绿色生态网络体系，兼备社会——经济——自然的复合系统，因此不同于城市廊道的单一性，具有整体性、多样性和系统内部高度关联性等；从功能、美学角度来看，绿地廊道是在保护、修复、管理和建设具有线型的空间特征的自然生态景观廊道，并追求"线型"所兼备的经济、生态和美学效益，是构成一个景观生态系统的重要空间组织要素。

1.2.3 网络

由分散的栖息地斑块连接而成的网络，通过迁徙等传播方式为一个特殊种群或一系列具有相似需要的种群相互交换个体，主要由不同类型的生态节点和纵横交错的生态廊道组成（图9-1）。

1.3 区域生态网络的功能

1.3.1 生态概念

区域生态网络具有多种重要生态功能：为野生动物提供生境，维持动群落之间的交流，维持城市生物多样性，参与自然生态系统的物质能量循环保护自然生态系统和景观，维持本土生态系统和景观的健康。生境的破碎化可造成物种数量的减少和死亡率的增加，减少物种在其他生繁殖的可能性，是对生物多样性的最大威胁。动物在不同时间利用空间上相互联系的不同斑块，因此它们依赖于栖息地的连通性。

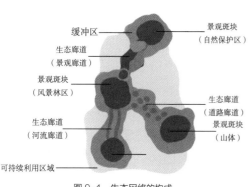

图9-1 生态网络的构成

各个生境岛屿通过廊道连接在一起，尤其是与较大的自然斑块连接在一起，能够减少甚至消除由于景观破碎化对生物多样性的影响，从而提高野生生物多样性，达到自然保护的目的。主要通过以下五个方面来实现，包括环境与生态的作用：降低生境的破碎化程度；维护可持续的水文过程；改善局部气候；促进养分的储存与循环；为稳定的生态群落或系统的出现提供支持。

1.3.2 社会功能

（1）休闲游憩功能

随着城市化的推进，人们的户外游憩活动需求持续增加。高连接度和高可达性的绿地生态网络为人们提供户外娱乐活动和健康活动的机会。绿地生态网络通过保证步行、骑车等简单途径可抵达的特征，构成了服务城市居民的自然空间，促进城市居民接触自然、放松身心，提高生活质量。城市绿地生态网络可以作为郊游、野营、举办音乐会、节日庆典、家庭聚会的场所，也可以为居民骑车、散步、慢跑、挑战极限等活动创造良机。接近自然、感受自然是人类的天性。城市绿地生态网络直接与城市的舒适感受以及美学体验相联系，从视觉、心理、生理上为城市居民提供舒适、安全、放松的感受以及审美愉悦等。

（2）文化教育和美学功能

生态网络的社会文化功能越来越受到学者们的关注，Lewis（1964）较早地注意到了生态网络的教育功能。生态网络可以作为学生学习乡土植物和动物物种、生态系统、生态过程和保护科学的户外教室。生态网络可以作为学生"活"的实验室和研究历史、考古学和文化资源的场所。同其他任何形式的开放空间相比，生态网络更具有社会和个人的交流功能。90%的历史文化遗迹集中在自然廊道的两侧（Lewis，1964），因此生态网络更能激发人们的爱国主义热情，更具有纪念价值（Bischoff，1995）。同时，生态网络将破碎化的景观通过线性自然要素连接起来，维系和增强了景观的美学价值。

（3）历史文化保护功能

城市绿地生态网络常以河流、山脊等自然地理要素作为骨架，这些区域往往具有重要的历史与文化价值。同时城市绿地生态网络可以对那些具有保护意义的公园、遗址、名胜风景区等景点进行连接，使之免受被开发的危险。由于其用地的经济性，更可以结合游憩系统的规划，构成复合功能的绿地生态网络，将城市中具有重要历史和文化价值的地点进行连接，构成城市独特的风貌特色。

1.3.3 经济功能

（1）直接经济发展

生态网络作为城市中难得的自然资源，能吸引大量人流聚集。而其优良的自然环境、舒适的社会环境、便利的游憩及交通环境直接产生的经济效益就是促使网络沿线土地房产价格明显升值，以及第三产业如旅游业的发展。

（2）间接经济发展

由于生态网络带给城市的直接经济发展的迅猛增加，使得城镇网络规划地域周边以及整个城市的第三产业和服务业得到了极大的刺激。我国许多历史文化名城和风景旅游城市，通过自然或历史文化廊道建设在增进城市景观魅力的同时，还通过刺激交通、餐饮、住宿等消费极大地促进了当地经济的发展。一些旅游城市的"游憩廊道"甚至成为城市经济发展的支柱产业。

1.3.4 防灾功能

我国的大多数城市都有地震设防要求，在部分城市，地震灾害的威胁十分严重。而目前我国城市用地紧缺，开发密度大。在灾害降临时，交通及人流的疏散和安置存在巨大隐患。城镇绿地生态网络在紧急状况下，可以作为城市救灾避灾通道和避难空间来使用，能够为公众的防灾避灾提供充分的支持和利用，最大限度地保证公众的生命和财产安全。

1.3.5 负效应

关于生态网络的研究也有不少学者提出质疑，从另外一个角度为生态网络规划与控制提供依据和参考。Benjamin 等人的研究表明[1]，许多种植物可以释放单萜等光化学反应物质，大规模种植会对环境造成污染。目前有 124 种树木被测定会释放这种物质。网络中的廊道同样可能成为某些外来物种侵袭的通道，这可能给本地生态系统带来毁灭性的打击。同时，生态网络的使用可能会导致更大范围内的均质性，失去文化景观特色，所以应避免走向另一个极端。网络规划中，视线的通透性与灯光的使用不当将会产生潜在的不安全因素，特别是对妇女、儿童、老人和身体残疾者威胁较大。

2 区域网络法的基本理论框架

2.1 区域网络法的基本思路与原则

2.1.1 基本思路

在快速的城市化进程中，城市大规模的开发对自然生态环境的破坏十分严重。正确处理城市发展与自然生态环境保护之间的关系尤为重要。

---

[1] 邢忠，徐晓波.城市绿色廊道价值研究 [J]. 重庆建筑，2008.5

区域生态网络主要由景观斑块和生态廊道以及生态节点组成。因此，对景观生态资源的调查和分析中，使生态廊道和景观斑块有机连接，是生态网络构建的主要内容。这样也使得区域空间形态关系能够更加有序地发展。

2.1.2 基本原则

生态性原则：生态网络必须在尊重自然环境的基础上进行，恢复和重建被破坏的自然景观，必须提高生物多样性，构建自然性生态网络体系。

保护性原则：生态网络的构建是为了保护自然环境，以自然要素来组织区域空间，对区域生态化建设具有重要的意义。

整体性原则：生态网络的整体性包括景观的完整度和连接度。自然景观是一系列生态系统所组成，是具有一定的结构与功能的整体。整体性是发挥生态网络功能的基础。

多样性原则：生态网络中的多样性包括景观多样性和生物多样性。在景观布局上，规划应使大小景观斑块镶嵌结合、集中与分散相结合、宽窄廊道相结合，遵循多样性原则，创造多样的自然景观。

2.2 区域网络法现存问题

2.2.1 网络系统性不强

北欧国家研究表明住宅、办公及市政建设是减少动植物生存空间和扩散廊道的首要原因，必须建立补偿性绿地来维持生态的稳定和可持续发展。当前，我国整体市域范围内绿地、林地未能够统一规划，绿地布局结构不够完善，缺乏网络体系。见缝插绿的规划思想导致城市规划在很大程度上局限于按道路、河流或建筑物的间隙来规划绿地，而未从生态效应最大化、自然环境保护、局部气候改善以及城市防灾需要等出发点来考虑绿地的总体布局，缺乏系统性考虑，未能将构建绿地的网络格局的认识提高到战略的高度上来。

2.2.2 网络要素建设不均衡

网络内部各要素分类标准并不一致，而且各元素之间的缺乏关联，存在城乡景观的高连通性低连接度现象。市域范围内绿地斑块分布不均匀，由于绿化系统和林业规划发展存在区域的不平衡性，导致绿地、林地布局的不平衡，主城区外的绿地覆盖率、人均绿化地面积均高于主城区。当前我国特大城市和大城市的市域范围内基本未形成大型连续的绿地生态背景，主城区内具有重要生态作用的大型绿地斑块相对比较缺乏，各大型绿地与众多小型绿地、内环线绿地、外环线绿地及道路绿地之间缺乏系统的连接。

2.2.3 自然景观环境质量差异大

绿地生态网络人工化和人为干扰性强，市域范围内纯林、单层绿化的绿化模式仍然存在，主城区仅从审美角度出发进行的绿化比比皆是，未能在综合考虑各方面要求后，将绿地效应最大化作为主要建设目标，各类型林地、绿地的生态效应和生物多样性仍有待提高。市域范围内生态廊道建设主要为防护林带、生态林、经济林等，规划和建设较为随意，没有系统地整体地考虑，各廊道的连通度有待提高。主城区内绿地斑块（节点）孤立而缺乏联系，承担绿地联结功能的廊道型绿地所占比例不高，因而未能将大片的主要绿地与零星分散的小面积绿地联结起来，以形成连续的绿地生态网络体系。其中河流水体型廊道严重缺乏，可见未能足够重视河流水系的生态和景观骨架功能。总之，我国目前廊道自然景观环境质量不均衡，生态网络建设缓慢。

2.2.4 管理法规体系不健全

较国外生态网络建设情况而言，我国的绿地生态网络规划建设起步晚，尚处于初期，因此管理和法规方面基本为空白，缺乏与之相配套的管理和法律机制。因此，我国在发展城镇绿地生态网络时，可以借鉴欧美国家的先进经验，比如在立法保护和多部门合作方面。但是由于各国国情存在差异，我们万不能生搬硬套，要结合我国城乡和绿地发展前景，制定出具有我国特色的管理和法规体系。

2.3 区域生态网络相关理论

2.3.1 景观格局原理

"不可替代格局"和"最优景观格局"由 Forman 提出并用于景观规划。此外，景观格局中还有"景观安全格局"的理念。

不可替代格局：景观生态规划将不可替代格局作为优先考虑保护或建成的格局模式：几个大型的自然植被斑块作为水源涵养所必需的自然地，足够宽的廊道用以保护水系和满足物质空间运动的需要，同时，在城市建成区或开发区内，一些小型的自然斑块和廊道用以保证景观的异质性。不可替代格局应作为任何景观生态规划的基础格局。

最优格局：最优景观格局是在不可替代格局的基础上提出的，是一种"集聚间有离析"的格局模式。它强调规划师对土地的利用进行分类集聚，并在城市建成区和开发区保留小的自然板块，同时沿主要的自然边界地带分布一些小的人为活动斑块。

这一模式具有以下生态意义：①保留了生态学上具有不可替代意义的自然植被斑块，用以涵养水源，保护稀有生物；②景观质地满足大间小的原则；③风险分担；④遗传多样性得以维持；⑤形成边界过渡带，减少边界阻力；⑥小型斑块的优势得以发挥；⑦廊道有利于物种的空间运动，在小尺度上形成的道路交通网能满足人类活动需要。

安全格局：安全格局是指景观中的某种潜在的空间格局，它们由一些关键性的局部、点及位置等关系所构成。这种格局对维护和控制某种生态过程有着关键性的作用。通过对生态过程潜在表面的空间分析，可以判别和设计景观生态安全格局，从而实现对生态过程的有效控制。不论景观是均相还是异相的，景观中的各点对某种生态过程的重要性都是不一样的。其中有一些局部、点和空间关系对控制景观水平生态过程起着关键性的作用，这些景观局部、点及空间联系构成景观生态安全格局。一个典型的景观生态安全格局包含以下几个景观组分：源（source），景观现状中存在的乡土物种栖息地，它们是物种进行扩散和得以维持生存的元点。缓冲区（buffer zone），环绕源的周边地区，是物种进行扩散的相对低阻力区。源间联结（inter-source linkage），相临两源之间最易联系的低阻力通道。辐射道（radiation routes），由源向外围景观辐射的低阻力通道。战略点（strategic point），对沟通相邻源之间联系有关键意义的"跳板"（stepping stone）。景观生态安全格局识别步骤包括源的确定、建立阻力面、依据阻力面进行空间分析判别缓冲区、源间连接、辐射道和战略点。

2.3.2 "斑块－廊道－基质"模式

斑块、廊道、基质是景观生态学用来解释景观结构的基本模式，普遍适用于各类景观，包括荒漠、森林、草原、郊区和建成区景观。这样，景观中任意一点都有所归属，或是属于某一斑块，或是属于某一廊道，或是属于作为背景的基质。"斑块－廊道－基质"模式是基于岛屿生物地理学和群落斑块动态研究之上形成和发展起来的。这一模式为具体而形象地描述景观结构、功能和动态提供了一种简明和可操作的"空间语言"。可以看出，景观格局原理中的不可替代格局、最优格局、安全格局和"斑块－廊道－基质"模式都是一脉相承的。"斑块－廊道－基质"模式实际上是对景观安全格局的一种更容易的定性概括。景观安全格局中的"源"相当于"斑块－廊道－基质"模式中的重要的大型的斑块；战略点相当于辅助的、位于源间连接上的斑块；源间连接相当于廊道；缓冲区相当于基质；辐射道则表示着斑块阻力相对较小或者具有潜力的发展方向。这两方面原理和方法的综合运用，能够使分析更加全面和充分。

3 区域网络法的应用框架

3.1 确定规划尺度

生态网络的尺度常采用景观空间尺度，"区域 - 地方 - 场所"是常用的三个尺度。同时，生态网络的构建应充分考虑时间尺度主要体现的优先性和持久性。生态网络应具有优先性，它是规划的自然骨架，维护着整个生态环境的稳定性。人类的一切开发活动都是在这个骨架中进行，也体现了生态网络建设的持久性（图 9-2、表 9-1）。

3.2 网络现状调查、分析与评价

根据景观生态学理论，从过程、结构、功能以及网络之间的关系等方面对网络现状进行分析和评价。

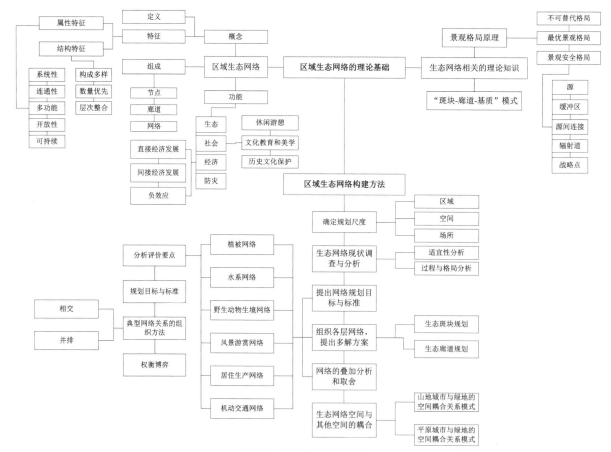

图 9-2 区域网络法的构建框架

目录标题	内容与方法流程	具体信息
区域生态网络的理论基础	区域生态网络的概念、分类与功能	
	景观生态学中与生态网络相关的理论知识	景观格局原理
		"斑块－廊道－基质"模式
区域生态网络构建方法	确定规划尺度	
	生态网络现状调查与分析	适宜性分析
		景观过程与格局分析
	提出网络规划目标与标准	
	组织各层网络，提出多解方案	景观斑块和廊道的规划设计
		生态网络体系的形成与优化
	网络的叠加分析和取舍	
	生态网络空间与其他空间的耦合	

现状调查与分析是生态网络构建的基础条件，其主要目的是收集相关自然生态要素、社会经济发展状况等信息，充分了解区域自然生态特征、生态过程以及存在的问题，认识景观资源的生态潜力和制约因素，为生态网络的构建提供现实依据。

现状调查与分析包括收集基础资料，实地调查与分析。基础资料的收集是为了了解生态网络规划区域的现状。通过了解该区域的社会经济发展状况、地形地貌、水文、气候气象、环境质量、土壤和生物等信息，对现状进行整理和归纳。

在完成初步的资料调查后，总结归纳区域内存在的各种网络，并通过分析评价找出各网络的优缺点（表 9-2）。

现状网络常见类别与分析评价要点　　表 9-2

网络	需要分析与评价的要点
植被网络	植物种类的本土性
	植被网络是否连贯完整并形成体系
	植被与其他环境要素和谐共生
水系网络	河流宽度与连续性
	沿岸植被保存度
	自然交界带完整度等
野生动物生境网络	核心栖息地完整度
	连接廊道安全性
	动物活动与迁徙通道连贯性
风景游赏网络	节点之间的连接度
	游线附近污染程度
	游赏环境的自然原真度

网络	需要分析与评价的要点
居住生产网络	居住生产对自然环境的破坏程度
	居住生产带来的各类污染
	自然生态功能区的保存
	土地是否合理利用
	居民点与生产地点是否影响野生动物生境
机动交通网络	过境交通量控制与交通畅通性
	与野生动物活动通道的共存度
	与河流的关系以及河流相关生态功能保护
	车辆产生的污染对环境的影响

3.3 提出网络规划目标与标准

根据网络现状分析与评价，结合总体规划制定的发展战略，从过程、结构、功能以及网络之间的关系等方面提出网络的规划目标与规划标准（表9-3）。

各层网络常用目标与标准　　　　　　　　　　　表9-3

网络	规划目标	规划标准
植被网络	发挥植被的水土涵养功能，提高审美和生态价值	物种保持本土性，合理引种
		形成完整体系，发挥生态功能
		与水系山体等相协调与共生
水系网络	发挥河流廊道功能，确保审美和游憩价值	水系形成完整树状网络
		宽度足够发挥生态廊道功能
		沿岸植被保持自然状态
		为野生动物栖息提供良好生境
野生动物生境网络	构建连续、安全的生境网络，提高野生动物的物种多样性	保护原有栖息地
		确保栖息地之间有生态通廊链接
		设置缓冲区减小外部干扰
风景游赏网络	构建非机动游道网络，整合风景资源	建立主次分明的非机动游道
		节点设置和保存自然与人文景观
		避开机动交通游道
居住生产网络	合理安排居住与生产空间布局，尽量与自然环境相协调	不破坏自然环境，不造成环境污染
		不在危险区域居住
		不造成水土流失
		尽量不影响动物活动区域
机动交通网络	交通通畅，减少对游憩活动的干扰，与自然环境相协调	交通通畅，对游憩干扰小
		尽量不影响动物活动区域
		不压迫河流，维护自然生态

3.4 区域生态网络的多解方案

3.4.1 植被网络

植物是自然生态环境中极为重要的一个元素。在水平面上，它协调着周边的山地与水系，为各类动物提供良好生境，营造美的环境，并涵养水土；而在垂直面上，它又是空气与土壤交互资源的媒介，协调着各元素在生物圈中的循环（图9-3）。

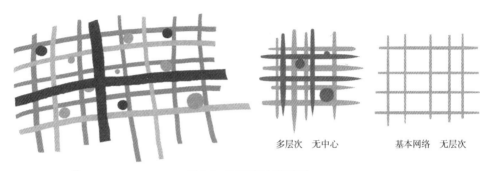

多层次　无中心　　　　　基本网络　无层次

图9-3　植被网络抽象示意图

图示为主次绿廊构建而成的植被网络。图中主轴线明确，多层次绿色廊道构建，节点丰富，特色鲜明。这层网络主要是为了保持生态原真性与植被连贯性。

3.4.2 水系网络

河流廊道重要的生态功能包括传输物质，净化污染物，以及作为动植物迁移、传播的通道和水生、陆生动植物的栖息地。景观生态学认为河流廊道生态功能最重要的两个影响指标是连续性和宽度——河流两边应该保持足够宽度的植被带，以控制来自两岸的污染物质，并为物种提供足够的生境和通道。水系网络规划的关键是维护整个水系网络的连续性，确定汇入主干河道的地表径流的位置和整个水系网络的保护宽度。水系交汇点对于水系网络的生态功能具有重要的意义，宜适当扩大水系交汇点的保护宽度（图9-4）。

（1）河流廊道宽度的影响因素

河岸缓冲带过滤污染物的能力主要由植被结构、土壤状况、地形等因素决定。一般说来，底层土壤疏松、有大量凋落物及草本地被、微地形复杂的缓冲带具有更强的污染物过滤功能。河岸缓冲带同样具有强大的水土保持功能。Lawrence等人在对马里兰一个海岸平原流域的研究中发现，从周围耕地侵蚀的大多数沉积物最后都被滞留在森林缓冲带中。但很大一部分沉积物向林内沉积的范围都达到了80m，只有少量的沉积物滞留在了河流的附近。因此，在这个案例中，80m应该是最小的缓冲区距离。在对北卡罗来纳海岸平原的一个相似的案例中，Copper等人发现，

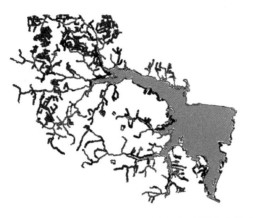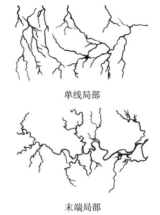

单线局部

末端局部

图 9-4　水系网络抽象示意图

50% 以上的沉积物滞留在森林内 100m 范围内，另外有 25% 的沉积物沉积在河道边的河漫滩湿地内。以上两个研究表明，在相似的河流系统中，至少 80-100m 的河岸植被缓冲带宽度对于减少 50%-70% 的沉积物是有效的。如果想要更多地减少沉积物，可以根据实际情况增加植被带的宽度。在侵蚀更严重，坡度更陡或者缺少有效的侵蚀控制措施的情况下，缓冲带的宽度应该更大。

（2）河流廊道的建议宽度

在通常的河流保护或滨河地带开发中，人们往往为河岸指定一定的宽度地带作为河流的缓冲区，这实际上是不科学的。河流不同的位置对应着不同的环境状况，从而应该对应不同的廊道宽度值。到目前为止，人们还是没有得到一个比较统一的河岸防护林带的有效宽度。在美国西北太平洋地区，人们普遍使用 30m 宽的河岸植被带作为缓冲区宽度的最小值。华盛顿州海岸线管理法案（the Washington State Shoreline Management Act）规定，位于河流 60m 范围内或百年一遇河漫滩范围内，以及与河流相联系的湿地都应该受到保护，而且保护范围越大越好。Toth R.E. 建议，在河流两岸 150m 范围内的任何人类活动都应该得到相关机构和公众的评价。其他研究者研究的结果见表 9-5。河岸缓冲带的最佳宽度应该通过详细的科学研究来获取。但在实际中，人们很少有时间和精力来从事这项工作。Budd 及其同事于 1987 年提出了通过对河流进行简单的野外调查来得到合适的缓冲区宽度的方法。调查的特性包括河流类型、河床的坡度、土壤类型、植被覆盖、温度控制、河流结构、沉积物控制以及野生动物栖息地等。评价者利用这些因素来估计必要的廊道宽度。在不可能进行彻底的科学研究的情况下，由一些训练有素的、有经验并且客观的资源专家来应用此类方法，也会得到比较合理答案。

由上述数据可以看出，当河岸植被宽度为 30m 时，能够有效地降低温度、增加河流生物食物供应、有效过滤污染物。当宽度为 80-100m，能较好地控制沉积

不同级别和宽度的水系与对应名称　　表 9-4

类别	名称	释义	宽度（m）
自然水系 stream	山泉 brook	侧重于发源于大山	1-5
	山溪 creek	侧重狭长蜿蜒，流入大河或湖泊	3-8
	小溪 rivulet	也可以叫 streamlet	5-10
	小河 rill	细小的溪流，水量较少	10-40
	江河 river	自然形成的江河	20-200
	湍流 torrent	流量较大且水流湍急	50-200
	支流 feeder	汇入江河的支流	-
	支流 branch	江河流出的支流	-
人工水系 canal	不可通航渠道 watercourse	天然或人造的水道	-
	通航航道 waterway	可以航船的水路	-
	排水沟 ditch	明渠，排水沟	1-50
	护城河 moat	护城河	10-250

不同学者提出的保护河流生态系统的适宜廊道宽度值　　表 9-5

功能 Function	作者 Author	发表时间（年）Publishing time	宽度（m）Width	说明 Description
水土保持 Soil and water conservation	Gilliam J. W.	1986	18.28	截获 88% 的从农田流失的土壤
	Cooper J R 等	1986	30	防止水土流失
	Cooper J R 等	1987	80-100	减少 50%-70% 的沉积物
	Lawrence 等	1988	80	减少 50%-70% 的沉积物
	Rabun	1991	23-183.5	美国国家立法，控制沉积物
	Ermine 等	1977	30	控制养分流失
防治污染 Pollution control	Peter john W T 等	1984	16	有效过滤硝酸盐
	Cooper J R 等	1986	30	过滤污染物
	Corelli 等	1989	30	控制磷的流失
	Keskitalo	1990	30	控制氮素
	Brazier J R 等	1973	11-24.3	有效地降低环境的温度 5-10℃
其他 Other	Ermine 等	1977	30	增强低级河流河岸稳定性
	Stein blums I. J 等	1984	23-38	降低环境的温度 5-10℃
	Cooper J R 等	1986	31	产生较多树木碎屑，为鱼类繁殖创造多样化的生境
	Budd W. W. 等	1987	11-200	为鱼类提供有机碎屑物质
	Budd 等	1987	15	控制河流浑浊

物及土壤元素流失。美国各级政府和组织规定的河岸缓冲带宽度值变化较大，从20-200m不等。实际中，确定一个河流廊道宽度应遵循三个步骤：①弄清所研究河流廊道的关键生态过程及功能；②基于廊道的空间结构，将河流从源头到出口划分为不同的类型；③将最敏感的生态过程与空间结构相联系，确定每种河流类型所需的廊道宽度。

（3）确定河流廊道宽度时应该注意的问题

①应确定和理解周围土地利用方式对河流生物群落和河流廊道完整性的影响。②廊道至少应该包括河漫滩、滨河林地、湿地以及河流的地下水系统。③应该包括其他一些关键性的地区如间歇性的支流、沟谷和沼泽、地下水补给和排放区，以及潜在的或实际的侵蚀区（如陡坡、不稳定土壤区）。④根据周围土地利用方式来确定廊道的宽度。如森林砍伐区、高强度农业活动区和高密度的房地产开发都应该对应着更宽的廊道。⑤滨水缓冲区宽度应该与以下几个因素成正比：对径流、沉积物和营养物的产生有贡献的地区的面积；河流两岸相邻的坡地以及滨河地带的坡度；河边高地上人类活动如农业、林业、郊区或城市建设的强度。当廊道的植被和微地形越复杂，密度越大时，所需要的廊道宽度就越小。

3.4.3 野生动物生境网络

规划构建的野生动物生境网络能重点改善两栖类、爬行类和哺乳类动物的生存环境。采用景观生态安全格局理论来建立野生动物生境网络，将土地覆盖类型、地形坡度和水分条件作为动物活动的阻力因子来建立阻力表面。原因是：不同土地覆盖类型对于两栖、爬行和哺乳类野生动物活动的阻力不同，一般林地和草地的阻力较小，居民生活生产与交通用地的阻力较大。坡度对爬行动物和哺乳动物的活动影响比较明显，一般坡度越大，阻力越大。水是动物生存的必要条件，也是影响植被生长的主要因子，一般水分条件好的地方阻力小，水分条件差的地方阻力大。综上所述，最后根据最小累积阻力面分析得到生态安全格局的缓冲区、源间联结、辐射道以及战略点（图9-5）。

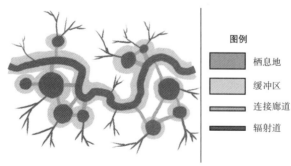

图9-5 野生动物生境网络抽象示意图

（1）生物廊道宽度的影响因素

当设计师问到多宽的廊道对于保护生物多样性合适时，保护生物学家的回答往往是越宽越好。然而，也有学者反对这一说法。他们认为，过宽的廊道会不可避免的促使生物在两侧间的运动，从而减慢了生物到达目的地的运动速度。但一般来讲，廊道越宽越好。随着宽度的增加，环境的异质性增加，进而造成物种多样性的增加。具体的讲，廊道很窄时，边缘种和内部种都很少。随着宽度的增加，边缘种和内部种均增加，其中边缘种是在宽度略增加时即迅速增加，而内部种则当宽度增加到相当宽度时才会迅速增加。此外，边缘种在增加到一定数量后会逐渐趋于稳定，而内部种会随着廊道宽度的增加而一直增加。宽度对物种数量的影响效应是不一致的。当宽度较小时，廊道宽度对物种数量影响较小，甚至可以说没有影响。达到一定宽度阈值后，宽度效应才会明显地表现出来。相关研究表明这个阈值为 7-12m。对许多物种来说，边缘效应是影响廊道质量和宽度最主要的因素。然而，随着植被类型和目标物种的改变，边缘效应的影响范围变化很大，从几米到几百米不等，这就为确定廊道的宽度带来了困难。狭窄的廊道如篱笆可能完全被边缘生境（edge habitat）占据，因此对敏感物种来说将会有更高的死亡率。然而，Robbins 和 Ambuel 等人指出，狭窄的廊道可能会过滤掉进入森林的机会边缘物种（opportunistic edge species），从而保护内部物种。这些问题至今仍未得到科学研究的证明，在具体的规划中，应根据实际情况加以考虑。

边缘效应主要通过小气候效应（如边缘光照、风、干燥等因素）的变化引起边缘植被组成和机会边缘种进入生境深度的变化（表 9-6）。研究结果表明，不同的边缘效应对应着不同的廊道宽度，但总的来看，廊道还是越宽越好。生物廊道中植被的结构（垂直结构、水平结构与年龄结构）对廊道中物种数量也有较大的影响。例如乔、灌、草复合结构的廊道比仅由乔木构成的廊道含有更多的鸟类物种。此外，阔叶树廊道中鸟的种类一般比针叶树廊道的多。在某些情况下，沿着廊道种植一条紧密的缓冲带（比如针叶树）可能会改善小气候效应，同时也可以减少机会边缘种的定居。

（2）生物廊道的建议宽度

生物迁移廊道的宽度随着物种、廊道结构、连接度、廊道所处基质的不同而不同。对于鸟类而言，十米或数十米的宽度即可满足迁徙要求。对于较大型的哺乳动物而言，其正常迁徙所需要的廊道宽度则需要几公里甚至是几十公里。根据 Meffe 等对北美地区的矮蠖、白尾鹿、短尾猫、美洲狮、黑熊和狼的行为研究表明，它们所需要的迁徙廊道宽度从 0.6km 到 22km 不等。有时即使对于同一物种，由于季节和环境的不同，所需要的廊道宽度也有较大的差别。Harris 和 Scheck 建议，当考虑所有物种的运动时，或者当对于目标物种的生物学属性知之甚少时，又或者希望供动物迁移的廊道运行数十年之久时，那么合适的廊道宽度应该用公里来衡量。对于生物保护而言，一个确定廊道宽度的途径就是从河流系统中心线向河岸一侧或两侧延伸，使得整个地形梯度（对应着相应的环境梯度）和相应的植被都能够包括在内，这样的一个范围即为廊道的宽度。Forman 建议：河流廊道应该包括河漫滩、两边的堤岸和至少一边一定面积的高地，而且这部分高地应该比边缘效应所影响的宽度要宽。当由于开发等原因不能建立足够宽或者具有足够内部多样性的廊道时，也可以建立一个由多个较窄的廊道组成的网络系统。这个网络能提供多条迁移路径，从而减少突发性事件对单一廊道的破坏。表 9-6 是不同学者对生物保护廊道宽度值的研究，

不同学者提出的生物保护廊道的适宜宽度值　　　　　　　表 9-6

作者	发表时间	宽度（m）	说明 Description
Corbett E S 等	1978	30	使河流生态系统不受伐木的影响
Stauffer 和 Bes t	1980	200	保护鸟类种群
New bold J D 等	1980	30	伐木活动对无脊椎动物的影响会消失
		9-20	保护无脊椎动物种群
Brims on 等	1981	30	保护哺乳、爬行和两栖类动物
Tasso ne J E	1981	50-80	松树硬木林带内几种内部鸟类所需最小生境宽度
Rainey J W 等	1981	20-60	边缘效应为 10-30m
Peter john W T 等	1984	100	维持耐荫树种山毛榉种群最小廊道宽度
		30	维持耐荫树种糖槭种群最小廊道宽度
Harris	1984	4-6 倍树高	边缘效应为 2-3 倍树高
Wilcove	1985	1200	森林鸟类被捕食的边缘效应大约范围为 600m
Cross	1985	15	保护小型哺乳动物
Forman R T T 等	1986	12-30.5	对于草本植物和鸟类而言，12m 是区别线状和带状廊道的标准。12-30.5 能够包含多数的边缘种，但多样性较低
		61-91.5	具有较大的多样性和内部种
Budd W. W 等	1987	30	使河流生态系统不受伐木的影响
Cutie C 等	1989	1200	理想的廊道宽度依赖于边缘效应宽度，通常森林的边缘效应有 200-600m 宽，窄于 1200m 的廊道不会有真正的内部生境
Brown M T 等	1990	98	保护雪白鹭的河岸湿地栖息地较为理想的宽度
		168	保护 Prothonotary 较为理想的硬木和柏树林的宽度
Williams on 等	1990	10-20	保护鱼类
Repent	1991	7-60	保护鱼类、两栖类、鱼类
Juan A 等	1995	3-12	廊道宽度与物种多样性之间相关性接近于零
		12	草本植物多样性平均为狭窄地带的两倍以上
		60	满足生物迁移和生物保护功能的道路缓冲带宽度
		600-1200	能创造自然化的物种丰富的景观结构
Rohling J	1998	46-152	保护生物多样性的合适宽度

其中每个结果都是针对不同的保护前提和研究目标得出的，反映的都是相应条件下的宽度值。因此，要给出一个精确而又合乎所有条件的值是不可能的。在缺乏对场地进行详细研究的情况下，只能结合场地实际情况并根据相似案例确定较适宜的宽度值（表9-7）。

（3）确定生物廊道宽度时应该注意的问题

确定生物保护廊道宽度时必须注意几个关键问题：应使生态廊道足够的宽以减少边缘效应的影响，同时应该使内部生境尽可能的宽；根据可能使用生态廊道的最敏感物种的需求来设置廊道宽度；尽量将最高质量的生境包括在生态廊道的边界内；对于较窄且缺少内部生境的廊道来说，应该促进和维持植被的复杂性以增加覆盖度及廊道的质量；除非廊道足够的宽（比如超过1km），否则廊道应该每隔一段距离都有一个节点性的生境斑块出现；廊道应该联系和覆盖尽可能多的环境梯度类型，也即生境的多样性。

3.4.4 风景游赏网络

风景游赏网络以主轴线为主干，将重要景区、景点、有开发价值的生活生产点串连起来。其规划的关键是确定非机动休闲游道的具体路线，并处理好游道、水系以及道路之间的关系。游道、河流和公路之间的关系是：游道介于公路与河流之间，

根据相关研究成果归纳的生物保护廊道适宜宽度　　　　　　　　　　表9-7

宽度值 Width（m）	功能及特点 Fun ct ions and characteristic
3-12	廊道宽度与草本植物和鸟类的物种多样性之间相关性接近于零；基本满足保护无脊椎动物种群的功能
12-30	对于草本植物和鸟类而言，12m是区别线状和带状廊道的标准。12m以上的廊道中，草本植物多样性平均为狭窄地带的两倍以上；12-30m能够包含草本植物和鸟类多数的边缘种，但多样性较低；满足鸟类迁移；保护无脊椎动物种群；保护鱼类、小型哺乳动物
30-60	含有较多草本植物和鸟类边缘种，但多样性仍然很低；基本满足动植物迁移和传播以及生物多样性保护的功能；保护鱼类、小型哺乳、爬行和两栖类动物；30m以上的湿地同样可以满足野生动物对生境的需求；截获从周围土地流向河流的50%以上沉积物；控制氮、磷和养分的流失；为鱼类提供有机碎屑，为鱼类繁殖创造多样化的生境
60/ 80-100	对于草本植物和鸟类来说，具有较大的多样性和内部种；满足动植物迁移和传播以及生物多样性保护的功能；满足鸟类及小型生物迁移和生物保护功能的道路缓冲带宽度；许多乔木种群存活的最小廊道宽
100-200	保护鸟类，保护生物多样性比较合适的宽度
≥ 600-1200	能创造自然的、物种丰富的景观结构；含有较多植物及鸟类内部种；通常森林边缘效应有200-600m宽，森林鸟类被捕食的边缘效应大约范围为600m，窄于1200m的廊道不会有真正的内部生境；满足中等及大型哺乳动物迁移的宽度从数百米至数十公里不等

并尽量远离公路以避开机动交通对游憩活动的威胁和干扰；游道距河流时近时远，既能丰富游人的游赏体验，也能适当减小游道与游赏活动对河流生态廊道的影响；如果遇到河谷狭窄的地段，游道可以与公路并行，但要设置安全隔离带（图9-6）。

3.4.5 居住生产网络

居住生产网络规划的关键是合理安排居住和生产活动的空间布局，确定适合进行居住以及工农业生产的具体区域。通过分析现状土地利用类型与坡度之间的关系，将坡度作为农业生产适宜性评价的主要因子。坡度小于25度的地方可进行农业生产，坡度大于25度的地方需退耕还林。将地质、坡度、坡向、水源、交通以及生态环境作为居住适宜性评价的因子。基于居住适宜性评价，居住采用组团式布局而不是沿着河谷任意蔓延，这样可以在组团之间留下建设生态廊道的空间（图9-7）。

3.4.6 机动交通网络

机动交通网络规划的关键是对交通进行合理组织，并处理好公路与游道和河流的关系。种植乔灌结合的绿化隔离带可以减弱货运交通对游憩活动的影响，也可以削弱旅游交通对游憩活动的影响，同时也满足乘车游人欣赏沿途风景的需要。交通网络的布局形式决定了生态廊道的空间布局，主要有图9-8的几种形式。

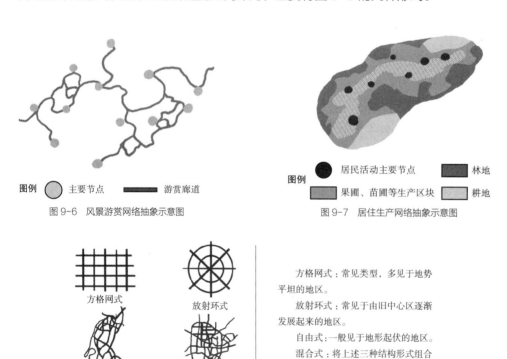

图例　◯ 主要节点　▬ 游赏廊道

图9-6　风景游赏网络抽象示意图

图例　● 居民活动主要节点　　■ 林地
　　　■ 果圃、苗圃等生产区块　■ 耕地

图9-7　居住生产网络抽象示意图

方格网式
放射环式
自由式
混合式

方格网式：常见类型，多见于地势平坦的地区。

放射环式：常见于由旧中心区逐渐发展起来的地区。

自由式：一般见于地形起伏的地区。

混合式：将上述三种结构形式组合在一起的形式。

图9-8　交通网络形式抽象示意图

3.5 网络的叠加分析和取舍

在得到各种网络的初步规划方案之后，将方案叠加起来进行组织，综合运用网络组织的基本方法以及在"相交"与"并排"两种典型空间关系下的组织方法（表9-8、图9-9）。

在组织网络的同时对各种网络规划方案进行调整。如果经过组织与调整，各种网络之间没有无法协调的冲突，那么就能得到可同时解决河流水系保护、野生动物保护、游赏活动组织、机动交通组织以及居住生产布局等问题的规划方案。如果网络之间存在无法协调的冲突，则要通过权衡利弊产生多解方案。比如当生态廊道与居民点有尖锐冲突时，则产生两种可选择的规划方案：若优先考虑野生动物保护和生态效益，则搬迁与生态廊道相冲突的居民点，建设生态廊道；若优先考虑居住需要和经济利益，则保留居民点，放弃生态廊道建设（图9-10）。

网络组织关系 表9-8

网络		基本方法	两种典型关系下的组织方法	
			相交	并排
植被网络	水系网络	协调	设置水生植物	设置湿地
	野生动物生境网络	对接	使植被不打断活动网络	使二者和谐共存
	风景游赏网络	要求不冲突，并衬托	以步道栈道的形式贯通	适当结合
	居住生产网络	充分发挥植被的功能作用	使穿插于居住区域	不破坏植被，保留绿廊
	机动交通网络	植被点缀环绕交通道路	协调并使二者皆保持连通性	结合
水系网络	野生动物生境网络	连接	连接	结合
	风景游赏网络	游赏线沿水系结合水系布置	建设桥梁	适当结合
	居住生产网络	保持缓冲距离	建设桥梁并注意控制对水系的干扰	营造亲水空间，避免硬质河岸
	机动交通网络	尽量不相交且保持缓冲距离	建设桥梁并注意控制对水系的干扰	在水系道路之间加防护林
野生动物生境网络	风景游赏网络	尽量不相交且保持缓冲距离	拓宽生境通廊在交点的宽度，设置动物专属安全通道	适当结合，扩大生境网络宽度
	居住生产网络	尽量不相交且保持缓冲距离	留出生境网络所需空间，设置安全通道	扩大生境网络宽度
	机动交通网络	尽量不相交且保持缓冲距离	建设野生动物安全通道	加强道路防护林，减少对野生动物的干扰，扩大生境网络宽度
风景游赏网络	居住生产空间	空间上可以兼容，单内部过程功能互不干扰	加强游赏网络安全性维护	结合
	机动交通网络	尽量不相交，并保持缓冲距离	为游客设置安全通道	适当结合，确保安全
居住生产网络	机动交通网络	结合，但避免冲突	兼顾安全与通达性	加强防护林建设，减少交通对社区的干扰

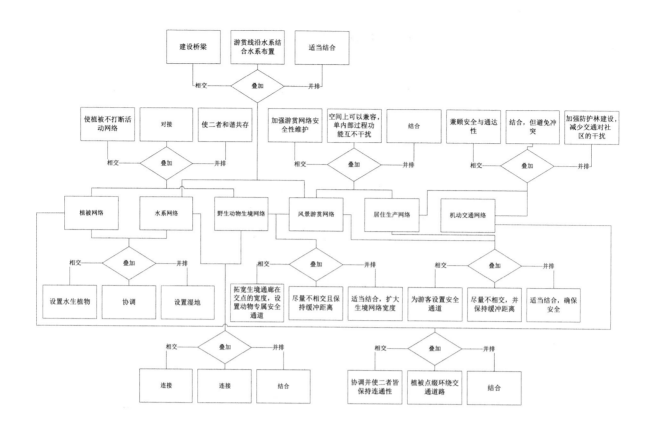

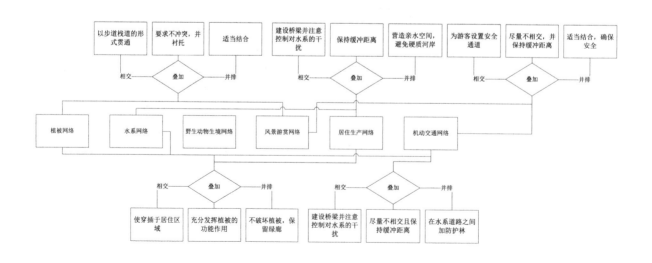

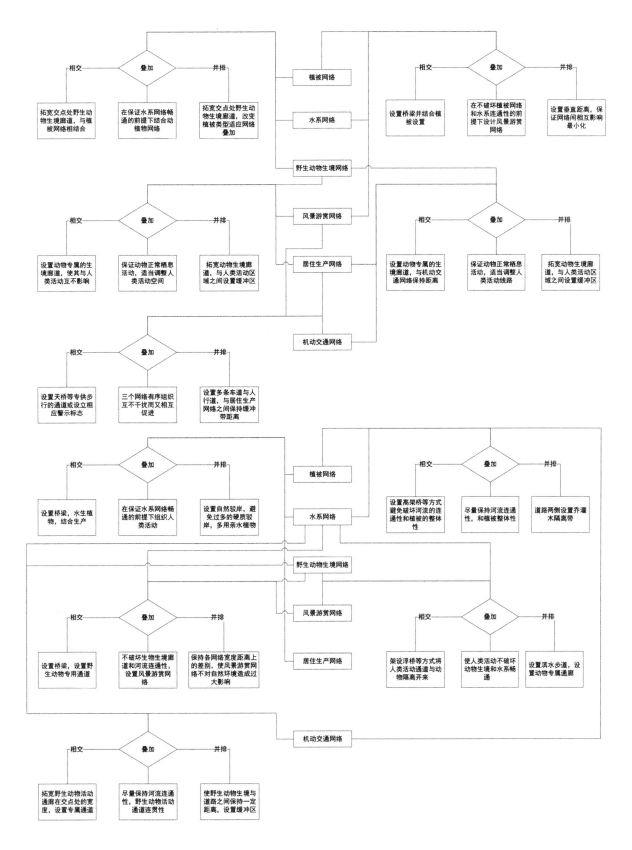

图 9-9　网络组织关系图

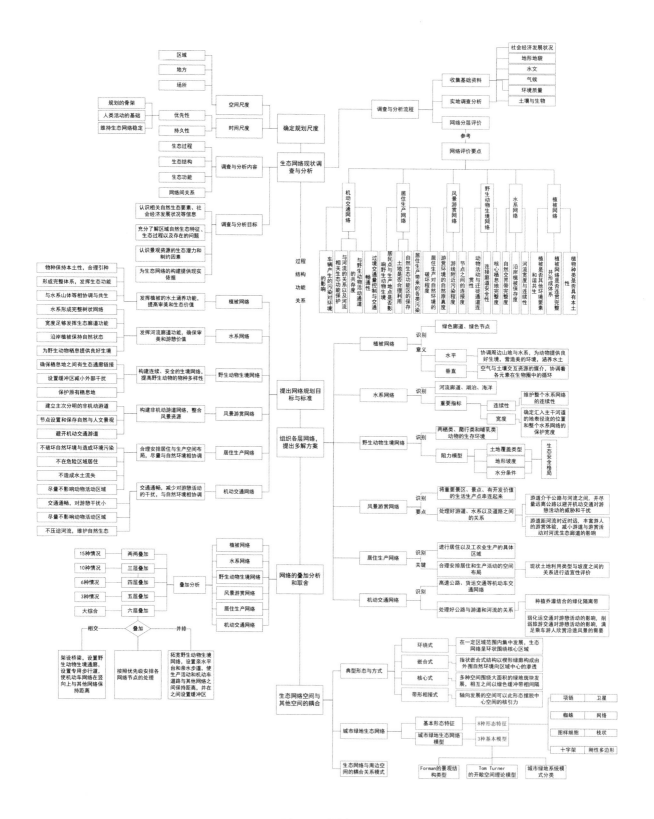

图 9-10　方法流程图

4 生态网络空间与其他空间的耦合

4.1 生态网络与其他空间耦合的典型形态与方式

生态网络由景观斑块和生态廊道构成，初具规模。将其与其他空间（例如城市实体空间）同等重要来建设，将会在很大程度上避免城市所面临的众多难题。实际上，形成系统的生态网络与城市建设实体共同构成了共轭的关系。生态网络与其他空间的耦合可以是多样的，包含了多层次、多方面、多维度的考虑。典型的耦合形态与方式有以下几种（图9-11、表9-9）：

环绕式：在一定区域范围内集中发展，生态网络呈环状围绕核心区域。如果耦合空间为城市空间，则生态网络可以限制城市空间的扩张蔓延，并提供一系列景观空间。

嵌合式：指状嵌合式结构以楔形绿廊构成由外围自然环境向区域中心的渗透，适应了各空间的结构形式，也沟通了各空间之间的联系，具有较强的渗透力，有益于多种空间的调和。

核心式：多种空间围绕大面积的绿地斑块发展，相互之间以绿色缓冲带相间隔。

带形相接式：轴向发展的空间可以此形态摆脱中心空间的核引力，使生态网络更易与空间融合，发挥较大效能并具备良好的可达性。

4.2 区域层面城市生态网络与周边空间的耦合关系模式

4.2.1 山地城市与绿地的空间耦合关系模式

山地城市的发展由于受山体的限制，往往使得城镇体系间隔地存在于山脚下，形成星座式或组团式布局；而坐落于山谷等狭长地带的城镇，则形成串联式的布局形式；围绕山地则形成环状式城镇的布局。由于城镇的发源往往与水源相结合，山体结合江河、湖泽等自然空间亦会诞生城市文明，除了星座式和组团式外，还可以使得城市的发展呈现串联式形态。此外，具有充足水源（如地下水等）的山坡或丘陵在进行城市建设的过程中，地形的起伏成为刻画城市特色的重要因素，对应不同

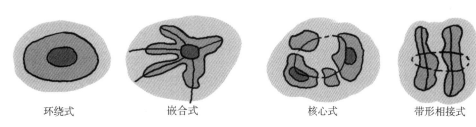

| 环绕式 | 嵌合式 | 核心式 | 带形相接式 |

图9-11 生态网络与其他空间耦合的典型形态与方式

Forman 的景观结构类型	Forman 的景观结构类型为绿地空间模式提供重要理论参考，如图所示：a 分散的斑块景观；b 网状景观；c 交错景观；d 棋盘状景观。这四类景观结构不是互相排斥的，而应将它们看作是一个四面体的四个顶点。所有特有的景观均位于该四面体的容积中，但所包括的由每一顶点所表示的结构的比例不同。四种景观结构类型，归纳了自然环境中常见的景观结构关系：从空间尺度上，具有从宏观结构到微观结构渐变的特征；从空间格局上，具有从自然空间格局到人工空间格局的演变关系；从景观要素格局的关系分析，是基质、廊道、斑块景观要素的存在与组合方式	分散的斑块景观 网状景观 交错景观 棋盘状景观 图　Forman 的景观结构类型 [10] Fig. The type of landscape structure of Forman
Tom Turner 的开敞空间理论模型	Tom Turner1987 年基于生态学原理提出六种开敞空间的理论模型 [11]。如图中 a 呈现的是纽约的中央公园类型；b 表示 18 世纪伦敦分散的居住区（广场）绿地；c 表示1976 年大伦敦议会推荐的不同尺度的层次化的公园类型；d 表示建成区的典型绿道，它既不是交通道路，也不是专为游憩而设的。e 表示艾伯克隆比（Abercrombie）1994年提出的互连的公园系统 [12]。f 表示建议居民使用绿道中的"绿"，即不仅仅是绿色覆盖还包括创造愉悦的环境功能，结合步行道以及绿地空间，其绿色网络可以起到城市范围的人行道系统的功能	图　Tom Turner 的开敞空间理论模型 Fig. The model of open space of Tom Turner
城市绿地系统模式分类	城市绿地系统的模式分类的研究由来已久，尽管各学者所涉案例不同，且类型划分存在细节差异，但多年的城市绿地系统规划的实践经验更使得其结论深入人心。通常有点状、环状、放射状、网状、楔状、带状和指状几种类型，而由于城市的自然条件和社会条件不同，可能采取其中两种或两种以上的基本布局形式而组合出新的形式，如放射环状就是组合布局最常见的形式	点状　环状　放射 放射环状 网状　楔状　带状　指状 图　城市绿地系统模式 Fig. The pattern of urban green space system

的坡度也会产生不同类型的城市布局。根据山地城市的城镇体系与绿地的耦合关系可以看出，山地城市绿地的布局基本以"网络"的模式存在（图 9-12）。

4.2.2　平原城市与绿地的空间耦合关系模式

平原城市的发展约束相对较少，这也是平原地带城市建设历史相对悠久的重要原因之一，同时也使得城镇体系呈星座式及组团式布局。而平原也常常与江河、湖泽等相联系，其形态除呈星座式及组团式外，可以以串联状或环状的布局形式存在。

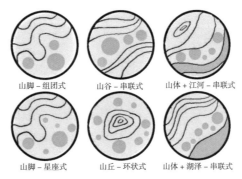

山脚 - 组团式　　山谷 - 串联式　　山体 + 江河 - 串联式

山脚 - 星座式　　山丘 - 环状式　　山体 + 湖泽 - 串联式

图 9-12　城市生态网络与山体空间的耦合模式

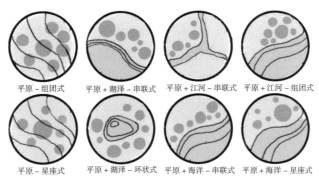

平原 - 组团式　平原 + 湖泽 - 串联式　平原 + 江河 - 串联式　平原 + 江河 - 组团式

平原 - 星座式　平原 + 湖泽 - 环状式　平原 + 海洋 - 串联式　平原 + 海洋 - 星座式

图 9-13　平原城市空间与绿色空间的耦合关系

此外，临海的城镇体系往往呈星座状或组团状单侧发展。根据平原城市的城镇体系与绿地的耦合关系可以看出，平原城市的绿地的布局依旧以"网络"的模式存在（图9-13）。

4.3　城市景观生态网络的典型图式

城市景观生态网络的基本形态是构成城市复杂网络的基本单元和图式基础。在复杂的城市景观生态系统中不同空间和作用机制下形成由不同的基本形态进一步复合成为复杂镶嵌的综合网络模式。

4.3.1　典型图式一：市域尺度上的水景树空间生态模式

从空间形态上将，水景树是枝状模式的具体体现，是以纵向维度为主展开的空间网络形式。水景树的空间生态模式可以从两个层面展开。一是大尺度的区域生态网络结构。完整的水景树空间在区域范围内保持完整的生态过程和格局，通过河流网络实现对区域功能性空间的划分和生态网络的建立。二是城市内部的河流网络系统空间。城市中存在的不同等级的河流水系将城市生态形成一个不可分割的整体的同时，也对城市空间进行分割。这种分割奠定了城市中多样化镶嵌状态的土地单元，为城市功能区规划奠定了自然空间格局。该格局既是大地景观的母体，也是城市生态规划必须尊重的基本格局。

4.3.2 典型图示二：以居住为核心的"森林—道路—住宅"复合网络

Margot D. Cantwell 和 Richard T.T. Forman（1993）在对美国南方马萨诸塞州的研究中提出的一个森林—道路—住宅复合网络（图9-14）。该景观图样表达了"居住——田园森林"景观区域。其中，结点代表景观元素，连线代表两个元素间共有的边界和指向。景观元素为 W（森林）、F（农田）、L（住宅空旷地）、R（道路）、P（输电线）、B（沼泽），虚线表示图片区域外可能存在的连接。在图样中项链模式阐明对角线输电线和道路，蜘蛛模式表达森林；图样细胞模式说明道路和输电线围成的三角形的区域；而卫星模式表达孤立的沼泽。该网络中共有道路 12 条、住宅空旷地 64 处、森林 11 片、输电线 12 条，农田 1 片、湖泊 1 个。从网络空间上看，该景观区域形成了以 4 片较大面积森林为依托，以两条主干道路为轴线的"4片2廊"的网络结构。同时在片区内部，依托较小面积的森林绿地该景观区域形成了次级居住组团的镶嵌特征。从图中可以看出连接性最好的森林可以和所有景观类型相连，既可以在纵向维度上沿河流等大型廊道和道路通道延伸，也可以在横向维

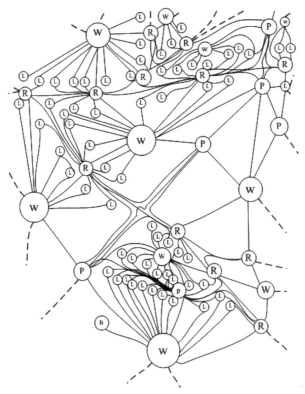

W（森林）、F（农田）、L（住宅空旷地）、R（道路）、P（输电线）、B（沼泽）

图9-14 森林—道路—住宅复合网络

度上依托多条廊道向外渗透，为人类活动和居住提供了良好景观环境、便捷交通条件和高品质人居空间和生态安全的人居环境。

4.3.3　典型图示三：平原城市自然半自然景观为主的"农田—灌木丛—河流"交叉网络

Margot D. Cantwell 和 Richard T.T. Forman（1993）在对美国西部大平原普兰特河区域（The Platte River area）的研究后提出的平原城市郊区形成的农田—灌木丛—河流交叉网络。（图9-15）该景观图样表示半自然的农田景观、河流漫滩和灌木林地三种景观融合交叉的区域。卫星模式描述了一个仅与基质相连的孤立的灌木丛斑块，右侧是一片很大的相交叉的由一系列灌木丛围绕的农田。枝状模式描述了与左侧河流相连并与右侧其他元素相连的漫滩。该网络共有交叉农田有3片、交叉灌木丛1片，独立农田3片，残余灌木丛17片、灌木篱墙15个、河流3条。从图式可以看出城市、河道景观、农田——灌木丛——森林景观三大景观单元相对独立又相互依托形成一个整体。在城市外围主体上形成了以农田为中心，农田外围是灌木丛或森林景观，河流及其形成的大片湿地漫滩在城市和农田之间形成了宽阔的生态通道。该模式可以作为城市中心残余自然和半自然景观以及城市郊区广泛存在的城市生态缓冲空间的规划模式。以农业生产为主，高度融合河流漫滩、湿地、灌木林地和低密度居住的生态景观空间，形成具有较高连接性特征的城市绿色空间。

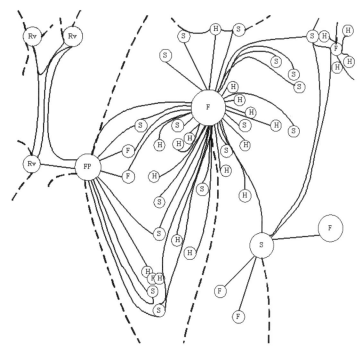

RV（河流）、FP（漫滩）、F（农田）、H（灌木篱墙）和S（灌木丛/森林）

图9-15　农田—灌木丛—河流交叉网络

4.3.4 典型图示四：岛屿城市的绿地——道路生态网络

王海珍等在厦门本岛绿地系统规划的基础上构建了相对封闭环境下的岛屿景观生态网络（图9-16）。在岛屿特殊的空间形态和生态联系中，将岛屿绿地系统进行空间分析，对生态网络存在的主要问题进行归类。其中岛屿主要存在的问题是生态网络A和B没有形成封闭的环。若将生态网络B中的主通道闭合，通过网络设计可构建为生态网络C。再者，该网络中廊道数量较少。通过有效连接，在生态网络C的基础上，运用主通道和次通道理论将所有结点连接起来，构建具有较高复杂性的生态网络D。在生态网络D的基础上，结合现状，将一些廊道由短直线分散连接设计为沿道路干线连接的绿化廊道，而与结点相连的廊道设计为与边界连接，经调整后得到生态网络E。从A到E的过程揭示了先环路链接，再主次廊道连接；先自然格局调整，再人工道路优化的规划过程，从而完成岛屿城市绿地——道路相结合的网络模式。

5 案例应用与解读

5.1 佛罗里达州生态绿道优先等级制定过程

制定生态绿道的优先次序分为两个步骤。首先，环境保护部、佛罗里达鱼类和野生动物保护委员会、佛罗里达自然地域管理局、水域管理部以及其他机构和团体

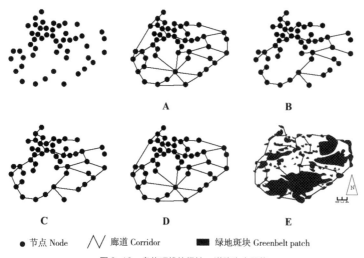

● 节点 Node　／＼ 廊道 Corridor　■ 绿地斑块 Greenbelt patch

图9-16　岛屿环线的绿地–道路生态网络

Fig. Greenland-road ecological network of island

（王海珍，张利权．基于GIS、景观格局和网络分析法的厦门本岛生态网络规划．植物生态学报，2005（3））[13]

的工作人员举行了两次会议来讨论优先次序选择的标准和数据。基于这些会议上讨论的结果，佛罗里达大学制作了一个地理信息系统模型。该模型在原始的生态绿岛模型基础上进行了修改和完善，并通过这个模型对保护全州范围内的连接度制定了高、中、低三个优先等级。

下一步是将相互分离的区域按照常规的设置标准将高、中等级的优先次序进一步精确。尽管早期的优先次序也可以用来计算，但是佛罗里达绿道计划的实施过程以及佛罗里达长期计划中的潜在保护地区优先等级的确定需要更加精确的优先等级（佛罗里达自然地域管理局）。更加精确地布置潜在景观连接点和廊道计划的优先次序将参照以下的标准：

维持或恢复分布广泛的物种种群数量的潜在重要性（例如，佛罗里达黑熊和佛罗里达美洲豹）;维持洲际连接保护网络（南佛罗里达起至狭长地带的部分）的重要性;提供额外的维持全州范围连接度机会的其他重要景观连接点，特别是那些从属更高优先等级的连接点;能够保护水资源，提供连续的功能性栖息地并能够维持与其他州的连接度的重要水系廊道。人们依据这些标准将生态网络的优先等级分成了 6 类（图 9-17 ）。

5.2　关键连接点的识别

佛罗里达绿道网络计划执行报告（1998）中明确表明了，在确定全州范围的生态绿道网络保护的优先次序之后，就应确定识别关键的连接点。将关键连接点作为明确的计划区域看待，对于保护佛罗里达州的生态绿道网络有着重要的意义。佛罗

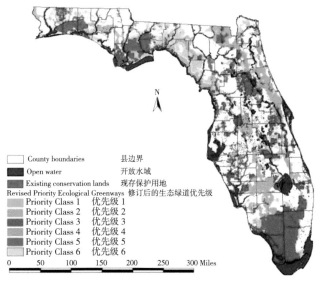

图 9-17　优先级的分级

里达绿道与游径委员会根据保护或优先级别的变化批准确定关键的连接点。人们用两个主要的数据集来描述这些关键连接点的循环。为了确定哪些连接点对于保护佛罗里达生态绿道网络是重要的，则确定基于生态标准与保护发展压力威胁水平的优先等级就是必要的。上文描述的将佛罗里达生态绿道网络分成 6 个优先等级的过程便基于生态优先等级（图 9-19；Hoctor 等 2001）。Jason Teisinger 通过如下过程发现了发展压力。

5.2.1 发展压力模型

佛罗里达大学的地理规划中心已经开发出这种能够显示整个佛罗里达州的增长潜力的模型。这项工作的基础工作是 Jason Teisinger 的城市与区域规划系的硕士学位项目。建立这个模型的目的是位了确定哪些区域最有可能从非城市用地向城市用地转换，从而可以告知民众包括农业用地和保护节约土地的决策。该模型的原型最早出现在林业部门关于《乡村和家庭土地保护法》的报告中。

该分析可以得出增长潜力地图。在这张图上人们可以看到最近由非城市用地转变成居住或商业用地所具有的潜力。该模型有四个组成部分：区位增长潜力、历史增长、现有闲置住宅用地以及未来预计增长。

区位的影响要从两部分来分析：城市设施和城市枢纽。城市设施的分析说明增长潜力受到区位的影响。诸如靠近海岸或内陆水体的道路以及现有居住用地都能够说明区位可以影响潜力的增长。区域驱动能够促进道路、近海或内陆水域以及现存居民区的发展。城市设施约占居民区发展的 10%，由此为中心向外辐射，依照与区域驱动的距离，划分出 10 个等级，越靠近中心等级越高。对每个城市设施进行同样的过程并把结果整合起来，便能够得到城市设施的分析结果。城市枢纽的影响分析使用大都市规划组织对枢纽的定义和相关人口作为影响的衡量标准。城市枢纽影响分析和城市设施影响分析共同组成区位影响分析。历史增长潜力是通过居住单元百分比的变化和 1992 年至 1999 年之间每区每镇居住单元的直接变化得到的。这是根据公共土地调查系统数据（该系统将州打散成乡镇和几平方英里的区域）和税收部门的表格得到的。

现有闲置住宅用地是由 1999 年每区每镇总的闲置住宅用地分析得到的。区域分为 10 个等级。

未来预计增长是通过 1990 年人口普查得到的。该分析测算了 1990 年至 2020 年之间的预计人口密度。

每四个部分为一组，加权合并之后，再除去现有的湖泊、湿地以及保护用地得到的就是最终增长潜力分析。增长潜力地图上标示出了 10 个等级，1 类地区表示了由非城市用地向城市用地转化的最低潜力，10 类地区则表示了由非城市用地向城市用地转化的最高潜力。为了识别关键连接点，通过统计学的优化过程而把这 10 个等级混入到高、中、低三个增长潜力级的做法叫做自然断裂。

5.2.2 生态绿道优先等级与增长压力模型的整合

通过矩阵的使用可以将生态绿道的优先等级与增长压力模型联系起来。这些矩阵中的每一栏表示了绿道优先等级与增长压力的所有可能的组合。在进行优先级与增长压力的整合时，倾向于更高优先等级与拥有更高增长压力的区域应该被赋予更高的优先等级（示例参考表 9-10）。这样做的理由是，保护工作的重点首先应该放在含有最高优先等级的资源上，因为这些资源在不久的将来极有可能会消失殆尽。

在关键连接点配对过程中最后使用的矩阵包含了生态绿道优先等级的 6 个优先级和 3 个层次的增长压力所有可能的组合，这 18 个组合都是独一无二的。随后将高、中、低三个等级的优先级赋值于这些组合，通过这些来找到在全州范围内拥有最显著生态绿道的地区（图 9-18）。

5.2.3 关键连接点备选区域的鉴别

人们使用矩阵中的值创建了一个新的地图数据层，这个数据层融合了生态绿道的优先等级和增长压力模型，并将佛罗里达生态绿道网络优先等级划分出了高、中、低三个优先等级区域（图 9-19）。下一步，在合并后的优先级数据层的基础上确定潜在的项目区域的边界。这些区域会包含高优先级的区域，同时也将作为现存保护用地枢纽之间的连接点。这样做的意图是希望这样的图纸能够具有相当大的包容性，可以确保所有的潜在连接点都能够至少包含具有高优先级大片区域。这就表示随着未来的发展，包含连接点的关键区域会分裂出来作为备选区域。经过这样一个过程后，我们得到了 24 个关键连接点的备选区域（图 9-20）。由于较高的整体发展压力，大部分的备选区域主要集中在南佛罗里达州的中北部，个别的备选区域处在大本德西至彭萨科拉地区。

Ecological-based Prioritization
生态 - 基础优化级

		Class 6 第 6 级	Class 5 第 5 级	Class 4 第 4 级	Class 3 第 3 级	Class 2 第 2 级	Class 1 第 1 级
增 长 压 力 Growth Pressure	Low 低	Low 低	Low 低	Medium 中	Medium 中	Medium 中	High 高
	Medium 中	Low 低	Low 低	Medium 中	High 高	High 高	High 高
	High 高	Medium 中	Medium 中	High 高	High 高	High 高	High 高

图 9-18　生态绿道优先等级与增长压力整合后的结果

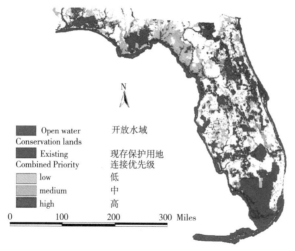

图9-19　新的佛罗里达生态绿道网络优先等级划分

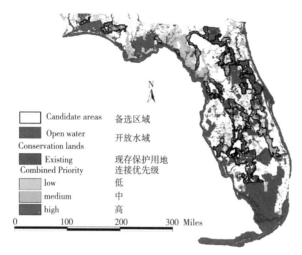

图9-20　关键连接点备选区

5.2.4　从候选区域中选择关键连接点

从候选区域中选取关键连接点有三个标准，这三个标准适用于所有的候选区域。佛罗里达大学的工作人员参与了最初的选择过程，并与佛罗里达州自然保护协会的工作人员制定了一份潜在关键连接点的最终目录。在筛选过程中采用的标准：

特定的候选区域对于完成佛罗里达州的生态绿道网络的关键程度，以及每个候选区域所代表的现存保护用地之间联系的重要程度。

候选区域存在什么样可能性会导致他们的大部分关键地区在不久的将来呈现出不协调的用途？

土地所有制的不同形式能否为保护候选区域中的可行性连接点提供一个合适的机会？尽管我们没有全州范围内每块地区的数据，但是某个数据显示出土地拥有者的每块区域（全州范围内以平方英里为单位）的数量也可以用来进行这种评估。

在选择水域的关键连接点的时候要参考另外一种标准。由于水域管理区的前身是该州的保护用地，因此至关重要的是在每块区域内选择至少一处关键连接点用以提高对弗罗里达绿道网络内水资源保护关键连接点的保护。但是基于上文提到的三个标准，与水域管理区相关的关键连接点都入选，且并未专门为满足第四个标准而增加候选区。

24 个候选区域中有 10 个被选定为拟议的关键连接点。关键连接点的选择并没有具体的数量目标，因此，从完全基于上述标准的 24 个候选区域中筛选出的 10 个拟议关键连接点能够在不久的将来决定出最适合集中保护活动的联系。佛罗里达绿道和游径协会于 2002 年 4 月提出了拟议的关键连接点和筛选过程，并同意其作为第一代佛罗里达生态绿道网络的关键连接点筛选标准（图 9-21）。

目前大约有 2.7 百万英亩的地区含有关键连接点，大概占现存保护用地的17%，占拟议保护用地的 30%（佛罗里达永久项目，保存我们的河流计划和水域管理区研究区域），以及开放水域的 2%。

5.3 节点廊道设计

佛罗里达生态绿道的建立主要是为了：保护佛罗里达州当地生态系统和景观的关键要素；恢复和保持原生生态系统和生态过程的联系；促进这些生态系统和景观作为动态系统的功能性；保持这些生态系统的各个组成部分的进化潜力，以适应未来的变化。

因此这些廊道要具有一定的景观功能梯度。具体梯度表现为水域－湿地－中生高地－旱生高地。同时大部分的廊道可分为开敞地区－森林边缘－森林内部－河岸－水道－河岸－开敞地区（图 9-22）。其中森林作为大部分物种栖息地，要具有

图 9-21　第一代关键连接点

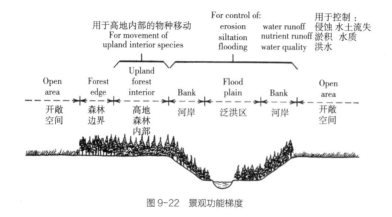

图 9-22　景观功能梯度

一定的宽度。而河岸－水道－河岸段的设计要注意控制洪水与盐碱化的侵蚀，同时还要防止水土流失、营养流失并起到保护水质的功效。

5.3.1　埃格林－黑水河节点

该关键连接点连接了埃格林空军基地和黑水河森林（图9-23）。两处保护区均有长叶松沙地和平木林地。该关键连接点占地约53000英亩，其中约24%位于已有保护区，23%位于计划保护区，私有土地约占40000英亩。两块保护区之间连接点实行永久保护，得益于此的有埃格林空军基地及其周边的佛罗里达黑熊群落。该关键连接点内还覆盖了黄河大部分地区，且包含黄河水管理区域。埃格林黑水河曾经是二级生态绿地，并覆盖了中高生长压力地区。

5.3.2　埃格林－Econfina 溪流节点

该关键连接点起于埃格林空军基地，止于巴拿马城北部的Ecofina河源头（图9-24），连接了埃格林空军基地和Econfina河水域管理区域，并涵盖了查克托哈奇河下游绝大部分区域以及查克托哈奇河水域管理区域最重要的部分。弗罗里达永久沙山项目是该关键连接点的重要组成部分。该关键连接点占地约330000英亩，其中20%位于已有保护区，6%位于计划保护区，且有2%开放水域和总计约258000英亩私有土地。该关键连接点是埃格林空军基地和阿巴拉契科拉河国家森林公园之间的重要的生态纽带。这两块保护区内有佛罗里达黑熊群落生活，通过对功能连接点和其他栖息地的保护，这些黑熊的安全有了保障。埃格林－Econfina河曾经是二级生态绿地，并覆盖了中高生长压力地区。

5.3.3　布兰丁营－奥西奥拉国家森林节点

该连接点联系了奥西奥拉森林与布兰丁营军事用地（图9-25）。这个连接点横跨布兰丁营军事基地，詹宁斯州属森林和塞西尔·菲尔德保护地的东面与奥西奥拉

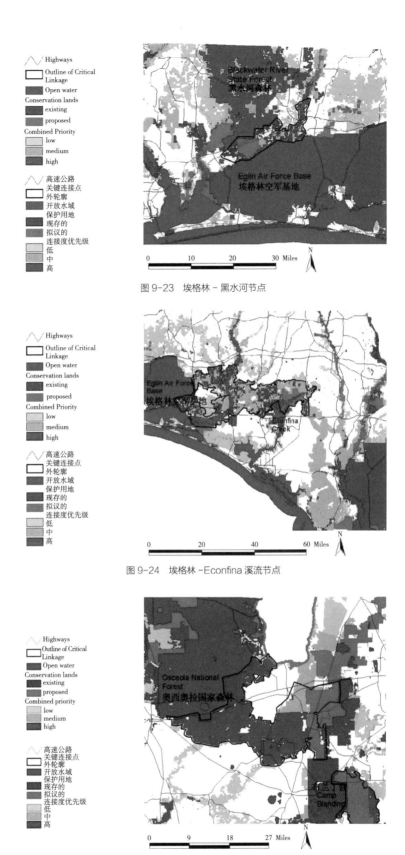

图 9-23 埃格林 - 黑水河节点

图 9-24 埃格林 -Econfina 溪流节点

图 9-25 布兰丁营 - 奥西奥拉国家森林节点

国家森林，并穿过新河的源头地区与雷福德野生动画管理区。这个连接点占地约 23 万英亩，其中现有保护土地约 12%，拟议的保护用地占 14%，1% 的开放水域以及大约 20 万英亩的私人土地。这个连接点最初是第一优先级的生态绿道，因此是该州范围内三个最重要的连接点之一。这意味着该连接点北面的一半区域都需要将奥卡拉国家森林和奥西奥拉国家森林 / 奥克弗诺基国家野生动物保护区联系起来以保护这些地区的复杂性。这些保护区都能够支持重要的佛罗里达黑熊种群在连接点的散布。关键连接点内的这些区域发展最大的威胁都在 301 号高速公路附近，确保横跨 301 号高速公路的保护区域不再受到进一步的侵蚀是非常必要的。在 301 号高速公路附近最具潜力的交汇地带主要集中在佛罗里达森林东北部的佛罗里达永久保护区内，对于完成关键连接点的建立，保护这些地区是非常必要的。

5.3.4　高地硬木林 - 碧湖公园节点

这个关键的连接点连接了高地硬木林州立公园与碧湖公园爆炸范围。这个连接点占地约 7.7 万亩，其中有 13% 的现存保护用地，59% 的拟议保护用地，4% 的开放水域以及大约 6.5 万英亩的私人土地。这个连接点代表了从查理河盆地到碧湖公园爆炸范围内的部分的第一优先级的生态绿道，是受到城市发展威胁最大的区域。美国 27 号高速公共路横穿了这个连接点，同时由北向南的这个交汇地带还在迅速发展。佛罗里达常青项目旧镇流域是该关键连接点的必要组成部分，若能扩大该流域范围，覆盖更多查理河盆地地区，实现跨越 27 号州际公路连接 HH 州立公园和毗邻碧湖公园的 LWR 州立森林公园，则能够更好地保护该关键连接点。如果美国 27 号公路的交汇地区要得到有效的保护，野生动物的地下通道就必须被纳入考虑。连接点内的栖息地能够帮助黑豹群落在以后重新在佛罗里达中南部建立起来。

5.4　总结与经验

20 世纪 90 年代以来，绿道一直是保护生物学、景观生态学、城市规划和景观设计等多个学科交叉的研究热点和前沿，这种热潮被称为绿道运动。而美国佛罗里达绿道的研究也正是始于 1995 年，研究机构建立了一个地理信息系统模型，以确定生态网络中的高、中、低三个优先等级。然后，确定关键的连接点，将其作为重点地段设计。通过生态绿道优先等级与增长压力模型的整合，锁定全州范围内拥有最显著的生态绿道的区域，将其作为保护工作的重点。

佛罗里达州生态绿道网络在 2003 年 7 月被修改，反映了该地区自 1995 以来土地利用所发生的变化，并且在具有生态战略意义的地区方面纳入了最新的信息。虽然在这个过程中会对佛罗里达生态绿道网络的边界造成一些重要的变化，但这都是预计之中的，因为这些变化的区域都能够支持关键连接点的认定，而且不会产生大幅的影响。尽管现有关键连接点的边界会在一定程度上产生变化，但是目前的边界都只是为了一般开发项目区域所指定的，而且这些边界会根据具体土地所有制形式、土地利用和自然资源的信息进行修改，同时在这个过程中会得到一些新的保护建议。

　　该项目的可借鉴之处是在偌大的州域范围内通过科学方法确定生态网络重点片区，同时聚焦关键连接点，通过有针对性的生态修复与织补，实现全州绿地生态系统网络化，提高网络的连接度，强化绿道的生态功能、休闲游憩功能、经济发展功能、社会文化和美学功能。

参考文献

[1] 邢忠，徐晓波. 城市绿色廊道价值研究 [J]. 重庆建筑，2008.5

[2] 傅伯杰，陈利顶，马克明，王仰麟 等 编著. 景观生态学原理及应用 [M]. 北京：科学出版社，2001.

[3] Marjan C. Hidding, André T.J Teunissen, 2002. Beyond fragmentation：new concepts for urban-rural development[J]. Landscape and Urban Planning, 58：297-308.

[4] Copper J R, Gilliam J W, Daniels R B, etc. Riparian areas as filters for agricultural sediment. Soil Science Society of America Journal, 1987, 51：416-420.

[5] SmithDS, Hellmund PC. Ecology of greenways：design and function of linear conservation areas. Mineapolis：University of Minnesota Press, 1993b, 58-64.

[6] BuddWW，CohenPL，SaundersPR， etc.Stream corridor management in the Pacific Northwest：determination of stream-corridor widths. Environmental Management, 1987, 11：587-597.

[7] Rob H.G. Jongman, 1995. Nature conservation planning in Europe：developing ecological networks[J]. Landscape and Urban Planning, 32：169-183.

[8] HarrisLD，and Scheck J. From implications to applications：the dispersal corridor principle applied to the conservation of biological diversity. In：Saunders D AandHobbs R Jed. Nature conservation：the role of corridors. Surrey Beatty and Sons. Australia：Chipping Norton，NSW，199189-200.

[9] Forman，Richard T.T. and Godron，M.，1986. Landscape Ecology[M]. John Wiley，New York.

[10] Forman，Richard T.T.，1995. Land mosaics：the ecology of landscape and regions[M]. Cambridge University Press，Cambridge.

[11] T. Turner，Greenways，blueways，skyways and other ways to a better London. Landscape and Urban Planning 33，269-282，1995.

[12] Aberorombie P Hong Kong Preliminary Planning Report 1948.

[13] 王海珍，张利权. 基于 GIS、景观格局和网络分析法的厦门本岛生态网络规划. 植物生态学报，2005（3）.

[14] 王云才，刘悦来. 城市景观生态网络规划的空间模式应用探讨. 长江流域资源与环境 Vol.18 No.9 Sept.2009.

[15] 王云才. 景观生态规划设计案例 [M]. 上海：同济大学出版社，2013.

第十章

遗产廊道网络法
与
区域景观风貌
保护规划

1 文化景观与地方性

1.1 概念与内涵

文化景观（Cultural Landscape）概念由来已久。苏尔（Sauer C.O.，1974）在《景观的形态》（The Morphology of Landscape）一文中指出，"文化景观是任何特定时期内形成的构成某一地域特征的自然与人文因素的综合体，它随人类活动的作用而不断变化"。"文化景观"概念的普遍应用始于 20 世纪 90 年代。世界遗产委员会在 1992 年首次使用"文化景观"的概念，认为文化景观"包含了自然和人类相互作用的极其丰富的内涵"，是人类与自然紧密结合的共同杰作；它"代表某个明确划分的文化地理区域，同时亦是能够阐明这一地域基本而独特文化要素的例证"。文化景观可以存在于城市、郊区、乡村或荒野地等构成的连续的时空中。地域文化景观（Territory Cultural Landscape）是存在于特定的地域范围内的文化景观类型，是在特定地域环境与文化背景下形成并留存至今，是人类活动历史的纪录和文化传承的载体，具有重要的历史、文化价值。并且，地域文化景观与特定的地理环境相适应而产生和发展，保存了大量的物质形态化的历史景观和非物质形态传统习俗，共同形成较为完整的传统地域文化景观体系，主要体现在以建筑与聚落景观为核心的生活空间、以土地利用形态为核心的生产空间和以环境伦理为核心的生态空间三大方面。马克·恩托普（Marc Antrop，2005）指出存在于地域的传统文化景观有助于维持多样性和可持续发展的景观体系，使文化景观具有更好的识别性。凯利（Kelly R，2000）在阐述欧洲地域文化景观时指出"居住在特定地域的人们与邻里、农场、林地、河流、建筑等方面都和地方居民休戚相关，具有深远的意义。这些地方性特点具有多样性和细节化以及与之相关的传统和记忆正是欧洲景观丰富性和独特性的根本所在"。文化景观和传统地域文化景观的本质特征是一个地方区别与其他地方的景观特质，突出体现在地方性自然环境、地方性知识体系（非物质文化景观）和地方性物质空间体系三个方面。其特征深刻反映在生活、生产的物质空间中并形成独特的图式语言，主要体现在建筑与聚落、土地利用、水资源利用方式和地方性居住模式 4 个方面。其中居住模式是传统地域文化景观中建筑与聚落、土地利用、水资源利用方式三者的综合体现。因此，地方性是整体人文生态系统中文化景观的具体表现和载体。

1.2 整体人文生态系统

整体人文生态系统（Total Human Ecosystem，Zev Naveh，1994）是指在人与自然相互作用过程中，人在特定自然环境中通过对自然的逐步深入认识，形成了以自然生态为核心，以自然过程为重点，以满足人的合理需求为根本的人—地技术体系、文化体系和价值伦理体系，并随着对环境认识的深入而不断改进，寻求最适宜人类存在的方式和自然生态保护的最佳途径，即人地最协调的共生模式，综合体现出协调的自然生态伦理、持续的生产价值伦理和和谐的生活伦理。其内涵包括：①在景观形成的历史过程中，是人与自然环境高度协调和统一发展的结果；②人与自然是平等的生态关系，既不是以人为中心的人本主义，也不是以自然生态为中心的环境主义，而是人地协调的生态价值伦理；③自然要素、生态过程与生态功能充分体现出地方性和地方性特点，并得到持续利用和延续，维持自然生态的稳定性；④人在认识、利用和改造自然的经济活动中形成的产业体系控制在与自然环境相适宜的产业类型、生产规模和强度内，自给自足成为摆脱超负荷生产行为的根本；⑤人类经历长期的历史发展，形成、累计和继承了大量的地方文化，并逐步形成了代表一个地方独具特色的文化体系，其形成是人与自然、人与人不断交换自己的认知并逐步固定下来的自然崇拜、文化崇拜、人类崇拜以及相应的价值观念，地方文化是人类的文化，更是自然的文化；⑥传统的整体人文生态系统是历史和古典的，是农业社会的产物，已经成为现代社会中最为珍贵的文化遗产，与此同时，社会是发展的，在新环境、新技术、新观念、新经济形态下，现在整体人文生态系统的发展则更具有现代社会的特征。面对更加脆弱的自然生态系统、更大规模的社会人口与消费、更加深入的干扰方式，技术与效率成为现代整体人文生态系统发展的核心。由此可见，传统地域文化景观是整体人文生态系统的景观特征，而整体人文生态系统是传统地域文化景观研究的核心对象，两者具有不可分割的必然内在联系。

2 传统文化景观的分类与评价

2.1 传统文化景观的分类

2.1.1 传统文化景观空间划分体系

传统地域文化景观可划分为物质空间和非物质空间两种类型。非物质方面的传统地域文化景观主要是指那些在长期的历史过程中形成的，依托与有形的形体而存在的景观类型，反映一个民族的风土风情、习俗、节庆等文化特征。传统文化景观物质层面可以分解为以聚居为核心的生活空间、以农业为主体的生产空间以及自然环境相联系的生态空间这三个方面：①传统地域文化景观之生态空间。从传统地域文化景观的概念和内涵来看，自然环境是地域文化景观形成的本地特征和内在机制。

不同的地域自然因子的差异——地形、土壤、水分、温度、湿度、植物等呈现出不同的景观特征，是整体人文生态系统地方性的基础，是人居环境之生态保障，是文化景观可持续发展的生境平台；②传统地域文化景观之居住与生活空间。人类改造自然，谋求发展的主要目的就是为了生存和生活，居住与生活空间是传统地域文化景观的最主要的组成部分，是人类智慧与自然环境碰撞的结果，是文化景观的核心。建筑与聚落是传统地域文化景观的最直接反映，是人为了在自然中长久生存为自己营造的安全据点，是人们对自然界独特的认识并因此建立起的具有依托自然又抵御自然的对立统一体系，充分反映人们对自然和社会建立的独特知识体系，并成为传统地域文化景观的典型代表；③传统地域文化景观之生产空间。土地利用是居民从事农业生产和农耕文明的直接反映，又是在农业生产过程中认识自然和利用自然的具体形式。由于土地利用受到地形、水体、耕作方式、农业类型、人口规模等因素的具体影响，不同自然环境的土地利用类型不同，形成的土地利用形态也不同。从整体人文生态系统理论来看，由于农业活动属于半自然半技术生态系统类型，土地利用景观则综合表达出自然与文化景观的综合特征，直接揭示出地域文化景观的特征和形成机理。土地利用形态和肌理成为重要的传统地域文化景观的语言图式。

2.1.2 传统文化景观用地分类体系

基于对穿传统文化景观的解读模式，其分类体系依据土地利用类型和土地利用形态两个方面进行评价体系构建。从土地利用类型来看，分类体系将传统地域文化景观空间划分为居住于生活空间、生产空间、生态空间和连接空间四种景观空间类型，将土地利用景观划分为 9 大类、20 小类和 46 个子类的土地利用类型分类体系（表 10-1）。

传统文化景观分类表　　　　　　　　　　　表 10-1

类别名称	大类	小类	子类
居住与生活空间	建筑空间	传统建筑空间	明清前建筑
			明清时期建筑
			民国时期建筑
		现代建筑空间	改革开放前建筑
			改革开放后建筑
	院落空间	庭院空间	传统庭院空间
			现代庭院空间
		住宅间距空间	

类别名称	大类	小类	子类
居住与生活空间	村镇公共空间	传统村镇公共空间	文化建筑用地
			宗教寺庙用地
			文物古迹用地
		现代村镇公共空间	行政办公用地
			广场公园用地
			市政公共设施用地
生产空间	农业用地	传统农业用地	旱地
			水田
			鱼塘
			设施农业用地
			园地
		现代农业用地	产业化养殖基地
			高科技农业用地
	工业用地	传统工业用地	家庭手工业
			乡村作坊
			传统工矿
		现代工业用地	一类工业用地
			二类工业用地
			三类工业用地
	商业用地	传统商业用地	传统集市
			茶楼酒肆
		现代商业用地	集贸中心
			仿古街
	旅游用地		
生态空间	传统生态空间	林地	河流
		水系	水库
			滩涂
			湖泊
			水塘
		草地	
		湿地	
连接空间		人工	国道
			省道
			高速公路
			港口码头
		自然	生态廊道

2.1.3 景观空间类型的具体描述

通过抽样实地调查，整理出文化景观要素类型的平面空间表达方式与立面的对应（表 10-2），同时对已经转换成 CAD 文件的研究底图进行调整。

景观空间要素类型表

表 10-2

序号	空间类别名称	特征描述
01	传统建筑空间	民国及以前建筑
02	传统公共空间	文化教育、宗教寺庙、文物古迹
03	传统农业空间	旱地、水田、鱼塘、园地、设施农业用地
04	传统商业空间	传统集市、茶楼酒肆
05	传统工业空间	家庭手工业、乡村作坊、传统工矿
06	现代建筑空间	新中国成立及以后建筑
07	现代公共空间	行政办公、广场公园、市政设施
08	现代农业空间	产业化养殖基地、高科技农业用地
09	现代商业空间	集贸中心、仿古街
10	现代工业空间	一、二、三类工业用地
11	林地	多年生乔灌木覆盖区
12	草地	多年生草本覆盖区
13	湿地	湿洼地，多年湿生植物覆盖
14	旅游用地	现代旅游开发区，度假村，遗址遗迹
15	其他用地	荒地、工矿用地、滩涂等
16	人工连接空间	人工建设道路，港口码头
17	自然连接空间	自然生态廊道
18	水系	河流、水库、滩涂、湖泊、水塘

2.2 传统文化景观评价

依据景观资源化原则、景观美学原则、景观生态原则等构建传统文化景观评价体系，传统文化景观评价主要包括传统文化景观的传统性评价、传统文化景观的破碎化评价、传统文化景观的孤岛化评价。

2.2.1 传统文化景观的传统性评价

（1）评价指标

文化景观的传统性相对于景观的现代性而言，是立足于历史过程及景观的认知、感受和判断，是未来景观发展的重要源泉。虽然文化景观传统性评价涉及的因素众多，但文化景观空间传统性评价是对文化景观物质空间特征的评价。因此，根据传统地域文化景观空间分类体系，依据系统性、可行性和客观性原则在众多反映文化景观传统性的因素中，选取若干有代表性的特征进行评价，选择直接反映生产空间、居住与生活空间以及生态空间的综合特征评价指标，并在此基础上选择出每个空间类型的典型特征作为传统性评价的指标。①居住与生活空间主要体现在建筑空间、庭院空间、村镇公共空间以及由这些所组成的聚落整体特征；②生产空间主要由农业用地、工业用地、商业用地、旅游用地及主要动力交通方式组成；③生态空间主要表现在林地、水系、草地、湿地构成的自然生态空间、人工生态空间和人与自然环境的关系等几个方面（表10-3）。

文化景观的传统性立足于文化景观空间的划分，在生产空间类型中，重点选择农业（耕作技术、耕作方式、生产工具）、工业（生产效率、生产工艺）、商业（商业规模和销售方式）、旅游（真实性）和时代性的动力与能源特征。居住与生活空间主要选择建筑的传统性（历史的悠久性、风格的典型性、式样的地方性）、院落（庭院空间的园林化、住宅间距空间）和聚落特征（村庄公共空间、聚落形态的完整性）。生态空间主要选择自然生态空间（自然生态空间的原生性）、人工生态空间的自然性（本土性）以及与自然环境的关系（水资源利用、生态连接度和环境污染）（表10-4）。

（2）评价方法

依据现场调查和理论总结建立传统地域文化景观分类体系，形成了传统建筑空间、现代建筑空间、庭院空间、住宅间距空间、传统村镇公共空间、现代村镇公共空间、传统农业用地、现代农业用地、传统工业用地、现代工业用地、传统商业用地、现代商业用地、传统旅游用地和现代旅游用地、林地、水体、草地、湿地以及自然和人工连接通道，共20类景观空间类型。基于文化景观空间分类系统，依据遥感影像判读建立空间数据库和进行GIS分析，获取空间数据特征。在此基础上构建传统性指数。基于重点类型景观传统性指数评价，通过指数加权获得区域整体景观的传统性指数。p为评价指标权重，f为指标价值判断值，则传统性指数（E）为：

$$E = \sum_{i=1}^{n} p_i f_i ; \quad \sum_{i=1}^{n} p_i = 1$$

2.2.2 传统文化景观的破碎化评价

用景观指数描述景观格局及其变化，建立格局与景观过程之间的联系，是景观生态学最常用的定量化研究方法。在景观格局的研究中，形成了许多描述景观格局及其变化的指数，大致可分为描述景观要素指数和描述总体特征指数两类。参考前人的研究成果，并结合各案例点的实际情况，可从景观面积指标、密度大小及差异、

目标层	基准层	指标层		标准层		
				高	中	低
文化景观传统性评价指标体系	生产空间	农业	耕作技术	凭借直接经验从事农业生产、自然肥料	传统耕作技术与实验科学指导结合	生态农业、基因农业、工厂化农业
			生产工具	铁、木农具	传统农具与机械化结合	工业技术装备
			耕作方式	手工耕作	半机械化	机械化
		工业	生产效率	不集中、低效	相对集中、有一定的生产效率	集约、高效
			生产工艺	传统小手工艺	手工＋少量机器	机械化、自动化
		商业	规模	个体	家族式	规模较大、超出家族范畴
			销售方式	传统小商店形式	中等规模的商店	大型超市、密集销售网点
		旅游	真实性	乡土文化与民间艺术真实保留	有一定程度的商业化和现代艺术现象	商业化和艺术话整体包装
		动力	动力与能源类型	人力、畜力、水力、风力	人力、畜力、水力、风力、动力机械	电力、燃油燃气动力
		交通		采用自然材料、连通度低、可大度不强	有一定可达性，物流、人流比较畅通	形成网络、交通四通八达
	居住与生活空间	建筑	建筑历史的悠久性：年代	明清前	民国时期	改革开放后
			建筑风格的典型性：风格	时代和地域特征明显	时代和地域特征比较明显	时代和地域特征不明显
			建筑样式的地方性：样式	典型性	比较典型	不典型
		院落	庭院空间的园林化	园林化处理	少量的修饰	没有庭院或没有园林化
			住宅间距空间	自然生长肌理	比较规则但间距大	规则、等距、间距小
		聚落	村镇公共空间	位于村子的中心、出入口或核心部位	公共空间并不处于核心位置	几乎没有公共空间
			聚落形态的完整性	历史形态完整保留	聚落局部扩张，改变历史形态	历史形态被现代聚落替代
	生态空间	自然空间、人工空间与自然环境的关系	自然性特征	原生的或次生的自然景观环境	半自然的农田景观环境	人工生态环境取代自然环境
			动植物的本土性	地方性动植物景观占据主体	部分引种和养殖非地方性动植物	大量引种和养殖非地方性动植物
			水利用方式	生产、生活对水的利用能体现地域特征	生产生活对水的利用少有地域特征	生产生活对水的利用没有地域特征
			生态连接度	生态网络完整	廊道局部破坏	廊道破坏严重
			环境污染	无污染或轻度污染	重度污染	污染严重

分类	指标	权重	分级赋值			
			7	5	3	1
建筑景观	悠久性	0.4056	明清及以前	民国至 20 世纪 50 年代	20 世纪 50-70 年代	20 世纪 80 年代以后
	乡土性	0.4056	充分反映地域特色和风俗习惯等	比较能反映当地地域特色和风俗习惯等	一般反映当地地域特色和风俗习惯等	不反映地域特色和风俗习惯等
	协调性	0.1478	与周边环境十分协调,典型的"小桥、流水、人家"江南水乡格局	具有江南水乡格局,但不典型	江南水乡格局被打破,周边有一些现代用地类型(工厂、商业小区等)出现	与工厂、商业等一些现代用地类型混杂在一起
	典型性	0.0411	时代的典型代表	特色明显	有特色	大众性
水系景观	水质	0.1562	好	较好	一般	很差
	自然化程度	0.6586	高	较高	较低	低
	与人生产和生活密切度	0.1852	很密切	比较密切	一般	不密切
农业景观	耕作技术	0.1021	—	主要凭借直接经验从事农业生产、自然肥料	传统耕作技术与实验科学指导结合	生态农业、基因农业、工厂化农业
	生产工具	0.3687	—	铁、木等农具	半机械化	机械化
	土地利用方式	0.2104	—	粗放式连种制	粗放和集约式兼并	集约式
	景观的多样性	0.2738	—	高	中	低
	传统农业的面积比重	0.0450	—	0.2%-25%	25.1%-54%	54.1%-97%

边缘指标、形状指标、临近度指标、多样性指标等方面选取其中具有代表性的若干指标进行有针对性的定量分析。实际评价过程可根据每个案例的景观破碎化情况的不同,选取合适的破碎化指标。

（1）评价指标

1）景观空间组成韵律指数

①斑块类型面积 CA 和景观优势度指数 PLAND

CA 分析研究区景观的空间组成, PLAND 反映斑块类型之间的数量比,公式为:

$$CA = \sum_{j=1}^{n} a_{ij}, PLAND = CA / A \times 100$$

式中, a_{ij}——斑块 ij 的面积；A——研究区总面积

PLAND 是确定景观中优势景观元素的依据之一,也是决定景观中的生物多样性、优势种和数量等生态系统指标的重要因素。全式含义为某景观类型的面积占景观总面积的比例。PLAND 取值范围在 0-100 之间,反映了各类景观类型在景观中的控

制程度。结果越大，说明各类型所占比例差值越大，或者说某一种或少数几种景观类型占优势。

②最大斑块面积 LPI

LPI 是各景观斑块类型中面积最大的斑块占景观总面积的比例，有助于确定景观的模型或优势类型，其表达公式为：

$$LPI = (\max a_{ij} / A) \times 100$$

式中：i 为景观斑块类型；j 为斑块数目；$\max a_{ij}$ 是 i 类斑块中最大斑块的面积；A 是总的景观面积；全式含义为某种景观类型的最大斑块面积占景观总面积的比例。

最大斑块指数的大小反映了景观中的优势种、内部种的丰度等生态特征，其值的变化受干扰的强度和频率的影响，反映人类活动的方向和强弱。

③多样性指数 H

多样性指数是基于信息论基础之上，用来测量系统结构职称复杂程度的景观水平指数，常用的 Shannon—Weaver 多样性指数和 Simpson 多样性指数。用 Shannon 指数来表示，则其公式为：

$$H = -\sum_{i=1}^{k} p_k \times \ln(p_k)$$

式中，H——景观多样性指数；p_k——景观类型 k 在景观中出现的概率；N——景观类型的总数。

H 值越大，景观多样性越大。H 大小取决于景观的丰富度和景观类型在景观中分布的均匀程度。对于一定的 n，当各种景观类型所占的面积比相同时，H 值最大。

2）景观空间属性韵律指数

①分维数 FRAC

$$FRAC = 2\ln(p_{ij} / 4) / \ln a_{ij}$$

式中，p_{ij}——斑块 ij 的周长；a_{ij}——斑块 ij 的面积。

为能进行各分区破碎化的比较，采用斑块密度（NP/A）和 AP 的比值计算。斑块边界复杂度用平均分维 FRAC 测量。一般而言，由于自然条件的多样性和复杂性，自然斑块边界更为复杂，而人工景观斑块的边界比较规则。

②景观斑块密度 D_i

斑块个数与面积的比值。可以计算整个研究区域斑块总数与总面积之比，也可以计算各类景观斑块个数与其面积之比，比值越大，破碎化程度越高。可以比较不同类型景观的破碎化程度及珍格格景观的破碎化状况。D_i 为第 i 类斑块密度，N_i 为第 i 类斑块总数，A_i 为第 i 类斑块的总面积，公式为：

$$D_i = N_i / A_i$$

③廊道密度指数 *CD*

景观生态学中将带状斑块称为廊道。作为物质、能量和物种交流的廊道被截断是景观破碎化的表现。连通性好的廊道景观常常把其他景观类型分割成小斑块，致使该区景观破碎化加剧。所以廊道在研究区单位面积的长度也是一种衡量景观破碎化程度的指数。人类活动越强烈、越频繁的地区，廊道密度也越大、廊道既作为生态流的通道，又在分割景观，所以也是造成景观破碎化程度加深的动因和前提。单位面积内廊道愈长，景观破碎化程度愈高。廊道密度指数（*CD*）以单位面积中廊道长度计算，*CD* 值愈大，景观破碎化程度愈高。公式为：

$$CD = \sum p_i / A$$

式中，$\sum p_i$ 表示研究区景观内或景观要素斑块类型内廊道的长度；A 表示研究区景观总面积或某胫骨啊斑块类型的面积。廊道密度指数可以弥补计算中同一种景观类型破碎化程度被忽视的一面。

3）景观空间关系韵律指数

分离度用来分析景观要素的空间分布特征。分离度越大，表示斑块越离散，斑块之间距离越大。其公式为：

$$N_i = D_i / S_i$$

式中，N_i——景观类型 i 的分离度指数；D_i——景观类型 i 的距离指数。

$D_i = 0.5 \times (n/A)^{1/2}$，$n$ 为景观类型 i 的斑块数，A 为研究区总面积。S_i 为景观类型 i 的面积指数，$S_i = A_i / A$，A_i 为景观类型 i 的面积。

（2）评价方法

破碎化指数描述了景观被分割的破碎程度，反映景观空间结构的复杂性。F_t 为整个研究区的景观斑块数破碎化指数，N_t 为景观斑块总数，M_t 为研究区的总面积与最小斑块面积的比值；F_1 为某要素斑块类型斑块数破碎化指数，M_1 为整个研究区域的平均斑块面积，N_1 为某种类型的斑块数目。F_t 与 F_1 的值域都为（0，1），0 表示景观完全未被破坏即无生境破坏化的存在，1 表示给定性质的景观已完全破碎。公式为：

$$F_t = (N_t - 1) / M_t$$
$$F_1 = (N_1 - 1) / M_1$$

样本空间的选择是传统地域文化景观破碎化评价的重要依据和破碎度程度的标准。依据城市化、工业化、现代化和商业化对传统地域文化景观冲击的特征，选取无破碎化、低破碎化、中等破碎化和高度破碎化评价的样本空间。通过对样本土地利用景观空间破碎度的计算，划分传统地域文化景观破碎度的分级标准。通过样本空间破碎化计算，无破碎化、低破碎化、中等破碎化和高度破碎化样本空间的破碎度指数（F）分别为：$f_1=10^{-3}$、$f_2=10^{-2}$、$f_3=10^{-1}$，则 $F<11-3$ 为无破碎化现象，[10-3、10-2] 为低破碎化程度，[10-2、10-1] 为中等破碎化程度，[10-1，1] 为高度破碎化程度。

2.2.3　传统文化景观的孤岛化评价

（1）评价指标

景观孤岛化指数的选取可以分为直接关系指数和间接关系指数两类。直接关系指数包括传统文化景观的异质性指数和景观孤岛化指数，可以直接作为判断传统文化景观孤岛化程度的指标。间接关系指数是指传统地域文化景观孤岛化和破碎化具有一定的相关性。景观破碎化的相关指数虽不能明确地表征孤岛化程度，但可以对景观孤岛化的评价起到间接的辅助作用。

1）异质性指数

传统文化景观的异质性指数：传统文化景观异质性指数主要反映一个区域内现代景观指数与传统文化景观指数之比。传统文化景观异质性指数越高，说明传统地域文化景观受到的现代化的冲击越大。公式为：

$$H_i = \sum S_m / \sum S_t$$

式中：H_i 为研究区域 I 的传统文化景观的异质性指数，S_m 为现代景观指数，S_t 为传统景观指数；$\sum S_m$ 对现代景观元素的面积进行加和。$\sum S_t$ 表示对传统元素面积进行加和。

2）孤岛化指数

景观孤岛化指数主要是反映不同区域内传统文化景观的异质性之比，主要选取研究对象核心区与其外围的区域进行传统文化景观的异质性的比较，以衡量其孤岛化的程度。景观孤岛化的指数越高，表明景观孤岛化的程度越明显。公式为：

$$L_{ij}=H_i / H_j$$

式中：L_{ij} 为区域 i 与区域 j 相比的景观孤岛化指数，H_i 为区域 i 传统文化景观异质性指数，H_j 为区域 j 的传统文化景观异质性指数。

依据城市化、工业化、现代化和商业化对传统地域文化景观的冲击程度和现代景观元素和传统景观元素空间分布的关系及各占的比重，选取传统文化景观异质性指数和孤岛化指数作为景观孤岛化评价的量化指标，依据景观孤岛化的程度分为即无孤岛化、轻度孤岛化、明显孤岛化、严重孤岛化 4 个等级。通过对样本空间 a、b、c、d 孤岛化指数计算得出的孤岛化指数（L）分别为 $L_1<0.001$、$L_2=1.03$、$L_3=4.211$ 和 $L_4=12.17$，据此可以将孤岛化分级标准设定为：$L_{ij} \leqslant 1$ 为无孤岛化；当 $1<L_{ij} \leqslant 4$ 为轻度孤岛化；当 $4<L_{ij} \leqslant 8$ 为明显孤岛化；当 $L_{ij}>8$ 为严重孤岛化。

（2）评价方法

传统地域文化景观孤岛化的评价指标主要受用地类型、不同用地类型的分布、不同的用地类型面积的大小的影响。将用地类型用层次分析法和专家评估法综合评价获得指标权重。不同用地类型的分布通常主要可以划分为传统景观元素较集中的区域和现代元素较集中的区域。在对传统地域文化景观孤岛化评价的过程中采用分区域的方式进行评价，以衡量、对比传统景观与周边现代景观地域之间的差异性，判断孤岛化的程度。不同用地类型面积的大小可以通过卫星航拍图片获得。将图片栅格化导入 Auto CAD 工程制图软件，根据上述景观要素分类表建立对应图层，设定图层属性，对遥感影像进行分析判别，采用多段线的方法绘制于对应图层上，通过 MapGIS 软件进行数量化的统计，以获得不同用地类型面积及相关的数量化信息。

3 传统文化景观节点

3.1 文化景观节点的概念与内涵

"节点"是一个抽象且应用较广泛的概念。《城市意象》（The Image of the City）中将"node"解释为"重要的点""是观察者借此进入城市的战略点""它的影响波及整个区域，成为这个区域的象征"。

传统文化景观节点是传统文化景观区域中的重要空间及象征性空间，也是区域景观风貌保护规划的核心与重点。借鉴保护区概念理解文化景观节点。"保护区"（conservation area）是英国遗产保护工作中提出的一个重要概念，保护区是指"那些具有特殊建筑艺术价值和历史意义的区段，其特点、风貌值得保护和改善提高"（朱晓明，2000）。该概念的诞生源自于人们对一些历史古迹生存环境的担忧。"英格兰历史建筑委员会"在负责管理历史建筑修复工作时发现，以古城为代表的遗产区域的建筑之间、建筑与道路、建筑与开放空间具有很强的关联性。其中有些建筑并不是文物保护对象，但却是历史环境中不可分割的组成部分，应该得到系统的保护。由此产生"群体价值"的概念，并进而发展成"保护区"的概念。其最显著的特征就是将对建筑遗产的保护从建筑单体的保护拓展为建筑单体连同建筑环境的整体保护。保护区概念对于传统乡村地域文化景观保护尤为适用。以江南水乡为例，散落的历史村落、传统商业集镇、水埠码头、古道等景观单元是江南水乡的景观特色和场所记忆的代表，蕴含丰富的历史信息，是重要的文化景观遗产节点。

3.2 传统文化景观节点的认知与识别

对传统文化景观节点可以分别从规模等级、空间分布和功能作用三个方面来认识，以形成传统文化景观遗产节点完整的认知与识别体系（图10-1）。

3.2.1 传统文化景观节点的规模等级

传统文化景观遗产节点根据其构成要素之间的不同空间分布特征和文化价值规模，而形成不同的规模等级。根据尺度大小和我国传统文化景观保护的现状，一般可以分为市域、街区和村镇、遗产单体这三个层级。从不同尺度上认知文化景观遗产节点，形成对传统文化景观遗产节点的多层次认知体系，将不同规模等级的景观遗产节点有机地结合与协调其起来，才能有针对性地实现对传统文化景观遗产的整体性保护。

（1）市域层面

市域层面主要包括以历史文化名城为代表的大尺度文化景观节点。历史文化名城是中国在悠久的历史发展过程中孕育而成的宝贵历史文化遗产。根据2008年7月颁布的《历史文化名城名镇名村保护条例》，历史文化名城具有以下几个特点：①保存文物特别丰富；②历史建筑集中成片；③保留着传统格局和历史风貌；④历史上曾经作为政治、经济、文化、交通中心或者军事要地，或者发生过重要历史事件，或者其传统产业、历史上建设的重大工程对本地区的发展产生过重要影响，或者能够集中反映本地区建筑的文化特色、民族特色。现行的历史文化名城保护制度是从城市的角度保护历史文化遗产，是对传统文化遗产整体保护的一种尝试，其保护的范围与城市行政管辖边界有关。大尺度上的历史文化名城不仅作为重要的传统文化景观遗产载体，同时也是一个文化与环境、人与自然交融的整体人文生态系统，是地域性景观风貌的突出表现。

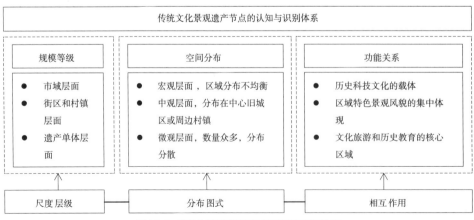

图10-1 传统文化景观遗产节点的认知与识别体系

（2）街区和村镇层面

街区和村镇层面主要包括以历史文化街区和村镇为代表的中尺度文化景观节点。历史文化街区也叫"历史地段"，是指保存文物特别丰富、历史建筑集中成片、能够较完整和真实地体现传统格局和历史风貌，并有一定规模的区域。国际上针对历史地段的保护始于 1964 年通过的《威尼斯宪章》，指出"保护一座文物建筑，意味着要适当地保护一个环境。"其后，1987 年通过的《华盛顿宪章》对历史地段的概念进一步修正和补充，指出历史地段是"城镇中具有历史意义的大小地区，包括城镇的古老中心区或其他保存着历史风貌的地区"，"它们不仅可以作为历史的见证，而且体现了城镇传统文化的价值"。根据《华盛顿宪章》，历史地段主要的保护内容包括：①地段和街道的格局和空间形式；②建筑物和绿化、矿地的空间关系；③历史性建筑的内外面貌，包括体量、形式、建筑风格、材料、色彩、建筑装饰等；④地段与周围环境的关系，包括与自然和人工环境的关系；⑤地段的历史功能和作用。而历史文化名镇名村则是我国针对文物特别丰富且具有重大历史价值或纪念意义的、能较完整地反映一些历史时期传统风貌和地方民族特色的镇和村的保护政策，与历史文化街区属于同一尺度层级。

（3）遗产单体层面

遗产单体层面主要指以文物保护单位为代表的小尺度文化景观节点，包括古墓葬、古建筑、石窟寺和石刻等。文物保护单位是不可移动文物的统称，包括其周边一定范围的区域是传统文化景观遗产保护的重点。遗产单体层面上的文物保护单位是最小的文化遗产景观节点的尺度，也是最基本、最重要的尺度，给人以最直观的印象，具有最具体的传统文化信息，是区域景观风貌的基本组成部分。村镇和市域尺度的文化景观节点保护需要以这一基本尺度作为保障，因而有着不可替代的重要意义。

3.2.2 传统文化景观节点的空间分布

传统文化景观节点在市域层面、街区和村镇层面以及遗产单体层面上，分别以历史文化名城、历史文化街区和村镇以及文物保护单位为典型代表。由于重要的传统文化景观节点的形成与其历史人文环境和其所依托的自然地理环境有关，因而在宏观、中观和微观的尺度层面上，分别有其空间分布特征：①宏观层面上，我国东部地区相对西部地区而言，自然生态环境更加多样宜居，历史文化内涵更加悠久丰富。总体而言，历史文化名城的分布从东部到西部呈现递减趋势，在东部地区和中部地区分布相对集中，呈现非均衡分布的特征，这也是与我国区域的环境背景差异和历史发展差异分不开的；②中观层面上，历史文化街区一般分布在历史文化名城的中心旧城区及周边区域，是历史文化名城的保护重点，而历史文化村镇的分布相对比较分散，在一定区域范围内形成比较鲜明独特的风格特色，具有代表性的有太湖流域的水乡古镇群、皖南古村落群等；③微观层面上，文物保护单位是最小的文化景观单体，数量众多，分布比较分散。

3.2.3　传统文化景观节点的功能关系

（1）历史科技文化的载体

传统文化景观节点中蕴含着丰富的文化思想内涵，是中华民族历史科技文化的载体，体现了中华民族特有的精神价值、思维方式和民族智慧。以古建筑为例，不同时代和不同地域背景的古建筑各有特色；建筑的选址、建筑材质的选择都是结合背景地理环境、民族伦理观念以及"天人合一"思想等的结果；建筑的营建技法是历代智慧发展变革的体现；建筑空间、建筑布局又体现着不同时代的文化发展和思想变革。传统文化景观节点——从小尺度的遗产单体作为历史科技文化的直接记载，到中尺度的历史村镇和地段作为文化遗产组合的智慧体现，再到区域尺度上更大的城市布局的特色变迁——作为重要的历史科技文化的载体，是中华民族文明发展成就的重要标志，展示了民族文化的多样性与独特性，保护和利用好传统文化景观节点，对于继承和发扬民族优秀传统文化有着重要的意义。

（2）区域特色景观风貌的集中体现

传统文化景观节点凝聚了多样的民族优秀传统文化，与其特定的环境背景相结合，表现为富有地域性特色的区域景观风貌。从不同尺度层级上认识传统文化景观节点，有利于加深对于传统文化景观的完整认识，从而形成更有效的传统文化景观遗产保护机制，以面对当前城市化、工业化、现代化和商业化对于传统文化景观格局的侵蚀以及对于区域特色景观风貌的破坏。同时，对于区域特色景观风貌的保护并不意味着对于传统文化景观节点的历史中断性保护。历史文化景观是在历史变迁和社会发展中不断延续的，文物式的保护方法并不是传统文化景观遗产的可持续发展途径。在基于对传统文化景观遗产的全面认识的基础上，通过圈层保护和分类保护的方式实现传统文化景观格局的有序更新和协调融合，以形成富有地方特色但完整有序的区域景观风貌。

（3）文化旅游和历史教育的核心区域

传统文化景观节点的另一个重要作用是以其文化内涵为核心而衍生的文化旅游和历史教育功能。这种历史教育功能既可以通过建立博物馆或开发旅游景点的方式得以实现，同时，更加重要的是传统文化景观节点的物质外象所承载的人文内涵也能对于大众起到文化教育作用，包括民俗习惯、人文风情等。因而孤立保护的方式不利于传统文化景观节点的可持续发展，只有有灵魂的历史文化景观遗产节点才能真正充分发挥其历史教育的作用，也才能形成更大的文化旅游吸引力。

3.3 传统文化景观节点的保护规划策略

3.3.1 传统文化景观节点的分类保护

分类保护，按保护对象景观特征、保护价值不同和脆弱程度采取不同的保护力度和保护方法。根据传统文化景观的现状特点，划分为敏感区域，次敏感区域和非敏感区域。敏感区域一般为传统景观分布多且集中的区域，具有重要的历史文化价值或地域特色，通常能较完整的反映特定历史时期的传统风貌、民俗风情、地域特色，且具有较高的历史文化价值和艺术审美价值。次敏感区域为传统景观与现代景观过渡的区域，一般位于古镇、古村落外围与现代新城、现代工业区边缘之间，传统景观受到现代景观的冲击，分布散落且景观风貌有一定程度的损坏。非敏感区域为现代景观区，基本无传统景观（图 10-2）。

3.3.2 传统文化景观节点的圈层保护

圈层景观整合模式依据分类保护中的具体分类，以典型敏感区域为中心，划分不同的景观圈层，实施从古镇、村落核心景观到外围环境的整体保护和景观风貌维护。其中核心保护区属于敏感区域，需要重点保护。协调缓冲区属于次级敏感区域，而现代景观区则属于非敏感区域（图 10-3）。圈层景观整合模式通常包含三个层次：

（1）核心保护区

古镇、古村落中保存的较完好、相对集中的传统风貌区。核心保护区重点保护的对象有村落的规划格局、传统建筑、公共园林、风土民俗等。古镇、古村落的选

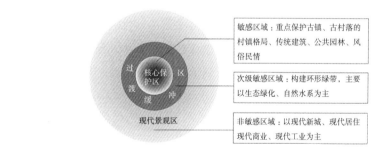

图 10-2　分类保护与圈层结构示意图

图 10-3　圈层结构模式演变

址通常都离不开山水情怀和风水堪舆，古镇、古村落的格局也因地理环境的不同而各具特色，江南古镇、古村落的格局通常和水有着密切的关系。传统的民居建筑、文化建筑、公共建筑、公共园林具有较高的历史文化价值，形象地展示了地域的文化特色。核心保护区要体现古镇、古村落的真实性，严格保护历史形成的村镇格局、街巷机理、传统民俗和构成传统风貌的特色景观元素。古镇、古村落传统风貌和现代城市化的新景观有着很大的差异性，在现代化、工业化建设的浪潮冲击下容易遭到破坏，因此属于保护区的敏感地带，需要政府、规划师、当地居民共同协作才能取得较好的保护效果。

（2）过渡缓冲区

将核心保护区外围和现代新城、现代工业区边缘之间的带形区域划为过渡缓冲区。一些传统文化景观保存较好的村镇外围紧邻现代工业用地、现代居住用地等，现代景观与传统景观对比较为强烈，整个景观风貌极不协调。保护古镇不仅要保护其自身的完整性和真实性，同时也要保护其赖以生存的环境，因此在古镇保护区外围建立过渡缓冲区就显得尤为重要。过渡缓冲区可以充当传统风貌与现代风貌之间的桥梁，使二者自然过渡，协调传统与现代之间的关系。缓冲区应当以生态绿化、水系等自然要素为主；该区域的古镇、古村落是受现代景观扩张影响景观变化较为明显的区域，破碎化现象相对严重，但仍然有一定保护利用价值。该区域保护的力度较核心保护区适当放宽，景观整治应当延续核心区文化特征，使其成为核心区景观展示的缓冲地带。根据功能需要，适度调整局部景观，新建、改建、扩建的建筑，须保持与核心区风格协调，营造形似景观。

（3）现代景观区

过渡缓冲区的一侧为保护区，另外一侧则为现代景观区。现代景观区在保护上为非敏感地带，可以进行各种现代化的建设。其主要由现代的居住景观、现代商业景观、现代工业景观所构成。现代城市风貌的营建要符合本地的地域特色，可以运用传统风貌的符号和保护区形成呼应。

4 传统文化景观遗产廊道

4.1 景观遗产廊道的概念与内涵

廊道概念来源于景观生态学，指的是景观中具有通道或屏障作用的线状或带状镶嵌体。遗产廊道（Heritage Corridor）是美国针对本国大尺度文化景观保护的一种区域化遗产保护战略方法。解释为"拥有特殊文化资源集合的线性景观。通常带有明显的经济中心、蓬勃发展的旅游、老建筑的适应性再利用、娱乐及环境改善"。它把文化意义提到首位，对于遗产的保护主要采用区域而局部点的观点，同时又是自然、经济、历史文化等多目标的综合体系（朱强、李伟，2007）。遗产廊道是盛行于美国的一种集遗产与生态保护、经济发展、休闲游憩等于一体的保护与发展战略，是一种行之有效的资源保护与利用及区域复兴平台（俞孔坚、李迪华等。2008）。遗产廊道具有如下特征（王志芳、孙鹏）：

（1）遗产廊道是线性景观。这是遗产廊道和遗产区域的区别。一处风景名胜区或一座历史文化名城都可成为一个遗产区域，但遗产廊道是一种线性的遗产区域。它对遗产的保护采用区域而非局部点的概念，内部可以包括多种不同的遗产，是长达几英里以上的线性区域。

（2）遗产廊道尺度可大可小。它既可指某一城市中一条水系，也可大到跨几个城市的一条水系的部分流域或某条道路或铁路。宾夕法尼亚州"历史路径（The Historic Pathway）"是一条长 1.5 英里（约 2.41km）的遗产廊道，而罗斯·科米诺斯·德·里诺遗产廊道（Los Cominos del Rio Heritage Corridor）则有 210 英里（约 337.96km）长。

（3）遗产廊道是一个综合保护措施。自然、经济、历史文化三者并举，体现了遗产廊道同绿色廊道的区别。绿色廊道强调自然生态系统的重要性，它可以不具文化特性。遗产廊道将历史文化内涵提到首位，同时强调经济价值和自然生态系统的平衡能力。罗斯·科米诺斯·德·里诺遗产廊道包括 2 个州立公园、3 个不同的生态系统、30 个博物馆、1 个动物园、1 处国家海滨公园、2 个野生生物保护地以及许多具历史或建筑重要性的构筑物。

借鉴遗产廊道的理念，可以通过建立"景观遗产廊道"来整合乡土文化景观资源。将传统文化景观资源保存较好的古村落、古镇进行串联，以线路本身的景观特征为基础，达到传统文化景观整体性、连续性的保护目的。

4.2　传统文化景观遗产廊道的认知与识别

对传统文化景观遗产廊道可以分别从规模等级、空间分布和功能作用三个方面来认识，作为传统文化景观遗产廊道完整的认知与识别体系（图 10-4）。

4.2.1　传统文化景观遗产廊道的规模等级

传统文化景观遗产廊道根据构成要素之间的不同空间分布特征和作用关系形成了遗产廊道的规模等级体系，可以分为国土—区域—城镇—街区几个层级。从不同尺度上认知遗产廊道，形成对传统文化景观遗产廊道的多层次认知体系，将不同规

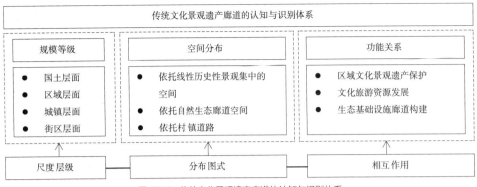

図10-4 传统文化景观遗产廊道的认知与识别体系

模等级的遗产廊道有机地结合与协调，才能有针对性地实现对传统文化景观遗产的整体性保护。

（1）国土层面

国土层面主要包括跨区域的以大型河流或路线为依托的传统文化景观遗产廊道。这些跨区域的大型河流或路线，在历史发展过程中，由于承载了重要的交通运输与经济、文化交流的功能，曾经或者依然作为国家重要的经济、文化动脉源远流长。同时在其历史沿革过程中，沿线的周边区域也形成了丰富多样的自然或文化景观资源，这些文化景观资源依托周围的自然环境形成了大型的带状景观遗产区域。由于其跨区域的特征，这个尺度层面上的景观遗产廊道有着极其重要的文化地位和生态地位，但同时又面临着保护难度大的问题。当前国内对于这种跨区域大型的文化景观遗产廊道的保护从认识到实践都还比较薄弱，但近年来也取得了一定的发展。以京杭大运河遗产廊道构建为代表的规划保护，结合周边类型多样、数量众多的自然和文化景观资源，综合景观设计学、生态学、地理学、历史学、遗产保护等多个学科的相关知识，从整体人文生态系统的视角对大运河沿线区域的自然与人文景观遗产资源进行了整体性的保护规划，为京杭大运河沿线遗产区域的遗产景观资源保护和可持续利用进行了探索性和突破性的尝试。

（2）区域层面

区域层面主要包括以区域范围内比较重要的河流或道路为依托的传统文化景观遗产廊道。在其沿线范围内，可能存在一个或多个在某一历史时段内发展比较兴盛的村镇或村镇集群，而河流或道路本身也作为区域内重要的水运或陆运线路而兴盛繁荣。这些沿线村镇往往有着相似的历史发展背景，其经济文化活动也往往存在着密切的联系，并在此基础上带动了区域层面上河流或道路沿线地区的文化发展和经济交流，形成了比较有影响力和地方特色的传统文化景观遗产廊道。这个层级的传统文化景观遗产廊道有着比较重要的文化和自然资源价值，同时保护规划的难度相对国土层面的要小，遗产廊道数量也相对较多，是未来区域景观风貌保护规划需要重点考虑的层面。我国在 1982 年颁布了《中华人民共和国文物保护法》，并正式提出了"历史文化名城"的概念，先后公布了 3 批国家历史文化名城。这是对历史文化名城、名镇、名村的保护工作的重视，但这依然体现着一种将城市与城市、城市与村镇相互割裂的保护思维。实际上，在传统文化景观发展过程中，绝大多数都与其他地域存在着密切的经济、文化交流，而区域范围内的经济、文化交流是其中最频繁也是最主要的组成部分，因而区域范围内的主要河流或道路作为这种经济、文化交流的载体就有了特别突出的重要地位和作用。

（3）城镇层面

城镇层面主要包括以城镇范围内的主要河流道路为依托形成的传统文化景观遗产廊道。城镇在其历史发展沿革过程中，会形成若干个比较活跃的区域。由于长期的文化活动和经济活动，这些区域产生形成若干有重要遗产价值的资源片区。这些片区往往会沿着主要河流或道路展开，主要分布在旧城中心区或散落在郊区、农村，曾经在城镇发展过程中扮演过重要的角色，能够真实地反映当地的景观风貌特征，是一个地方区别于其他地方的最直观体现。如上海的苏州河、黄浦江，南京的秦淮河等。我国在 1986 年公布第二批国家历史文化名城的文件中提到"对文物古迹比较集中，或能完整地体现出某一历史时期传统风貌和民族地方特色的街区、建筑群、小镇村落等也应予以保护，可根据它们的历史、科学、艺术价值，公布为当地各级历史文化保护区"，正式提出保护"历史文化保护区"的概念。这是保护传统文化景观遗产的重要举措，从此形成了历史文化名城、历史文化街区、文物古迹的分层次的保护体系。但这依然是将景观遗产片区相互割裂的方式，没有关注这些历史文化保护区之间的联系，呈现散点状保护模式。因而在城镇层面上，应依托河流或道路将其整合形成若干传统文化景观遗产廊道，增强其相互联系，更好地应对城镇化、工业化、现代化和商业化过程对区域景观风貌的冲击。同时由于这个层级的遗产廊道网络是在城镇内部构建形成的，实施难度相对较小，可行性比较高。

（4）街区层面

街区层面主要包括带状分布在次级街道沿线的具有重要历史遗产价值的建筑物、构筑物单体的集合。这一层面上的传统文化景观遗产廊道构建主要是通过对建筑物、构筑物遗产的调查和评价，利用街道将其相互连接成整体，实现对区域景观风貌的保护。如果不对其进行区域化和整体化的保护规划，单是划分为文物保护单位，很难实现对散点分布的文物古迹的有效保护，容易受到周边环境和活动的冲击与侵蚀，其形式、高度、体量、色调将显得杂乱无章而难以维持有序一致。街区层面上的传统文化景观廊道是最小的遗产廊道构建尺度，但也是最基本的构建层面。

其他较大尺度上的传统文化景观遗产廊道构建最终均需要通过这一基本的尺度层面来真正全面实施，因而也是有着不可替代的重要意义。

4.2.2 传统文化景观遗产廊道的空间分布

由于受到交通方式和生活习惯的影响，重要的传统文化景观遗产廊道主要依托水利条件便利的河流或道路形成，重要的传统景观村落、古镇通常分布在水利条件便利的主干河流两侧。根据具体的空间分布形式，传统文化景观遗产廊道主要包括3种廊道载体类型：

①以线性历史性景观集中的空间为基础，以历史遗留的古道、传统农村道路、农业生产场景等最为典型。②以自然生态廊道空间为依托，以河道、水渠、溪流、农村道路、农田等为主体进行自然生态恢复与建设，成为连接传统文化景观关键点的连接廊道；③以村镇道路为基础。这些道路从产生到现在一直被使用着，是场所记忆的代表，蕴含丰富的历史信息，是传统文化景观的重要组成部分，通过适当的景观整治与塑造措施，展示传统的文化景观符号，形成区域性的景观纽带。重点在于对廊道本身的景观改造和对廊道两侧可视范围内村落、建筑物进行景观风貌控制和景观生态恢复，以实现现代交通廊道在区域景观结构中具有积极意义的景观引导和景观过渡功能，实现传统文化景观节点连通、保护与区域景观风貌控制。

4.2.3 传统文化景观遗产廊道的功能关系

（1）区域文化景观遗产保护

构建传统文化景观遗产廊道的首要功能是实现对于珍贵的文化景观遗产资源的保护，表达其历史文化和地方性，在区域尺度上实现对于景观风貌的整体保护。面对快速城镇化的冲击，以单个景观节点为对象进行保护往往不能取得很好的效果。在日益突出的人地矛盾中，具有地方特色的文化景观遗产空间不断受到现代化、工业化空间的侵蚀而呈现破碎化和孤岛化的格局，区域景观风貌也因此杂乱无章。从区域乃至更大的尺度出发构建遗产廊道，有利于形成对于区域景观风貌的整体保护，有力应对外界用地侵蚀和文化冲击，展现完整有序的地方特色。

（2）文化旅游资源发展

梳理传统文化景观遗产资源，把零散分布的遗产节点串联成线，或直接以道路河流为依托整合沿线的传统文化景观遗产资源，构建传统文化景观遗产廊道，可以方便在此基础上建立相应的交通游憩系统，根据不同的自然状况、保护等级和发展需求，设定不同级别的交通路线，形成方便快捷的游览路线。同时对于线形文化景观遗产资源的整体保护可以将零散分布的景观点整合起来，形成有序列的集合，从而扩大文化景观的游憩观赏价值和旅游资源影响力，提升其历史和教育意义，促进文化旅游资源发展，带动区域经济提升，发展跨区域的文化景观旅游，形成良性的文化保护和经济发展循环，实现文化景观遗产地区的可持续发展。

（3）生态基础设施廊道构建

在我国，文化景观遗产资源丰富的地区通常和自然环境良好的地区是相互交叉和重叠的，传统文化景观遗产廊道沿线往往是一个由河流、湖泊、林地、湿地、农田、村镇等构成的有着重要的区域影响的半自然生态系统，线形的生态廊道对于区域内的物种保护、动物迁徙等有着积极广泛的生态效益。因而传统文化景观遗产廊道的构建可以结合生态廊道的构建，在保护区域景观风貌的同时，形成区域尺度上的生态基础设施廊道，提升文化景观遗产区域的生态环境质量，形成有机的区域整体人文生态系统。

4.3 传统文化景观遗产廊道的保护规划途径

4.3.1 美国遗产廊道保护规划的借鉴

传统文化景观遗产廊道的保护方法起源于美国。1984 年美国总统里根签署的《伊利诺伊·密歇根运河国家遗产廊道法》，标志着国家遗产廊道模式的正式形成。随后美国逐渐开展了多条国家遗产廊道（表 11-5）及与之类似的"遗产区域（heritage area）"的保护实践，逐渐形成了比较完善的保护机制。

借鉴美国遗产廊道的相关实践，我国在开展传统文化景观遗产廊道的保护实践时，应同时考虑三个维度：①时间维度，传统文化景观是在历史进程中发展变化的；②空间维度，传统文化景观；③文化维度，传统文化景观遗产的灵魂是其蕴含的丰富的文化内涵和人文思想。在开展实际遗产廊道实践时，一方面，可以在特定保护对象内部（深巷老街、河流绿廊等）构建遗产廊道，另一方面，可以在区域尺度上连接传统文化景观遗产节点与廊道。除此以外，还需完善相关的专项法律制度，扶持非盈利的组织力量加强公共参与，以及发挥媒体的力量使之成为有效的宣传工具和重要的监督工具，完善遗产廊道的管理维护体系。

4.3.2 遗产廊道相关概念的对比

一方面，遗产廊道的概念是在早期绿道实践的探索中形成发展起来的，同时是遗产区域中线性区域的特殊类型，因而与绿道和遗产区域的概念有所联系；另一方面，遗产廊道起源于北美，而欧洲地区与之相似的有文化路线的线性文化遗产保护方式，两者既有共同点也有所区别。下面将遗产廊道与绿道、遗产区域和文化路线这几个概念进行对比，从而加深对遗产廊道保护规划途径的认识（表 10-6）。

序号	时间	遗产廊道名称
1	1984	伊利诺伊和密歇根运河国家遗产廊道 Illinois &Michigan National Heritage Corridor
2	1986	黑石河峡谷国家遗产廊道 John H. Chafee Blackstone River Valley National Heritage Corridor
3	1988	特拉华州和莱海国家遗产廊道 Delaware &Lehigh National Heritage Corridor
4	1988	宾夕法尼亚州西南工业遗产路线——进步之路 Southwestern Pennsylvania Industrial Heritage Route-Path of Progress
5	1994	凯恩河国家遗产廊道 Cane River National Heritage Corridor
6	1994	Quinebaug 和 Shetucket 河峡谷国家遗产廊道 Quinebaug & Shetucket River National Heritage Corridor
7	1996	Cache La Poudre 河流廊道 Cache La Poudre River Corridor
8	1996	俄亥俄州和伊利运河国家遗产廊道 Ohio & Erie Canal National Heritage Corridor
9	1996	南卡莱罗那州国家遗产廊道 South Carolina National Heritage Corridor
10	2000	伊利运河之路国家廊道 Erie Canalway National Corridor

遗产廊道相关概念对比表　　　　　表 10-6

概念	绿道	遗产廊道	遗产区域	文化路线
含义	沿着河滨等自然走廊，或废弃铁路线等人工走廊所建立的线型开敞空间，是连接公园、名胜区、历史古迹等与高密度聚居区的开敞空间纽带	拥有特殊文化资源集合的线性景观。通常带有明显的经济中心、蓬勃发展的旅游、老建筑的适应性再利用、娱乐及环境改善	拥有特殊文化资源集合的线性景观。通常带有明显的经济中心、蓬勃发展的旅游、老建筑的适应性再利用、娱乐及环境改善	代表了人们的迁徙、流动和交往，以及多维度的商品、思想、知识和价值交流，并.由此产生丰富重要的物质与非物质文化的陆地道路、水道或者混合类型的通道
起源	北美			欧洲
尺度规模	多尺度等级			相对较大
形态特征	线性		面状	线性
构成要素	绿道生态自然环境要素及相关附属设施要素	廊道生态自然环境要素及其蕴含的文化要素	遗产区域生态自然环境要素及其蕴含的文化要素	线路文化要素及其依托的生态自然环境要素
功能特性	构建自然保护网络，注重其休闲游憩功能和经济发展功能	强调文化保护，但更注重以区域范围内的文化资源保护带动区域经济振兴。文化遗产范围比较宽泛，可以包括近代或现代文化遗产（与美国历史相对较短，土地资源相对丰富有关）		强调线路带来的各文化社区间的交流和相互影响，严格注重路线的文化意义和社会意义
规划目的	集环保、运动、休闲、旅游等功能于一体，将保护生态、改善民生与发展经济结合起来	对文化遗产资源比较丰富的线性区域进行整体性保护	对面状区域范围内的文化遗产资源和其自然环境进行整体保护	整体保护具有重大文化内涵的线性景观区域及其自然环境

5 基于文化景观廊道网络构建的区域保护规划

5.1 区域景观风貌格局保护规划面临的时代挑战

5.1.1 传统与现代之间的冲突

随着改革开放的不断深入，经济建设的高速推进，传统地域文化景观保护与发展间的矛盾越来越尖锐。在现代全球经济、文化一体化浪潮冲击下，传统古镇、街市、场景在城市化进程中逐渐消失，代之以形形色色欧陆风情的街区、楼盘以及雷同的时尚现代建筑。在传统地域逐步丧失自身文化与景观特色的同时，无差异的新城市景观使人们失去了对老城和"老家"记忆的连续性和对文化根基的认同感和归属感。为保持传统地域文化景观的自身特色，使传统风格与个性在时代发展中得以延续，设计师和学者们在传统与现代之间不断进行着探索和实践，但始终以文化景观单体、小场地、建筑空间和遗址地的保护取代对传统地域文化景观的整体性保护，以单个村落的保护取代整个传统文化区域整体人文生态系统保护，存在一定局限性。具体表现在：①大刀阔斧以新代旧，对传统地域的旧城进行全面改造，忽视传统地域文化景观形态连续性的内在规律，破坏原有城市格局和空间形态；②各种为所欲为的设计组合在一起表现出杂乱无章的景象；③对传统形式过分泥古的生硬抄袭仿制，使设计停留在记录的层次，建成环境显示出拼凑仿制的痕迹。而历史街区、村镇只能作为文物整体保护留存，原住民大量外迁，其形式、功能与所处时代社会脱离，失去了真实的居民社会生活而仅留其物质空间形式的躯壳。面对当代传统地域文化景观的传统与现代间的矛盾，走出对于风格与流派的困惑，重新思考以往采用的复古主义、功能主义以及折衷主义的设计思维和方法，从传统中寻找蕴涵着的"永恒法则"，用新思维、新方法解决当今面临的传统与现代之间的矛盾。

5.1.2 地域化与国际化的矛盾

随着全球化在世界范围迅速展开以及民族文化的觉醒和认知发展的进步，世界文化与地域文化（民族文化、传统文化）不断交织和冲突，既互相矛盾又互相联系。面对当今世界人工景观大同化的现象，规划设计领域感到了前所未有的困惑。人在特定地域内与其他事物和人发生广泛的社会联系，生活在同一地域内的不同个体可以产生共同的感受体验。传统地域作为文化载体的活化石，既记录着人类创造文明的痕迹，又映射出创造主体在实践活动中自身的建构、生成与积淀。以无锡与苏州为例，虽同属江南水乡，但两者有着显著的差异。苏州呈现出"水陆平行"、"河街相邻"的"苏州小巷"特色；而无锡更多地与抱城而过的古运河有着密切的关联，历代沿着运河建造的码头、埠头、仓储、工厂等成为无锡的特色景观。因此，忽视原有精神文化特征就会对传统地域空间重塑仅仅停留在维护表面的秩序与和谐上。同一的形体设计必然导致特色的丧失和地域文脉的断裂；而"地域性"虽然常外显于建筑环境的表现形式，但更多是体现在文化价值的取向上。这种取向就是基于特定地域和文化中的自然条件和文化背景。随着文明的进步，更好更先进的技术、材料可以普遍应用在每一处建筑上，这种趋同是历史潮流和必然趋势。然而一个民族渴求代表自己文化传统和形象的东西是很自然的，但仅仅把"地域性"理解为（或寄托于）某些过去时代或特定地域的建筑符号、形式或风格，显然是十分肤浅的。

5.1.3 保护继承与发展创新的矛盾

地域特色源于独特的自然和人文环境相互作用建立起的一体化特征，历史文脉的传承从传统地域的更新发展中获得延续，面对当代居民和未来居民的生活方式，有必要随着文明的发展更新我们的聚居环境。然而在现实中，传统村落城镇空间格局一旦被改造，就有完全丧失自身特有宝贵历史资源的风险。一面为祖先留下的遗产而自豪，一面也为传承传统而苦恼。建设与更新是为满足现代居民生活需要而无法避免的，但重建过程中对于优秀传统的保留面临着巨大挑战。一方面，现代主义理念和功能主义审美观将审美的合理性定位在形式的终极，片面强调建筑内部功能与外在形式的一致性，忽视历史文化的延续性。其结果是各种纪念碑式的现代建筑充斥城镇空间，将城镇结构、生活组织与历史渐进关系分隔得支离破碎；另一方面，重视空间环境的品质及形象，将空间、人与历史环境分离，进行抽象化的环境景观设计，忽视了城镇使用者的活动要求和精神内核。新建城镇失去了传统地域原有的优美自然环境、亲密的邻里关系、安逸的居家氛围，缺乏原有环境的勃勃生机。因此，在当今解决保护与发展、继承与创新问题时，重新思考功能与形式、地方性样图国家化等关系的问题，为传统地域文化景观的保护与发展、继承与创新的探索研究找到统一的出发点。

5.2 区域景观风貌格局的空间特征

5.2.1 城市化冲击下区域景观风貌格局的空间特征

（1）城镇网络高度分割传统地域文化景观空间

我国传统地域文化景观的形成源自于漫长的农业文明和农耕文化。人居环境以自然环境为主体。人类无法摆脱自然界赋予的强大束缚，从事生产和改造适应自然的技术差异小，形成了在一定范围内文化景观均质化的共同特征，体现出传统地域文化景观的区域整体性。这种整体性不仅在于特定空间的完整性，还在于传统地域文化景观在空间上的连续性。而随着科技日新月异的进步，现代产业技术对自然环境的制约和依赖性降低，依托技术就可以形成特定的产业集群。因此，无论是自上而下的城市化过程，还是自下而上的城镇化过程，城市化的分散发展和成片推进，以及不同等级交通体系的分割，使传统地域文化景观呈现出破碎化与孤岛化现象。以江南水乡为例，区域景观被分割形成以多个"古镇"为中心的景观孤岛。在江南水乡逐步微缩盆景化的过程中，水乡内部也出现较大程度的景观异化过程。主要表现在这些古镇在自己核心保护区外围进行的新城建设、工业区建设和开发区建设，在连续的空间景观上出现古镇景观—现代新城景观—现代产业景观交替出现的景观分割格局。现代城市化景观将传统景观分割，使区域景观失去整体性，呈现出破碎化状态，随着破碎化程度的提高，被完全割裂成为景观"孤岛"。

（2）传统地域文化景观的都市化

在城市化的浪潮中，传统地域文化景观还表现出典型的都市化特征：①传统地域景观的城市化与公园化。城市圈经济冲击使土地利用属性发生快速变化。以江南水乡为例，其在地理位置上紧临上海、杭州、南京等中心城市，同时地处长三角城市群的腹地，又处在江浙民营经济发展最迅速和最活跃的地区。强烈的城市经济冲击带动了本地区快速发展的城市化，同时城市圈经济的互补功能促使中心城市外围土地的城市化加快，外围的居住、度假、休闲土地利用方式逐步使水乡土地利用发生巨大变化，在区域景观上形成城市景观和公园化景观逐步替代原来传统地域景观的格局。②传统地域景观的盆景化。由于城市数量的不断增加，城市规模的不断扩大，城市景观不仅在水平尺度上发生巨大变革，在垂直尺度上也发生了重大变化：经济开发区、工业开发区、农业开发区等各级各类开发区和区域 A 级高速交通网络的形成，彻底改变了原有的传统景观环境，在这种环境变革中，传统地域的文化景观正成为区域景观体系中的一个微缩盆景或是小园林景观，失去了其在区域景观发展中应该起到的指导作用。

5.2.2　工业化冲击下区域景观风貌格局的空间特征

（1）工业化冲击下乡村及农业景观的空间特征

乡镇工业和城市扩张后工业基地的郊区化一方面挤压乡村景观空间，另一方面工业化推动农业生产技术变革，成为乡村及农业景观空间变化的主导力量。①农田景观规则性更强。由于家庭承包责任制的实施，每家每户的小块耕作使得农田景观格局较为分散和破碎。农户的生活需求、对市场信息的把握、家庭经济基础等方面的差异导致其对土地的经营方式和作物品种（特别是经济作物）选择的不同，从而使农田景观较为凌乱。土地小块分割打破了农田景观的整体性。即使是在作物较为统一的稻麦生长期，农田景观的连贯性也较低。随着乡村经济的发展和农业规模经营的壮大，加之机械化操作需要土地联结成片，集中化耕作大大降低农田景观的破碎度。规模经营一般以当地自然条件为基础，以市场为导向，同一时期大片土地种植作物基本类似，因此无论从土地形状的整体性，还是从作物的整体性来看，都比较统一。②景观类型更加多样化。随着农业的产业化、市场化、生态化和智能化水平的提高，农田景观也呈现多种多样的面貌。除常见的集中连片的大田景观之外，还出现一些新的景观类型，如设施农田景观、城郊型农田景观、休闲农田景观等。③景观空间分异明显。粮食生产水平的提高为调整种植业提供了相对宽松的环境，因此粮食生产的区域差异直接带来农田景观结构的差异。

（2）工业景观在传统地域文化景观空间上的扩张与演进

工业景观演变的总体趋势是由分散趋向集中。受建设资金、建设规模、职工来源、生产性质、发展基础和规划管理所限，传统地域乡村工业发展的初期多就地布局，形成较为分散的格局。如今多数乡镇已经建立起集中规划管理，配套设施齐全、规模较大的工业园区，为企业的集中奠定了良好基础。其过程主要分为三个阶段：①初始阶段企业规模小、布局分散、工业产值所占比重在各地基本相同。②中级阶段由于个别企业规模的扩大或高起点的企业布局，使得空间分布空间不平衡，特别是市域和镇域范围，出现重点建设区域。③高级阶段由若干企业成组布局，或进行工业园区建设，统一配置公用的基础设施，区域出现明显的城镇功能分区。总的来说，工业化的快速发展使传统地域景观出现了严重的边缘化问题：部分地区由于发展过程中偏离经济的中心地区和热点地区而成为经济发展的相对"冷区域"，经济发展相对落后，社会变革相对缓慢，传统地域文化景观得以保存。但由于交通变化和对外联系途径的变化而失去往日繁华的地位，在空间上成为被遗弃的区域从而具有边缘化特征。相对地处偏远，可达性较低造成传统地域景观的边缘化特征。从某种程度上看，传统地域景观能够存在主要得益于现代经济社会文化的相对滞后。但边缘化使这些传统景观区域付出保护与发展的巨大机会成本，并因为与周边环境间巨大的差异而形成巨大的文化和心理反差，进一步加大人们对现代文化的渴望和需求，从而加强了景观边缘化的格局。

5.2.3　现代化冲击下区域景观风貌格局的空间特征

（1）生活时尚化改变传统地域文化景观

农耕文明时代在生活节奏上具有显著的自然规律性，在生活模式上有较强的同质性，在生活空间上以地缘与血缘关系为基础，在生活情趣上保持浓厚的民俗民风。随着地区经济的发展、技术变革和收入水平不断提高，农业收入在家庭中的比重正逐渐下降，非农产业收入比重上升。这一变化不仅促进农村商品经济的发展，而且为农民消费水平的提高创造了最基本的条件。农民消费量的增加直接刺激农民的非农就业积极性和乡村市场的繁荣，从而带动整个乡村生活水平的提高。在物质条件上主要表现为居住环境的改善，饮食消费质量的提高，衣着服饰向城市人靠拢，家庭交通工具的现代化和家庭娱乐设施的丰富化，生活时尚化，改变了整个传统地域文化景观的感知意象。

（2）现代技术应用改变传统地域文化景观

从更深层次的文化层面来看，现代化作用主要原因在于：①现代技术的应用：技术是改变和创造景观的重要手段，现代工业技术文明的广泛传播和应用深刻改变了人与环境相互作用的过程和机理；②现代材料的应用：技术支撑下的材料革新彻底改变了景观构筑物的本底特征，成为区别传统景观建筑的重要特征；③现代产业活动与产业结构：现代农业和乡村工业的发展成为传统地域文化景观现代化的重要标志；④少数民族生活节奏和方式的都市化：景观的现代化是落后地区享有发展权利和享受现代文明权利的必然结果。现代化是不可逆转的发展趋势。

5.2.4 商业化冲击下区域景观风貌格局的空间特征

（1）传统地域乡村集市空间分布格局的变迁

商业化过程中呈现出的特点主要在于：①空间极化作用越来越强。乡村城镇化的推进也使得人口、工业园区向中心镇集聚，使其用地规模和人口规模快速增长，在区域内的经济地位也不断上升。由于受到行政、区位和经济基础的限制，在交通便捷、具有良好商贸基础和行政地位较高的区位的乡村集市获得越来越多的优先权，从而发展更为迅速，在地区市场网络中的地位也越来越高。②市场网络格局与工业格局紧密相关。乡村集市贸易除满足区域内人们的日常生活以外，最重要的功能是销售本地产品——农产品和工业品。随着区域城市化和工业化的推进，以及乡镇企业规模的不断扩大，市场中工业品的比重逐渐增加。同时，乡村工业的发展也带来农民收入水平的提高，收入增加直接刺激乡村消费品市场的繁荣。③空间布局依旧呈现从"均衡"向"集中"过渡的特点。与农业景观、工业景观一样，集市景观在乡村地域的分布都逐渐由初级相对均衡的格局向极化的方向发展。乡村集市由数量多、交易规模小的局面逐步向规模化的专业性批发市场发展。并且乡村集市空间布局与乡村格局紧密相连，市场等级划分越加明显。

（2）旅游商业化对传统地域文化景观的冲击

景观的高强度开发用于满足大量旅游者的需求。在景观旅游区形成大规模的人口聚集和大规模的接待服务设施，表现出明显的商业化特征，而非文化特征。同时，在景观旅游区内部或周边地区，兴建旅游商业基地，从事大规模固定的物品商业贸易，成为景观区城镇化的典型，更强化了商业化的特征。再者，在景区周边人工仿造一系列从事旅游经营指向性十分明确的建筑物，使原有景观环境高度商业化。与传统旅游方式不同的是，现代旅游发展逐渐形成产业，带动一系列相关产业链的发展，甚至成为当地的支柱产业。而旅游业本身商业化的过程对传统地域景观的影响尤其显著。区别于服务于当地居民的商业贸易行为，它主要以服务外来旅游者为主，成为传统地区经济增长手段。旅游商业化对传统地域的冲击其自身特点，主要表现在：①商铺众多，产品雷同，功能上显现出外强内弱的特征。虽然产品都能体现当地独有的特色，但也反映出商品种类的重复，缺乏个性。同时过多同类商铺，彼此间缺乏差异性。商业繁荣冲淡了传统地域真实的景观特征，形成因利趋同的格局。②商业化改变了原住居民的生活方式，并成为重要的生活基础。③直接干扰居民的日常生活，破坏区域整体人文生态系统的和谐。旅游开发使旅游者大量涌入，商铺直接面向旅游者，而面向当地居民的却不多，形成了表面繁华却不能满足当地居民需要的商业格局。

5.3　传统文化景观遗产廊道网络的构建

5.3.1　遗产廊道网络法的意义及规划目标

中国在五千年的悠久历史中，以其拥有的独特自然地理条件为依托，孕育了大量珍贵的富有地方性特色的传统文化景观，它们是区域景观风貌的重要载体。在当前快速城市化进程中，由于城市化、工业化、现代化和商业化的影响，区域景观风貌受到了不同程度的冲击与侵蚀，区域景观传统性降低，景观风貌格局呈现破碎化、孤岛化的现象，传统文化景观的保护刻不容缓。但是由于地理跨度大和涉及内容广泛复杂等原因，目前的传统文化景观遗产保护往往还局限于单个节点或小范围线性遗产廊道，跨区域的传统文化景观遗产的整体保护无论是理论还是实践都还比较欠缺。因而构建传统文化景观遗产廊道网络的意义主要有以下几点：①整合区域遗产景观资源，实现对传统文化景观资源的有效保护和可持续利用；②结合其背景生态环境的改善与再生，形成区域尺度的生态基础设施网络；③在此基础上进一步发展文化旅游，促进区域经济发展。

结合传统文化景观遗产资源的经济价值、历史价值、科研和教育价值、文化美学价值和游憩价值，保护规划的主要目标有以下几点：①表达与保护传统文化景观遗产的历史文化和地方性，保护区域景观风貌格局；②保护传统文化景观遗产的环境资源，提升生态环境质量；③发展跨区域尺度的传统文化景观遗产旅游；④扩大传统文化景观遗产的影响力，保护其历史和教育价值；⑤实现传统文化景观遗产区域的经济可持续发展。

5.3.2 传统文化景观遗产廊道网络的保护规划原则

（1）真实性原则

真实性是传统文化景观遗产保护的第一原则。1964 年的《威尼斯宪章》提出"将文化遗产真实地、完整地传下去是我们的责任"，由此奠定了真实性对于遗产保护的重要意义。而《威尼斯宪章》本身正是对保护遗产真实性的最好诠释。一般意义上的真实性包括两个方面的内容——即时空二维的真实性界定。我国对于传统文化景观遗产的保护和利用经历了"修旧如新"和"修旧如旧"的不同阶段。前者的做法使得传统文化景观遗产的真实性受到了较大的影响，而由梁思成先生提出的"修旧如旧"的做法体现了最小干预的原则，有利于传统文化景观遗产最大限度的真实性保护。然而，还应该值得注意的是，当下盛行假古董"以假乱真"的做法，是对"修旧如旧"的歪曲理解，只是对传统文化景观遗产的简单形态模仿，而破坏了其蕴含的真实性信息。

（2）完整性原则

完整性原则也包括时间和空间两方面的界定。从空间上来说，自然环境是传统文化景观遗产得以存在和延续的基础，传统文化景观遗产不能脱离原有的自然环境而独立存在。如果与自然环境的空间界面产生脱离，传统文化景观遗产本身将不能得到有效的保护。因而，应该将传统文化景观遗产放在其周边环境中考虑，放在更大的尺度下进行，在更大的范围内串联起传统文化景观遗产的节点和廊道形成网络，以避免传统文化景观遗产的"破碎化"和"孤岛化"。

同时，完整性原则的另一个层面，即历史过程的完整性。传统文化景观遗产是历经岁月的冲击与沉淀的结果，兴盛与衰败都是其历史风貌的体现。即使有的传统文化景观遗产已经只剩下部分的残垣断壁，但结构的不完整依然说明其历史作用过程的完整性，在进行传统文化景观遗产的廊道网络化规划保护时，应该注意对这种时空完整性的遵循。

（3）连续性原则

连续性原则是指通过对不同尺度传统文化景观遗产节点和廊道的整合，形成多尺度的连续的传统文化景观遗产廊道网络，从而实现对区域景观风貌的保护。目前由于城市化、工业化、现代化的快速发展，城乡空间结构正发生着前所未有的急剧变化。传统文化景观呈现出"孤岛化"、"破碎化"、"边缘化"等现象，区域景观风貌的保护面临着巨大挑战。目前对于单个建筑或村落遗产的保护、生态村的建设等已经对传统文化景观的保护起到了积极的作用，但单个点状或现状的保护对于区域景观风貌的作用还不够，容易受到周边环境的影响。从区域乃至更大范围着眼，将传统村落、河流绿网等景观节点或遗产廊道连接成为一个连续的网络，增强景观中各元素的联系，可以更有效地抵御外界环境对于传统文化景观的冲击和影响，从而达到保护区域景观风貌的目的。

（4）多样性原则

传统文化景观遗产并不是孤立存在的，它们往往与交通运输系统、水利设施系统、生态廊道网络、历史文化要素等相互交织耦合而成为一个综合的复杂整体。当前针对传统文化景观遗产的区域风貌保护规划往往局限于对物质层面的景观遗产要素的保护，而对历史文化要素的保护常常流于形式，对于其生态效益的考虑也甚少，导致区域景观风貌规划保护形式单一、内容单薄，难以形成有效的整体人文生态系统的保护。因而对传统文化景观遗产的区域风貌保护规划要以综合保护为研究对象，对传统文化景观遗产的构成进行全面的分析与评估，运用科学的手段针对保护规划的重点、难点等相关内容编制相应的研究、修复、保护、利用措施方案，实现以区域景观风貌为特色的多样化整体人文生态系统保护规划。

5.3.3 遗产廊道网络法的区域景观风貌保护规划思路

基于传统文化景观遗产廊道网络法的区域景观风貌保护规划主要分为"制定目标——认知与识别——分类与评价——规划与保护——实施与管理"这几个步骤，构建理论框架如下（图10-5）：

（1）制定目标

构建传统文化景观遗产廊道网络的第一步是确定规划保护目标，即针对具有丰富文化或自然遗产资源的区域，从整体保护的视角划定保护规划范围，确立保护规划主题。保护规划的目标一般包括历史文化资源的保护利用、自然生态环境的恢复再生或区域旅游的发展等。根据保护规划的目标及区域的自然环境、文化背景以及行政边界，初步划定一个合适的区域作为保护规划的边界范围。这个范围内应涵盖区域内主要的具有代表意义和突出地位的传统文化景观遗产资源。结合区域本身遗产资源的核心特征，确立能够充分反映该区域的遗产价值和文化特质的规划主题。同一个区域的遗产廊道网络，规划主题包括一个或多个。

（2）认知与识别

传统文化景观遗产廊道网络资源的认知与识别是区域景观风貌保护规划当中最重要和最基础的步骤。通常可以通过文献地图资料汇整、现场踏勘和建立数据库这几个方面来进行。

1）文献地图资料汇整

构建传统文化景观遗产廊道，必须建立在对遗产资源充分了解的基础上。而遗产资源在其历史发展过程中，一直处于动态变化之中，每个阶段的遗产资源，其景观风貌可能不尽相同。甚至一些局部地段，由于受到自然灾害、城市化侵蚀或其他

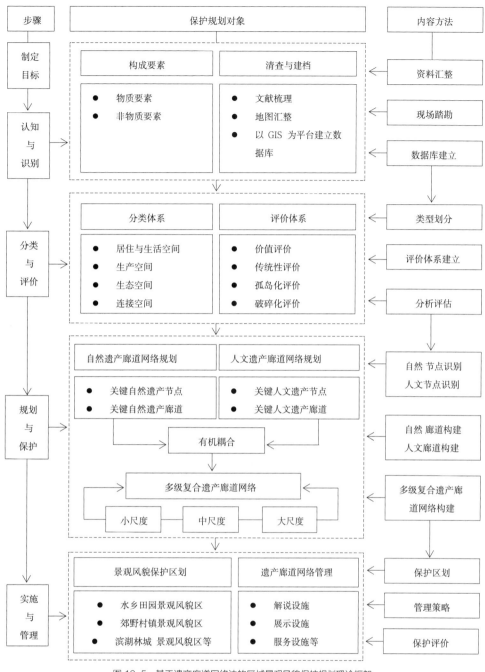

步骤	保护规划对象	内容方法

制定目标

认知与识别

构成要素	清查与建档	
● 物质要素 ● 非物质要素	● 文献梳理 ● 地图汇整 ● 以 GIS 为平台建立数据库	资料汇整 现场踏勘 数据库建立

分类与评价

分类体系	评价体系	
● 居住与生活空间 ● 生产空间 ● 生态空间 ● 连接空间	● 价值评价 ● 传统性评价 ● 孤岛化评价 ● 破碎化评价	类型划分 评价体系建立 分析评估

规划与保护

自然遗产廊道网络规划	人文遗产廊道网络规划	
● 关键自然遗产节点 ● 关键自然遗产廊道	● 关键人文遗产节点 ● 关键人文遗产廊道	自然 节点识别 人文节点识别

有机耦合

自然 廊道构建
人文廊道构建

多级复合遗产廊道网络

小尺度　中尺度　大尺度

多级复合遗产廊道网络构建

实施与管理

景观风貌保护区划	遗产廊道网络管理	
● 水乡田园景观风貌区 ● 郊野村镇景观风貌区 ● 滨湖林城 景观风貌区等	● 解说设施 ● 展示设施 ● 服务设施等	保护区划 管理策略 保护评价

图 10-5　基于遗产廊道网络法的区域景观风貌保护规划理论框架

因素的影响，其景观风貌已经面目全非。因而需要从相关的记载文献和地图资料入手，结合地理学、历史学、生态学等多学科的综合知识来初步形成该地区的文化和自然遗产资源清单。

文献资料包括该区域的地方志及相关区域的地方史志，各类相关专门史志以及相关的诗歌、文学、绘画等作品。地图资料包括历史舆图和现代地图，能够直接深刻地反映区域当时的区位、交通、水利、建筑等基本信息，也包含了当时的政治、经济、军事等社会历史信息，相比文字资料更加直观与清晰，并且具有较高的客观性。文献资料和地图资料可以互为补充。将文献资料和地图资料对比分析，梳理出其中的遗产资源区位、年代、沿革、类型等具体信息，作为之后的工作基础。

2）现场踏勘

从文献和地图资料梳理中得到的信息是不够充分的，还需要辅以现场踏勘为验证和补充。通过拍照、测绘及与当地群众或相关专家访谈的方式进行现场踏勘，对已经得到的信息进行核验和修正。现场踏勘的主要内容包括传统文化景观遗产资源的名称、位置坐标、类型、范围、时期等基本信息以及周边环境、保护现状、访谈交流等辅助信息。及时进行文字或绘图记录，以与前期搜集整理的资料进行对比核实，形成对遗产资源比较充分可靠的了解。

3）建立数据库

以地理信息系统为平台，将搜集整理得到的多元数据在统一的空间坐标系中配准、叠合，建立区域传统文化景观遗产资源的数据库，方便后期的信息查询、检索及图示表达。数据库主要包括数据收集、数据检索、数据分析和信息输出四个部分。

（3）分类与评价

在形成对遗产廊道网络资源的认知与识别的基础上，对遗产廊道网络区域的景观资源和空间进行分类与评价，是传统文化景观遗产廊道网络构建的关键环节。传统文化景观主要包括物质层面和非物质层面，而传统文化景观物质层面又可以分解为以聚居为核心的生活空间、以农业为主体的生产空间以及自然环境相联系的生态空间这三个方面。依据景观资源化原则、景观美学原则、景观生态原则等构建传统文化景观评价体系，除了针对遗产资源本身的遗产资源价值评价之外，还主要包括传统文化景观的传统性评价、传统文化景观的破碎化评价、传统文化景观的孤岛化评价等。通过定量与定性结合的方法，可以有效地描述和评价城市化、工业化、现代化、商业化冲击下区域景观风貌格局的空间特征，从而为下一步制定保护规划策略提供依据。

（4）规划与保护

基于遗产廊道网络法的区域景观风貌保护规划注重整体性。在之前分类与评价的基础上，识别确定传统文化景观的关键节点和关键廊道，整合能够体现地域特色和区域景观风貌的传统文化景观遗产资源和所处的环境背景，依托传统文化景观遗产廊道将传统性较高、破碎化和孤岛化较低的战略点和关键点进行连接，构建完整的、连续的多级传统文化景观遗产廊道网络。在保护规划的过程中，可分别构建不同尺度等级的自然景观遗产廊道和人文景观遗产廊道，再对两者进性对比和调整，达到自然景观遗产廊道和人文景观遗产廊道的有机耦合，从而进一步形成区域尺度上的复合多级传统文化景观遗产廊道网络，实现对传统文化景观遗产资源的整体性保护。

（5）实施与管理

在已经构建形成复合多级传统文化景观遗产廊道网络的基础上，根据区域内不同地区景观风貌的突出特征划定若干不同类型的景观风貌保护区，如水乡田园景观风貌区、郊野村镇景观风貌区、低山丘陵风貌景观区或滨湖林城景观风貌区等，方便实施与管理。同时依据相关的法律法规和具体的保护规划目标，制定翔实的管理规划，明确区域传统文化景观遗产资源的长期保护与可持续利用，确保区域景观风貌保护规划的落实和开展。

6 案例应用与解读

6.1 江苏昆山市千灯—张浦片区传统文化景观空间整体保护规划

千灯—张浦片区位于江苏省昆山市南部，土地面积 158.58km²，其中水体面积占土地面积的 23.7%。2008 年全镇生产总值 153.5 亿元，其中第二产业占71.8%，第三产业占 26.5%，第一产业仅占 1.7%。传统建筑空间约占 6.14%，传统农业用地占 14.1%，现代村镇、工业、商业和现代农业面积和约占 15.76%，道路约占 5.5%，自然生态空间约占 24.13%，其余 34.47% 的空间多为过渡性景观空间类型。千灯镇是江苏省具有 2500 年历史的文化名镇。针对昆山千灯镇的地方性特征，重点选择了千灯镇最有代表性的文化传统性建筑景观、水体景观和农业景观 3 个类型，形成了以建筑景观的悠久性、乡土性、协调性、典型性，水体景观的水质、自然化程度与生产生活紧密程度，农业景观的耕作技术、生产工具、土地利用方式、景观多样性、传统农业比重等 12 个指标构成文化景观传统性评价的指标体系。

6.1.1 文化景观空间传统性评价

（1）建筑空间传统性评价

传统建筑空间代表特定环境中和谐的人类聚居空间，承载着悠久的历史和地域文化，是生活和生产的物质载体，综合体现了地理环境、地域文化、乡土特色和独特的生活方式。根据评价因子的分布特征，结合传统建筑空间传统性价值指数（E_{ta}）分布，将建筑空间传统性分为 $E_{ta} \in (1.55, 3.0]$ 为完全现代利用、$E_{ta} \in (3.0, 5.0]$ 为传统保护与现代利用并重及 $E_{ta} \in (5.0, 7.0]$ 绝对传统性 3 个等级和类型

（图 10-6）。①传统建筑空间受地理环境的影响,反映地域文化景观重要的点状特征。千灯—张浦片区水网密布,水运是其主要的交通方式,传统建筑空间因水而聚。同时河道的连接方式的不同,传统建筑空间的空间形态也不同,形成带状、团状、十字交叉等空间格局,而且几乎每个居民点的规模相差不大。②建筑的朝向由河道的走向而决定,但面南是所有建筑的主要特点,错落有致又整体统一;桥是交通连接重要方式,形态、大小丰富多样,是水乡文化的重要组成部分。③里巷空间发达。狭窄的里巷以河道为基础,沿垂直于河道的方向向居住区内部延伸交错入网。狭窄的里巷与两侧高耸的山墙形成独特的建筑空间。④从空间特征来看,西部和西南部村镇建筑传统性较高且连续性保存较好,区域整体景观的传统性较高。而东部和北部地区整体传统性较低。传统村镇和文化空间多呈"孤岛化"格局。⑤传统村镇建筑和现代村镇建筑相互交错分布,相互渗透,且呈现出不同的传统性特征。

（2）水系网络传统性评价

水网是构成江南水乡区域整体人文生态系统地方性的特征之一,也是传统地域文化景观重要的线状特征。根据评价因子的分布特征,结合水系景观传统性价值指数（Etw）分布,将河段划分为 3 个等级和类型,将 Etw ∈（4.6, 7] 确定为绝对传统性河段、Etw ∈（2.2, 4.6] 为传统与现代利用并重河段及 Etw ∈（1.5, 2.2] 为完全现代利用河段（图 10-7）。①水网是生产生活的文化灵魂。无论是古代还是现代,河流水系在人们的生产和生活中均扮演重要的角色。在日常生产中,水田、鱼塘和水上交通及水力能的高度利用;在生活中小桥、码头、水上市场、生活取水与排水、临水建筑等以及广大范围的湿地生态环境成为构成水乡景观的灵魂。②水网是区域生态和生态网络的重要骨架。大大小小的河流和水渠相互交织形成独特的江南水网,具有提供生境、传输通道、过滤和阻隔及作为能量、物质和生物的源或汇的生态功能。因此,河流网络（廊道）的传统性评价集中在河道的自然化程度、水质的无污染化程度和水体在生产和生活中密切度 3 个方面。③水系的传统性呈现出两大类空间,西南部呈现出较高的区域连续性和传统性,而东部和北部的传统性较低,水系空间的网络化程度降低,水体的人工化程度高,水体污染加重。

（3）农业景观传统性评价

农业景观是传统地域文化景观重要的面状特征之一,是具有区域性主体特征的景观基质。中国很多地区的原始农业景观、传统农业景观、现代农业景观呈现出相互交错重叠的发展关系。不同时期生产力和生产方式共同反映在文化景观特征之中。传统农业景观揭示历史时期农业生产水平和生产方式,而且反映了人们的生态观和生活观。将整个研究区域的农业用地打上网格,以每个网格（100m×100m）为一个单元进行传统价值的评价,主要从耕作技术、生产工具、土地利用方式、农业多样性以及单位面积内传统农业的比重共 5 个指标评价农业景观的传统性（图 10-8）。

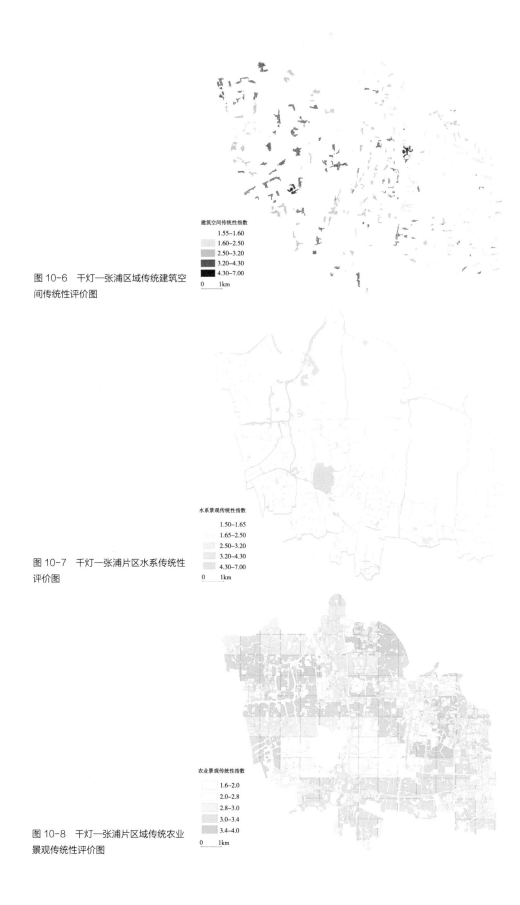

建筑空间传统性指数
1.55–1.60
1.60–2.50
2.50–3.20
3.20–4.30
4.30–7.00
0   1km

图 10-6 千灯—张浦区域传统建筑空间传统性评价图

水系景观传统性指数
1.50–1.65
1.65–2.50
2.50–3.20
3.20–4.30
4.30–7.00
0   1km

图 10-7 千灯—张浦片区水系传统性评价图

农业景观传统性指数
1.6–2.0
2.0–2.8
2.8–3.0
3.0–3.4
3.4–4.0
0   1km

图 10-8 千灯—张浦片区域传统农业景观传统性评价图

传统农业景观空间根据评价因子的分布特征，结合农田景观传统性价值指数（E_{tb}）分布，将 $E_{tb} \in [3.2，4.0]$ 确定为绝对传统性区域、$E_{tb} \in [2，3.2)$ 为传统性保护较好的区域、$E_{tb} \in [1.6，2)$ 为传统性较低区域。①农业景观作为研究区域的基质空间被现代景观分割成为不连续的分片空间。北部以312国道为轴线，以乡镇为中心形成现代景观的轴线，向两侧渗透，呈面状扩散，侵蚀传统农业景观空间。南部以苏沪高速为轴线，呈现出节点型侵蚀扩散，扩散程度和规模远低于北部区域。②北部传统农业景观面积较低，城镇化和工业化以及现代农业完全取代了传统农业景观，只是在远离中心的地区保留了部分传统农业景观区域。南部则相反，基本上保留了较高程度的传统性，但形成一个以"夏洋潭"为中心的传统性低值区域。

（4）整体景观的传统性评价

在建筑、水系和农业景观传统性评价的基础上，对其进行权重叠加，整体景观的传统性呈现出以下特点：①千灯—张浦片区文化景观传统性可划分为传统性较高的区域、传统性较低的区域和现代化明显的区域三种类型（图10-9）；②传统文化景观空间破碎化程度较高，破碎度达到0.023。由于现代景观要素大面积渗透和分割，使得传统文化景观空间被强烈分割且与现代景观相互交织，形成破碎度较高的镶嵌格局；③传统文化景观传统性区域分化明显。因受侵蚀的方向、强度和方式的不同，研究区域内传统性的特征也呈现出不同的区域性分化，明显形成传统性较高的区域和较低的区域，并呈现出较高的区域集中特征；④传统文化景观空间的边缘化现象显著。由于依托现代快速交通体系和经济中心发展的现代景观成为区域生产和生活的中心，形成连续和规模化的现代景观区域；而相对落后的远离经济中心的地

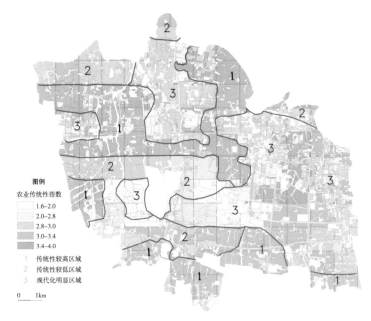

图10-9　千灯—张浦区域文化景观空间传统性分区图

区则相对保留了完整的传统文化景观空间，从而在空间上呈现出显著的边缘化现象；⑤传统文化景观空间网络不完善。在现代景观冲击过程中，由于大量传统线性空间被破坏，传统文化景观空间的高度破碎化使得传统文化空间"孤岛化"，不仅在宏观尺度上缺乏传统文化空间网络的一级网络体系，而且在中观、微观尺度缺乏更加有效的连接方式和网络格局。

6.1.2 传统文化景观空间的区域网络格局与整体性保护

（1）传统文化景观空间的区域网络格局

生态空间网络、传统文化景观网络、现代文化景观网络和缓冲空间网络是区域景观中广泛存在的4种网络空间，这些网络既相互交织又相对独立，成为区域景观整体性保护的重要平台。网络安全格局作为重要的理论基础，可以通过尽量少的土地和景观空间的控制来实现对景观过程最大可能的调控。在传统文化景观空间网络中存在某些关键性的局部、元素和空间位置及联系，它们对维护景观过程（包括生态过程、社会文化过程、空间体验、城市扩张等）的健康性和安全性具有关键性作用。这些具有战略意义的景观局部、元素、空间位置和空间联系构成网络安全格局。在文化景观空间传统性评价的基础上，识别传统文化景观保护的关键点，构建文化遗产廊道连通各个破碎化的传统文化景观斑块，形成完整的网络系统，并作为整体性保护的根据，在保护传统地域文化景观的同时寻求合理的发展，达到传统和现代和谐共存。

（2）关键节点识别

识别传统地域文化景观的重点"保护区"并由此产生"群体价值"的显著特征就是将对建筑遗产的保护从建筑单体的保护拓展为建筑单体连同建筑环境乃至聚落的整体保护。在千灯—张浦地区，零星分布的传统建筑、桥梁、水埠码头和孤立的历史村镇、文化遗址等传统文化景观单元成为江南水乡景观和吴越文化景观空间破碎化和孤岛化的典型体现。在城市化、现代化、商业化和工业化的作用下，大部分的传统文化景观正逐渐消失，即使存在也是点状的、孤立的散布在区域内。因此依据文化景观传统性评价，将传统农业地区、水系网络传统性和传统建筑与村镇分布集中的区域作为区域景观网络的关键点和网络节点，划定一定范围的景观保护区，保护和复兴传统文化景观斑块的整体格局。在千灯—张浦片区的关键点分为传统文化景观基地和重点村镇两个类型，共同构成传统文化景观网络的战略点空间（图10-10）。

（3）构建景观廊道网络

在识别传统文化景观关键点的基础上，需要有效整合文化景观传统性较低的区域和现代化景观明显的区域中局部存在的能够体现地域特色和传统文化的景观元素、

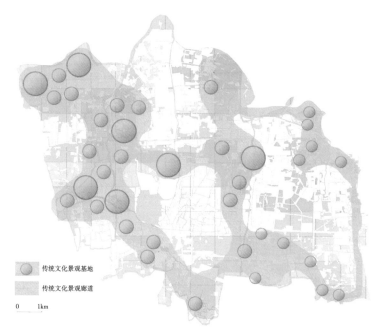

图 10-10　千灯—张浦片区传统文化景观空间整合

土地肌理和空间联系特征。通过对景观传统性较低的零星斑块和要素空间的整合，
建立起由多级文化景观走廊构成的完整、连续的传统文化景观廊道网络。依托传统
文化景观廊道将传统性较高的关键点和战略点连接，将零星、孤立和面积较小的传
统文化景观通过自然生态空间形成文化景观的踏脚石连接体系（图 10-10）。传统
文化景观廊道网络的整合有三种类型：①一种是以线性历史性景观集中的空间为基
础，以历史遗留的古道、传统农村道路、农业生产场景等最为典型。②以自然生态
廊道空间为依托，以河道、水渠、溪流、农村道路、农田等为主体进行自然生态恢
复与建设，成为连接传统文化景观关键点的连接廊道网络。③以村镇公路为基础，
通过适当的景观整治与塑造措施，展示传统的文化景观符号，形成区域性的景观廊
道网络。其重点在于对线路本身的景观改造和对线路两侧可视范围内村落、建筑物
进行景观风貌控制和景观生态修复，以实现现代交通廊道在区域景观结构中具有积
极意义的景观引导和景观过渡功能，实现传统文化景观斑块连通及其保护。

6.2　无锡西部地区传统乡村景观空间网络规划

　　环太湖地区是我国江南水乡文化的核心区域，也是我国民族工业化和商贸城镇
最早发展的地区之一，同时也是我国改革开放后经济发展水平最高的典型地区之一。
作为我国第一个"苏南现代化建设示范区"的组成部分，在发展的同时保护地域性
乡村文化景观成为重要的研究课题和发展挑战。无锡西部地区南临太湖，东接无锡

市区，包括钱桥镇、胡埭镇、阳山镇、杨市镇、洛社镇和石塘湾镇的部分地区，总面积为 347.39km^2。在相同的自然环境和统一的文化背景下，在早期民族工商业兴起之初，该地区就通过密切的经济活动形成人类聚居地和经济网络空间，小桥流水人家的空间格局和建筑风格形成了独特的地域文化景观。随着改革开放的不断深入，经济建设的高速推进，传统乡村景观保护与发展矛盾越来越尖锐。传统古村镇、街市、场景在城镇化进程中逐渐消失，代之以形形色色欧陆风情的街区、楼盘以及雷同时尚的现代建筑。在乡村景观地区逐步丧失自身文化与景观特色的同时，无差异的现代景观使人们失去了对"老家"记忆的连续性和对文化根基的认同感和归属感。城市化、工业化、现代化、商业化的侵蚀是研究区域的传统乡村景观空间保护面临巨大挑战。

6.2.1 无锡西部地区区域乡村景观空间问题分析

综合对无锡市西部地区乡村景观破碎化分析及生态化解读的内容，本案认为研究区域的乡村景观空间主要存在以下问题。①作为区域乡村景观的载体，自然生态本底缺乏系统的规划。传统乡村景观是一种典型的整体人文生态系统。在人与自然相互作用过程中，人在特定自然环境中通过对自然认识的逐步深入，形成了以自然生态为核心，以自然过程为重点，以满足人的合理需求为根本的"人—地"技术体系、文化体系和价值伦理体系，并随对环境认识的深入而不断改进，寻求最适宜于人类存在的方式和自然生态保护的最佳途径，即人地最协调的共生模式。这种模式的前提就是对自然生态本底的良性使用。研究区域传统乡村景观的生态本底缺乏系统合理的专项规划，不但不利于城镇化过程的可持续发展，也不利于传统乡村文化景观的可持续保护。因此对研究区域的生态本底进行系统整合与提升就成为该区域乡村景观空间保护规划的首要工作。②研究区域的传统人文生态景观受"四化"的影响，呈高破碎化状态，相应的景观单元孤岛化程度加深。我国传统乡村景观的形成源自于漫长的农业文明和农耕文化，人居环境以自然环境为主体。人类无法摆脱自然界赋予的强大束缚，从事生产和改造适应自然的技术差异小，形成了在一定范围内文化景观均质化的共同特征，体现出传统乡村景观的区域整体性。这种整体性不仅在于特定空间的完整性，还在于传统乡村景观在空加上的连续性。而随着科技日新月异的进步，现代产业技术对自然环境的制约和依赖性降低，依托技术就可以形成特定的产业集群。因此，无论是自上而下的城镇化过程，还是自下而上的城镇化过程，城镇化的分散发展和成片推进，以及不同等级的交通体系的分割，传统乡村景观呈现出破碎化与孤岛化现象。根据景观生态学对破碎化及孤岛化效应的描述，过渡破碎化和孤岛化会导致景观的多样性和系统的稳定性降低，甚至会使得部分弱势景观消亡。③各类型传统乡村景观空间与周边自然环境的共生协调关系持续弱化。传统乡村景观是一种人文与自然要素长期相互作用所形成的整体人文生态系统，人类活动与周边生态本底间的协调关系是这一系统的重要特征，而这种协调关系的空间载体通常体现为自然与人文景观之间的交错或缓冲地带，风水林就是其中的典型代表。这些空间的存在或多或少地体现着当地居民的传统自然观，也为当地居民的社会活动提供了良好的去所。尽管当前该区域居民的生活方式和观念已经不再需要这些空间的存在，但这些空间作为区域乡村景观中人文与自然要素间的重要纽带。从该区域乡村景观整体保护的角度出发，规划仍然需要保留并延续这些空间。

6.2.2　无锡市西部地区乡村景观自然生态网络规划

研究区域内的自然生态本底自西向东随着城镇化的强度不断提升而呈现出递增的破碎化趋势。作为一种有效的规划整合手段，生态网络构建被广泛地应用于快速城镇化区域内处于破碎状态的自然生态要素的整合。有鉴于此，本案对无锡市西部地区提出了"一带、三纵、四横、七核"的自然生态网络规划构想。"一带"指无锡市域内太湖沿线的生态绿带，具体包括太湖向内陆纵深 1-2km 的沿湖防护绿带及青龙山风景区。由于研究区域的生态过程主要依托密集的水网运转，最终物质循环在一个周期末汇入太湖。而生态绿带处于水陆交错空间，既是上游生态过程的汇，又是下游生态过程的源，所以这一区域在一定程度又可以作为区域自然生态网络格局的核心。"三纵"指 3 条依托南北贯通整个区域的河流形成的生态廊道。研究区域生态过程的主要方向为南北向流通，因此这 3 条最终汇入太湖的河流可以作为区域自然生态网络构建的核心骨架。"四横"指 4 条横向构成区域自然生态网络骨架的河流及道路廊道。这些廊道多为人工作用下形成的带状生态空间，长期的存在已使得这些廊道与自然生态本体融为一体，因此规划将这些廊道作为自然生态网络格局的重要组成。"七核"指区域内 7 处大型生态节点，这些节点多为现状存在的天然林地、大型水体、坑塘湿地及其周边保留良好的生境，通过 7 个生态绿核进一步完善区域自然生态网络格局的组成（图 10-11）。

区域自然生态网络的组成要素主要包含生态斑块、生态节点、3 个等级的生态廊道及生态缓冲带 4 部分。生态斑块主要包含青龙山景区及周边具备良好植被覆盖的生态空间、保留良好的田间林地、拥有完整个生境的坑塘湿地等，总面积 49.66km^2，占规划区面积的 14.29%。生态节点为各级被廊道交错的重要生态空间，这些空间往往是物种迁移和繁衍的核心生境所在地，总面积 14.35km^2，占规划区面积的 4.13%。一级生态廊道共 5 条，主要为依托高等级公路、主要河流形成的带状生态空间。二级生态廊道依托部分河流支流、城镇内部道路、县道、乡道等形成完整自然生态网络结构的带状生态空间。三级生态廊道的载体多为灌溉渠道及田间

图 10-11　无锡市西部地区自然生态网络规划

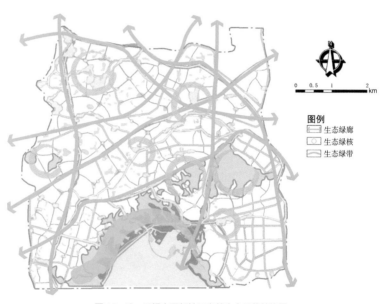

图 10-12　无锡市西部地区自然生态网络结构图

林带。生态缓冲带为核心生态斑块——青龙山景区——与太湖之间的丘陵地带。总面积 9.05km²，占规划区面积的 2.6%（图 10-12）。

6.2.3　无锡市西部地区乡村景观人文生态网络规划

通过对研究区域人文景观沿革的分析研究，发现规划受交通方式的影响，现存主要的传统乡村景观空间多集中于水陆条件便捷的主干河流两侧。而受用地条件的制约，共有 5 处人文景观节点形成了较大的、具有不同主体功能的传统乡村人文景观节点空间。同时，无锡市西部地区传统乡村景观具有明显的区划特征。因此规划对研究区域乡村景观人文生态网络的构建提出"两横、三纵、四区、五核"的结构。"两横、三纵"指以研究区域主干河流为载体的传统乡村人文景观廊道。"四区"指受地理条件影响所形成的传统水乡田园风貌区、远郊乡野田园风貌区、低山丘陵传统农林风貌区及城市近郊的快速城镇化风貌区（图10-13）。规划通过对传统乡村景观类型进行整合，以景观斑块的形式进行后续分析，确定具体斑块类型包括传统商业用地、传统工业用地、传统生活用地（包括传统建筑空间、庭院空间及传统村镇公共空间）。这些用地在空间上的分布相对分散，但相应的主体功能使得其在人文景观联系上成为相对集聚的整体，而承载各个主体功能的空间就是人文景观的节点。所有现存传统乡村景观用地间主要通过两类廊道载体进行连接：一级人文景观廊道是当地乡村居民传统交通方式的载体。研究区域在前工业化社会远距离交通主要依靠舟船，因此这些以主干河流为载体的廊道就成为串联人文景观节点和实现当地居民传统生活需求的空间依托。二级人文景观廊道是通过对高清遥感影像识别后提取的乡镇连接道路，这些道路或者是未经硬化的乡间小道，或者是随新农村建设而翻新提升的硬化道路。这些道路从产生至今一直被使用着，不仅仅是一种设施，同时也承载当地居民长久的回忆，是人文景观的重要组成（图10-14）。

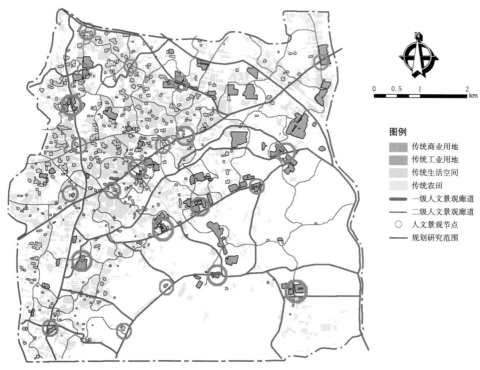

图 10-13　无锡市西部地区乡村景观人文生态网络规划图

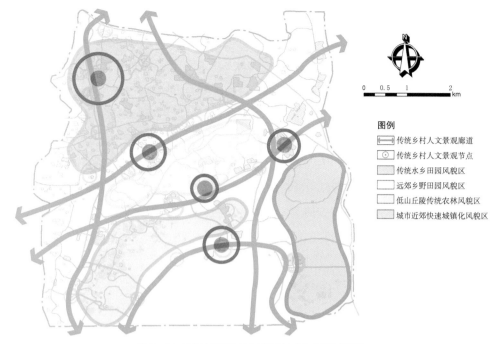

图 10-14　无锡市西部地区乡村景观人文生态网络结构图

6.2.4　无锡市西部地区区域乡村景观复合网络系统规划

　　规划将研究区域的乡村景观人文生态网络与自然生态网络规划成果进行叠加整合，通过构建复合网络系统的方式最终实现对该区域传统乡村景观的整体保护。为实现两大网络系统的有机耦合，规划通过以下方式对前期人文生态网络规划与自然生态网络规划的成果进行调整。①将人文生态网络中的二级人文景观廊道进行梳理和调整，与自然生态网络的三级生态廊道进行合并，共同作为三级复合景观廊道。②强化不同人文景观空间与生态本底的联系。对传统商业用地考虑到其功能对可达性的要求，将可达线路与三级生态廊道进行调整合并；对传统工业用地（以酒类生产、农产品加工及桑蚕养殖为主）考虑其生产空间对自然生态环境的特殊需求，恢复其外围景观边缘带，同时利用可达路线的生态改造强化其与周边生态本底的协调程度；对传统生活空间，通过以三级廊道为主体的内部绿地系统修复及外部的景观边缘带恢复，强化其与生态本底的联系。

　　规划后的复合网络系统在结构上体现为"四区、五带、五心"。通过人文网络及自然生态网络的叠加分析发现，两大网络系统在核心组成及骨架结构上存在高度的叠合。而规划通过分区的方式对各个区域传统乡村景观的保护进行上位引导，整体划分为水乡田园景观风貌区、郊野村镇景观风貌区、低山丘陵风貌景观区及滨湖林城景观风貌区。水乡田园景观风貌区：这一类型的景观风貌片区主要是以钱桥及周边地区的农田水系为依托，是以江南水乡农田为特征的景观风貌区。水乡田园景观风貌区和低山丘陵风貌景观区一同构成了该区域的生态大本底，是确保整体人文生态系统建设可持续发展的重要片区。郊野村镇景观风貌区：这一类型的景观风貌片区主要是以无锡市主城区外围的郊野城镇组团为依托，包括洛社组团、胡埭—阳山组团、钱桥组团3个小城镇组团。这一类型是具有江南水乡特色的城镇新区景观风貌区。低山丘陵风貌景观区：这一类型的景观风貌区主要是钱桥地区南部以丘陵低山自然山水地貌为特征的森林景观风貌区，包括无锡市区南部太湖风景名胜区范围内的马山、锡山、惠山、大浮、梅梁湖、蠡湖、十八湾景区等组成的环太湖自然山水风貌区。滨湖林城景观风貌区：这一类型的景观风貌片区是以几个镇为依托，以滨湖森林城市为特征的景观风貌区，构成了钱桥及周边区域依山傍水的滨湖城市骨架。

参考文献

[1] Maria Valkova Shishmanova, Cultural Tourism in Cultural Corridors, Itineraries, Areas and Cores Networked, Procedia-Social and Behavioral Sciences, Volume 188, 14 May 2015: 246-254.

[2] 王云才. 风景园林的地方性——解读传统地域文化景观 [J]. 建筑学报, 2009(12)：94-96.

[3] 王云才, 石忆邵, 陈田. 传统地域文化景观研究进展与展望 [J]. 同济大学学报（社会科学版）, 2009(01)：18-24+51.

[4] 王云才. 风景园林的地方性——解读传统地域文化景观 [J]. 建筑学报, 2009(12)：94-96.

[5] 吕东, 王云才, 彭震伟. 基于适宜性评价的快速城市化地区生态网络格局规划 以吉林长白朝鲜族自治县为例 [J]. 风景园林, 2013(02)：54-59.

[6] 王云才, 吕东. 基于破碎化分析的区域传统乡村景观空间保护规划——以无锡市西部地区为例 [J]. 风景园林, 2013(04)：81-90.

[7] 王云才, Patrick MILLER, Brian KATEN. 文化景观空间传统性评价及其整体保护格局——以江苏昆山千灯—张浦片区为例 [J]. 地理学报, 2011(04)：525-534.

[8] 奚雪松. 构建遗产廊道线性文化遗产的整体化保护 [J]. 世界遗产, 2013(06)：23.

[9] 奚雪松. 实现整体保护与可持续利用的大运河遗产廊道构建——概念、途径与设想 [M]. 北京：电子工业出版社, 2012.12.

[10] 刘海龙, 杨锐. 对构建中国自然文化遗产地整合保护网络的思考 [J]. 中国园林, 2009(01)：24-28.

[11] 邬东璠. 议文化景观遗产及其景观文化的保护 [J]. 中国园林, 2011(04)：1-3.

[12] 王思思, 李婷, 董音. 北京市文化遗产空间结构分析及遗产廊道网络构建 [J]. 干旱区资源与环境, 2010(06)：51-56.

[13] 王亚南, 张晓佳, 卢曼青. 基于遗产廊道构建的城市绿地系统规划探索 [J]. 中国园林, 2010(12)：85-87.

[14] 俞孔坚, 奚雪松, 李迪华等. 中国国家线性文化遗产网络构建 [J]. 人文地理, 2009(03)：11-16+116.